W0261213

Schriften der Arbeitsgemeinschaft
Deutscher Betriebsingenieure · Band I

Der Austauschbau

und seine praktische Durchführung

Bearbeitet von

Prof. Dr. G. Berndt, Obering. Th. Damm, Obering.
C. W. Drescher, Obering. G. Frenz, Obering. M. Gohlke
Prof. K. Gottwein, Obering. K. Gramenz, Direktor
Dr.-Ing. e. h. E. Huhn, Dr.-Ing. O. Kienzle, Obering.
G. Leifer, Direktor Dr.-Ing. e. h. I. Reindl

Herausgegeben von

Dr.-Ing. Otto Kienzle

Mit 319 Textabbildungen
und 24 Zahlentafeln

Springer-Verlag Berlin
Heidelberg GmbH
1923

ISBN 978-3-642-89053-6   ISBN 978-3-642-90909-2 (eBook)
DOI 10.1007/978-3-642-90909-2

Vorwort.

Es ist in den letzten Jahren so viel über die Wichtigkeit wirtschaftlicher Erzeugung geschrieben worden, daß es nicht nötig ist, darauf von neuem hinzuweisen. Zu begrüßen ist es aber, daß das Verständnis für die Bedeutung betriebstechnischer Fragen immer mehr wächst. Einen bedeutenden Anteil daran hat die aus dem „Unterausschuß für Betriebsorganisation" des Technischen Ausschusses des Berliner Bezirksvereins Deutscher Ingenieure hervorgegangene und im Jahre 1919 begründete „Arbeitsgemeinschaft Deutscher Betriebsingenieure" (ADB). Dies aber nicht etwa dadurch, daß sie bestimmte Gebiete nun als zentrale Stelle selbst durchzuarbeiten versuchte, sondern vielmehr dadurch, daß sie wichtige Probleme in den Vordergrund schob und einen bis ins kleinste gehenden Austausch der Erfahrungen von Betriebsingenieuren in die Wege leitete.

Dieser Gedanke der Gemeinschaftsarbeit hat sich als äußerst fruchtbar erwiesen und kommt nirgends besser als in der vorliegenden Sammlung von zwölf Vorträgen aus dem Gebiet des Austauschbaues zum Ausdruck. Diese Vortragsreihe wurde von der Berliner Ortsgruppe der ADB im Winter 1921/22 veranstaltet und fand einen so starken Widerhall, daß sie nunmehr in Buchform der Allgemeinheit zugänglich gemacht werden soll.

Nachdem im Normenausschuß der deutschen Industrie seit 1917 die Passungen bearbeitet und zu einem gewissen Abschluß gebracht wurden, nachdem Dutzende von Aufsätzen über dieses Gebiet erschienen waren, schien es notwendig und zweckmäßig, der Praxis in offener Aussprache das zu geben, was sie als Ergebnis aller jener Erörterungen, die nur wenige vollständig durcharbeiten konnten, zur Hebung der Wirtschaftlichkeit ihres Betriebes und der Güte ihrer Erzeugnisse verwerten kann.

So entstanden zunächst die vier grundlegenden Vorträge über die „Grundlagen des Austauschbaues", die „Meßwerkzeuge", die „Bearbeitungswerkzeuge für den Austauschbau" und die „Passungssysteme". Diesen folgen sieben Vorträge über Erfahrungen, die in der Praxis in bezug auf die wirtschaftlichen Grenzen des Austauschbaues und überhaupt über seine Ausführung in der Praxis gemacht wurden. Behandelt wurde dabei die Erzeugung von Kugellagern, feinmecha-

nischen Apparaten, Elektromaschinen, Werkzeugmaschinen, Kraftfahr-
zeugen, Lokomotiven und Großmaschinen.

Die Ergebnisse dieser Vorträge zusammenzufassen, und den sie
alle durchziehenden roten Faden herauszuzeichnen, war Aufgabe des
Schlußvortrages.

So kann das vorliegende Werk als ein getreues Bild des
heutigen Standes des Austauschbaues gelten. Es wird gerade durch die
Aneinanderreihung der Erfahrungen aus den verschiedensten Gebieten
zweifellos jedem Leser eine Fülle von Anregungen geben und so in
hohem Maße zur Förderung dieses besonderen Teiles der Betriebs-
wissenschaften beitragen.

Bei dieser Gelegenheit sei auch rückblickend der Männer und Firmen gedacht, die in den verflossenen zwei Jahrzehnten in Deutschland
die erste Pionierarbeit für den Austauschbau geleistet haben. Wohl
nur wenige entsinnen sich noch des grundlegenden Vortrages über
den Austauschbau, den am 6. Mai 1903 der damalige Chef des technischen Büros der Ludwig Loewe & Co. A.-G., Berlin, Herr Georg
Schlesinger, im Verein Deutscher Ingenieure zu Berlin gehalten hat
und der in der 1904 herausgekommenen Loeweschen Druckschrift über
„Moderne Meßwerkzeuge im Maschinenbau" großenteils enthalten ist.

Schon dort finden wir die bis heute anerkannten Grundsätze über
die Verkehrtheit des Normallehrensystems und unbestreitbaren Vorzüge des Grenzlehrensystems, über die verschiedenen Passungssysteme
und über die Abstufung von Gütegraden. Diese Ergebnisse und die
ihnen vorausgegangenen Versuche finden wir geschlossen in dem im
Jahr 1904 erschienenen Heft 18 der Forschungsarbeiten auf dem
Gebiet des Ingenieurwesens, herausgegeben vom Verein deutscher Ingenieure über: „Passungen im Maschinenbau", das 1917 in zweiter
erweiterter Auflage als Forschungsheft 193/194 erschien.

So vollständig waren die Ausführungen Schlesingers, daß erst
14 Jahre später neue Anregungen in der Literatur hervortraten; es
war dies die systematische Arbeit von Kühn über „Toleranzen", die
1918 als Forschungsheft 206 und 1920 als Buch im Verlag des
Vereins Deutscher Ingenieure herauskam. Diese auf besonderen Erfahrungen aufgebaute Arbeit ist die zweite wichtige Grundlage der
DIN-Passungen geworden.

Gedacht sei auch der stets voranstrebenden Arbeiten von Firmen
wie Ludwig Loewe, Reinecker, Schuchardt & Schütte, Hommel, Mahr,
Fortunawerke, denen wir die Ausbildung und stetige Verbesserung der
unentbehrlichen Hilfsmittel für den Austauschbau, nämlich der Grenzlehren, Endmaße, Meßapparate und Meßmaschinen verdanken.

Verbindlichster Dank sei den Firmen gesagt, die dem Herausgeber
und den Mitarbeitern wertvolles Material zur Verfügung stellten und

erhebliche Kosten für die Herstellung von Zeichnungen und Zusammenstellungen aufwandten.

Besonderer Dank gebührt daneben der »Technisch-wissenschaft-
lichen Lehrmittelzentrale«, die durch ihre Mitarbeit Wesentliches zur
Durcharbeitung klarer und treffender zeichnerischer Darstellungen
beigetragen hat; es ist nur zu bedauern, daß es beim Druck wegen
zu hoher Kosten nicht möglich ist, das Wesentliche durch Farben
hervorzuheben, wie dies bei den Lichtbildern in der Vortragsreihe der
Fall war. Von großer Bedeutung für die weitere Erörterung des Austauschbaues ist es, daß diese Lichtbilder planmäßig geordnet bereit
liegen [1]) und überallhin ausgeliehen werden. Daher sind bei denjenigen
Abbildungen, von denen solche Lichtbilder verfügbar sind, die Ord-
nungsnummern, z. B. TWL 197, in Klammer angegeben.

Schließlich möge nicht versäumt werden, dem Verlag Julius Springer
den Dank von Herausgeber und Mitarbeitern dafür auszusprechen,
daß er so große Sorgfalt dem Druck und den Darstellungen zugewandt
und das von der Praxis so stark begehrte Buch in wenigen Monaten
herausgebracht hat.

Berlin, im Dezember 1922.

Dr.-Ing. Otto Kienzle.

---

[1]) Technisch-wissenschaftliche Lehrmittelzentrale, Berlin NW 87, Hutten-
straße 12—16.

Inhaltsverzeichnis.

Erster Teil.

1. Allgemeine Grundlagen des Austauschbaues.

Von Dr.-Ing. **Otto Kienzle**, Berlin-Südende.

Die austauschbare Fabrikation oder, wie wir kürzer sagen wollen, der Austauschbau, wird im allgemeinen als eine Sache angesehen, die nur die Betriebsingenieure angeht. Die damit zusammenhängenden Fragen gehen jedoch viel weiter, wie ich in diesen grundlegenden Betrachtungen zeigen möchte.

Zweck des Austauschbaues.

Wenn wir den Austauschbau unter dem Gesichtspunkt seines Zweckes betrachten, so zeigt er uns einen doppelten Charakter. Er ist einmal ein Problem der Gütererzeugung. Das gilt besonders hinsichtlich der Produktionsteilung. Diese Teilung kann in verschiedener Weise stattfinden. Zunächst geschieht sie in der eigenen Werkstatt, und zwar sowohl nach Ort wie auch nach Zeit; d. h. zwei Arbeitsstücke, die beim Zusammenbau zusammenpassen sollen, werden nicht zusammen bearbeitet, sondern jedes Stück wird unabhängig vom anderen an einer anderen Maschine hergestellt. Dabei denke ich besonders an die Serien- und Mengenfabrikation, über die ich nichts weiter zu sagen brauche, da allgemein bekannt ist, daß nur sie uns ermöglicht, zu anehmbaren Preisen zu produzieren. Bei der Erzeugung von Serien müssen wir selbstverständlich fordern, daß jedes einzelne Stück der Serie so genau hergestellt ist, daß es beim Zusammenbau auf jedes beliebige Gegenstück paßt. Neben dieser Trennung nach dem Ort kommt im eigenen Betrieb die Trennung nach der Zeit dann in Betracht, wenn z. B. für eine schon früher gelieferte Maschine ein einbaufertiger Ersatzteil geliefert werden soll.

Die Produktionsteilung kann aber noch weitergehen, indem sie sich auf verschiedene Betriebe erstreckt: die Erzeugnisse einer Spezialfabrik sollen zu den Erzeugnissen eines anderen Werkes passen. Gehen wir noch einen Schritt weiter zur Marktware, so sehen wir, daß diese, volkswirtschaftlich betrachtet, austauschbar ist. Eine Ware, die nicht austauschbar ist, ist keine Marktware. Bisher ist das Problem unter diesem Gesichtspunkt noch nicht so aktuell geworden, weil die Technik dieser Forderung lange Zeit nicht nachgekommen ist. Man hat sich mit dem begnügt, was die Technik zur Verfügung gestellt hat und hat die Schäden, die mit der nichtvorhandenen Austauschbarkeit verbunden waren, in Kauf genommen. Diese Frage wird aber um so mehr Bedeutung gewinnen, je mehr der Handel auf den Absatz hochwertiger Einzelerzeugnisse Einfluß gewinnt.

Die Gegenseite des Problems liegt beim Verbraucher, und zwar zunächst bei dem „Verbraucher", der irgendeinen außerhalb seines Betriebes hergestellten Teil in seine Maschine einbaut. Man denke an die vielen Spezialfabriken, die für Schrauben, Stifte, Nippel, Griffe, Stanzteile, Kohlenbürsten, Zündkerzen, Kugellager usw. bestehen. Man verlangt von der Spezialfabrik eine austauschbare Ware; denn andernfalls wäre der Bezug von außerhalb zwecklos, weil man gezwungen wäre, die Teile oder ihre Gegenstücke nachzuarbeiten; dann aber würde man sich lieber entschließen, die Teile soweit als möglich selbst herzustellen. Aber nicht nur auf Einzelteile erstreckt sich die Austauschbarkeit, sondern auch auf Teilaggregate von größeren Komplexen von Maschinen; ich nenne als Beispiele die Elektromotoren, die in eine Laufkatze eines Krans eingebaut werden und mit ihrer Achshöhe zu dem Schneckengetriebekasten passen sollen, oder an Zündapparate, Indikatoren, Manometer usw. Diese „Verbraucher" stehen in der Mitte zwischen dem Urerzeuger und dem eigentlichen Verbraucher, nämlich demjenigen, der die Teile bis zum Verschleiß verbraucht. Dieser letzte Verbraucher hat nun das allergrößte Interesse an der Austauschbarkeit und zwar in doppelter Hinsicht. Einmal handelt es sich darum, gewisse Teile regelmäßig zusammenzubringen. Das allergewöhnlichste Beispiel dafür ist die Schraube und der darauf passende Schraubenschlüssel. Auf einen Fräsdorn müssen alle verschiedenen Fräser passen. Oder gehen wir auf andere Gebiete über: Von jeder Fahrradpumpe verlangt man, daß sie an jeden Schlauch angeschraubt werden kann, um diesen aufpumpen zu können; der elektrische Stecker soll in jeden Kontakt hineingehen. Diese Beispiele ließen sich beliebig vermehren, doch zeigen schon die wenigen, welche Bedeutung die Austauschbarkeit in dieser Hinsicht hat. Zu diesen Teilen, die deshalb austauschbar sein müssen, weil sie immer wieder mit anderen Gegenstücken zusammenkommen, treten nun die eigentlichen Verschleißteile, von denen ich als Massenbeispiel die Glühlampe nenne. Es ist nicht denkbar, daß die elektrischen Glühlampen eine solche Verbreitung gefunden hätten, wenn sie nicht von Anfang an austauschbar hergestellt worden wären. Es gibt noch eine Reihe von Beispielen, die ich natürlich nicht einzeln anführen kann. Um aber zu zeigen, wie ausgedehnt das Gebiet ist, und daß es sich nicht nur auf den Maschinenbau erstreckt, so möchte ich noch einige weiter abliegende Beispiele nennen; die Patrone, die in jedes Gewehr hineingehen muß, die Steine im Gasanzünder, über die man sich ärgert, wenn sie nicht passen. Wir haben hier das weite Gebiet, bei dem sich

Austauschbarkeit und Normung die Hand reichen. Denn beide
gewähren dem Verbraucher die Unabhängigkeit des Bezuges und gleichzeitig die unmittelbare Verwendungsmöglichkeit des Teiles, den er ge-
kauft hat. Es ist also ganz natürlich, daß die Normung ohne die Bedingung der Austauschbarkeit gar nicht denkbar ist. In vielen Fällen
genügt natürlich die Normung, d. h. die Maßfestlegung ohne besondere
Genauigkeitsvorschriften. Nehmen wir ein Winkeleisen, so haben wir
von demselben keine besondere Genauigkeit zu verlangen, weil die
natürliche Herstellungsgenauigkeit ohne weiteres genügt, um aus verschiedenen Winkeleisen beliebiger Herkunft einen einheitlichen Rahmen zusammenzunieten. Wo dies nicht der Fall ist, müssen wir aber
eine Ergänzung der genormten Maße durch besondere Genauigkeitsvorschriften vornehmen.

Begriff und Darstellung der Toleranz.

Die Sprache, in der wir diese Genauigkeitsvorschriften geben, bilden
die Toleranzen. Um weiter in dieses Gebiet hineinzukommen, möchte
ich zu unserem engeren Fachgebiet, dem Maschinenbau, zurückkehren.
Wenn man da an die Austauschbarkeit denkt, so schweben einem vor
allen Dingen die Rundpassungen vor. In den
Abb. 1—3 sind verschiedene Passungen dargestellt. Abb. 1 zeigt rechts eine Welle mit
dem zulässigen Größtmaß und mit dem zulässigen Kleinstmaß. Die Differenz zwischen
Größt- und Kleinstmaß ist die Toleranz.
Ebenso ist eine Bohrung mit Kleinstmaß
und Größtmaß gezeichnet, derart, daß ihre

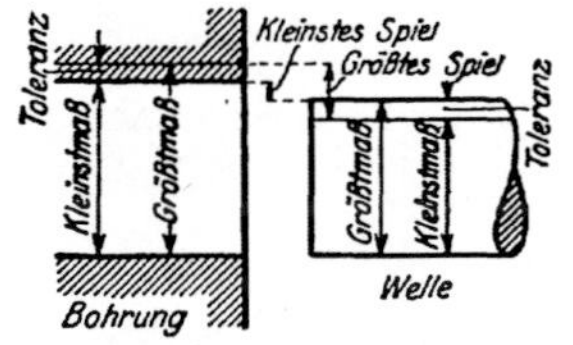

Abb. 1. Bewegungssitz.

Toleranz als schmaler Streifen sichtbar ist. Bemerkenswert ist, daß
die größte Welle noch etwas kleiner ist als die kleinste Bohrung.
Eine solche Passung wird als Bewegungssitz bezeichnet, weil die

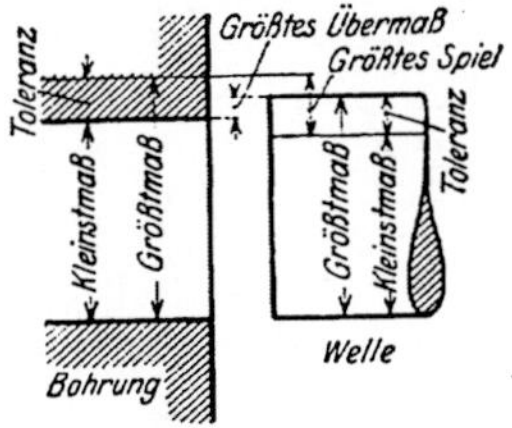

Abb. 2. Bald Ruhesitz, bald Bewegungssitz.

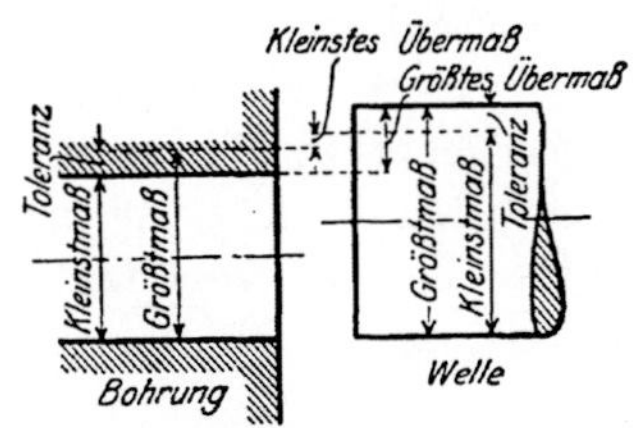

Abb. 3. Ruhesitz.

Welle, wie sie auch innerhalb des Toleranzbereiches ausfällt, immer
noch kleiner ist wie jede innerhalb der Bohrungstoleranz liegende
Bohrung. In Abb. 2 ist die größtmögliche Welle schon größer als die
kleinste Bohrung, doch ist es möglich, daß gewisse innerhalb der Toleranz

liegende Wellen kleiner sind als gewisse Bohrungen. Fügt man solche
Körper wahllos zusammen, so kann man einen Bewegungssitz oder
einen „Ruhesitz“ erhalten, Unter Ruhesitzen versteht man diejenigen
Passungen, bei denen beide Teile sich nicht gegenseitig bewegen, sondern
ineinander ruhen. Soll auf alle Fälle ein Ruhesitz erzielt werden, so
muß die kleinste Welle auf alle Fälle immer noch größer sein als die
größte Bohrung, wie dies Abb. 3 zeigt. Die größten und kleinsten Spiele
und Übermaße ergeben sich ohne weiteres aus den Abbildungen. Von
den vier Grenzmaßen, die in den Diagrammen dargestellt sind, wählt
man eines als rundes Millimetermaß und bezeichnet es als Nennmaß.
Die Abweichungen der anderen Grenzmaße bezeichnet man als „Abmaße“ und gibt die Grenzmaße durch Nennmaß und Abmaße an, z. B.

$$50\,{}^{-0,1}_{-0,2},$$

d. h. das obere Grenzmaß (Größtmaß) ist $50-0,1 = 49,9$ mm, und
das untere Grenzmaß (Kleinstmaß) ist $50-0,2 = 49,8$ mm.

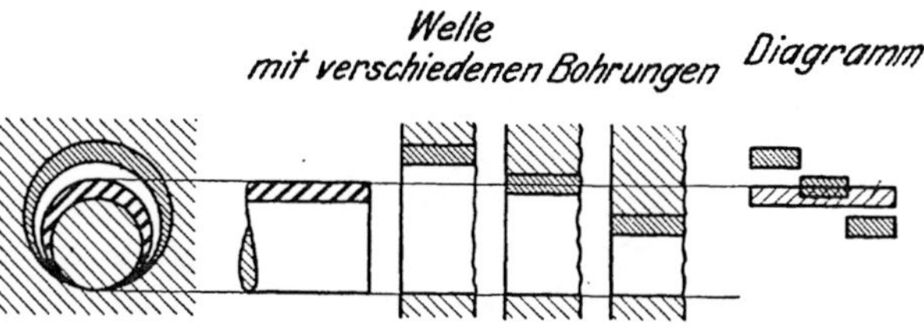

Abb. 4.   Ableitung des Rechteckdiagrammes.

Abb. 4 zeigt die drei oben erwähnten Fälle zusammen, indem zu
der einen Welle mit dem fett schraffierten Toleranzgebiet drei Bohrungen mit verschiedenen dünn schraffierten Toleranzgebieten zugefügt
sind. Diese Darstellung ist sehr übersichtlich und gestattet, mit
einem Blick die verschiedenen Toleranzgebiete zu übersehen. Da es
nun nur auf diese ankommt, so werden die anderen Linien weggelassen
und es entsteht so das rechts gezeichnete Diagramm, bei dem nur die
Toleranzgebiete dargestellt und die „Bohrungen“, d. h. genauer die
Bohrungstoleranzgebiete immer über die „Wellen“, d. h. genauer die
Wellentoleranzgebiete, gezeichnet sind. In dieser Weise sind die
Passungen in allen Veröffentlichungen des Normenausschusses und der
verschiedenen Fachleute, die über Passungen schreiben, dargestellt.

Gebiet des Austauschbaues.

Es wurde schon oben angedeutet, daß sich das Gebiet des Austauschbaues auf alles erstreckt, was seinem Zweck nach austauschbar
sein soll. Es ist daher ganz klar, daß wir uns keineswegs auf die Rundpassungen beschränken dürfen, und es erscheint zweckmäßig, auf einem
Übersichtsplan (Abb. 5) darzustellen, was alles in das Gebiet der Aus-

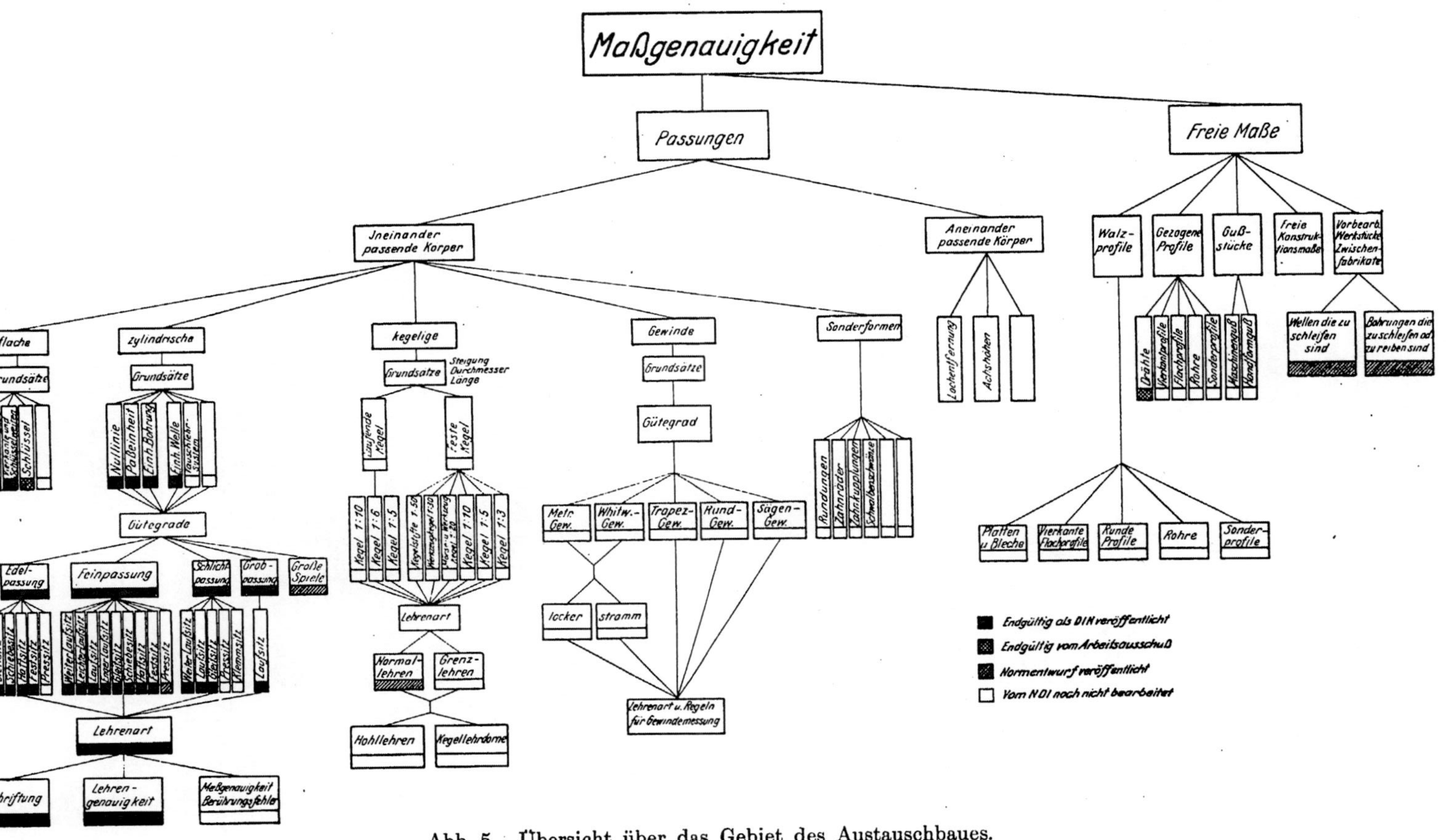

Abb. 5. Übersicht über das Gebiet des Austauschbaues.

tauschbarkeit fällt. Leitend bei der Aufstellung dieses Planes war, alle die Fälle zu umfassen, in denen die Gleichmäßigkeit verschiedener Ausführungen desselben Gegenstandes die Einhaltung gewisser Toleranzen verlangt, aus welchem Grunde auch immer es nötig sei. Daher unterscheidet der Plan einmal die Passungen, d. h. die Maße für Körper, die zusammenpassen sollen, und zum anderen freie Maße. Denn auch für viele freie Maße dürfen gewisse Abweichungen nicht überschritten

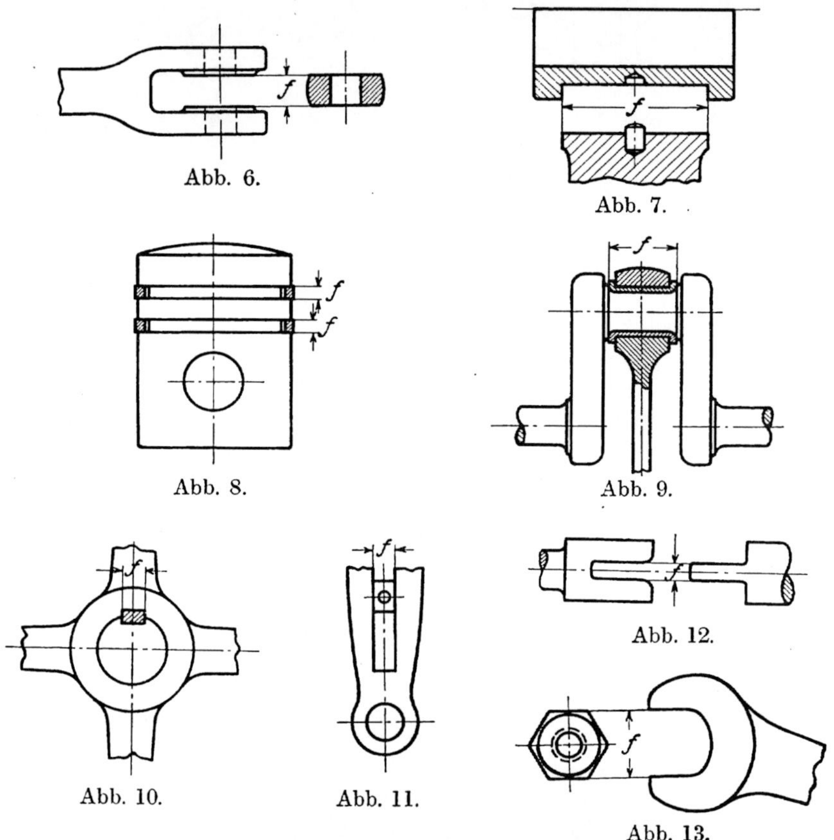

Abb. 6.

Abb. 7.

Abb. 8.

Abb. 9.

Abb. 10.

Abb. 11.

Abb. 12.

Abb. 13.

Abb. 6—13. Flachpassungen.

werden, wie nachher noch gezeigt werden wird. Die Passungen selbst sind unterteilt in Fälle, wo die Körper ineinanderpassen und solche, wo sie aneinanderpassen. Von den ineinander passenden Körpern gibt es eine ganze Reihe: runde, flache, kegelige, gewindeförmige und besondere Formen, wie z. B. gezahnte Naben für Autoräder.

Die Abb. 6—13 bringen einige Beispiele für Flachpassungen. Bei der Lagerung einer Laufrolle in einer Gabel (Abb. 6) ist man wohl

gewöhnt, die Bohrung für die Rolle und die Bohrungen in der Gabel
nach Grenzlehren herzustellen und dabei von einer Passung zu sprechen;
vielfach wird aber vergessen, daß die Breite der Rolle ebenso eine
Passung, nämlich eine Flachpassung (f) darstellt. Abb. 7 zeigt eine Lager-
schale, die mit ihrem Bund seitlich passen soll, Abb. 8 einen Kolbenring,
der ein verhältnismäßig genaues Passen erfordert, um austauschbar zu
sein. Ein weiteres Beispiel zeigt die Darstellung der Pleuelstange eines
Automobilmotors (Abb. 9).

Neuerdings wird auch gefordert, daß die Breite von Keilen von Anfang an austauschbar wird (Abb. 10). Ein weiteres Beispiel ist der
Kulissenstein in einer Kulisse (Abb. 11). In Abb. 12 sehen wir das Ende
einer biegsamen Welle, das mit der Antriebswelle gekuppelt werden
soll: es muß hier das Anschlußmaß austauschbar sein. Schließlich
erinnert Abb. 13 an das schon oben erwähnte
Passen des Schraubenschlüssels auf eine beliebige Sechskantmutter.

Die Kegel sah man bisher fast nie unter
dem Gesichtspunkt des austauschbaren Passens
an. Es ist aber bekannt, daß die Austauschbarkeit und Genauigkeit der Kegel bisher sehr
viel zu wünschen übriglassen. Es handelt sich
dabei einmal um die Kegelsteigung und dann
um den Durchmesser des Kegels. In Abb. 14
wird lediglich der Durchmesser betrachtet.

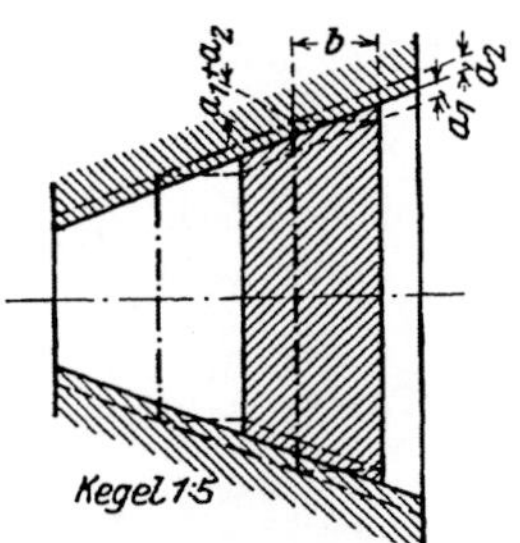

Abb. 14. Kegeltoleranzen.

Passen wir den Kegeldorn in den Hohlkegel, so wird er bis zu
einer gewissen Stelle hineingehen. Haben wir eine andere Bohrung,
die um eine gewisse Toleranz a_2 weiter ist, und einen anderen Kegel,
der um eine gewisse Toleranz a_1 enger ist, so wird sich der kleinere
Kegel in die größere Bohrung um ein gewisses Maß b tiefer hineinsetzen;

$$\text{das gleich } s\,(a_1 + a_2) \text{ ist } \left(s = \frac{\text{Kegellänge}}{\text{Durchmesserzuwachs}} = \frac{1}{\text{Kegelsteigung}}\right).$$

Dieser Betrag ist dann die Toleranz für die ganze Kegelpassung. Wie
man sieht, kann er bei schlanken Kegeln (s groß) eine recht beträcht-
liche Größe annehmen, wenn die Durchmessertoleranzen a_1 und a_2 nicht
sehr klein gehalten werden. Zu dieser reinen Maßtoleranz treten noch
die Festigkeitsverhältnisse der Körper, die das mehr oder weniger tiefe
Hineinpressen des Kegels in die Bohrung beeinflussen.

Einige Beispiele für aneinanderpassende Körper bringen die
Abb. 15—17: Abstand der Paßlöcher von Zündapparaten, Abstand der
Löcher von Flanschen, Achshöhe von Elektromotoren und damit zu
kuppelnden Maschinen.

Verfolgt man den Gedanken weiter, so kommt man auf Fälle, an
die man zunächst nicht denkt: der Fall, daß zwei Zahnräder entweder

nicht zusammengehen oder aber klappern, wenn sie auf zwei Wellen montiert werden, die in verschiedenen Bohrungsentfernungen (Abb. 18) liegen. Er muß hier die Entfernung a genau ausgeführt werden. Etwas verwickelter ist der Fall der Treibstange an einer Lokomotive (Abb. 19).

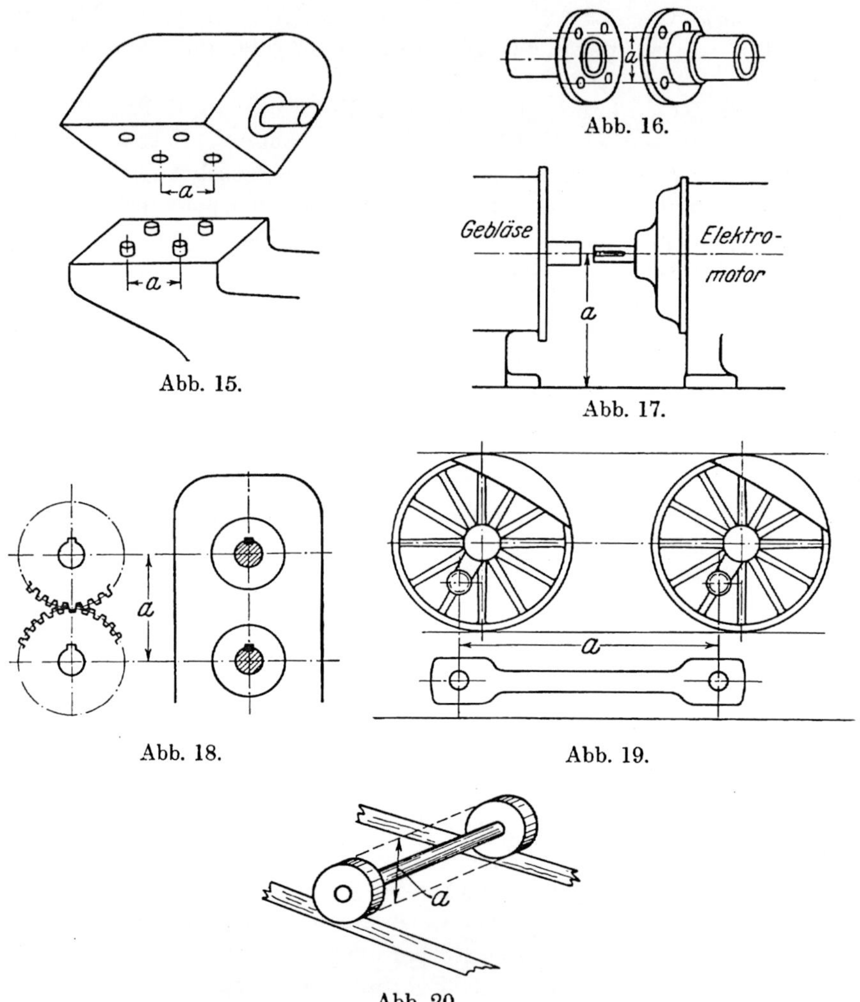

Abb. 16.

Abb. 15.

Abb. 17.

Abb. 18.

Abb. 19.

Abb. 20.

Abb. 15—20.   Aneinanderpassende Körper.

Hier haben wir eine ganze Reihe von Maßen, die zueinander passen müssen, wenn Austauschbarkeit verlangt ist. Dieses Beispiel stammt durchaus aus der Praxis; man ist im Lokomotivenbau so weit, daß bei verschiedenen Teilen zur Lieferbedingung gemacht wird, daß Austauschbarkeit vorhanden ist[1]). Wenn man sich gemäß Abb. 20 ein durch eine feste Achse verbundenes Rollenpaar vorstellt, wie wir es bei den Eisenbahnwagen haben, so wird man bei einiger Überlegung finden, daß jede Abweichung im Durchmesser der beiden Räder sehr schädlich sein muß. Denn um den Betrag, um den das eine Rad größer ist, wird ein Gleiten eintreten. Dieser Fall stammt übrigens nicht aus dem Eisenbahnbau, sondern aus dem Gebiet der Zigarettenmaschinen. Dort müssen die Rollen für den Schlitten mit einer Genauigkeit hergestellt werden, wie man sie sonst nur in der Lehrenfabrikation kennt; der geringste Betrag, um

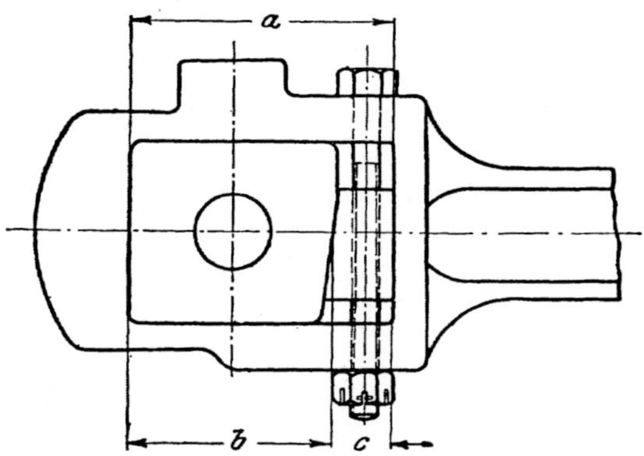

Abb. 21. Treibstangenlager an Lokomotive
mit Keilpassung.

den eine Rolle weitergehen würde wie die andere, würde ein Zerreißen des feinen Papieres zur Folge haben.

Abb. 21 zeigt wieder, daß man es nicht nur immer mit zwei, sondern oft auch mit mehr Körpern zu tun hat. Es ist hier eine Treibstange mit eingesetztem Lagerteil und dem Keil zum Feststellen abgebildet; dabei muß das gesamte Breitenmaß eingehalten werden, ferner die Maße b und c. Der Unterschied, um den der Keil sich verschiebt, hängt hier von der Genauigkeit von drei Teilen ab.

Austauschbau und Werkstatt.

Nach dem Ausblick auf die Aufgaben, die der Austauschbau zu bewältigen hat, wollen wir auf die Punkte übergehen, die auf die Werkstatt einwirken. Ich sagte schon, daß die Sprache, in der die Forderungen des Austauschbaues ausgedrückt werden, die der Toleranzen ist, d. h. wir schreiben z. B. zu einem Maß a, daß es um 0,2 mm größer sein dürfe als das Nennmaß, aber nicht kleiner. Dieses zusätzliche Maß ist die Toleranz. Sie wirkt auf die Werkstatt in verschiedener Hinsicht ein, nämlich auf die Wahl des Arbeitsverfahrens, auf die Auswahl der Maschinen, auf den Arbeitsgang, die Ausbildung der Vorrichtungen, der Werkzeuge und der Lehren.

In bezug auf das Arbeitsverfahren nenne ich zunächst die Lochbearbeitung. Bei einer feinen Toleranz von wenigen hunderstel Milli-

---

[1]) S. d. Ausführungen von Damm über den Austauschbau in der Lokomotivindustrie.

metern wird die Werkstatt ohne weiteres ein Reiben mit der Reibahle vorsehen. Gibt man eine große Toleranz von 0,2 ÷ 0,3 mm, so weiß die Werkstatt, daß das Bohren mit einem Senker oder einem in einer Bohrbuchse geführten Spiralbohrer genügt. Entsprechend ist es bei den Wellen. Kleine Toleranzen verlangen ein Schleifen, große gestatten das Drehen oder die Verwendung gezogenen Materials. Dasselbe gilt natürlich auch von anderen Arbeitsverfahren. Ist ein Schlitz mit einer Genauigkeit von 0,2 ÷ 0,3 mm zu fräsen, so wird man ihn mit einem Mal fräsen können; bei größerer Genauigkeit wird man zwei Arbeitsgänge vorsehen, ein Vor- und ein Nachfräsen. Selbstverständlich wirkt über den Weg des Arbeitsverfahrens die Toleranz außerordentlich auf den Preis ein. Ein gutes Beispiel: Ist ein Gewinde sehr genau zu schneiden, so muß es auf der Drehbank mit der Leitspindel hergestellt werden. Ein weniger genaues Gewinde kann durch Fräsen schon viel billiger erzeugt werden. Wird eine noch geringere Genauigkeit verlangt, so kann das Gewinde durch Schneideisen oder mit der Gewindekluppe in einem Schnitt hergestellt werden.

Noch in anderer Hinsicht wirkt die Toleranz auf die Herstellung ein. Es gibt eine Menge von Teilen, die die Werkstatt gar nicht sachgemäß herstellen kann, wenn nicht Toleranzen eingeschrieben werden. Das gilt insbesondere für Vorrichtungen und Lehren. Der Vorrichtungsbauer kann einer Zeichnung für eine Vorrichtung nicht ansehen, auf welche Maße es ankommt, wenn diese Maße nicht durch Toleranzen genau umrissen werden. Es genügt auch nicht, das Maß nur zu unterstreichen, wie es bis jetzt vielfach geschehen ist. Denn das Unterstreichen besagt wohl „genau herstellen". Die Toleranz kann aber unter Umständen gestatten, das eine Maß als besonders genau und das andere weniger genau vorzuschreiben. Man wird immer nur die Genauigkeit verlangen, die unbedingt notwendig ist, und damit dem Grundsatz des „gut genug" folgen. Die Beziehungen zwischen der vorgeschriebenen Arbeitsgenauigkeit und der Auswahl von Maschinen sind heute noch nicht sehr eng. Es gibt wohl schon eine Reihe von Werkzeugmaschinenfabriken, die mit der Maschine ein Genauigkeitsprotokoll[1]) mitschicken. Einmal dieses Protokoll, sodann aber eine spätere Beobachtung und gelegentliches Messen an der Maschine sollte jeden Betriebsleiter darüber unterrichten, mit welcher Genauigkeit seine Maschinen arbeiten. Die Frage wird sehr wichtig, sobald es sich darum handelt, ob gewisse Teile auf der Drehbank, der Revolverbank, dem Automaten oder der Schleifmaschine herzustellen sind. Ein Automat gibt im allgemeinen bekanntlich keine allzu hohe Genauigkeit her, und doch gibt es gewisse Fabrikate, bei denen man auf einige hundertstel

---

[1]) S. a. Beitrag Huhn.

Millimeter genau arbeiten kann. Die Toleranz in der Zeichnung wirkt also stark auf die Auswahl der Maschinen ein.

Dem Vorrichtungsbauer schreiben die Toleranzen die Art der Aufnahmen vor. Die Aufnahme in eine Vorrichtung soll bekanntlich möglichst an einer Bearbeitungsstelle sattfinden. Ist eine Bohrung nach Feinpassung hergestellt, so wird man sie ohne weiteres auf einen festen Dorn aufnehmen können, vorausgesetzt, daß das geringe durch die Toleranz der Bohrung ermöglichte Spiel auf dem Dorn der Entfernung anderer Flächen nicht schadet. Ist dieses Spiel jedoch noch zu groß, oder ist die Bohrung selbst mit einer großen Toleranz hergestellt, so wird man einen Spreizdorn vorsehen müssen, damit nicht das Spiel auf die Entfernung zu einer anderen Fläche übertragen wird. Verschiedentlich braucht man Genauigkeitsvorschriften aber auch bei Teilen

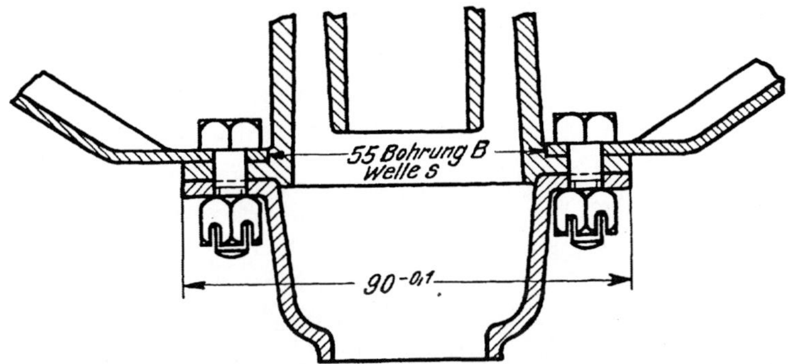

Abb. 22. Werkstück mit Toleranz zwecks Passens in der Vorrichtung.

und an Stellen, die überhaupt nicht zu einem Gegenstück passen müssen, nur damit diese Stellen in eine Vorrichtung hineinpassen. So zeigt Abb. 22 eine Konstruktion, bei der ein Maß 90 mm mit einer Toleranz versehen ist. Die Genauigkeit dieses Maßes ist auf die Konstruktion offenbar ohne jeden Einfluß. Trotzdem ist die Genauigkeitsvorschrift nötig, wie die folgende Abb. 23 zeigt. Oben ist eine Bohrvorrichtung dargestellt, die mit dem Durchmesser 90 gerade auf das vorhin gezeichnete Teil passen soll. Würde diese Toleranz 90 — 0,1 nicht gegeben sein, so wäre es keiner Werkstatt übelzunehmen, wenn das Maß einmal 90,5 würde. Es wäre dann aber nicht mehr möglich, diese einfache Vorrichtung zentrisch auf diesen Teil aufzusetzen und ihn ordnungsgemäß zu bohren. Das gleiche gilt für das Gegenmaß, für welches diese Vorrichtung gleichzeitig verwendet werden soll, nur daß sie hier mit dem Zentrieransatz eingesteckt wird. Selbstverständlich ist auch bei dem Maß der Vorrichtung selbst gemäß Abb. 23 eine gewisse Genauigkeit notwendig, die eine Gewähr für das Passen des Werkstückes gibt.

Für die Auswahl der Werkzeuge gilt natürlich dasselbe, was ich
schon bezüglich des Arbeitsverfahrens ausgeführt habe. Immerhin
weist eine Genauigkeitsvorschrift darauf hin, auch die Werkzeuge selbst
auf ihre Genauigkeit zu prüfen. Wenn man nicht darüber unterrichtet

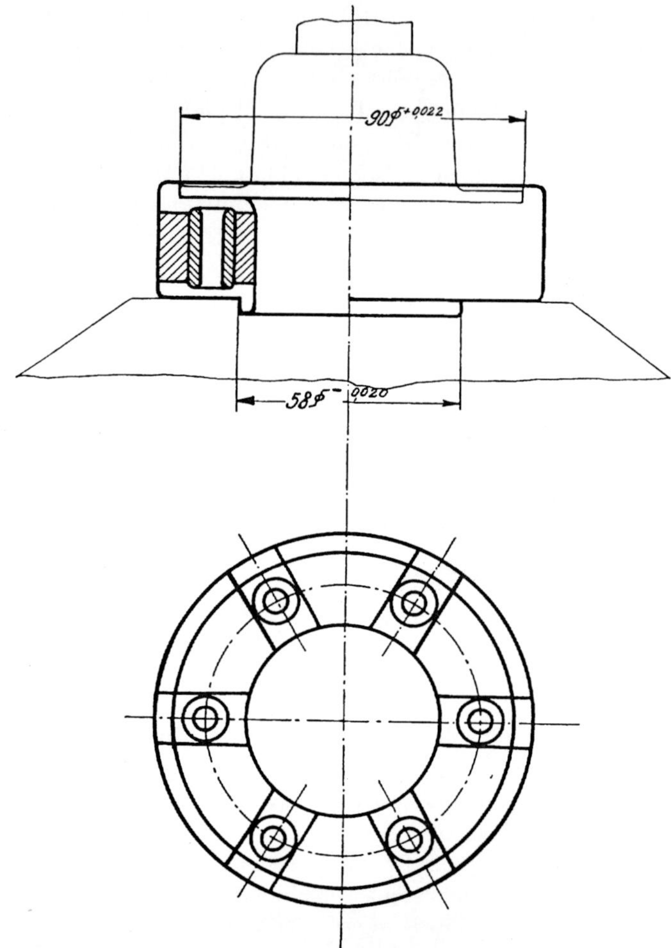

Abb. 23.   Flanschbohrvorrichtung mit tolerierten Anschlußmaßen.

ist, daß Scheibenfräser oft selbst Abweichungen von 0,1÷0,2 mm haben,
so würde man vielleicht unerlaubterweise verlangen, daß diese Fräser
Schlitze mit 0,1 mm Genauigkeit herstellen sollen. Die Ungenauigkeit der Werkzeuge überträgt sich natürlich unmittelbar auf das Werkstück. Bei dem in Abb. 24 dargestellten Fall handelt es sich darum, eine
Keilnut für einen Scheibenkeil herzustellen. Es ist der Halbmesser mit

20 + 0,5 angegeben. Die Toleranz 0,5 mm sagt dem Werkzeugmacher, daß er seinen neuen Fräser mit dem Durchmesser 41 machen kann. Er hat also die Möglichkeit, den Fräser mit der Zeit um 1 mm abzuschleifen. Das nebenstehende Bild zeigt die Toleranz für das gezogene Material, aus dem der Keil abgeschnitten werden kann.

Daß die Größe der Toleranz auf die Auswahl der Meßwerkzeuge ebenso einwirkt, ist nicht verwunderlich. Bei großen Toleranzen von mehreren zehntel Millimetern wird man nicht daran denken, Grenzlehren zu beschaffen, es sei denn, daß es sich um große Mengen handelt oder daß die Arbeit von ungelernten Arbeitern ausgeführt wird. Man wird mit der Schublehre messen können. Dieser folgt die Schraublehre, und erst bei größerer Genauigkeit wird man zur Grenzlehre, Meßuhr usw. übergehen. Es ist natürlich notwendig, daß man sich über die Genauigkeit dieser Meßwerkzeuge ein klares Bild macht[1]).

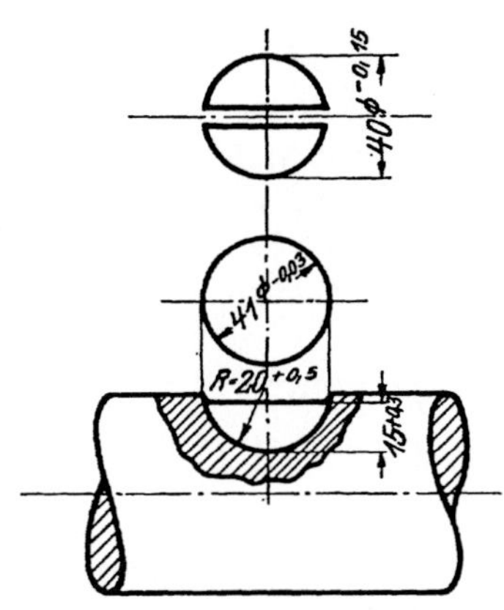

Abb. 24. Toleranz als Hinweis auf das Werkzeugmaß.

Die **Voraussetzung** für alle diese Maßnahmen bildet natürlich eine **vollkommene Zeichnung**, die jedes wichtige Maß mit der Genauigkeitsvorschrift versieht, die gefordert werden muß.

Es ist ein vielgebrauchter Vergleich, daß man die Zeichnung als die Sprache des Ingenieurs ansieht. Die Toleranz in dieser Sprache ist dann die Betonung. Wenn man von der Zeichnung fordert, daß die Toleranzen eingeschrieben werden, so zwingt man damit den Konstrukteur, mehr als gewöhnlich von vornherein an die Fertigung zu denken. In dem Augenblick, wo man für ein Maß einige hundertstel oder einige zehntel Millimeter vorschreibt, muß man sich auch

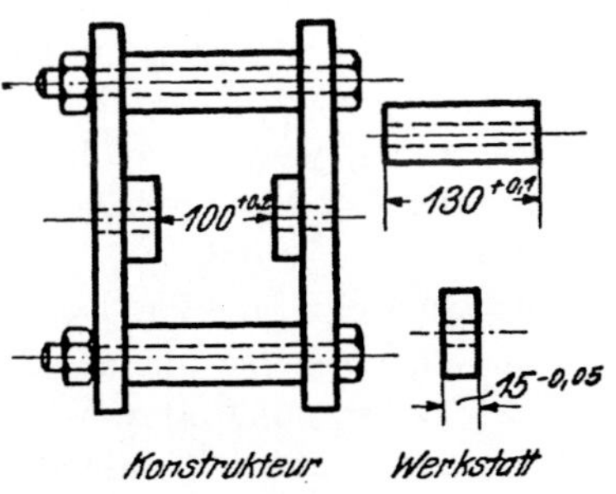

Abb. 25. Auflösung einer Passungstoleranz.

überlegen. ob die Werkstatt überhaupt in der Lage ist, ein solches Maß einzuhalten, bzw. welche Hilfsmittel sie haben muß. Die Toleranz kann auf zweierlei Weise eingeschrieben werden. Handelt es sich um abnormale Fälle, wie sie hier dargestellt sind, so wird man zum Nenn-

---

[1]) Vgl. Berndt, Die Meßwerkzeuge für den Austauschbau. Ferner Literaturverzeichnis A Nr. 3.

maß die zulässigen Abweichungen als Zahlen angeben und sie einmal auf das Innenmaß und einmal auf das Außenmaß beziehen. Aus Abb. 25 ist ersichtlich, wie unter Umständen eine Passungstoleranz aufgelöst werden kann. In das Maß, das bis 100,2 gehen kann, soll ein Teil eingepaßt werden, der beweglich ist. Mit dieser Toleranz kann die Werkstatt an und für sich nichts anfangen. Die Toleranz muß in Einzeltoleranzen für jeden Teil aufgelöst werden, wie dies die Einzelangaben zeigen.

Nach dem bisher Gesagten steigt vielleicht in manchem Leser die Befürchtung auf, daß mit diesen Toleranzen Unfug getrieben wird oder werden kann. Diese Gefahr besteht in der Tat. Betrachtet man die Sache aber richtig, so wird man finden, daß die Toleranz nur falsch angewandt eine Erschwerung, bei richtiger Anwendung und richtiger Bestimmung ihrer Größe aber eine wesentliche Erleichterung bringen muß. Es ist bekannt, daß vor den Arbeiten des NDI das Gebiet der Passungen durch die Feinpassung hauptsächlich nach dem System von Schlesinger-Loewe begrenzt war. Es hat sich immer bei der Austauschbarkeit nur um Hundertstel von Millimetern gehandelt, und man hat häufig unnötigerweise Bohrungen, Wellen und auch Flächenmaße mit dieser Genauigkeit hergestellt. Die Austauschbarkeit, die wir als Zweck über unsere Arbeiten setzen, verlangt aber häufig nur die Einhaltung von zehntel oder gar mehreren zehntel Millimetern. Sie sagt dem Arbeiter also von vornherein: Hier ist keine Schraublehre notwendig, hier ist nichts zu schleifen usw. Sie schafft klare Verhältnisse und ist damit geeignet, Streitigkeiten vorzubeugen. Es ist nicht mehr möglich, daß ein Revisionsbeamter oder ein Meister Genauigkeiten verlangt, die gar nicht nötig sind und über die er meist in Differenzen mit der Werkstatt gerät. Ein anderes Beispiel: Wellen, die geschliffen werden sollen, werden in der Dreherei mit einem gewissen Übermaß hergestellt. Ist das Übermaß zu groß, dann beklagt sich der Schleifer, daß er zu lange schleifen muß und mit seinem Akkord nicht auskommt. Ist das Übermaß zu klein, so bekommt er keine saubere Fläche mehr. In solchen Fällen kann nur eine Genauigkeitsvorschrift helfen, indem man z. B. sagt, eine 30-mm-Welle wird mit einem Maß zwischen 30,2 und 30,4 gedreht[1]). Kommen solche Wellen häufig vor, so wird man sich hierfür feste Lehren vorsehen. Denn diese festen Lehren sind wiederum geeignet, Meßfehler auszuschalten, die bei Schublehren doch noch vorkommen könnten. Außerdem sind sie geeignet, gelernte Arbeitskräfte durch ungelernte zu ersetzen und dadurch billiger zu fabrizieren. Auch der Ausschuß wird herabgesetzt, insofern als man von vornherein weiß, mit welcher Genauigkeit ein Stück hergestellt werden soll. Sind keine Toleranzen angegeben, so kommt es leider nur zu häufig

---

[1]) Siehe DI-Norm 186.

vor, daß sich erst in der Revision oder gar erst bei der Montage zeigt, daß ein Teil Ausschuß ist. Man kann der Werkstatt dann keine Vorwürfe machen, weil die Verwendung des Teiles vielleicht nicht genügend bekannt war.

Die Streitigkeiten können natürlich nicht nur zwischen Werkstatt und Revision auftauchen, sondern noch viel mehr zwischen Hersteller und Käufer[1]). Auch hier kann nur eine Genauigkeitsvorschrift Klarheit schaffen und den Streitigkeiten[2]) vorbeugen.

Die richtige Größe einer Toleranz.

Bisher war wiederholt von kleinen und großen Toleranzen die Rede. Wenn wir uns nun fragen, wovon die Größe der Toleranzen abhängig ist, so kommen wir auf zwei Quellen. Die eine ist der Verwendungszweck. Er verlangt z. B., daß bei einer Welle, die in einem Lager laufen soll, das Spiel zwischen zwei gegebenen Grenzen bleiben muß. Diese Toleranz ist der Größtwert, der der Fabrikation zugestanden werden kann. Andererseits sagt die Werkstatt, auf Grund ihrer Hilfsmittel könne sie nur die und die Toleranz einhalten. Sie gibt also einen Kleinstwert, und nun handelt es sich darum, den Kleinstwert und Größtwert unter einen Hut zu bringen, d. h. die Forderungen des Konstrukteurs nach Austauschbarkeit und die Forderungen der Werkstatt nach billiger und glatter Herstellung in Einklang zu bringen.

Wenn man feststellen will, welchen Größtwert eine Toleranz in Hinsicht auf den Verwendungszweck hat, so gibt es dazu verschiedene Wege. Der einfachste besteht darin, daß man die bisher auf dem Gebiete der zylindrischen Passungen vorliegenden Erfahrungen benutzt. Will man nichtnormale oder gröbere Passungen nehmen, mit denen man heute noch weniger Erfahrungen hat, so wird man sich eine Anzahl von Versuchsstücken machen, die einmal das kleinste und einmal das größte Spiel geben, und dann feststellen, ob die beiden Grenzfälle den Anforderungen genügen. Wie um das Spiel, so kann es sich auch um das Übermaß oder andere Maße handeln, je nach dem Zweck der Passungen. Ein anderer Weg ist der, daß man eine Anzahl ausgeführter Maschinen auseinandernimmt und nachmißt, welche praktischen Spiele bisher den üblichen Forderungen genügt haben. Man wird auch hier gewisse Verschiedenheiten feststellen und auf Grund dieser Verschiedenheiten auch für die Zukunft dieselben Abweichungen zulassen.

Umgekehrt muß die Werkstatt über die Genauigkeit, die sie erreichen kann, unterrichtet sein. Dazu sind Versuche nötig, wie sie in Abb. 26 und 27

---

[1]) Vorschläge über Abnahmelehren im Vergleich zu Betriebslehren s. Mitteilungen des Normenausschusses der Deutschen Industrie Jhg. 5, H. 23, S. 15. 1922. (DIN 812—19, Abnahmelehre.)

[2]) S. Literaturverzeichnis A Nr. 22.

im Ergebnis dargestellt sind. Beim ersten Versuch handelt es sich um die Erzeugung von Drehteilen auf einer Revolverbank. Es wird hier planmäßig gemessen, und zwar werden verschiedene Serien gedreht und immer

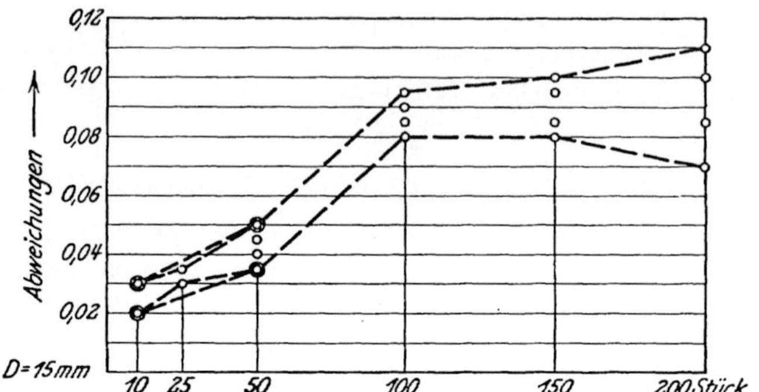

Abb. 26. Abweichungen von Werkstücken, die auf einer Revolverbank gefertigt wurden.

wieder einige Stücke gemessen. Man sieht, daß an dem Ansteigen des Maßes nur die Abnutzung des Werkzeuges schuld sein kann. Innerhalb der unmittelbar aufeinander folgenden Messungen hat sich nun das Werkzeug sicher nur wenig abgenutzt, diese Abweichungen z. B. zwischen

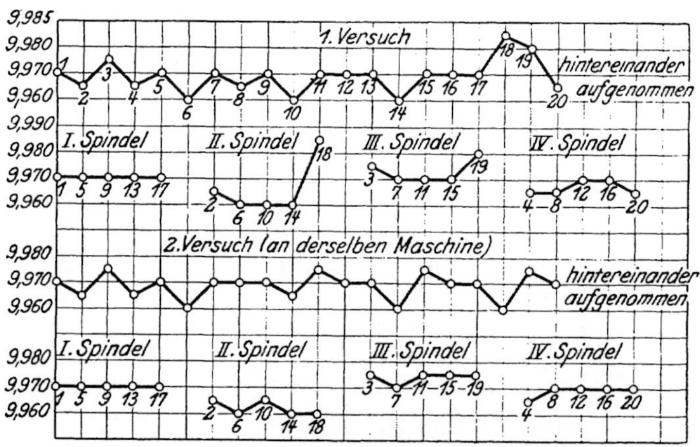

Abb. 27. Abweichungen von Werkstücken, die auf einem Vierspindelautomaten gefertigt wurden.

dem 49. und dem 52. Stück, die auf der Ordinate 50 gezeichnet sind, sind also auf Ungenauigkeiten in der Maschine zurückzuführen. Das Ganze gibt ein Bild der Werkzeugabnutzung und der dazukommenden Ungenauigkeiten der Werkzeugmaschine. Im Diagramm Abb. 27 sind die Versuchsergebnisse an einem Vierspindelautomaten dargestellt. Hier sieht man deutlich, daß die zweite Spindel durchschnittlich kleinere Teile erzeugt als die erste. Bei diesen Vierspindelautomaten kommen also zu den Ungenauigkeiten der einspindligen Maschine noch die Abweichungen in der gegenseitigen Lagerung der vier Spindeln hinzu. Nur solche Versuche können ein klares Bild von dem geben, was man von der Maschine erwarten kann, und nur so läßt sich ein Urteil darüber gewinnen, ob die Maschine geeignet ist, einbaufertige Teile zu liefern.

Wenn wir nun die obenerwähnten Feststellungen an befriedigend arbeitenden Teilen gemacht haben, so wissen wir erst, um welchen Betrag das Spiel schwanken darf. Ich möchte diesen Betrag als die Toleranz der Gesamtpassung bezeichnen, die zu unterscheiden ist von der Toleranz der einzelnen Stücke. Wie diese beiden Toleranzbeträge zusammen-

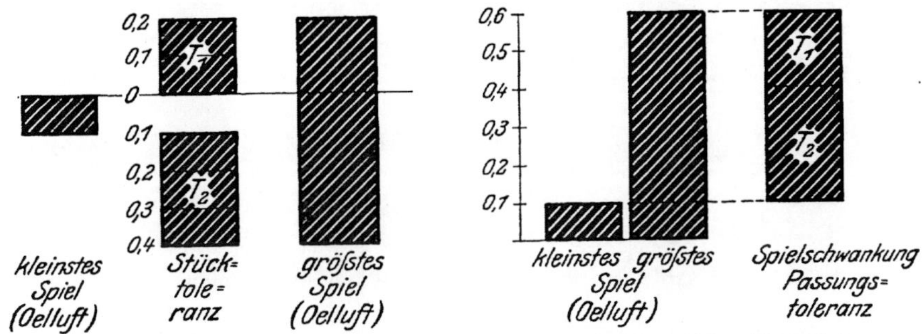

Abb. 28. Passungstoleranz = Summe der Toleranzen der beiden Paßstücke.

hängen, zeigen die Diagramme in Abb. 28. Die Differenz zwischen dem kleinsten und größten Spiel, d. h. die ,,Passungstoleranz‘‘, ist gleich der Summe der beiden Stücktoleranzen von Welle und Bohrung. Diese Kenntnis machen wir uns zunutze und teilen die Spielschwankungen, die wir durch unsere Messung festgestellt haben, auf, indem wir den Betrag je nach der Herstellungsmöglichkeit auf Welle und Bohrung verteilen. Hat man z. B. gefunden, daß ein Spiel zwischen 0,01 und 0,06 mm schwanken kann, so kann man entweder die Passungstoleranz von 0,05 mm halbieren, indem man unter Berücksichtigung des kleinsten Spiels je die Hälfte auf die Welle und Bohrung gibt; man kann aber auch sagen, daß die Bohrung, da sie schwieriger herzustellen ist, 0,035 mm erhalten soll, während die Welle mit der verbleibenden Toleranz von 0,015 mm noch wirtschaftlich geschliffen werden kann.

Systeme der Passungen.

Soweit es sich um normale Fälle handelt, ist Ihnen allen bekannt, daß der Normenausschuß der Deutschen Industrie (NDI) in jahrelanger Arbeit alles gesammelt und systematisch zusammengestellt hat.

Stellen wir uns einen Augenblick den Zustand vor, daß man für jede Passung an einer Maschine lediglich feststellen würde, wie groß die Passungstoleranz sein darf, und daß wir diese nach Belieben auf Welle und Bohrung verteilen würden, so daß die Bohrung um ein bestimmtes Maß kleiner oder größer wäre als die Welle, so würden wir ein wildes Durcheinander haben, und man würde sofort dazu übergehen, bei einem Durchmesser entweder alle Bohrungen oder alle Wellen gleichzumachen. Die verschiedenen Sitze würde man bei einheitlicher Bohrung durch verschieden starke Wellen erzeugen, bei einheitlicher Welle würde man die Bohrungen verschieden weit machen.

Man kommt damit ohne weiteres zu den Systemen der Einheitsbohrung und der Einheitswelle. Im Laufe der Verhandlungen ist ein weiteres System aufgetaucht, das sog. Verbundsystem. Wie Abb. 29 zeigt, war das fast notwendig. Denn man kann die verschiedenen Sitze A, B, C, D auf drei verschiedene Arten erzeugen: Einmal indem man vier verschiedene Wellen in eine Bohrung steckt; die dickste wird

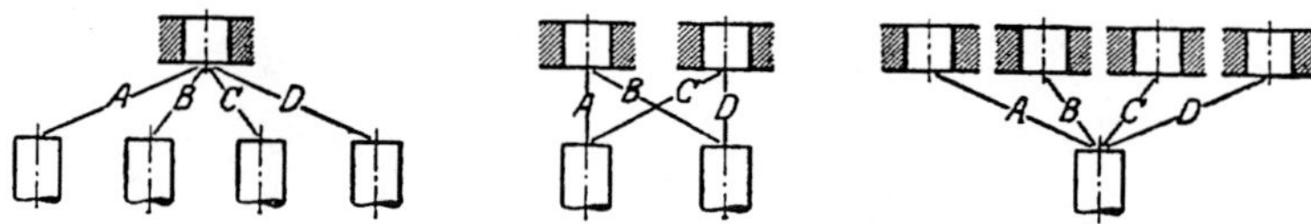

Abb. 29.   Drei Arten von Passungssystemen.

einen Preßsitz, die dünnste einen leichten Laufsitz geben; oder indem man auf eine Welle vier verschiedene Bohrungen setzt. Man kann aber auch dasselbe erzielen, indem man zwei Bohrungen und zwei Wellen nimmt und diese wechselseitig zusammensteckt: Bohrung 1 auf Welle 1. Bohrung 1 auf Welle 2, Bohrung 2 auf Welle 1 und Bohrung 2 auf Welle 2.

Letzteres bezeichnet man wegen der wechselweisen (tauschbaren) Verwendung gleicher Lehren als Tauschlehrsystem; es liegt seinem Wesen nach zwischen Einheitsbohrung und Einheitswelle und bildet sozusagen den Übergang vom einen zum anderen. Eine praktische Bedeutung hat es, abgesehen von besonderen Fällen, jedoch nicht erlangt. Auf die Eigenheiten und Vorzüge der Passungssysteme und auf ihre Anwendbarkeit auf die verschiedenen Industriezweige wird in dem Kapitel „Passungssysteme" von Gottwein eingegangen werden.

Die Grundlagen der DI-Normen für Passungen.

Was hier über diese normalen Passungen auszuführen ist, betrifft die Grundlagen, die diesen Normen von Anfang an zugrunde gelegt wurden. Es ist immerhin von einigem Nutzen, zu wissen, woher die Normungsvorschriften kommen; denn man wird dann die Normen, die man an und für sich blindlings gebrauchen könnte, mit anderen

Augen ansehen und eher in der Lage sein, Entwicklungen, Änderungen, die auch diese Normen einmal durchmachen werden, richtig zu verstehen und gegebenenfalls selbst Vorschläge zu machen.

Die drei Grundpfeiler, auf denen die Normung der Passungen aufgebaut ist, sind: die Paßeinheit, die Lage der Nullinie und die Bezugstemperatur.

Die Paßeinheit ist eine veränderliche Größe, die mit dem Nennmaß wechselt. In einer Formel ausgedrückt ist sie $0{,}005 \cdot \sqrt[3]{d}$. Ihre Werte sind aus dem Diagramm Abb. 30 ersichtlich.

Die Paßeinheit benutzt man, um damit in abgekürzter Weise die Abmaße[1]) für eine ganze Durchmesserreihe zu bezeichnen. So hat z. B. eine Laufwelle im Einheitsbohrungssystem das obere Abmaß — 3 PE, das untere Abmaß — 5 PE oder abgekürzt die Abmaße $\dfrac{-\,3}{-\,5}$ PE; d. h.

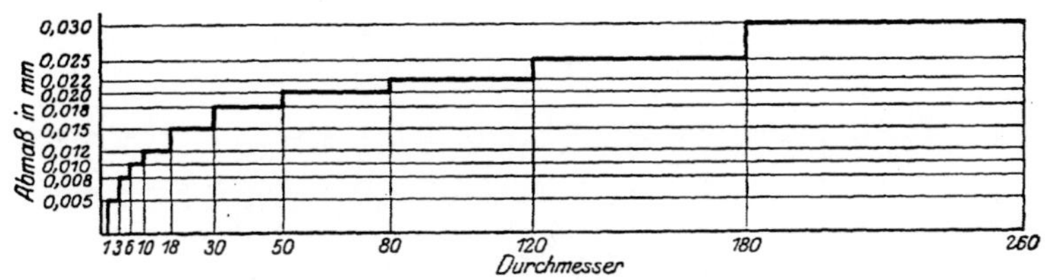

Abb. 30. Kurve der Paßeinheit.

ein bestimmter Durchmesser d hat die wirklichen Abmaße $-\,3 \cdot 0{,}005\,\sqrt[3]{d}$ und $-\,5 \cdot 0{,}005\,\sqrt[3]{d}$. Auf diese Weise ist besonders der rasche Vergleich von Abmaßen verschiedener Sitze, von Spielen, Übermaßen und Toleranzen möglich und so kann unsere auf S. 4 Abb. 4 entwickelte Darstellung mit den Abmaßen in Paßeinheiten versehen werden, ohne daß ihre Geltung auf einzelne Durchmesser beschränkt bliebe. Davon ist in den weiter unten beschriebenen Abb. 31 bis 35 Gebrauch gemacht.

Einheitlich abgerundete Zahlenwerte enthält Tafel 1. Diese kann außer bei normalen Passungen bei jeder Art von Abmaßen verwendet werden; hat man z. B. für einen bestimmten Zweck festgestellt, daß für ein Nennmaß von 60 mm ein Abmaß — 0,08 mm lauten soll, so findet man dieses in der Reihe 4 PE und bemerkt sich, daß für diesen Zweck stets diese Reihe anzuwenden ist. Damit wird einer einheitlichen Festlegung von Abmaßen von vornherein vorgearbeitet.

Als zweite Grundlage für die Passungsnormen wurde die Lage der Nullinie bezeichnet. Der Begriff Nullinie bezieht sich auf die graphische Darstellung der Abmaße in Abhängigkeit von den Durchmessern; hier stellt die „Nullinie" das Abmaß 0 dar, das, wenn man an die Abb. 4

---

[1]) S. S. 4.

Zahlentafel 1. Abgerundete Paßeinheitsreihen.

Paßeinheiten[1]	Maßbereich in mm												Paßeinheiten
	von 1 bis 3	über 3 bis 6	über 6 bis 10	über 10 bis 18	über 18 bis 30	über 30 bis 50	über 50 bis 80	über 80 bis 120	über 120 bis 180	über 180 bis 260	über 260 bis 360	über 360 bis 500	
0,5	0,003	0,004	0,005	0,006	0,008	0,009	0,010	0,011	0,013	0,015	0,018	0,020	0,5
(0,75)	0,004	0,006	0,008	0,009	0,011	0,013	0,015	0,017	0,020	0,022	0,025	0,028	(0,75)
1	0,005	0,008	0,010	0,012	0,015	0,018	0,020	0,022	0,025	0,030	0,035	0,040	1
1,5	0,008	0,012	0,015	0,018	0,022	0,025	0,030	0,035	0,040	0,045	0,050	0,060	1,5
2	0,012	0,015	0,020	0,025	0,030	0,035	0,040	0,045	0,050	0,060	0,070	0,080	2
(2,5)	0,015	0,020	0,025	0,030	0,035	0,040	0,050	0,060	0,065	0,075	0,085	0,095	(2,5)
3	0,018	0,025	0,030	0,035	0,045	0,050	0,060	0,070	0,080	0,090	0,100	0,120	3
3,5	0,020	0,030	0,035	0,040	0,050	0,060	0,070	0,080	0,095	0,105	0,120	0,140	3,5
(4)	0,025	0,030	0,040	0,050	0,060	0,070	0,080	0,090	0,110	0,120	0,130	0,150	(4)
5	0,030	0,040	0,050	0,060	0,070	0,080	0,100	0,120	0,140	0,150	0,170	0,200	5
5,5	0,035	0,045	0,055	0,065	0,080	0,095	0,110	0,130	0,150	0,170	0,190	0,220	5,5
(6)	0,035	0,050	0,060	0,070	0,080	0,100	0,120	0,140	0,160	0,180	0,200	0,220	(6)
(7)	0,040	0,055	0,070	0,085	0,100	0,120	0,140	0,160	0,180	0,210	0,240	0,260	(7)
7,5	0,050	0,060	0,075	0,090	0,110	0,130	0,150	0,180	0,200	0,220	0,250	0,280	7,5
8	0,050	0,060	0,080	0,100	0,120	0,140	0,160	0,180	0,210	0,240	0,270	0,300	8
10	0,050	0,080	0,100	0,100	0,150	0,150	0,200	0,200	0,250	0,250	0,300	0,350	10
(12)	0,070	0,100	0,120	0,140	0,170	0,200	0,240	0,280	0,320	0,380	0,400	0,450	(12)
15	0,080	0,120	0,150	0,200	0,250	0,250	0,300	0,350	0,400	0,450	0,500	0,550	15
20	0,100	0,150	0,200	0,250	0,300	0,350	0,400	0,450	0,500	0,550	0,600	0,700	20
(25)	0,150	0,200	0,250	0,300	0,350	0,400	0,500	0,600	0,650	0,750	0,850	0,950	(25)
30	0,180	0,250	0,300	0,400	0,450	0,500	0,600	0,700	0,800	0,900	1,000	1,100	30
(35)	0,200	0,300	0,350	0,400	0,500	0,600	0,700	0,800	0,900	1,100	1,200	1,400	(35)
(40)	0,250	0,300	0,400	0,500	0,600	0,700	0,800	0,900	1,100	1,200	1,300	1,500	(40)
(50)	0,300	0,400	0,500	0,600	0,700	0,800	1,000	1,200	1,400	1,500	1,700	1,800	(50)
(60)	0,350	0,500	0,600	0,700	0,800	1,000	1,200	1,400	1,500	1,800	2,000	2,200	(60)
(80)	0,500	0,600	0,800	1,000	1,200	1,400	1,600	1,800	2,100	2,400	2,700	3,000	(80)
(100)	0,600	0,800	1,000	1,200	1,400	1,700	2,000	2,300	2,600	3,000	3,400	3,800	(100)
Genauer Wert einer Paßeinheit	0,00611	0,00815	0,00993	0,01194	0,01432	0,01698	0,01998	0,02310	0,02645	0,03007	0,03374	0,03763	Genauer Wert einer Paßeinheit

[1]) Die nicht eingeklammerten Reihen sind in den DI-Normen enthalten, die übrigen sind zum Gebrauch für Sonderzwecke beigefügt.

denkt, nichts anderes als das Nennmaß bedeutet. Es ist noch nicht lange her, daß der Begriff Toleranz einfach mit „Plus-Minus" ($\pm$) übersetzt wurde; man hat sich immer eine Maßabweichung darunter vorgestellt, die gleichmäßig nach oben und unten gehen kann. Es ist das System der „Nullinie gleich Symmetrielinie". Es war bis zu den Arbeiten des NDI[1]) am meisten verbreitet. Der NDI ist aber zu einem anderen System übergegangen, nämlich dazu, die Nullinie als Begrenzungs-

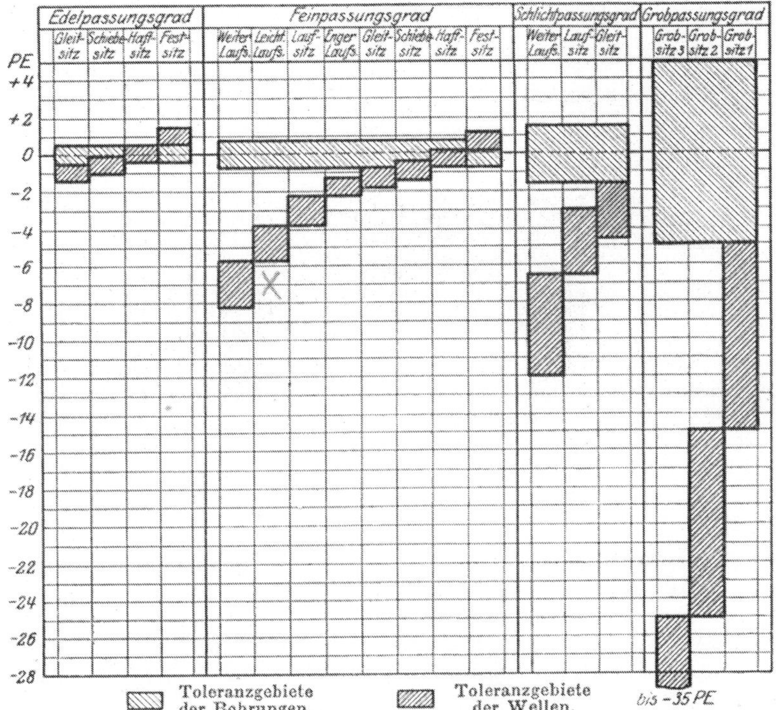

Abb. 31. Passungssystem „Einheitsbohrung" mit Nullinie als Symmetrielinie der Bohrungstoleranzen.

linie[2]) zu wählen. Im System der Einheitsbohrung bedeutet das, daß die Abweichung der Bohrung nur nach oben gehen darf. Warum diese Lösung notwendig war, zeigen die Abb. 31—33.

Die Arbeit des NDI hat sich nicht auf die Feinpassung beschränkt. Es hat sich vielmehr von Anfang an darum gehandelt,

---

[1]) Normenausschuß der Deutschen Industrie.

[2]) Sowohl der Begriff der Paßeinheit, wie auch der Grundsatz der Nullinie als Begrenzungslinie stammen von Kühn, s. Literaturverzeichnis A Nr. 30 bis 32. Praktisch wurde das System Nullinie gleich Begrenzungslinie schon früher durch die Firma J. E. Reinecker, Chemnitz, ausgeführt.

verschiedene Gütegrade einzuführen. In Abb. 31 sind die verschiedenen
Gütegrade nach dem alten System der Symmetrielinie dargestellt. Nun
ist es eine selbstverständliche Forderung der Austauschbarkeit, daß
man eine Welle, die genau hergestellt ist, doch auch in eine grob tolerierte Bohrung hineinstecken kann. Das Diagramm zeigt für das System
Einheitsbohrung aber, daß z. B. eine Laufsitzwelle in der Grobbohrung
unter Umständen festsitzen würde. Die sehr genau hergestellte Welle

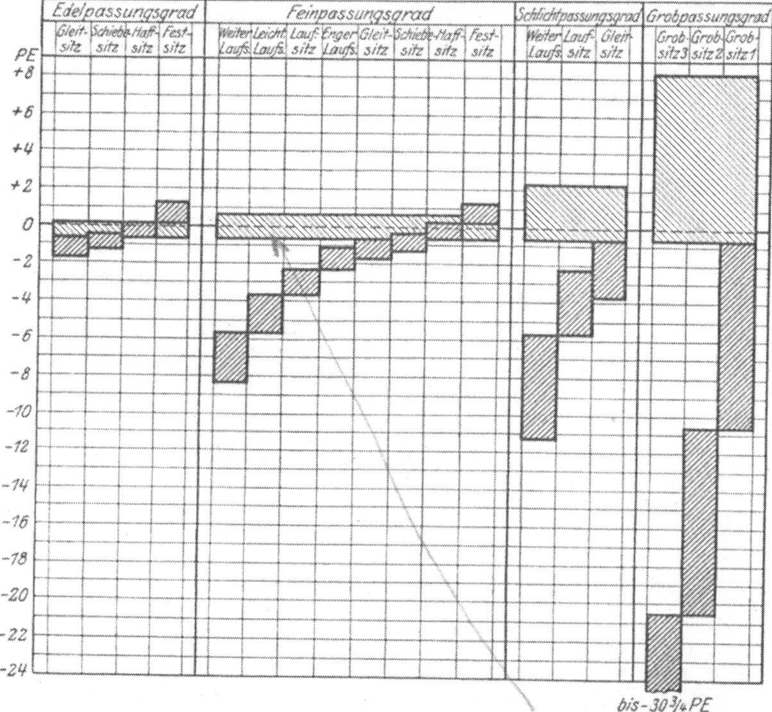

Abb. 32. Passungssystem „Einheitsbohrung" mit Nullinie als Symmetrielinie
der Feinpassungsbohrung.   Untere Begrenzungslinie der Bohrungstoleranzen
aller Gütegrade gemeinsam.

wäre also vollkommen unbrauchbar, wenn man sie in eine gröber tolerierte Bohrung stecken wollte. Dieser Fall mag vielleicht etwas künst-
lich beschaffen erscheinen. Er ist aber in der Praxis schon häufig vor-
gekommen, namentlich bei Ersatzteilen oder bei Teilen, die man rasch
in einer Reparaturwerkstatt herstellte, wo man nicht immer denselben
Gütegrad einhalten kann wie sonst.

Wir müssen also verlangen, daß auch die gröberen Bohrungen niemals kleiner werden dürfen als die feinen Bohrungen. Diesen Grundsatz,
daß die untere Grenze der Bohrungen gemeinsam sein muß, hätte man

natürlich auch nach dem Loeweschen System ausführen können, indem man die Feinbohrung mit der Nullinie als Symmetrielinie ausgeführt und nun auf die untere Begrenzungslinie die Bohrungstoleranzen der gröberen Gütegrade gesetzt hatte (Abb. 32). Es wäre das aber kein klares System gewesen und hätte außerdem auf schwankenden Füßen gestanden. Denn wir können heute nicht sagen, daß die Bohrungstoleranzen der Feinpassung für alle Zeiten gleich bleiben. In dem Augen-

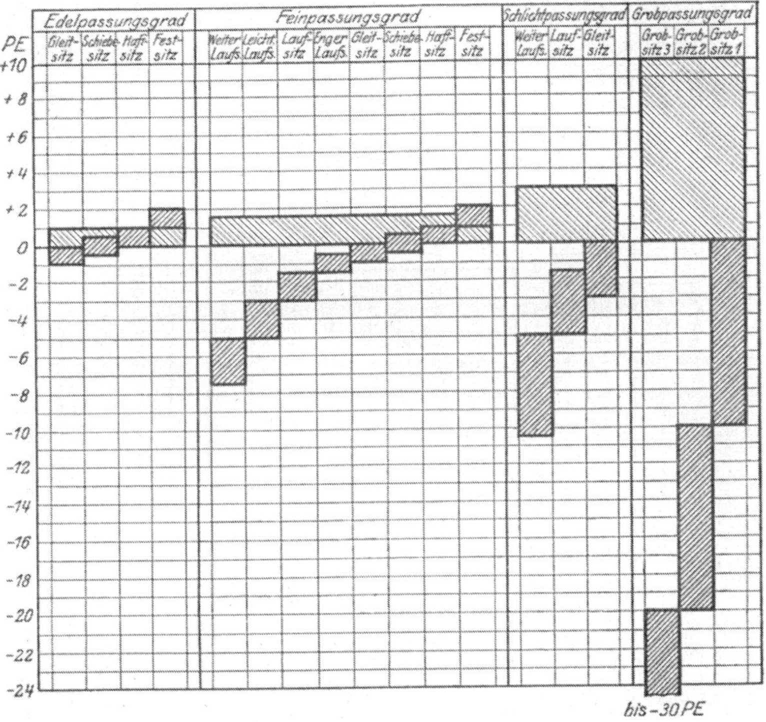

Abb. 33. Passungssystem „Einheitsbohrung" mit Nullinie als unterer Begrenzungslinie aller Bohrungen. — DI-Normsystem.

blick, wo sie geändert würden, müßten zwangsläufig alle diese Toleranzgebiete und damit alle Lehren und Werkzeuge geändert werden. Das alles führte zu dem klaren durchsichtigen System „Nullinie gleich Begrenzungslinie" (Abb. 33), die Nullinie ist durchweg das untere Abmaß für alle Bohrungen im Einheitsbohrungssystem, d. h. das Nennmaß gilt bei Einheitsbohrung für alle Bohrungen als Kleinstmaß. Jetzt können unbedenklich die Bohrungstoleranzen geändert werden, da die Änderung nur an der oberen Grenze geschieht. Ja es ist denkbar, daß in besonderen Fällen auch einmal noch ein anderer Gütegrad einge-

schoben wird. Im System Einheitswelle spielt die Nullinie natürlich
die umgekehrte Rolle; sie stellt das obere Abmaß für die Einheitswellen

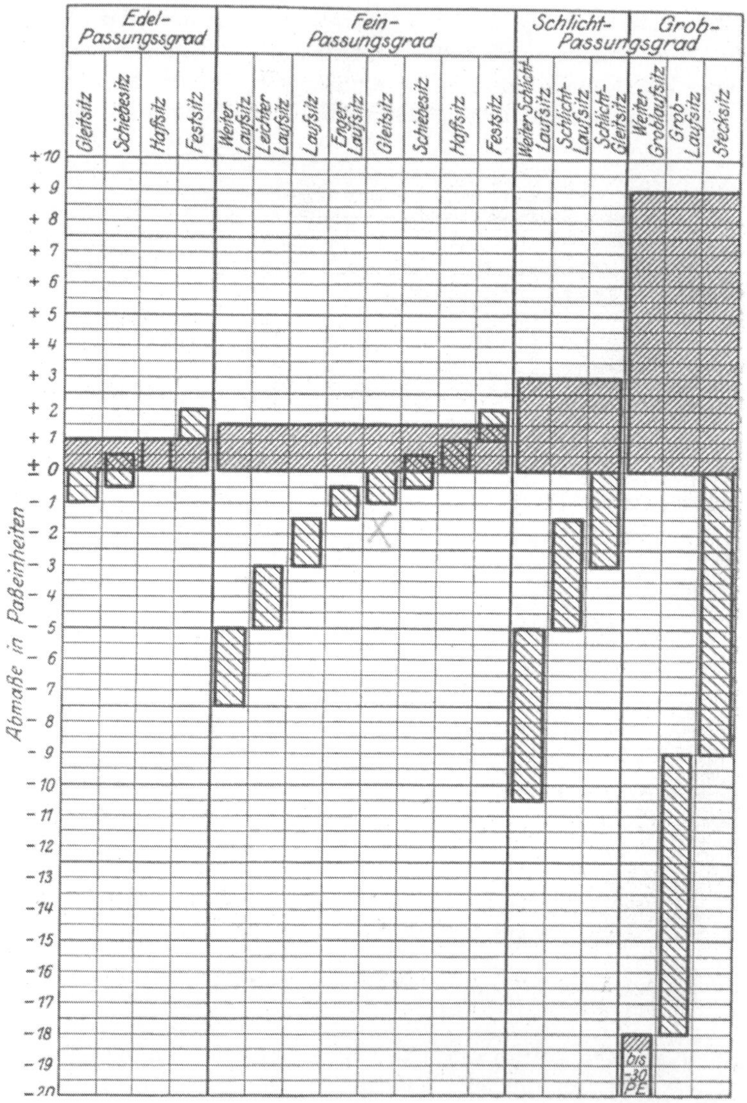

Abb. 34. System „Einheitsbohrung" nach DI-Normen.

aller Gütegrade dar, d. h. die Größtmaße aller Wellen in diesem System
sind die Nennmaße.

Abb. 34 und 35 zeigen die vollständigen Systeme Einheitsbohrung

und Einheitswelle mit allen vom NDI festgelegten Sitzen und Bezeichnungen[1]).

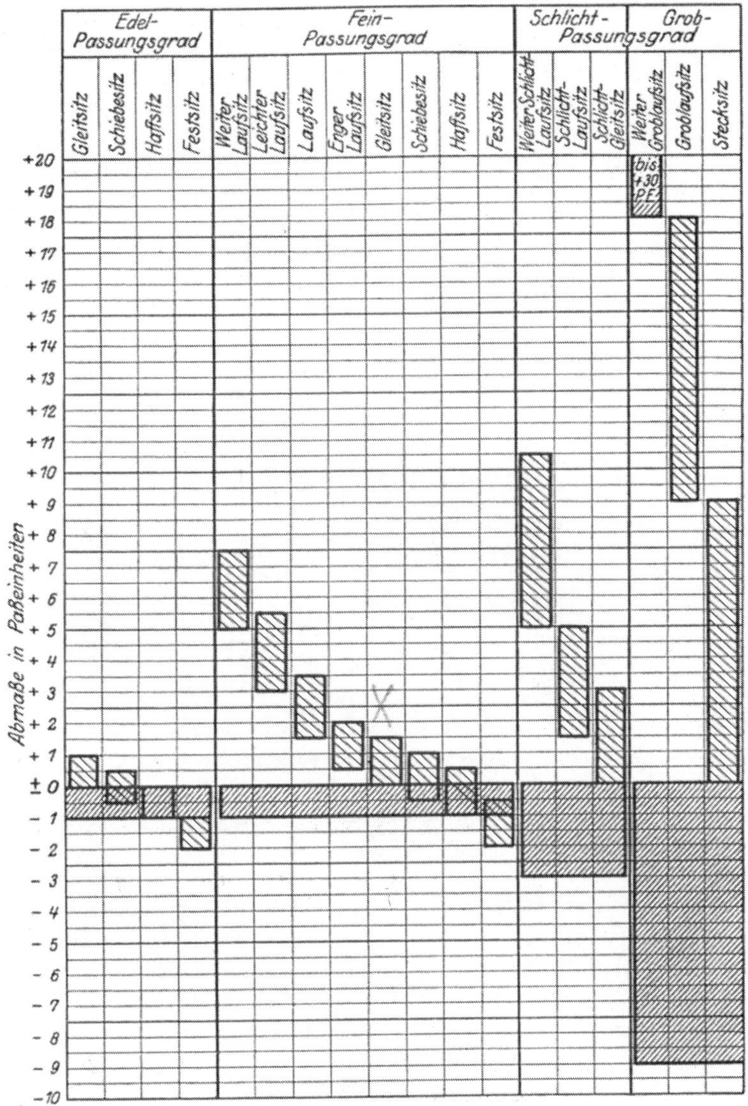

Abb. 35. System „Einheitswelle" nach DI-Normen.

---

[1]) Weiter Groblaufsitz, Groblaufsitz und Stecksitz wurden seit Drucklegung
durch „Grobsitz 3, Grobsitz 2, Grobsitz 1" ersetzt, weil sie zu irrtümlicher Auffassung der Spiele der andern Laufsitze und weiten Laufsitze führen können.
Ferner wurden im Feinpassungsgrad zwei Sitze hinzugefügt und zwar zwischen
Haft- und Festsitz der „Treibsitz" und jenseits des Festsitzes der „Preßsitz".

Die Lage der Nullinie bringt nun eine Folge mit sich, die sehr wesentlich ist. Der Gleitsitz ist der Sitz, bei dem das Größtmaß der Welle mit dem Kleinstmaß der Bohrung zusammenstößt, bei ihm decken sich die Toleranzgebiete von Welle und Bohrung in beiden Systemen genau, d. h. der Gleitsitz ist die Passung, die erzielt wird, wenn eine Einheitswelle in eine Einheitsbohrung gesteckt wird. Dasselbe trifft natürlich auch beim Edelgleitsitz, Schlichtgleitsitz und Grobsitz 1 zu. Für die Lehren und Werkzeuge hat dies die Folge, daß die Grenzlehrdorne und Reibahlen von $e\,B$ und $e\,G$, B und G, $s\,B$ und $s\,G$, $g\,B$ und $g\,1$, ferner

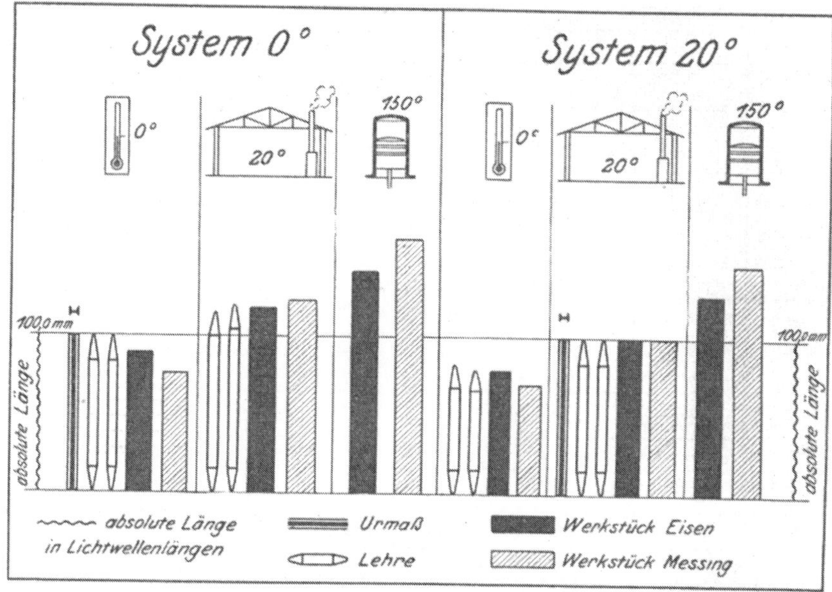

Abb. 36/37. Werkstücke und Lehren bei Bezugstemperatur 0° und 20°.

die Grenzrachenlehren W und G, $s\,W$ und $s\,G$, $g\,W$ und $g\,1$ paarweise gleich sind. Sie erhalten daher die ebengenannten Doppelbezeichnungen.

Der dritte Grundsatz für unsere Passungen ist die einheitliche Bezugstemperatur[1]). Die Körper dehnen sich bekanntlich bei wechselnder Temperatur aus oder ziehen sich zusammen. Man hat lange darüber beraten, auf welche Temperatur man die Maße der Lehren beziehen soll. Bis vor wenigen Jahren ist unser ganzes Meßwesen auf das Pariser Urmeter bezogen gewesen. Heute ist man davon unabhängig, denn man kann absolute Maße bis zu 100 mm durch eine Anzahl von Lichtwellenlängen darstellen. Man hat sich nun um zwei Systeme gestritten, um das System 0° und 20°, das heißt: „Soll das Urmaß, nach

---

[1]) S. Literaturverzeichnis A 26 und 29.

dem sich die Lehren und Werkzeuge richten, bei 0° oder bei 20° 100 mm lang sein?" Die Längenverhältnisse in diesen Systemen sind in Abb. 36 und 37 dargestellt.

Haben zwei Stichmaße bei 0° dieselbe Länge (Abb. 36), so werden sie bei der Werkstattemperatur infolge des verschiedenen Ausdehnungskoeffizienten der Werkstoffe schon nicht mehr genau die gleiche Länge haben. Beim Messen mit diesen beiden Stichmaßen werden also zwei Körper, deren jeder auf sein Stichmaß genau paßt, nicht ganz gleich sein. Denkt man sich nun diese Körper auf 0° erkaltet, so sind sie wieder anders. So haben die Körper weder bei 20° noch bei 0° die Solllänge von 100 mm, geschweige denn bei einer sehr hohen Temperatur, die im Betriebe der Teile vorkommen kann. Bei dem in Abb. 37 dargestellten System 20°, das zur Norm erhoben worden ist, stimmen aber bei der zumeist gebräuchlichen Temperatur in den Werkstätten und Meßräumen die Urmaße, Lehren und Werkstücke überein. Wie groß diese Teile bei 0° sind, hat für uns kein praktisches Interesse mehr. Diese Übereinstimmung war dann schließlich auch der Grund dafür, daß man sich für 20° entschlossen hat. Durchschlagend ist vor allem, daß hier die Lehren gleich sind. Wer die vorgeschriebenen Lehrengenauigkeiten sieht, begreift, daß solche Unterschiede schon von Einfluß sind. Vergleicht man die beiden Abb. 36 und 37 im ganzen miteinander, so sieht man, daß beim 20°-System sämtliche Körper etwas kürzer sind als beim 0°-System. Dieses Verhältnis[1]) spielt eine Rolle, wenn es sich darum handelt, die Lehren, die man für das System der Symmetrielinie hatte, auf das System der Nullinie umzuarbeiten. Denn sämtliche Lehren, die beim Symmetrieliniensystem Einheitsbohrung kleiner waren, müssen beim Nulliniensystem, da man ja die Bohrungstoleranz heraufrückt, größer werden, und diese Vergrößerung deckt sich zum Teil mit der Vergrößerung, die durch den Übergang von der Bezugstemperatur 0° auf 20° bedingt wird.

Grenzlehren.

Diese für die Normen entwickelten Grundsätze finden in gewissem Grade für den gesamten Austauschbau Anwendung.

Besonders auf eines weisen die Normen hin, nämlich auf die Genauigkeit der Lehren selbst. Die praktische Durchführung des Austauschbaues ist in hohem Maße eine Frage der Meßwerkzeuge. Vor allem sollte überall der Grundsatz der Grenzmessung durchgeführt werden. Die Lehren, stets auf 20° bezogen, sollen die zwei Grenzmaße enthalten; der eine Teil der Lehre soll über das Werkstück gehen, der andere nicht, oder bei Hohlmaßen soll der eine hineingehen, der andere nicht. Nur mit dieser Art der Messung kann man prüfen, ob die Toleranzen ein-

---

[1]) S. Literaturverzeichnis A 29.

gehalten sind, und nur so kann man eine Gewähr dafür übernehmen, daß die Teile auch wirklich austauschbar sind.

Abb. 38 möge zeigen, daß sich der Grundsatz der Grenzmaße durchaus nicht auf die normalen Grenzlehren beschränkt. Es handelt sich bei dem Flügel darum, zu sorgen, daß der Halbmesser bis zum Umfang nicht zu groß und nicht zu klein ist. Um das festzustellen, wurde eine Lehre angefertigt, die den Flügel auf einem Dorn aufnimmt. Der Flügel wird um diesen Dorn zwischen zwei Meßstücken durchgeschwenkt. Bei der Gutseite muß er durchgehen, bei der Ausschußseite nicht.

Weitere Beispiele dafür zu bringen, würde an dieser Stelle zu weit führen. Es sei nur noch darauf hingewiesen, daß es notwendig ist, diese empfindlichen Lehren in bezug auf ihre Abnutzung oder Beschädigung dauernd zu überwachen. Eine regelmäßige, je nach den Verhältnissen wöchentliche, monatliche oder manchmal tägliche Kontrolle einzuführen, ist dringend zu empfehlen. Ein besonderes Augenmerk muß man dem Umstand zuwenden, daß z. B. bei einer stark abgenutzten Rachenlehre eine Welle noch als gut befunden wird, die schon ziemlich groß ist. Würde diese Welle später von einem Revisionsbeamten mit einer neuen Lehre gemessen, der vielleicht Vertreter einer fremden Firma ist, so würde er das Erzeugnis zurückweisen. Es ist also in solchen

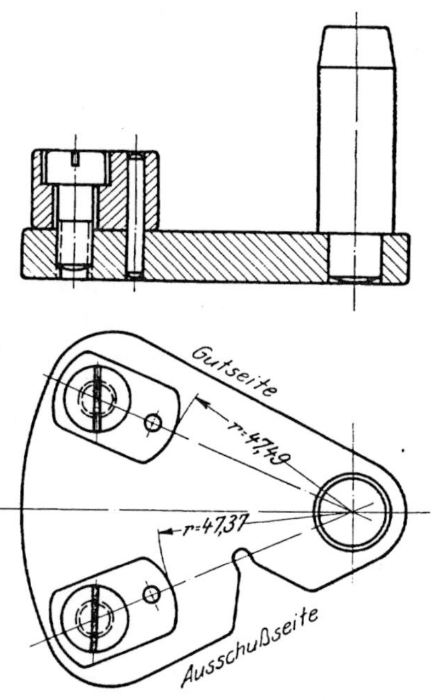

Abb. 38. Grenzlehre für den Halbmesser eines Flügels mit Paßbohrung.

Fällen dafür zu sorgen, daß die eigenen Lehren von Anfang an etwas kleiner gehalten werden, damit sie auch im abgenutzten Zustand die Werkstücke noch so prüfen, daß sie der Abnehmer nicht beanstanden kann.

Grenzen der Austauschbarkeit.

In allen Fällen können wir das Ideal der unmittelbaren Austauschbarkeit nicht erreichen. Die Gegensätze zwischen den Forderungen des Verwendungszweckes und zwischen der Möglichkeit der Werkstatt sind manchmal nicht zu überbrücken. In solchen Fällen hilft uns das sogenannte Aussuchverfahren. Handelt es sich, wie ich an einem einfachen Beispiel zeigen möchte, um Wellen und Bohrungen, die aus

fertigungstechnischen Gründen nicht mit einer kleineren Toleranz als
der in Abb. 39 dargestellten hergestellt werden können, so sortiert man
die Bohrungen nach solchen, die zwischen den Grenzen a und solchen,
die zwischen den Grenzen b liegen. In gleicher Weise werden die Wellen
sortiert. Dann steckt man die größeren Bohrungen auf die größeren
Wellen und die kleineren Bohrungen auf die kleineren und erhält somit
eine Passung, die tatsächlich viel feiner ausgeführt ist wie die ursprüng-
lichen Werkstücke. Bei diesem Sortieren ist der wichtige Grundsatz
zu beachten, daß die beiden Toleranzgebiete der zusammenzusteckenden
Teile gleich groß sein müssen. Es wird manchmal behauptet, daß man
durch Sortieren z. B. in einer Grobbohrung mit einer Preßsitzwelle auch
einen Preßsitz erzeugen könne. Daß das nicht möglich ist, geht ohne
weiteres aus der Abb. 39 hervor. Angenommen, die Welle habe nur
die Toleranz c. Die Toleranz der Bohrung sei aber noch größer und
man will einen festen Sitz erzielen, so kann man noch soviel Wellen aussuchen, man wird keine Welle finden,
die für eine Bohrung, die noch größer
ist, einen Preßsitz erzeugt.

Ich habe schon bei den Lehren angedeutet, daß da eine laufende Überwachung notwendig ist. Diese Überwachung darf natürlich hinsichtlich
der Maschinen, der Werkzeuge und

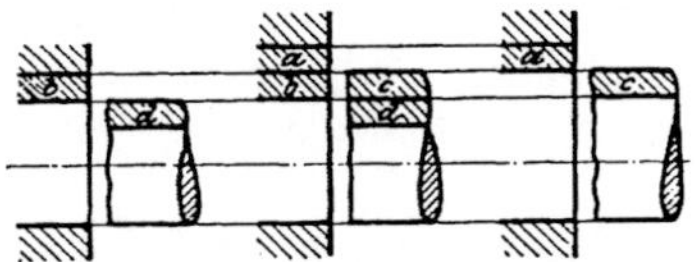

Abb. 39. Toleranzgebiete bei gegenseitig auszusuchenden Werkstücken.

Vorrichtungen ebensowenig versäumt werden. Die Werkstatt, die wirklich austauschbare Stücke erzielen will, kann nicht scharf genug dauernd
kontrolliert werden. Es ist aber nicht allein mit den technischen Aus-
rüstungen getan. Die Hauptsache dabei sind die Menschen. Es handelt
sich darum, die besten Leute auszusuchen, die der Sache Verständnis
und Liebe entgegenbringen, und geeignet sind, die verlangten Genauigkeiten überall zu beachten. In dieser Beziehung wird man große Schwierigkeiten haben, wenn man eine Werkstätte, die bisher nicht austauschbar fabriziert hat, auf die austauschbare Fertigung umstellen will. Es
würde wohl nicht möglich sein, unmittelbar die ganze Werkstatt umzu-
stellen und ihr einfach eine Menge Grenzlehren in die Hand zu geben.
Es war in verschiedenen Fällen zweckmäßig, zunächst nur eine kleinere
Gruppe von Leuten damit zu beschäftigen und erst dann, wenn dort die
Sache geklappt hat, mit der Einführung weiterzugehen. Vielfach wird
auch der Weg gegangen, daß man zunächst nach einem nicht so feinen
Gütegrad arbeitet, und erst dann, wenn die Werkstatt das tadellos
macht, auf die feinere Passung übergeht.

Wir sind schon beim Sortieren von der unbedingten Austauschbarkeit abgekommen. Es gibt Grenzen, wo die Austauschbarkeit überhaupt aufhört. Das beste Beispiel dafür ist das Kugellager. Man ver-

langt von einem Kugellager, daß es im Außendurchmesser saugend
ohne Spiel und ohne Druck in eine Bohrung geht. Aber man mag die
Bohrungen und Kugellager noch so genau herstellen, es wird doch immer
Paare geben, die bedenklich klappern. Für diese Grenzen der Austauschbarkeit haben wir heute keinen Ersatz, der noch eine wirtschaftliche Fertigung gestatten würde. Wir sind hier darauf angewiesen,
Paßarbeit vorzunehmen, sofern nicht das Sortieren zum Ziel führt.

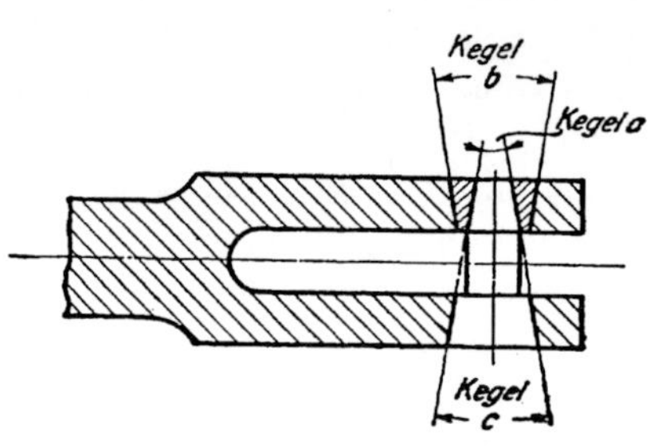

Abb. 40. Doppelkegelige Buchse
— nicht austauschbar.

Zum Teil ist aber auch die Konstruktion daran schuld, wenn die
Werkstatt nicht austauschbar herstellen kann. Hierfür nur ein Beispiel: Auf S. 7 wurde über die
Kegeltoleranz ausgeführt, daß sich
ein Kegel in die Bohrung mehr oder
weniger tief hineinsetzt. Betrachten
wir unter diesem Gesichtspunkte
die in Abb. 40 dargestellte Buchse,
die außen und innen kegelig ist!
Würde außen eine Toleranz sein, und
würde die Buchse schon fertig sein, so würde sie einmal tiefer und einmal
höher sitzen. In beiden Fällen würde aber nicht der erforderliche Sitz
des Kegels gegeben sein, der unbedingt verlangt werden muß, wenn der
Bolzen an beiden Stellen sitzen soll. In einem solchen Falle muß die
Konstruktion geändert werden, wenn Austauschbarkeit verlangt wird.

Zusammenfassung.

Wir sind ausgegangen vom Zwecke der Austauschbarkeit, von ihrer
Bedeutung für die Fabrikation und für den Verbraucher, der Ersatzteile
oder Marktware anfordert, und haben den Austauschbau als Bedingung
für die zeitliche oder örtliche Trennung der Herstellung kennen gelernt,
andererseits aber als die Voraussetzung dafür, daß technische Erzeugnisse zur hochwertigen Marktware werden. Das Gesamtgebiet des Austauschbaues ist ein außerordentlich großes und beschränkt sich durchaus
nicht auf die zylindrischen Passungen. Uns Ingenieure hat besonders
der Einfluß interessiert, den die Forderung nach Austauschbau auf die
Werkstatt ausübt. Schließlich haben wir uns mit den Normen für Passungen und ihren Grundsätzen bekannt gemacht, da sie für die Zukunft
das Rückgrat des Austauschbaues in der deutschen Industrie bilden sollen.
Wenn versucht wurde, zu jedem Gesichtspunkt wenigstens ein Beispiel
heranzuziehen, so geschah das, um den Boden für die Ausführungen
vorzubereiten, die von seiten der übrigen Mitarbeiter dieses Werkes
folgen. Mögen sich diese Grundlagen als tragfähig für das erweisen,
was auf Grund der Erfahrungen anderer Praktiker ausgeführt wird!

2. Die Meßwerkzeuge für den Austauschbau.[1]

Von Prof. Dr. G. Berndt, Berlin.

Das Messen ist aufs engste mit der Technik verbunden und tritt deshalb zugleich mit ihren Anfängen in grauer Vorzeit auf. Sobald man begann, einem Rohstoff eine Zweckform zu geben, mußte man auch messen; selbstverständlich waren die ersten Meßmittel und -methoden, genau so wie die Technik selbst, noch außerordentlich primitiv. Wenn sich z. B. der Pfahlbauer die Balken zu seinem Hause im Walde schlagen wollte, so mußte er darauf achten, daß die zueinandergehörigen alle eine gewisse Mindestlänge besaßen, er mußte also ihre Längen entweder gegenseitig oder mit irgendeinem für diesen bestimmten Zweck als Normale dienenden Stück, etwa einer Latte, vergleichen. Mit dem Fortschreiten der Kultur, der Spezialisierung der menschlichen Tätigkeit, also der Bildung eines eigentlichen Handwerks, trat auch zwangsläufig eine Verfeinerung des Meßwesens und der Meßmittel ein, da es selbst bei dieser einfachsten Stufe der Arbeitsteilung nicht mehr anging, daß etwa jeder Handwerker seinen eigenen willkürlichen Maßstab hatte. Aus diesem Grunde finden wir eine Regelung des Maß- und Gewichtswesens, vor allem die Festsetzung von Urmaßen, bei allen Kulturvölkern des Altertums. So verlockend es auch ist, die Entwicklung desselben und ihr gegenseitiges Verhältnis bei den einzelnen Staaten zu verfolgen, so müssen wir doch hier davon absehen und uns auf unsere eigentliche Aufgabe, die Meßmittel, beschränken.

Das älteste Meßgerät ist wohl der geeignet unterteilte Strichmaßstab, wie er heute noch in den Stahl- oder Holzmaßstäben und besonders in den Gelenkmaßstäben (Zollstock) fortlebt; verbessert wurde er durch den etwa 1600 erfundenen Nonius. Das erste, gerade technischen Zwecken angepaßte Meßgerät mit Strichmaßstab, die Schublehre, stammt indessen erst aus späterer Zeit. Je nach der Noniusteilung kann man mit ihr eine Genauigkeit von 0,05—0,02 mm erreichen[2]), entsprechende Genauigkeit der Maßstab- und Noniusteilung allerdings

---

[1]) Dieser Vortrag ist zum großen Teil eine sehr eng gefaßte Zusammenziehung einzelner Kapitel des Buches: G. Berndt und H. Schultz, »Grundlagen und Geräte technischer Längenmessungen«, aus dem auch die meisten Abbildungen entlehnt sind, s. Literaturverzeichnis A 3.

[2]) S. Literaturverzeichnis A 20.

vorausgesetzt. Daneben fand schon frühzeitig das Zehntelmaß, ein Fühlhebel mit zehnfacher Übersetzung, zur Bestimmung kleinerer Abmessungen, etwa von Blechstärken und Drahtdurchmessern, Verwendung. Als Hilfsgeräte finden wir noch Außen- und Innentaster sowie die Zirkel, die dazu dienen, eine Abmessung von dem Maßstab auf das Werkstück (oder umgekehrt) zu übertragen.

So unvollkommen nun auch diese Meßgeräte, von unserem jetzigen Standpunkt aus betrachtet, erscheinen, so wurde doch schon in den vergangenen Jahrhunderten vorzügliche Arbeit geleistet. Man braucht wohl nur an die alten astronomischen Instrumente zu erinnern, deren Präzision selbst heute noch unsere Bewunderung erregt. Bei ihnen handelt es sich aber stets um Einzelanfertigung, wobei es nur auf ein sauberes Zusammenarbeiten der verschiedenen Teile, dagegen kaum auf ihre Abmessungen ankam. Es spielte tatsächlich keine Rolle, ob die Lagerbohrung ein oder mehrere Zehntelmillimeter kleiner oder größer ausfiel, wenn nur die Welle eingeschliffen war, so daß sie ohne Schlottern und Klemmen sich darin drehen konnte. Im Maschinenbau waren aber in seinen Anfängen feine Meßgeräte noch nicht erforderlich, weil auch die Kunst der Bearbeitung sich nur sehr allmählich entwickelte. Zum Beweise dafür sei ein Brief von James Watt, dem Erfinder der Dampfmaschine, an seinen Freund Bolton aus dem Jahre 1769 angeführt, in welchem er diesem voller Stolz mitteilt, daß es ihm nunmehr gelungen sei, die Dampfzylinder so genau auszubohren, daß es selbst an der schlechtesten Stelle nicht mehr möglich wäre, zwischen Kolben und Zylinderwand ein Halbkronenstück (also etwa ein Zehnmarkstück) zwischenzuschieben. Früher hatte er die Fugen mit Kitt oder anderen Hilfsmitteln gedichtet, ja selbst ein alter Hut hatte gelegentlich dazu herhalten müssen.

Wenn nun auch eine Einzelanfertigung in jenen Zeiten im allgemeinen durchaus genügte, so gab es doch ein Gebiet, auf welchem sich die Austauschbarkeit als unbedingt notwendig, ja geradezu als eine Lebensfrage herausstellte; es war dies die Heeresausrüstung, namentlich in bezug auf die Handfeuerwaffen. Früher mußte bei Beschädigung auch nur eines kleinen Teiles jedes Gewehr in das Arsenal zurückgeschickt werden. Was dies für einen Zeitverlust und ferner für eine Belastung des Nachschubes bedeutet — mußte doch eine große Zahl von Reservegewehren mitgeführt werden — bedarf wohl keiner weiteren Begründung. So ist es wohl leicht erklärlich, daß wir in der Waffenindustrie die Anfänge der Austauschfabrikation finden. Da die ersten Versuche auf französischem Boden (1715) zu keinem Erfolg geführt hatten und spätere, gegen Ende des 18. Jahrhunderts (1785) praktisch durchgeführte aus Mangel an Interesse wieder eingeschlafen waren, so müssen wir die Vereinigten Staaten von Nordamerika als die Wiege des

Austauschbaues ansehen, wo um 1800 Whitney, der Erfinder des Baumwollentkerners, 10 000 Gewehrschlösser und wenig später North Pistolen für das amerikanische Heer lieferte, deren Teile wahllos untereinander ausgetauscht werden konnten. Die dabei erreichte Genauigkeit ist noch nicht sehr groß gewesen. Immerhin erregte dieser technische Fortschritt ein so gewaltiges Aufsehen, daß die Werkstätten von Whitney noch auf Jahrzehnte hinaus einen Wallfahrtsort für alle Techniker bildeten.

Die Durchführung der modernen Austauschfabrikation, die ja aus wirtschaftlichen Gründen unbedingt notwendig ist, ist an zwei Voraussetzungen geknüpft; einmal erfordert sie Maschinen, welche die notwendige Bearbeitungsgenauigkeit auch wirklich erreichen lassen, zum zweiten aber auch Meßgeräte, welche die Bestimmung der Abmessungen mit der unbedingt nötigen Feinheit zu erzielen ermöglichen. Die Fortschritte auf dem Gebiete der Bearbeitungsmaschinen seien nur kurz durch die Erfindung des Fräsers um etwa 1840 und der Rundschleifmaschine um 1870 angedeutet. Etwa aus derselben Zeit stammt das zwar schon 1848 von dem Franzosen Palmer erfundene, aber erst 1873 von Brown und Sharpe in die Technik eingeführte Schraubenmikrometer, welches das erste technische Präzisionsmeßinstrument darstellt. Damit konnte — allerdings auch nur bis zu einem gewissen Grade — Austausch zwischen den Erzeugnissen ein und derselben Fabrik erreicht werden. Es zeigte sich aber bald, daß die von verschiedenen Firmen bezogenen Teile nicht zueinander paßten. Das wurde zuerst in den Vereinigten Staaten bei den Schrauben bemerkt und Pratt und Whitney unternahmen es, der Ursache nachzugehen. Dabei stellte sich heraus, daß von den in den verschiedenen Werkstätten benutzten Maßstäben auch nicht zwei miteinander übereinstimmten. Grundvoraussetzung für die Austauschfabrikation ist also — neben den beiden bereits schon genannten — das Vorhandensein einer allgemeinen anerkannten Maßeinheit. Diese Frage ist durch die am 20. Mai 1875 geschlossene Meterkonvention und die Schaffung des Urmeters im Jahre 1889, sowie den Ende der 90er Jahre erfolgten Anschluß des englisch-amerikanischen Zollsystems an dieses gelöst.

Für die Genauigkeit, welche der moderne Austauschbau verlangt, ist aber auch das Schraubenmikrometer vielfach nicht ausreichend. Vor allem leidet es an dem grundsätzlichen Mangel, daß seine Handhabung eine gewisse Sachverständigkeit erfordert, die man namentlich bei ungelernten Arbeitern in der Regel nicht wird voraussetzen können. Die Werkstatt verlangt genaue und doch gleichzeitig gegen rohe Behandlung unempfindliche Meßgeräte. Erfüllt werden diese Ansprüche von den ein bestimmtes unveränderliches Maß darstellenden Lehren, wie sie zuerst von Whitney in den 40er Jahren des vergangenen Jahrhunderts als Normallehren geschaffen wurden, die aber erst seit Mitte der 80er Jahre Eingang in die Praxis fanden. Hierbei dient zum Messen von Bohrungen ein Normalkaliberdorn, von Wellen ein Normalkaliberring (Abb. 41). Dabei wird dem Dorn der verlangte Durchmesser

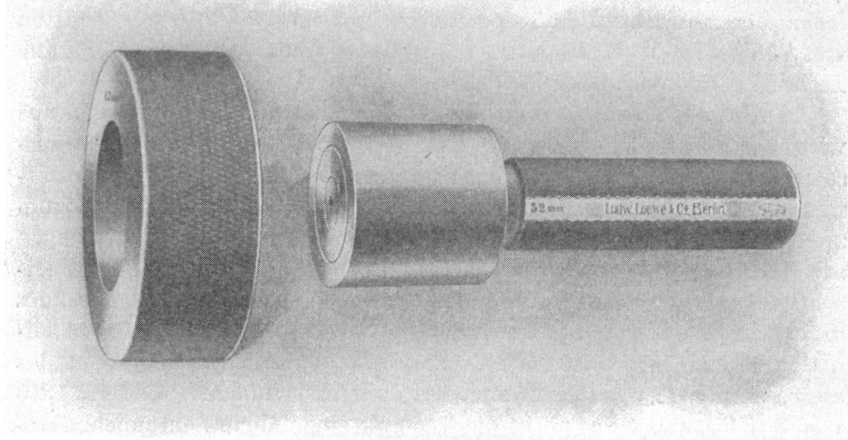

Abb. 41. Normallehrring und Normallehrdorn.

gegeben und der Ring zu ihm so abgestimmt, daß er, im leicht eingefetteten Zustande auf den Dorn gebracht, durch sein Eigengewicht eben darauf gleitet. Eine mit dem Ring in ähnlicher Weise gemessene

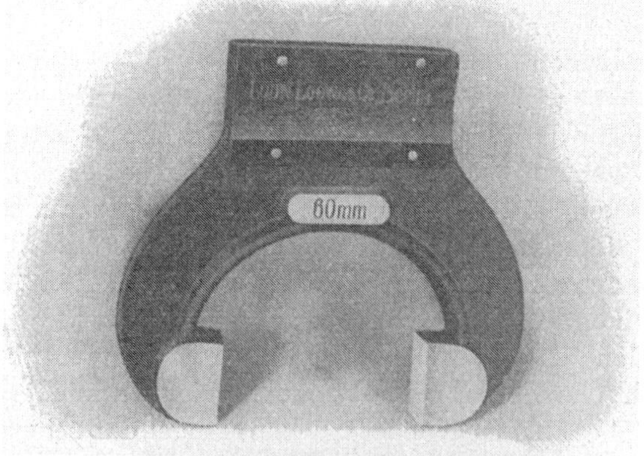

Abb. 42. Normalrachenlehre.

Welle von gleicher Oberflächenbeschaffenheit und -bearbeitung hat dann genau das Maß des Kaliberdornes, so daß die Größe des Berührungsfehlers (d. h. des Unterschiedes der Durchmesser von Dorn und Ring, der notwendig ist, damit beide überhaupt aufeinander gebracht werden können) fortfällt. Eine nur geschliffene oder geschlichtete Welle wird allerdings um ein gewisses Stück kleiner ausfallen. Da es nun aber nicht möglich ist, den Kaliberring über ein zwischen Spitzen aufgenommenes Werkstück zu bringen, ohne es jedesmal auszuspannen, so wurde er bald durch die Normalrachenlehre (Abb. 42) ersetzt. Bei größeren Bohrungen nahm man statt des hier unhandlich werdenden Kaliberdornes das Kugelendmaß (Abb. 43), das man, da die Mittelpunkte seiner

Abb. 43. Kugelendmaß.

Meßflächen in der halben Stablänge liegen, innerhalb einer Schnittebene durch die Achse um einen bestimmten Betrag neigen kann, ohne zu falschen Ergebnissen zu kommen.

Das Arbeiten nach Normallehren ist aber noch sehr unwirtschaftlich. Das genaue Maß herzustellen ist überhaupt unmöglich; ferner werden die Bearbeitungskosten um so höher, je mehr man sich ihm zu nähern sucht, und zwar wachsen sie etwa nach einer geometrischen Reihe und unter Umständen sogar exponentiell an. Häufig kann man sich mit einer gröberen Annäherung an das verlangte Maß begnügen. Hinzu kommt, daß die Anforderungen an das Zusammenpassen von Welle und Bohrung in den einzelnen Fällen sehr verschiedene sind. Zwischen einer Wagenachse und Radnabe wird man ein ganz anderes Spiel verlangen, wie etwa zwischen der Arbeitsspindel und ihrem Lager bei einer Werkzeugmaschine. Während indessen beide sich frei drehen müssen, wünscht man in anderen Fällen ein mehr oder minder kräftiges Aufeinanderfestsitzen, um kleinere oder größere Kräfte zu übertragen. Bei Benutzung von Normallehren bleibt nun nichts anderes übrig, als den Arbeiter anzuweisen, daß etwa der Dorn saugend, leicht oder gerade nicht mehr in die Bohrung hineingehen muß. Damit wäre aber der Willkür Tür und Tor geöffnet, da die Auffassung über leichtes Passen sehr stark schwankt.

Unabhängig hiervon wurde man erst durch die etwa Mitte der 90er Jahre erfolgte Einführung der Grenzlehren, bei welchen man je zwei Lehren benutzte, von denen die eine das dem jeweiligen Verwendungszweck entsprechende zulässige kleinste, die andere das zulässige größte Maß des Werkstückes darstellt. Dieses ist abnahmefähig, wenn es kleiner als die größere und größer als die kleinere der beiden zusammengehörigen Grenzlehren ist. Da man nun eine Bohrung wohl vergrößern, aber nicht verkleinern kann, während die Verhältnisse bei der Welle entgegengesetzt liegen, so bezeichnet man den kleineren Kaliberdorn

3*

und die größere Rachenlehre als die Gutseiten, die anderen als die Ausschußseiten. Demgemäß ergibt sich die in Abb. 44—47 veranschaulichte

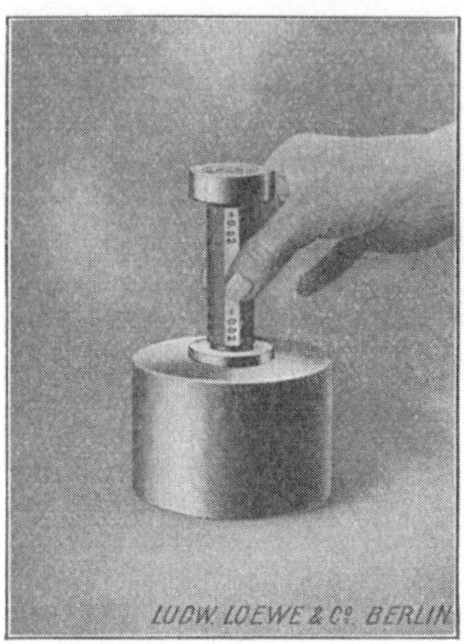

Abb. 44. Grenzlehrdorn — Gutseite
hinein.

Abb. 45. Grenzlehrdorn — Ausschußseite nicht hinein.

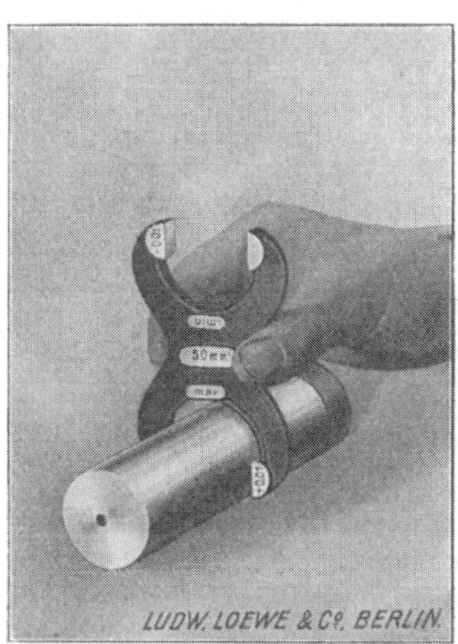

Abb. 46. Grenzrachenlehre — Gutseite durch Eigengewicht hinüber.

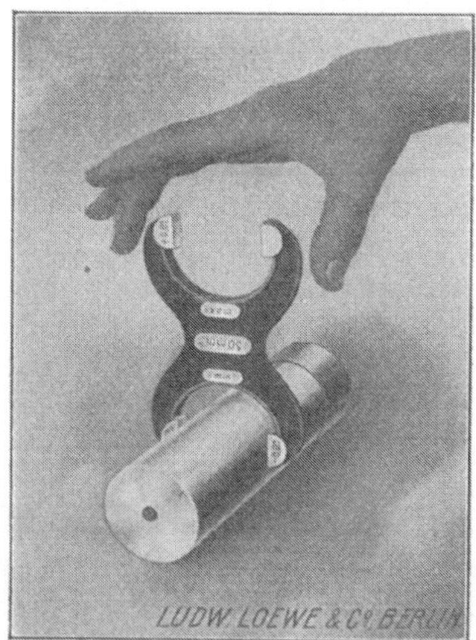

Abb. 47. Grenzrachenlehre — Ausschußseite nicht hinüber.

Regel: es muß sich die Gutseite des Kaliberdornes in die Bohrung leicht
einführen lassen, während die Ausschußseite nicht hineingehen oder
höchstens anfassen darf; bei der Rachenlehre muß die Gutseite durch

ihr Eigengewicht leicht über die Welle hinübergehen, während die Ausschußseite dies nicht tun oder höchstens anschnäbeln darf.

Nach den Festsetzungen des NDI dienen zur Kontrolle von Bohrungen bis 100 mm Kaliberdorne, von 100—260 mm Flachkaliber und darüber Kugelendmaße. Es bleibt zu beachten, daß bei Benutzung der beiden letzteren die Bohrungen etwas enger ausfallen können, weil die Berührungsflächen geringer sind als bei dem Kaliberdorn. Über die Größe dieses Unterschiedes, des sogenannten Berührungsfehlers, lassen sich zurzeit aber noch keine Angaben machen. Solange die Lehren nicht zu schwer und damit zu unhandlich werden, vereinigt man Gut- und Ausschußseite zu einem Stück.

Ihre Abmessungen werden im Lehrenbau letzten Endes durch Vergleich mit Endmaßen bestimmt. Da nun beim praktischen Gebrauch die Gutseite eine allmähliche Abnutzung erleidet, muß hier eine Kontrolle daraufhin stattfinden, ob diese nicht schon den zulässigen Wert überschritten hat; dies geschieht am einfachsten und schnellsten durch eine Normalrachenlehre, die das äußerst zulässige Abnutzungsmaß der Bohrungslehre enthält.

Während das Maß der Bohrungslehren durch ihre körperliche Gestalt definiert ist, trifft dies bei den für Wellenmessungen ausschließlich benutzten Rachenlehren nicht zu. Je nach dem beim Messen verwendeten Druck erleiden sie eine Aufbiegung, die bei unsachgemäßer Bügelform und -stärke bis zu einigen hundertstel Millimetern für 1 kg Druck betragen kann. Deshalb ist auch die Bestimmung getroffen, daß sie durch ihr Eigengewicht über das Werkstück hinübergleiten sollen; bei ganz kleinen Lehren (wo überhaupt die Aufbiegung praktisch zu vernachlässigen ist), muß man es unter Umständen durch aufgesetzte Reiter (auf etwa 100 g) erhöhen. Bei den größeren Lehren würde aber trotzdem schon eine unstatthafte Erweiterung des Rachens eintreten. Diesen Fehler vermeidet man, wenn man als Maß der Rachenlehre nicht das im unaufgebogenen Zustande und auch nicht das durch Parallelendmasse bei irgendeinem beliebigen Druck ermittelte angibt, sondern dafür das Maß der Meßscheibe nimmt, über die die Rachenlehre, leicht eingefettet, gerade noch durch ihr Eigengewicht eben herübergeht. Es tritt dann in beiden Fällen, bei der Eichung der Rachenlehre und bei ihrem praktischen Gebrauch, dieselbe Aufbiegung ein, da immer derselbe durch das Eigengewicht der Lehre gegebene Meßdruck einwirkt. Diese Vorschrift empfiehlt sich auch aus dem Grunde, weil zum Prüfen der Gutseite auf Abnutzung durchweg Meßscheiben gebraucht werden. Im Gegensatz zu den Bohrungslehren empfiehlt es sich aber bei den Rachenlehren, bei der Werkzeugausgabe auch eine Kontrolle der Ausschußseite vorzunehmen, da es dem Arbeiter leicht möglich ist, sie zu verengern und damit ein Ausschuß gewordenes

Werkstück noch abnahmefähig erscheinen zu lassen. Bei der Gutseite ist dies nicht zu befürchten, da der Arbeiter dadurch nur das Toleranz-feld verkleinern und sich somit seine Arbeit erschweren würde, und da andererseits eine unzulässige Vergrößerung schon durch die Abnutzungs - Meßscheibe mit kontrolliert wird.

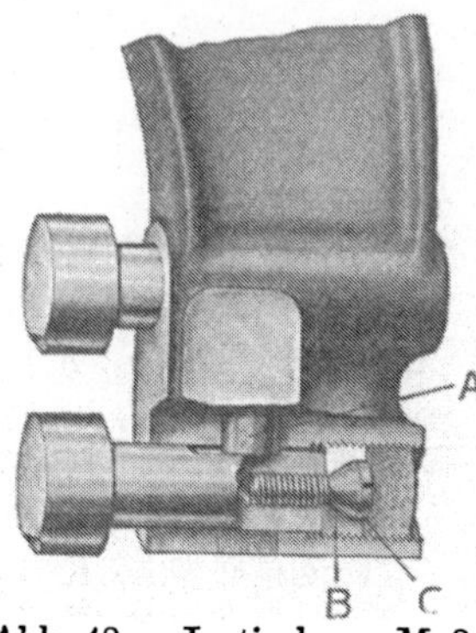

Abb. 48.   Justierbare Meß-
backen an Rachenlehre.

Man hat vielfach versucht, die auftretende Abnutzung durch Nachstellen der Lehren wieder auszugleichen. Von den für Bohrungs-lehren vorgeschlagenen Konstruktionen hat — wie man mit Recht sagen darf, glücklicher-weise — keine Eingang in die Praxis ge-funden. Bei den Rachenlehren gibt es eine Reihe von Ausführungen, darunter auch einige brauchbare, mit nachstellbarem Meß-backen (Abb. 48). Viel Zweck hat aber die Nachstellung nicht, da die Meßflächen während des Gebrauchs gelitten haben. Ihre Nacharbeit, die bezwecken muß, sie nicht nur wieder eben, sondern auch parallel zueinander zu machen, kann aber in der Regel doch nur in besonders dafür eingerichteten Werkstätten ausgeführt werden, so daß dem Benutzer mit einer alleinigen Justierung des Meß-bereiches in der Regel nicht gedient ist. Die sogenannten Rachen-lehren mit Vortaster oder Fühlhebel, von denen Abb. 49 eine Aus-führungsform wiedergibt, gehören nicht mehr zu den festen Lehren, sondern sind ihrem Wesen nach Feintaster mit einem besonders aus-gebildeten Bügel und weisen somit die (später zu erörternden) Vor-und Nachteile dieser Meßgeräte auf. Als Ersatz für Rachenlehren kommen sie nur bei stark wechselnder Fabrikation in Frage, wo es sich um die Anfertigung einzelner oder nur weniger Stücke derselben Art handelt.

Für die Abweichungen der Gut- und Ausschußseite vom Nennmaß, d. h. ihre Abmaße, herrschte bis vor wenigen Jahren vollständige Will-kür. In Deutschland hatten allerdings die zuerst 1893 von Ludw. Loewe & Co. auf Grund der Arbeiten von Prof. Schlesinger auf-gestellten Passungen vielfach Eingang in die Industrie gefunden. Immer-hin war es ein Übelstand, daß doch mehrere Toleranzsysteme neben-einander bestanden. Dieser ist nun durch die seit 1917 ununterbrochen fortgesetzten Arbeiten des NDI überwunden, über die, soweit sie sich auf die Passungen beziehen, im Kapitel 1, S. 24 f berichtet wurde. Es sei nur ein Punkt herausgehoben, nämlich die Festsetzung der Bezugs-temperatur auf 20°. Demnach ist ein technischer Meterstab von 20° so lang wie das (in der Wissenschaft allein gebrauchte) internationale

Urmeter bei 0°, während ein technisches Stahlmeter bei dieser Temperatur um 0,23 mm kürzer wäre [1]). Bei genauen Messungen ist also zu beachten, daß es zwei verschiedene Maßsysteme, das wissenschaftliche mit 0° und das technische mit 20° Bezugstemperatur, und somit auch zwei verschiedene Arten von Maßstäben gibt.

Die Präzisionsmessungen der heutigen Technik, vor allem die Bestimmung des Maßes der Bohrungslehren und der Meßscheiben, sowie die Eichung der Schraubenmikrometer gehen nun im wesentlichen — von verschwindenden Ausnahmen abgesehen — immer auf Endmaße

Abb. 49. Rachenlehre mit Fühlhebel (Hirthminimeter).

zurück. Diese sind also das letzte Vergleichsobjekt und man muß sich deshalb zunächst die Frage vorlegen, welche Anforderungen an ihre Genauigkeit zu stellen sind. Die Beantwortung ist verhältnismäßig leicht.

Da eine absolut genaue Innehaltung des Maßes auch bei der Herstellung der Lehren nicht möglich ist, muß man gewisse Abweichungen hierfür zulassen. Die Grenzen, zwischen denen sie schwanken können, die sogenannten Lehrenherstellungstoleranzen, sind durch DI-Norm 168 festgelegt, aus der Tafel 2 einen Auszug für die Ausschußseiten der

---

[1]) S. a. Abb. 37, S. 26.

Bohrungslehren der Edel- und Feinpassung wie für die Prüflehren 1. Gütegrades gibt (daneben sind auch das obere und untere Abmaß selbst sowie die zulässigen Abnutzungen vermerkt).

Tafel 2.

Einheitsbohrung — Maße in μ[1]).

Durchmesser-bereich	Edelpassung				Feinpassung			
	Abmaße ob.	unt.	Abnutz. Tol.	Herst. Tol.	Abmaße ob.	unt.	Abnutz. Tol.	Herst. Tol.
1 ÷ 3 mm	+ 6	0	1,5	± 0,8	+ 9	0	2	± 1,3
über 3 ÷ 6 „	+ 8	0	2	± 0,8	+ 12	0	3	± 1,5
„ 6 ÷ 10 „	+ 10	0	2,5	± 1,0	+ 15	0	3,5	± 2,0
„ 10 ÷ 18 „	+ 12	0	3	± 1,3	+ 18	0	4	± 2,3
„ 18 ÷ 30 „	+ 15	0	4		+ 22	0	5	
„ 30 ÷ 50 „	+ 18	0	4,5	± 1,5	+ 25	0	6	± 2,5
„ 50 ÷ 80 „	+ 20	0	5	± 1,3	+ 30	0	7	± 3,3
„ 80 ÷ 120 „	+ 22	0	6	± 2,3	+ 35	0	8	± 4,3
„ 120 ÷ 180 „				± 3,0	+ 40	0	9	± 5,0
„ 180 ÷ 260 „				± 4,0	+ 45	0	10	± 6,0
„ 260 ÷ 360 „				± 5,0	+ 50	0	12	± 8,0
„ 360 ÷ 430 „				± 6,0	+ 60	0	14	± 9,0
„ 430 ÷ 500 „				± 7,0	+ 60	0	14	±10,0

Sie ist auf die Edel- und Feinpassung der Einheitsbohrung beschränkt, weil bei diesen beiden die schärfsten Anforderungen gestellt werden und sich daraus die größten Genauigkeiten ergeben, die bei den Endmaßen erreicht werden müssen. Aus der Tafel entnimmt man, daß die geringste Herstellungstoleranz (der Ausschußseite) ± 0,8 μ beträgt. Um eine Vorstellung von dieser Größe zu geben, sei daran erinnert, daß die Wellenlänge des grünen Lichtes 0,55 μ beträgt, die Herstellungstoleranz also noch nicht 2 Wellenlängen ausmacht. Als zweites Beispiel sei das Urmeter genannt, das in Paris aufbewahrt wird und als letzte für alle unsere Längenmessungen dienende Normale nur mit einer Genauigkeit von 0,1 bis wahrscheinlich sogar 0,2 μ bekannt ist. Die Anforderungen, die an die Herstellungsgenauigkeit der Lehren gestellt werden, sind also sehr groß.

Ebenso wie die Herstellungstoleranz der Lehren kleiner als ihr Toleranzfeld sein muß (sie beträgt rund $^1/_8$ desselben), so müssen auch

---

[1]) 1 Mikron, bezeichnet mit μ (sprich: my) = $^1/_{1000}$ mm.

die Endmaße, an welche die Lehren usw. angeschlossen werden, genauer bekannt sein. Hierfür könnte man etwa dasselbe Verhältnis ansetzen, Richtiger ist es dagegen, so vorzugehen, daß man von den Herstellungstoleranzen zunächst alle Fehler abzieht, welche beim Vergleich zwischen Endmaß und Lehre auftreten können. Es sind dies einmal die eigentlichen subjektiven Ablesefehler, dann die Fehler des benutzten Vergleichsgerätes (Meßmaschine oder Fühlhebel) und schließlich der Einfluß der Temperatur. Infolge der stets vorhandenen kleinen Temperaturunterschiede zwischen Endmaß und Prüfstück ist die Messung mit einer gewissen Unsicherheit behaftet. Dazu kommt ferner, daß die Ausdehnungskoeffizienten der verschiedenen Stahlsorten noch um gewisse Beträge, bis zu $\pm 2\,\mu$, um den Mittelwert von $11,5\,\mu$ (für 1 m und 1°) schwanken können; infolgedessen werden zwei Stücke, die bei einer Temperatur von z. B. 18° oder 19° miteinander übereinstimmen, doch bei der Bezugstemperatur von 20° etwas verschiedene Längen haben. Unter Berücksichtigung aller dieser Fehler ergibt sich, daß die Länge der Endmaße mit einer Genauigkeit von $^2/_3 \cdot 10^{-5}$ ihrer Länge bekannt sein muß, was indessen bei den ganz kleinen Stücken nicht völlig zu erreichen ist. Die heute behördlich garantierte Genauigkeit der Maßangabe bei Parallelendmaßen[1]) ist in Tafel 3 zusammengestellt (sie gilt aber nur für die Parallelendmaße herstellenden Firmen, während die Zahlen sonst auf $^1/_{10}\,\mu$ abgerundet werden):

Tafel 3.

Behördliche Garantie für die Maßangabe der Parallelendmaße.

Länge mm	Garantie in μ	Länge mm	Garantie in μ
10	0,05	100	0,30
20	0,08	150	0,35
30	0,10	200	0,4
40	0,12	250	0,5
50	0,15	300	0,6
60	0,18	350	0,7
70	0,21	400	0,8
80	0,24	450	0,9
90	0,27	500	1,0

Daß bei den Stücken bis 150 mm diese Werte überhaupt erreicht werden können, ist nur dadurch möglich geworden, daß man sich von dem Pariser Urmeter und dem Anschluß der behördlichen Normalendmaße an einen Strichmaßstab frei gemacht hat und ihre Längen

---

1) G. Berndt, Der Betrieb, 1922, Heft 9 (unter Berücksichtigung der kleinen, inzwischen eingetretenen Änderungen).

unmittelbar in Lichtwellenlängen nach dem später zu besprechenden Interferenzverfahren auswertet. Größere Endmaße müssen allerdings an entsprechend aus kleineren zusammengesetzte auf andere Weise angeschlossen werden.

Diese Zahlen geben also die Unsicherheiten, innerhalb welcher die Hauptnormalen der Endmaße herstellenden Industrie bekannt sind. Für die von ihnen gelieferten kann sie aber — infolge der beim Vergleich mit jenen auftretenden Meßfehler und einer kleinen Toleranz, die man dem Arbeiter bei der Anfertigung lassen muß — nur eine Gewähr von $2/_3 \cdot 10^{-5}$ der Länge (aber nicht unter 0,3 μ für die kleineren Maße) übernehmen. Bei Endmaßen zylindrischer Form mit parallelen Meßflächen kann sie sogar bis 100 mm nur $1 \cdot 10^{-5}$ der Länge (und nicht unter 0,6 μ) garantieren, da diese nicht mehr interferentiell an die Hauptnormale angeschlossen werden können. Damit hat man eine Feststellung gewonnen, um welche Größen es sich letzten Endes heute handelt. Die Einheit für die Präzisionsmessungen der Technik ist also das μ, das Tausendstel-Millimeter, und seine Bruchteile bis zu $^1/_{10}\,\mu$ oder gar $^1/_{100}\,\mu$ herab.

Die angegebenen Zahlen stellen die Garantie für das Mittenmaß, d. h. den Abstand zwischen den Mittelpunkten der beiden Meßflächen dar. Eine weitere Forderung, die notgedrungen an die Endmaße gestellt werden muß, ist die, daß auch ihre Form gewahrt sein muß, daß also ihre Meßflächen eben und zueinander parallel sind. Die Ebenheit spielt vor allem insofern eine Rolle, als es unbedingt möglich sein muß, zwei Endmaße so aneinanderzuschieben (»anzusprengen«), daß das Maß der Kombination bis auf wenige $^1/_{100}\,\mu$ gleich dem aus den Einzelwerten berechneten ist. Dazu ist im allgemeinen notwendig, daß kein Punkt der Meßflächen um mehr als $\pm\,0{,}1\,\mu$ aus ihr herausfällt; diese Bedingung ist in weitaus den meisten Fällen, aber nicht immer ausreichend; erforderlich ist noch die Festsetzung, daß sich das Endmaß an eine ebene Fläche gut ansprengen lassen muß. Die Größe von 0,1 μ entspricht etwa $^1/_5$ der Lichtwellenlänge. Wie man die Ebenheit untersuchen und wie man feststellen kann, daß jener Betrag bei guter Ausführung tatsächlich erreicht wird, soll später erörtert werden. Auch bezüglich der Parallelität wäre es gut, wenn man diese Grenze erreichen oder sie gar noch unterschreiten könnte. Leider liegt es aber so, daß die Gestaltsfehler die eigentlichen Längenabweichungen zum Teil übertreffen. Bis 100 mm muß man sich mit einer Abweichung von der Parallelität von $\pm\,0{,}3\,\mu$ (von der Mitte aus gerechnet) zufrieden geben, während diese Werte bis 500 mm Länge auf 0,7 μ steigen. Immerhin handelt es sich also auch hierbei noch um Werte von der Größenordnung von $^1/_{10}\,\mu$. Wie man die Parallelität durch ein Reflexionsverfahren prüfen kann, das in ähnlicher Weise in der Physikalisch-Technischen

Reichsanstalt benutzt wird, sei im Prinzip an dem in Abb. 50 dargestellten Apparat erläutert.

Das zu prüfende Endmaß wird auf drei Stützen mit Kugelflächen gesetzt, die in einer Ebene liegen, die senkrecht zur Achse des Fernrohres steht, das ein von der Seite beleuchtetes Fadenkreuz trägt. Dieses Fadenkreuz wird an dem aufgesetzten Endmaße gespiegelt und — wenn seine obere Meßfläche senkrecht zur Achse ist — in sich selbst zurückgeworfen. Jede kleine Abweichung von dieser Lage macht sich durch eine Verschiebung des Fadenkreuzes bemerkbar. Wenn man nun die Kugeln so eingestellt hat, daß ihre Ebene und damit die untere Meßfläche senkrecht zur Achse steht, und keine Verschiebung des Fadenkreuzes bei der Spiegelung an der oberen Fläche des Endmaßes beobachtet, so ist man sicher, daß die beiden Flächen parallel zueinander sind. Die Größe einer etwaigen Abweichung bestimmt man, indem man die Verschiebung des Fadenkreuzes mißt, die notwendig ist, um es wieder mit seinem Spiegelbilde zur Deckung zu bringen; aus ihr und der Brennweite des Objektivs ergibt sich dann der Winkel, den die Meßflächen miteinander bilden. Hiermit hat man eine Möglichkeit zur Bestimmung der Parallelität; eine zweite soll später erörtert werden.

Zu den Anforderungen, die in bezug auf die Maßhaltigkeit an die Endmaße zu stellen sind, kommt eine Reihe weiterer, sich aus der praktischen Verwendung ergebender hinzu, nämlich die einer geeigneten Ausdehnung, guter Widerstandsfähigkeit gegen Abnutzung und Korrosion, großer Härte, guter Polierfähigkeit und Beständigkeit. Die Ausdehnung soll natürlich gleich der der am meisten zu messenden Gegenstände und damit auch des Werkstoffes, aus dem die Lehren bestehen, also

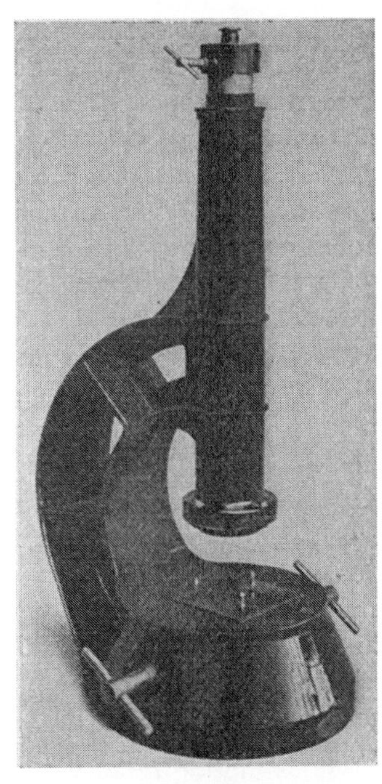

Abb. 50. Autokollimationsfernrohr zum Prüfen der Parallelität der Meßflächen.

des Stahles, sein, der einen Ausdehnungskoeffizienten von $11{,}5 \cdot 10^{-6}$ hat; d. h. ein Stück von 100 mm ändert seine Länge bei einer Temperaturänderung von $1°$ um $1{,}15 \mu$. Die sämtlichen aufgestellten Forderungen, vor allem die gleicher Ausdehnung, werden anscheinend nur vom Stahl selbst erfüllt. Damit er aber genügend widerstandsfähig gegen Abnutzung ist, muß man ihn härten und daher erhebt sich die Frage, ob die daraus gefertigten Endmaße auch zeitlich unveränderlich sind. Das martensitische Gefüge, das beim Abschrecken auftritt, ist bei Zimmertemperatur unbeständig; es wird also eine Gefügeumwandelung und damit sicherlich eine Längenänderung eintreten. Dieses machte sich in früheren Jahren stark bemerkbar, bis man lernte, die unvermeidlich eintretenden Änderungen dadurch zu mildern, daß man die Endmaße vor der endgültigen Fertigstellung eine bestimmte Zeit auf höhere Temperatur erwärmte. Aber selbst diese Temperung oder künstliche Alterung gibt noch keine unbedingte Gewähr für die Unveränderlichkeit.

Verschiedentlich sind, auch an gut getemperten Endmaßen, schon im Verlaufe eines Jahres Änderungen bis zu 5 μ auf 100 mm festgestellt; sie bestehen in der Regel in einer angenähert proportional zur Länge erfolgenden Verkürzung, doch sind bei einzelnen Stahlsorten auch Verlängerungen beobachtet. Im allgemeinen braucht man nur mit Verkürzungen von etwa 1,5 μ auf 100 mm im ersten Jahre zu rechnen, während sie späterhin wesentlich langsamer erfolgen und etwa erst in 6 Jahren auf 2 μ angewachsen sind. Immerhin ergibt sich daraus die Notwendigkeit, daß man — auch völlig unabhängig von der Abnutzung — einen Endmaßsatz, namentlich in der ersten Zeit, wieder nachprüfen lassen muß.

Anscheinend gibt es nun für den Stahl keinen Ersatzstoff, der vor allem die geeignete Ausdehnung besitzt. Der 58%ige Nickelstahl, der vielfach zu Strichmaßen verwendet wird, läßt sich nicht härten. Das amerikanische Bureau of Standards hat Stellit vorgeschlagen, eine Kobalt-Wolframlegierung, die schon in gegossenem Zustande außerordentlich hart ist. Man muß aber starke Zweifel hinsichtlich seiner Beständigkeit haben, da gerade das Gußgefüge bekanntlich starke innere Spannungen besitzt[1]), die sich allmählich ausgleichen und damit zu Formveränderungen führen. Zwei andere Stoffe, Glas und Quarz, scheinen, obwohl sie den meisten oben aufgestellten Anforderungen genügen, doch nicht in Frage zu kommen; Glas, wenigstens das gewöhnliche, hat nur einen Ausdehnungskoeffizienten von $8 \cdot 10^{-6}$ Es lassen sich aber Glastypen herstellen, die genau die Ausdehnung des Eisens haben, so daß sie für gewisse Zwecke zur Herstellung von Endmaßen geeignet sind. Allerdings weisen sie zwei Übelstände auf; der kleinere von beiden ist die geringe Wärmeleitung, so daß man längere Zeit warten muß, bis Meßstück und Normalmaß gleiche Temperatur haben. Weiterhin aber nimmt ein Glasstück, wenn es eine Temperaturänderung erlitten hat, nach Rückkehr auf die Ausgangstemperatur nicht sofort seine alte Länge wieder an, sondern nähert sich dieser nur asymptotisch. Ferner muß man darauf achten, daß das Glas durch einen sehr

---

[1]) Diese sind auch durch Versuche inzwischen bestätigt.

sorgfältigen Kühlungsprozeß von allen inneren Spannungen befreit ist, da anderenfalls unkontrollierbare Längenänderungen auftreten. Frei von diesem Übelstande ist der kristallisierte Quarz, aber nicht etwa der geschmolzene, denn dieser hat eine sehr kleine Ausdehnung und außerdem starke innere Spannungen, beides Gründe, die seine Verwendung vollkommen ausschließen. Auch der kristallisierte Quarz hat sowohl parallel wie senkrecht zu seiner Kristallachse nicht die Ausdehnung des Eisens. Wenn man aber einen Schnitt unter $65\,^1/_4°$ zur Achse legt, so erhält man in dieser genau die Ausdehnung von $11,5 \cdot 10^{-6}$. So hergestellte Maße haben sich gut bewährt; bei Temperaturschwankungen treten zwar kleine Änderungen der Kantenwinkel auf, die Meßflächen bleiben aber parallel zueinander und jene Änderungen sind so gering, daß sie für das Messen in keiner Weise störend wirken. Bei kleinen Endmaßen bis zu 3 mm Länge kann man die Meßflächen auch senkrecht zur Achse legen, da bei Temperaturschwankungen um $\pm 5°$ die Längenänderung (für 3 mm) nur $0,03\,\mu$ beträgt und der Fehler somit unter der zugesicherten Genauigkeit bleibt.

Die Endmaße erster Qualität, auf die sich die obigen Angaben beziehen, wird man nur im Meßlaboratorium gebrauchen. Für viele andere Zwecke, wie z. B. den Vorrichtungsbau, kommt man mit solchen zweiter Qualität aus, bei denen die Längen- und Gestaltsfehler doppelt so groß wie bei jenen sind. Als Beispiele für ihre Verwendung seien genannt: das Einstellen von Höhenreißern, die Messung von Lochabständen mittels hineingesteckter genau passender Dorne usw. Nebenbei sei bemerkt, daß Parallelendmaße mit Vorteil auch in der Werkstatt selbst an den Bearbeitungsmaschinen zum Einstellen von Dreh- und Hobelstählen, Fräsern[1]) usw. benutzt werden können. Entsprechend der weniger sorgfältigen Behandlung, welche sie hierbei erfahren, wird man bei diesen Meßklötzen dritter Qualität etwa fünfmal so große Fehler wie bei der besten Ausführung zulassen können.

Nunmehr entsteht die Frage, wie die Lehren mit Hilfe der Endmaße geprüft werden können. Dazu bedarf man gewisser Hilfseinrichtungen, der Meßwerkzeuge. Diese müssen natürlich so genau arbeiten, daß sie einen Vergleich auf $1\,\mu$ oder bei feineren Messungen auf einen Bruchteil des μ mit Sicherheit auszuführen gestatten. Das alte Meßwerkzeug der Technik, die Schublehre, ist hierfür natürlich nicht geeignet, da man mit dieser günstigstenfalls nur auf 0,02 mm genau messen kann. Auch der einfache Fühlhebel kommt wenig in Frage; wenn man auch nur die Tausendstel schätzen will, so muß einem Skalenintervall von 1 mm in Wirklichkeit 0,01 mm entsprechen; man braucht also eine hundertfache Übersetzung. Wenn nun der längere Hebelarm nicht übermäßig lang werden soll, etwa 100 mm, so ergibt sich für den kürzeren

---

[1]) Siehe Beitrag Huhn.

Hebelarm nur eine Länge von 1 mm. Eine kleine Verlagerung der Achse um nur 0,1 mm würde demnach schon Meßfehler bis 10% bewirken können. Ebensowenig ist mit dem Doppelhebel, wenn er nicht sehr sorgfältig ausgeführt ist, eine genügende Genauigkeit zu erreichen, da sich hierbei die Fehler der beiden Hebel addieren und nur die Ablesefehler verringert werden. Dieses gilt auch für die Meßuhren, die letzten Endes nichts weiter wie mehrfache Hebel sind; man kann bei ihnen im allgemeinen nur mit einer Genauigkeit von 0,01 mm, bei mehrfacher Umdrehung sogar nur mit 0,02 mm rechnen. Dies rührt von der Exzentrizität, von Fehlern der Teilung, der Zahnform usw. her. Günstiger sind die Verhältnisse, wenn man sich auf kleine Ausschläge von einem oder wenigen Hundertsteln Millimeter beschränkt.

Trotzdem findet die Meßuhr im Maschinenbau, vor allem zur Untersuchung der Maschinen bei der Abnahme, vielfach Verwendung. Hier

Abb. 51. Fühlerlehre zum Prüfen der Parallelität von Drehbankprismen.

begnügt man sich mit Genauigkeiten von der Größenordnung von $^1/_{100}$ mm, verlangt aber andererseits eine bequeme Einstellbarkeit. Dies ist bei der Meßuhr durch ihren großen Meßbereich erfüllt, so daß man sie, etwa an eine auf Schlag zu untersuchende Welle, auf eine Strecke von mehreren Millimetern heranführen kann; außerdem gestattet sie durch Drehung des Zifferblattes eine leichte Einstellung auf 0. An weiteren Anwendungsbeispielen seien genannt: die Untersuchung der Parallelität der Flächen von Laufringen oder von Führungsprismen (Abb. 51), Schlittenbewegungen usw.

Für genaue Messungen mußte man Sonderausführungen schaffen, von denen die bekannteste das Hirtsche Minimeter (Abb. 52) ist. Der gleichbleibende Achsenabstand wird bei ihm gemäß Abb. 53 durch zwei einstellbare Einschnitte in einem wagebalkenähnlichen Stück erreicht, in denen die Schneiden ruhen; die obere steht fest, während die untere einen Teil des Meßbolzens bildet. Wenn dieser sich auf- oder abwärts verschiebt, so dreht sich der Wagebalken um die obere Schneide und sein Ausschlag wird durch einen leichten Drahtzeiger auf einer Skala angegeben. Die tatsächliche Ausführung des Minimeters ist aus der Schnittzeichnung (Abb. 54) zu ersehen. Es wird mit verschiedenen Übersetzungen von 1:50 ÷ 1:1000 ausgeführt. Bei kleinen Übersetzungen beträgt die Genauigkeit 1 ÷ 2 μ, bei größeren in der Regel

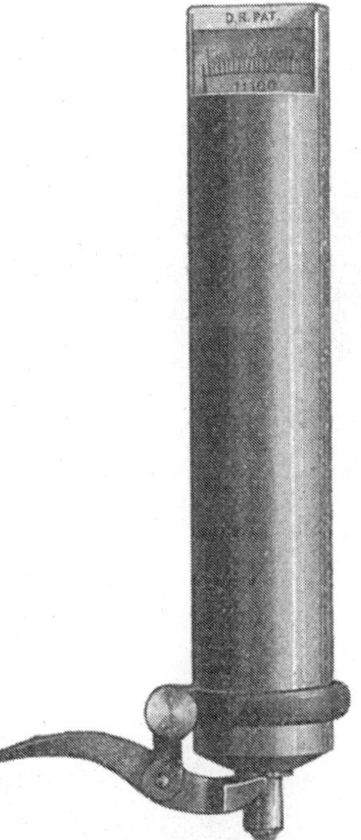

Abb. 52. Hirth'sches Minimeter — Ansicht.

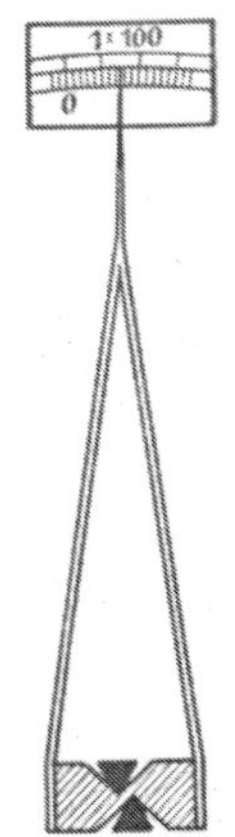

Abb. 53. Fühlhebel im Hirth'schen Minimeter.

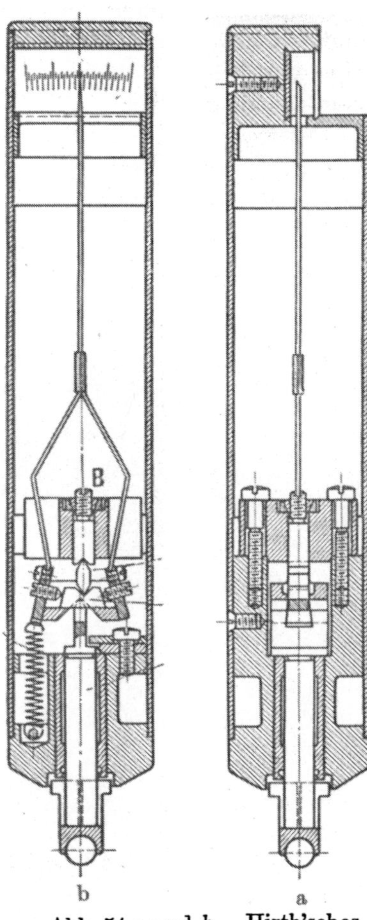

Abb. 54 a und b. Hirth'sches Minimeter — Schnitt.

0,8 μ, ausnahmsweise 0,5 μ, so daß man im allgemeinen auch bei ihm nur mit 1 μ rechnen kann.

Bei dem Kruppschen Mikrotast (Abb. 55) wird der Schneidenabstand durch ein dünnes gehärtetes Stahlblech innegehalten. Es sitzt in einem Schneidenstück, das durch eine Feder stets gegen die am Gerätekörper befestigte wagerechte Schneide gezogen wird. Die senkrechte Schneide,

welche sich von der anderen Seite gegen das Blech legt, bildet das obere
Ende der Stelze, die in einer Pfanne des Meßbolzens ruht. Durch Zu-
sammenholen oder Weiterauseinanderpressen des Schneidenstücks läßt
sich die Neigung des Bleches und damit der kurze Hebelarm genau
justieren. Selbstverständlich können die Fühlhebelinstrumente nur zu
Vergleichsmessungen dienen, da ihr Meßbereich sehr gering ist; er beträgt bei dem Minimeter mit der Übersetzung 1 : 1000 nur 0,02 mm,
bei dem Mikrotast bis zu 0,06 mm und ist bei kleineren Übersetzungen
entsprechend größer. Ein Vorteil aller Fühlhebel liegt aber darin, daß

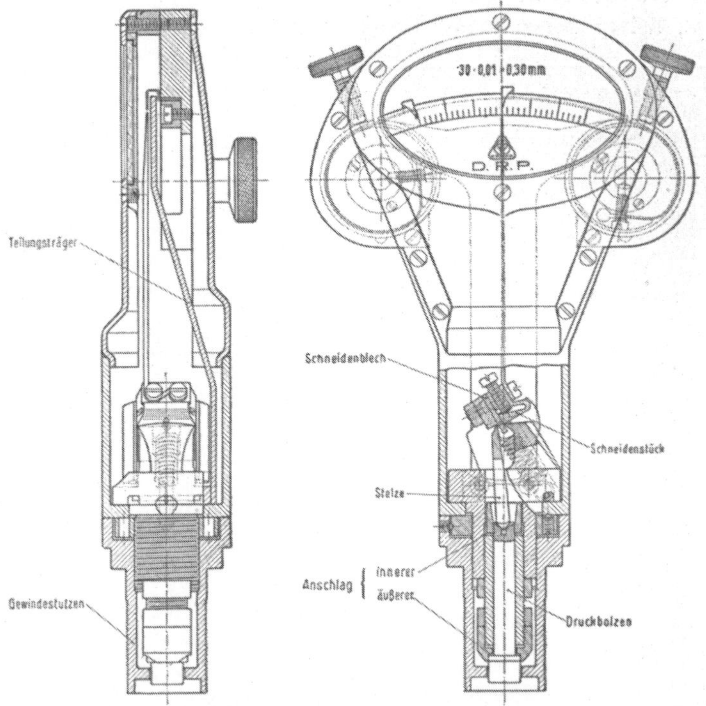

Abb. 55. Krupp'scher Mikrotast.

sie einen gleichbleibenden Meßdruck haben. Welchen Einfluß dieser
auf das Ergebnis einer Messung sonst ausübt, soll später bei den Meßmaschinen erörtert werden.

Zur Untersuchung tiefer Bohrungen wird der Fühlhebel mit einem
besonderen Stellkörper verbunden, bei welchem die eigentliche Messung
durch einen besonderen (längeren) Meßbolzen erfolgt, der durch seine
Verschiebung erst den Meßbolzen des Feintasters betätigt. Dabei ist
die Einrichtung getroffen, daß man den Meßbolzen des Stellkörpers
zusammen mit dem Feintaster um etwa 25 mm anheben kann.

Da mit rein mechanischer Übersetzung keine größere Genauigkeit zu erzielen ist, so gehen die neuen Fühlhebel auf eine Vereinigung dieser mit einer optischen Vergrößerung zurück.

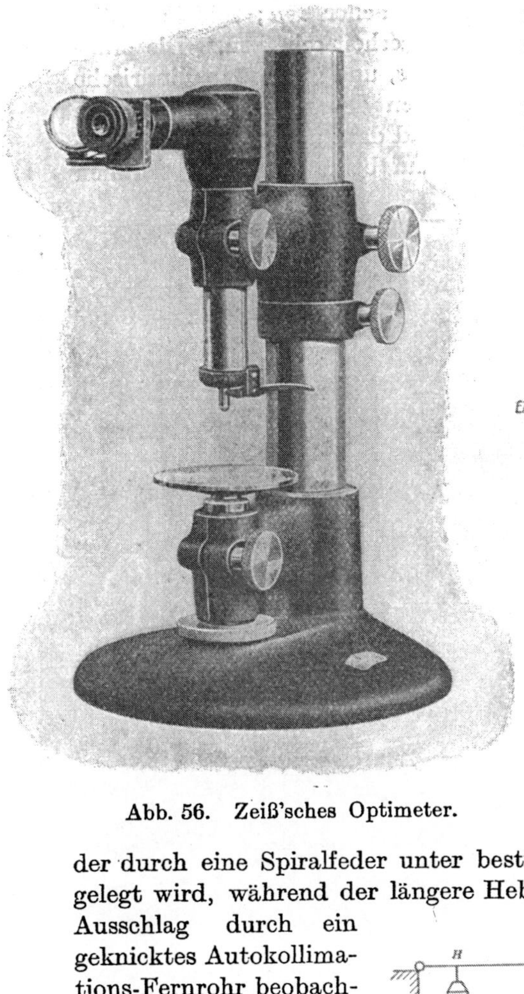

Bei dem sich in seinem äußeren Aufbau an das Minimeter anlehnenden Optimeter von Zeiß (Abb. 56 u. 57) wird der kurze Hebelarm durch einen um zwei Stahlkugeln kippbaren Spiegel gebildet, gegen den der Meßbolzen von unten drückt, und

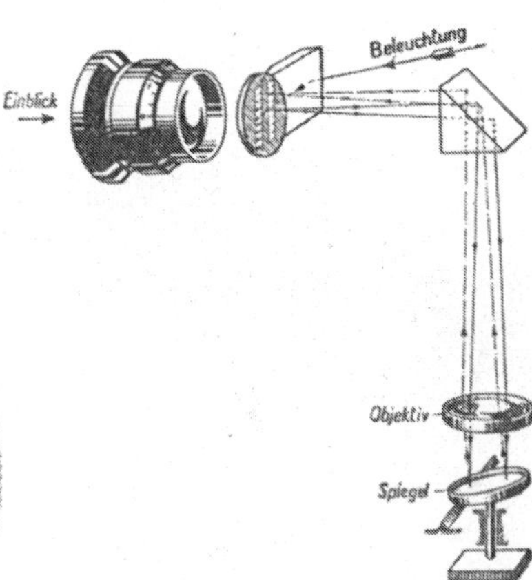

Abb. 57. Strahlengang beim Zeißschen Optimeter.

Abb. 56. Zeiß'sches Optimeter.

der durch eine Spiralfeder unter bestimmtem Druck immer dagegen gelegt wird, während der längere Hebelarm ein Lichtzeiger ist, dessen Ausschlag durch ein geknicktes Autokollimations-Fernrohr beobachtet wird. Die Genauigkeit beträgt im allgemeinen $^1/_4 \mu$.

Für die Physikalisch-Technische Reichsanstalt hat Göpel einen mikroskopischen Fühlhebel konstruiert, dessen Prinzip schematisch in Abb. 58 dargestellt ist.

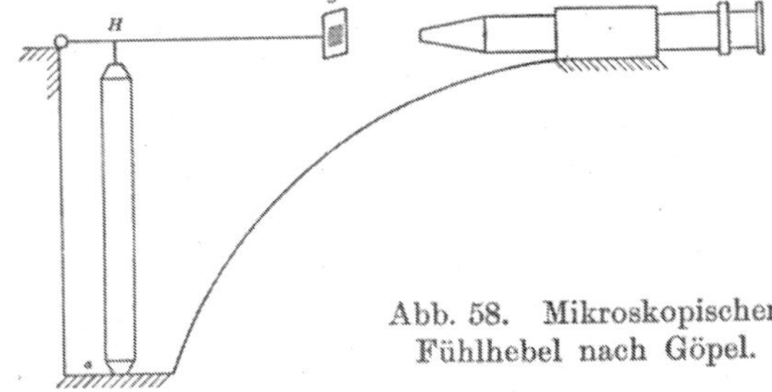

Abb. 58. Mikroskopischer Fühlhebel nach Göpel.

Bei diesem legt sich ein einarmiger Hebel bei H auf das Endmaß; er trägt an seinem langen Ende bei S eine feine Skala, die durch das Mikroskop M beobachtet wird. Der Wert eines Skalenteiles ist bei zehnfacher Übersetzung 2 μ, bei zwanzigfacher 1 μ; mit Hilfe des Mikroskops kann man 0,2÷0,1 μ mit Sicherheit schätzen. Die praktische Ausführung eines solchen Fühlhebels, und zwar für zylindrische Endmaße, zeigt Abb. 59. In zwei Rinnen des unter 45° geneigten gußeisernen Bettes ruhen das Original- und das zu vergleichende Endmaß; der Fühlhebel wird nacheinander auf beide aufgelegt. Ähnlich

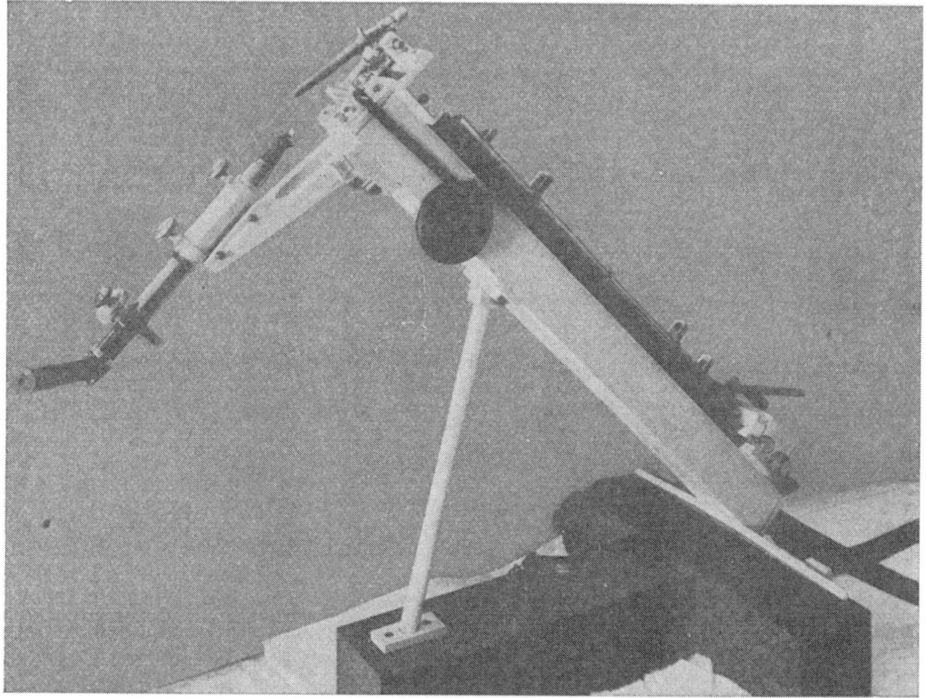

Abb. 59. Schnellvergleicher für zylindrische Endmaße.

ist der Apparat zum Vergleich von plattenförmigen Endmaßen gebaut (Abb. 60); sie können selbsttätig gewechselt werden, so daß ein rasches Vergleichen ermöglicht ist.

Auch die ausländischen Eichbehörden sind zu einer Vereinigung aus mechanischer Übersetzung und optischer Vergrößerung übergegangen. So zeigt Abb. 61 schematisch den im englischen National Physical Laboratory gebrauchten Fühlhebel von Eden, bei dem der Hebelausschlag durch Projektion vergrößert wird; die Vergrößerung ist so gewählt, daß 1 μ Verschiebung des beweglichen Ausschlages eine

Strecke von 18 mm entspricht. Diese ist indessen überflüssig groß, da man zwar genauer ablesen kann, Ablese- und Meßgenauigkeit aber voneinander grundverschieden sind. Durch eine genügende optische Vergrößerung kann man schließlich jede beliebige Ablesegenauigkeit erhalten, ohne jedoch die Meßgenauigkeit auch nur im geringsten zu steigern.

Nicht ganz so weitgehend ist ein Verfahren, das, von Bauschinger und Martens eingeführt, in der Materialprüfung verwendet wird. Bauschinger geht von der Beobachtung der Drehung einer Rolle

Abb. 60. Schnellvergleicher für plattenförmige Endmaße.

(Abb. 62) aus. Voraussetzung ist dabei, daß die Rolle genau gleichmäßig ist, eine Forderung, deren Erfüllung bei kleinen Durchmessern ziemliche Schwierigkeiten bereitet. Daher dürfte die Anordnung nach Martens vorzuziehen sein, bei der die Kippung einer Doppelschneide (Abb. 63) beobachtet wird. Praktisch ist dieses Verfahren, mit dem man bequem eine 100fache Übersetzung erhält, bei dem englischen Apparate von Atkins verwertet.

Die Fühlhebel geben also bei rein mechanischer Übersetzung eine Genauigkeit von rund $1\,\mu$ und bei der Vereinigung aus mechanischer und optischer Übersetzung eine solche von etwa $0{,}2\,\mu$.

4*

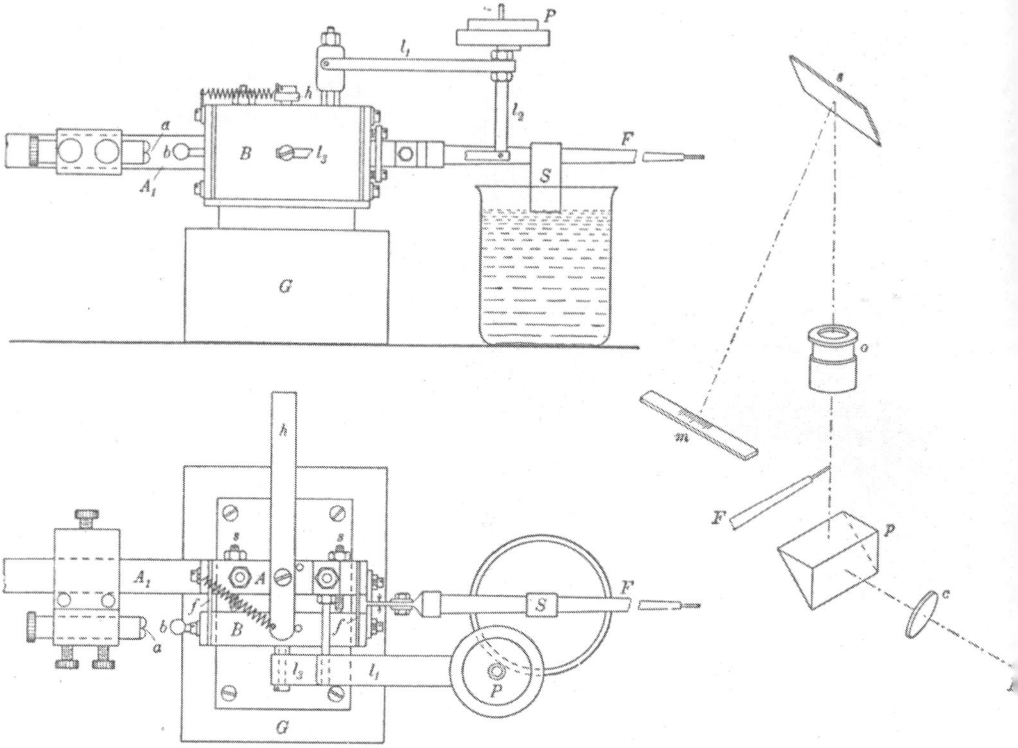

Abb. 61.   Fühlhebel mit optischer Vergrößerung von Eden.

Zu den Fühlhebeln in weiterem Sinne kann man auch die Meßdose (Abb. 64) rechnen, die auf der Umkehrung des Prinzips der hydraulischen Presse beruht. Die Dichtung des Kolbens wird dabei durch eine am Rande eingespannte Membrane bewirkt, in deren Mitte der Kolben sitzt; sie schließt den flach zylindrischen, mit Flüssigkeit völlig gefüllten Hohlraum ab, der mit einer Kapillare in Verbindung steht. Das Querschnittsverhältnis von Kolben und Kapillare ist in der Regel so gewählt,

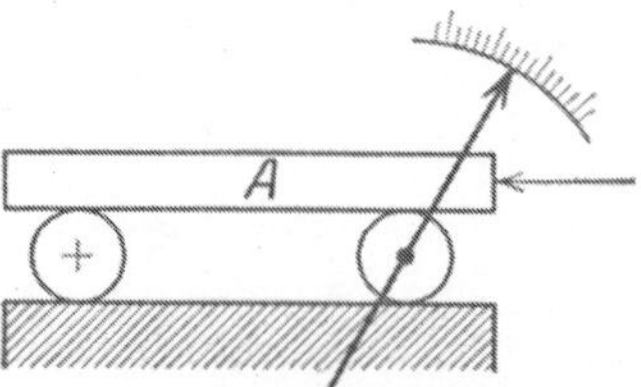

Abb. 62.   Meßanordnung
nach Bauschinger.

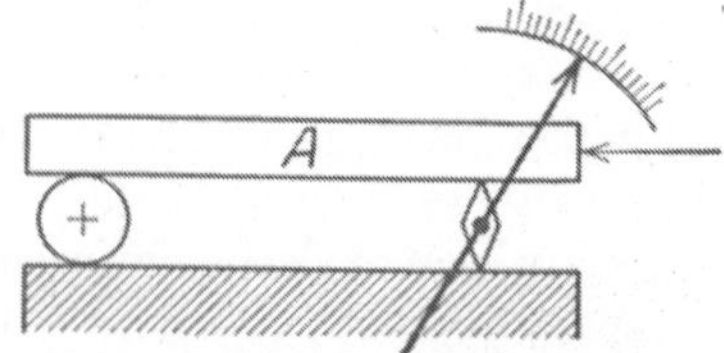

Abb. 63.   Meßanordnung
nach Martens.

daß 1 μ Kolbenweg eine Verschiebung der Flüssigkeitssäule um 10 mm bewirkt. Die Genauigkeit kann man bei guter Ausführung zu 0,2÷0,3 μ ansetzen; für den praktischen Gebrauch als Meßinstrument ist aber die starke Abhängigkeit von der Temperatur störend. Deshalb haben auch derartige Meßgeräte, die im Auslande unter dem Namen Prestometer vertrieben werden, in Deutschland bisher wenig Eingang gefunden.

Während sich die äußeren Abmessungen mit Hilfe von Feintastern leicht bestimmen lassen, bereitet die Ermittlung von Innenmaßen, z. B. den Durchmessern von Bohrungen, erhebliche Schwierigkeiten. Man geht hier so vor, daß man in die Bohrung einen senkrecht zu ihrer Achse

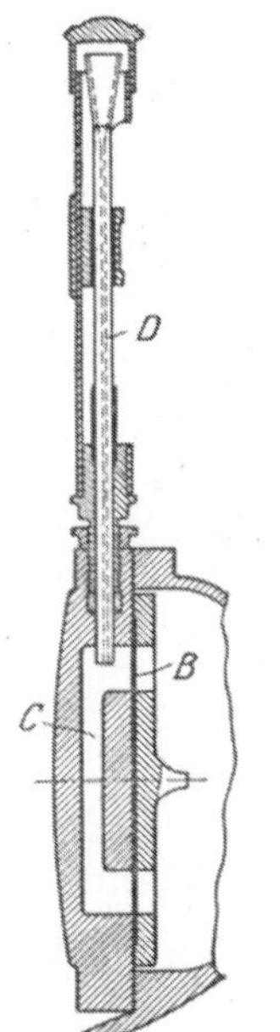

Abb. 64.   Meßdose.

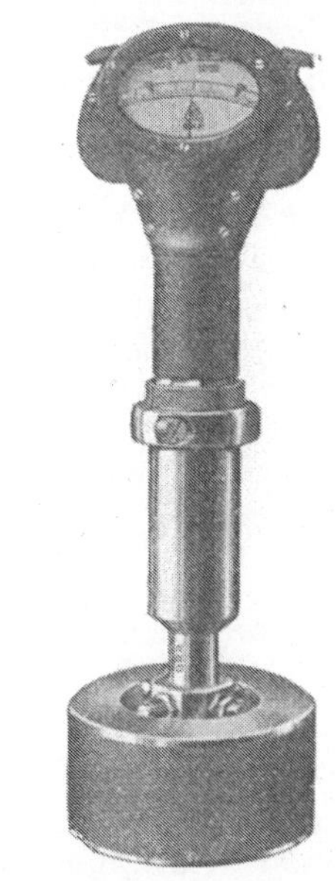

Abb. 65.   Krupp'scher Mikrotast für Bohrungen.

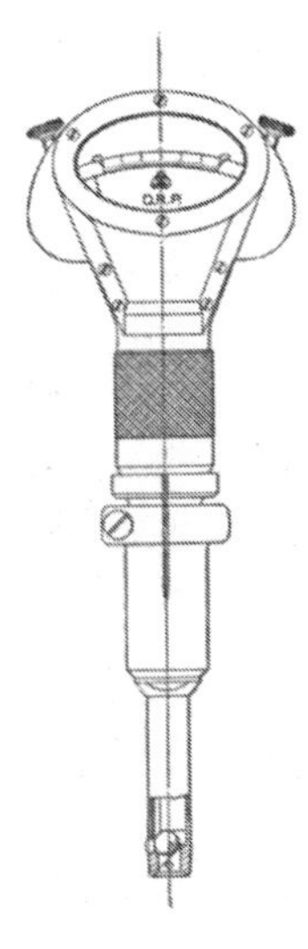

Abb. 66.   Kruppscher Mikrotast für kleinere Bohrungen.

verschiebbaren Meßbolzen einführt, der seine Bewegung auf den parallel zur Achse stehenden Meßbolzen des Feintasters überträgt. Vielfach benutzte man als Abtastgerät drei unter 120° gegeneinander geneigte Arme, von denen zwei eine feste Länge hatten, während in dem dritten ein Meßbolzen durch eine Feder immer gegen die Bohrung gedrückt wird. Genauer ist die Vierkreuzlehre (Abb. 65), da bei dieser die Bewegung des Meßbolzens gleich der Maßabweichung des Ringes ist. Sie läßt sich ferner mit Hilfe von Rachenlehren oder ähnlichen einstellen, während dies bei den Dreikreuzlehren nur mittels Ringen erfolgen kann. Bei der Kruppschen Ausführung sind die beiden seitlichen Arme etwas kürzer gehalten; sie dienen zur Führung, um eine zu große Verkippung oder Verschiebung aus der Meridianebene heraus zu verhüten. Die Übertragung der Bewegung des Meßbolzens auf den Feintaster erfolgt durch eine auf einer schiefen Ebene von 45° rollende Stahlkugel. Bei kleineren Bohrungen (etwa unter 25 mm) dient diese selbst als beweglicher Meßbolzen (Abb. 66), während der gegenüberliegende entweder durch eine zweite (gleichfalls bewegliche) Kugel oder eine kugelförmige Ausbuchtung des (die Kugel und die schiefe Ebene enthaltenden) Stahlrohres gebildet wird.

Bei allen diesen Messungen kommt es darauf an, das Gerät so zu halten, daß die Arme möglichst genau senkrecht zur Achse liegen. Man wird sie deshalb nur dann benutzen, wenn es sich darum handelt, die Gleichförmigkeit namentlich längerer Bohrungen von Punkt zu Punkt zu untersuchen, während für die reine Massenfabrikation die festen Bohrungslehren entschieden vorzuziehen sind.

Im Anschluß daran sei eine andere Methode zur Messung von Innendurchmessern erwähnt; bei dieser verwendet man ein Stichmaß, das etwas kleiner als der Durchmesser ist und mißt die Verschiebung, die notwendig ist, um es in zwei (zur Achse senkrechten) Stellungen zur Anlage an der Bohrung zu bringen. Wenn man diese Verschiebung noch durch geeignete Hilfsmittel (Hebelübersetzung) vergrößert, so kann man leicht eine Genauigkeit von $1\,\mu$ oder weniger erreichen.

Eine zweite Klasse von Meßinstrumenten, die für Feinmessungen zur Verfügung stehen, sind die schon eingangs erwähnten Schraubenmikrometer; auf ihre Bauart soll hier nicht näher eingegangen werden, selbstverständlich müssen sie die nötigen Vorrichtungen zur Einstellung des Nullpunktes und zur Aufhebung des toten Ganges haben. Dagegen wollen wir an einer kritischen Betrachtung ihrer Meßgenauigkeit nicht vorübergehen. Die bei ihnen auftretenden Fehler rühren im wesentlichen von denen der Schraube her, die man in zwei Klassen, fortschreitende und periodische, einteilen kann. Als fortschreitende bezeichnet man die Fehler, die sich nach jeder ganzen Umdrehung der Spindel bemerkbar machen; sie sind dadurch verursacht, daß die Ganghöhe nicht genau den geforderten Wert von etwa 1 oder 0,5 mm hat. Dazu kommen aber noch innere Teilungsfehler, die von Abweichungen der Leitspindel der Drehbank, auf der die Schraube geschnitten wurde, Ungleichmäßigkeit der Übertragungsmechanismen, von harten Stellen des Werkstoffes, sowie auch von einer Verlagerung der Ölschicht herrühren können. Zwischen Mutter und Spindel muß nämlich eine gewisse Schmiermittelschicht bleiben; je nach dem bei der Bewegung der Schraube ausgeübten Druck wird sich ihre Dicke ändern und dadurch kleine Fehler veranlassen.

Bei guten Schraubenmikrometern betragen die fortschreitenden — und inneren — Fehler auf 25 mm Länge höchstens $2\div3\,\mu$, bei marktgängigen dagegen bis 5÷7 μ. Selbst bei Mikrometern von Brown & Sharpe, die immer noch den größten Ruf genießen, gehen diese Fehler nicht unter 2 μ herunter. Die besten deutschen Schraubenmikrometer kommen aber, wie auf Grund eigener Versuche angegeben werden kann, nicht nur an die Genauigkeit der von Brown & Sharpe heran, sondern übertreffen sie zum Teil, so daß wir auch in bezug auf dieses Meßwerkzeug vom amerikanischen Markt unabhängig geworden sind.

Die innerhalb jedes Umganges auftretenden periodischen Fehler sind bei guten Schraubenmikrometern gleich 0, d. h. sie sind kleiner als der Betrag von 1 μ, den man mit dem Schraubenmikrometer messen kann, und daher zu vernachlässigen. Bei minderwertiger Ware können sie sich indessen bis auf 5 μ belaufen. Nach neueren Festsetzungen soll der Gesamtfehler bei Mikrometern erster Klasse 4 μ, bei denen zweiter Klasse 8 μ, nicht übersteigen. Die Schraubenfehler kann man durch Ausmessung von Parallelendmaßen leicht ermitteln und in Rechnung setzen; natürlich muß die Prüfung von Zeit zu Zeit wiederholt werden. Als Unsicherheit bleibt dann nur die Verlagerung der Ölschicht übrig.

Weit wichtiger ist indessen die Frage des Meßdruckes. Während dieser beim Fühlhebel durch das Eigengewicht oder durch eine Spiralfeder ausgeübt wird und somit unabhängig von der Geschicklichkeit des Messenden ist, hängt er beim Mikrometer ganz von dessen Gefühl ab. Man hat versucht, ihn durch die Gefühlschraube auszuschalten, die mit einer Friktionskupplung oder nach dem Ratschenprinzip arbeitet. Wer ständig mit der Schraube zu messen hat und dadurch dauernd in Übung bleibt, macht von diesen Einrichtungen keinen Gebrauch, weil er mindestens die gleiche Genauigkeit durch das Gefühl der Finger erreicht. Für den nur gelegentlich Messungen Ausführenden wird dagegen die Gefühlschraube eine Erleichterung bieten. Immerhin muß aber auch diese mit Vorsicht benutzt werden; man erhält auch mit ihr ganz verschiedene Einstellungen, je nachdem, ob man die Meßflächen langsam oder schnell zusammenbringt. So kann man bei Benutzung der Ratsche bis um 7,5 μ, ohne Gefühlschraube bis um 9 μ verschiedene Einstellungen erhalten; bei sorgfältigem Arbeiten werden dagegen die Einstellungsunterschiede wesentlich kleiner und betragen bei der Reibungskupplung 1,7 μ, ohne Gefühlschraube 0,6 μ und bei der Ratsche 0,2 μ. Man hat auch versucht, das Eintreten eines elektrischen Kontaktes zu benutzen, ist aber auch damit nur bis auf eine Genauigkeit von etwa 1,5 μ gekommen.

Da das wichtigste Bestreben bei allen Messungen dahin gehen muß, das persönliche Gefühl soweit wie irgend möglich auszuschalten und durch mechanisch anzeigende Vorrichtungen zu ersetzen, so wird man auch beim Schraubenmikrometer hiernach suchen müssen. Wenn man an Stelle des festen Amboßes den Meßbolzen eines geeigneten Fühlhebels bringt, so kann man den Einfluß des Meßdruckes vollständig aufheben. Man hat dann nur die Schraube so weit hineinzudrehen, bis der Zeiger des Fühlhebels auf dem Nullpunkte einsteht; damit kann man leicht eine Einstellungsgenauigkeit von 0,2 μ und selbst bei Personen, die erstmalig eine solche Messung ausführen, von 0,5 μ erreichen. Dieses ist also mehr, als man am Schraubenmikrometer selbst zu bestimmen vermag, da man hier günstigstenfalls 1 μ schätzen kann.

Ein weiterer Fehler ist die Aufbiegung des Mikrometerbügels bei verschiedenen Meßdrucken; ihr Betrag ist aber bei Schrauben bis 25

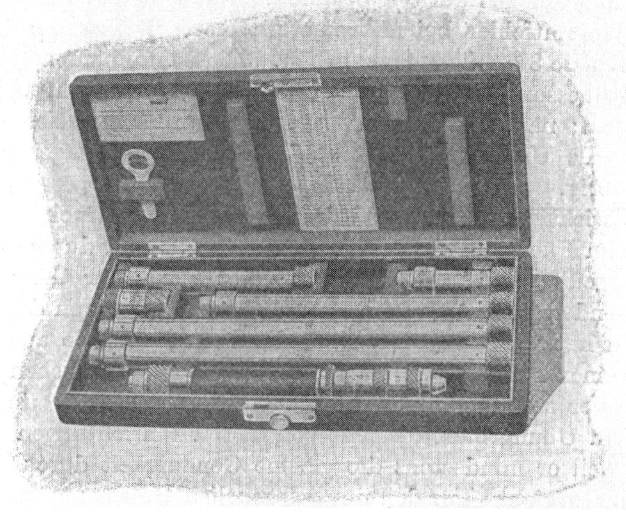

Abb. 67. Einstellbare Stichmaße.

und meist auch bis 50 mm Höchstmeßbereich durchaus zu vernachlässigen. Bei der Prüfung einer großen Anzahl von Instrumenten wurde gefunden, daß die Aufbiegung durch einen Meßdruck von 1 kg bei guten Mikrometerbügeln 1 μ (bei schlechten allerdings bis 7 μ) beträgt, und zwar gilt dieses bis zu Bügelweiten von 150 mm. Erst bei großen Instrumenten, bei denen man die Bügel zur Gewichtsersparnis schwächer wählt, wurden Aufbiegungen bis 5 μ/kg beobachtet. Da der Meßdruck bei Schraubenmikrometern durchschnittlich nur um etwa $^1/_4$ kg schwankt, so hat man bei den überwiegend gebrauchten Mikrometern bis 25 und 50 mm Meßbereich, sachgemäße Bügelkonstruktion vorausgesetzt, nur mit 0,25÷0,50 μ Veränderlichkeit der Aufbiegung zu rechnen, das sind aber Werte, die man nicht mehr zu berücksichtigen braucht. Bei normalen Schraubenmikrometern tritt also die Aufbiegung des Bügels durch den Meßdruck gegenüber den anderen Fehlern zurück.

Faßt man diese sämtlichen Fehler zusammen, so kommt man zu dem Ergebnis, daß bei Vergleichsmessungen, z. B. eines Kaliberdornes mit einem Endmaße, unter Verwertung des Schraubenmikrometers als kleine Meßmaschine eine Genauigkeit von $1\,\mu$ bei geübten Personen und von $3\,\mu$ bei weniger geübten Personen erreicht werden kann. Will man dagegen das absolute Maß feststellen, so muß man, selbst beim Schraubenmikrometer für 25 mm Meßbereich, mit etwa $2\,\mu$ bei geübten und $5\,\mu$ bei ungeübten Personen rechnen; diese Fehler können sich verdoppeln, wenn die Schraubenfehler nicht berücksichtigt sind.

Von den vielen An- und Verwendungszwecken des Schraubenmikrometers seien nur die einstellbaren Stichmaße (Abb. 67) zur Ermittlung von Bohrungsdurchmessern und ähnlichen erwähnt. Ihren Meßbereich, der sich im allgemeinen auch auf 25 mm beschränkt, vergrößert man durch aufgeschraubte Verlängerungsstücke, die bei einer sehr zweck-

Abb. 68. Meßmaschine von Pratt & Whitney.

mäßigen Konstruktion so ausgebildet sind, daß die eigentliche Meßfläche im unbenutzten Zustande innerhalb des Schutzrohres liegt und erst beim Aufschrauben auf das Mikrometer heraustritt.

Nach den vorstehenden Ausführungen reicht auch das Schraubenmikrometer für die technischen Messungen vielfach noch nicht aus, so daß anscheinend nur die Meßmaschinen übrig bleiben.

Bei ihnen muß man zwei grundsätzlich verschiedene Arten unterscheiden. Eine Vereinigung beider findet man bei einer der ältesten Maschinen, der von Pratt & Whitney (Abb. 68), die das zu prüfende Stück entweder mit einem Endmaße oder mit einem Strichmaßstabe vergleicht und hierbei gewissermaßen das früher bei den Behörden ausschließlich angewendete Verfahren auch im Betriebe durchführen will. Das End maß wird zwischen die Anschläge der beiden Supporte gebracht, von denen der eine feststeht, während der andere, je nach der zu messenden Länge, eingestellt werden kann. Die eigentliche Messung erfolgt im ersten Falle mit Hilfe der Mikrometerschraube, die aber eine größere Trommel als bei den Schraubenmikrometern hat. Will man unabhängig von ihr sein, so bestimmt man die Einstellung des Supportes einmal bei unmittelbarer Berührung der beiden Meßflächen und dann mit dazwischen gelegtem Meßstücke durch das Mikroskop an dem vorn sichtbaren Maßstabe. Diese Ausführung, die auch von einigen deutschen Firmen hergestellt wird, ist grundsätzlich verfehlt, weil alle Verkippungsfehler des Supportes mit ihrem vollen Betrage in das Ergebnis eingehen, und zwar mit einem Hebelarme, der durch den Abstand der Befestigung des Mikroskopes am Supporte vom Maßstabe

Abb. 69. Meßmaschine der Société Genevoise.

gegeben ist; da dieser Abstand ungefähr 10—15 cm beträgt, wird der Fehler außerordentlich groß.

Vermieden ist dieser Übelstand bei einer neuen Ausführung der Société Genevoise (Abb. 69), bei der der Maßstab nicht seitlich angebracht, sondern in die Verlängerung des Endmaßes gelegt ist. Die Messung wird im übrigen genau so, wie oben angegeben, ausgeführt. Nun kann man den Fehler derartiger Maßstäbe, wie sie hier gebraucht werden, im allgemeinen mit einer Genauigkeit von $0{,}5\,\mu$ bestimmen, so daß, sehr vernünftigerweise, die Société Genevoise die Meßgenauigkeit ihrer Maschine nur zu $1\,\mu$ angibt. Eine Anwendung hatte dieser Grundsatz übrigens schon früher bei dem Abbeschen Dickenmesser gefunden, der sich nur dadurch von jener Meßmaschine unterscheidet, daß bei ihm der Maßstab senkrecht steht. Im Gegensatze dazu hat man bei den übrigen Meßmaschinen den Anschluß an ein Strichmaß vollständig verlassen und sich auf den alleinigen Vergleich mit Endmaßen beschränkt. Grundsätzlich ist die Ausführung bei den Erzeugnissen verschiedener Firmen gleich: ein kräftiges Bett trägt einen feststehenden und einen beweglichen Support (Abb. 70) um Endmaße verschiedener Länge dazwischen bringen zu können; in dem einen befindet sich die Mikrometerschraube, im anderen der Indikator zur Bestimmung des Meßdruckes. An der Mikrometerschraube hat man viel-

Abb. 70. Meßmaschine der J. E. Reinecker A.-G. Chemnitz.

fach eine selbsttätige Korrektion für die fortschreitenden Fehler vorgesehen. Diese ist indessen überflüssig, da die inneren und die periodischen Fehler dadurch nicht beseitigt werden. Ob man schließlich eine Korrektion von 0,3 oder 1,5 μ anzubringen hat, ist ziemlich gleichgültig, gerechnet muß ja doch werden. Auf die Arten der verschiedenen Druckindikatoren soll hier nicht näher eingegangen werden. Bei sorgfältiger Beobachtung leisten das Fallkaliber, die Meßdose, der Doppelhebel, der mikroskopische oder der Libellenfühlhebel praktisch die gleichen Dienste.

Dadurch sind die vom Meßdruck herrührenden Fehler bei der Meßmaschine ausgeschaltet, während man die Schraubenfehler genau bestimmen und in Rechnung setzen kann. Trotzdem ist auch ihre Meßgenauigkeit infolge einer Anzahl anderer Einflüsse nur eine beschränkte. Wenn z. B. die Meßflächen der Maschine nicht parallel sind oder das zu prüfende Endmaß geneigt angesetzt wird (Abb. 71), so tritt ein Fehler $\delta\lambda$ auf, der sich berechnet aus $2 \cdot \delta\lambda = d \cdot \varphi$, wobei d der Durchmesser des Endmaßes ist. Damit $2 \cdot \delta\lambda$ kleiner als $0,1\,\mu$ bleibt, muß bei

$$d = 1 \qquad 2 \qquad 5 \text{ mm}$$
$$\varphi < 20'' \quad 10'' \quad 4''$$

sein. Bei Endmaßen mit Kugelflächen (Abb. 72) entsteht bei einer Abweichung der Meßflächen der Maschine um den Winkel φ von der

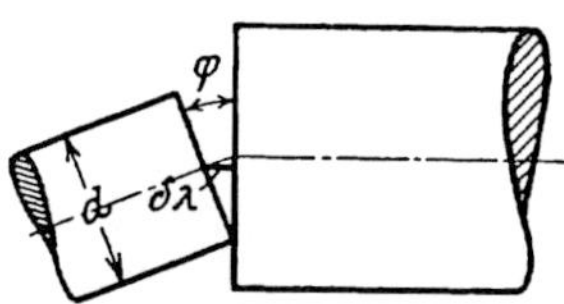

Abb. 71.   Meßfehler bei geneigt eingelegtem Endmaß.

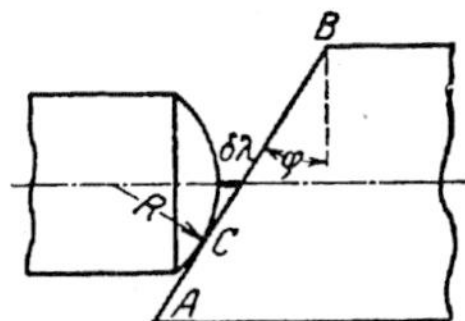

Abb. 72. Meßfehler bei Kugelendmaß und schräger Meßfläche.

Senkrechten zur Achse ein Fehler von $2 \cdot \delta\lambda = 2\,R \cdot \varphi^2$. Damit wieder $2 \cdot \delta\lambda$ kleiner als $0,1\,\mu$ bleibt, muß sein bei

$$R = 1 \qquad 10 \qquad 100 \text{ mm}$$
$$\varphi < {}^{1}\!/_{4}{}^{\circ} \quad {}^{1}\!/_{8}{}^{\circ} \quad {}^{1}\!/_{30}{}^{\circ}.$$

Große Genauigkeit erreicht man also bei der Wahl von kleinen Durchmessern bzw. kleinen Krümmungshalbmessern. Diese Forderung läßt sich aber nicht restlos in die Praxis umsetzen, da der spezifische Meßdruck sonst unzulässig große Werte annehmen würde.

Auf einen anderen Fehler sei im Anschluß hieran noch hingewiesen; bei Endmaßen mit sphärischen Flächen will man erreichen, daß man auch beim schiefen Ansetzen immer den richtigen Abstand der beiden Tangentialebenen erhält. Dazu ist Voraussetzung, daß die Krümmungsmittelpunkte der Kugelflächen zusammenfallen. Ein etwaiger Abstand beider voneinander muß bei einem Kippwinkel von $1° < 0,7$ und bei $2° < 0,2$ mm sein, damit der so verursachte Fehler $0,1\,\mu$ nicht überschreitet. Diese Werte lassen sich auch bei guter Herstellung erreichen.

Bei längeren Endmaßen wäre ferner die Durchbiegung zu berücksichtigen. Legt man sie glatt auf irgendeinen Tisch, so erfolgt doch immer nur in drei Punkten eine Berührung, weil selbst die idealste Fläche bei genügend starker Vergrößerung noch Unebenheiten aufweist. Bessel hat daher zuerst vorgeschlagen, den Maßstab lieber nur in zwei Linien zu unterstützen. Je nach der Lage der Unterstützungspunkte tritt eine Verlängerung oder Verkürzung des Maßstabes ein. Wählt man den Abstand a — von den Enden aus gerechnet — gleich $^2/_9$ der Länge L, so sind die Fehler bei einem Maßstabe von 1 m Länge und 1 cm Halbmesser, wie aus Tafel 4 folgt, praktisch vollständig zu vernachlässigen. Mit der Längenänderung tritt aber auch eine Drehung der Endquerschnitte ein, die bei zu geringen Durchmessern und ungeeigneter Unterstützung bis zu 1° betragen kann; die Durchbiegung des Maßstabes ist also weniger schädlich als die Drehung. Wenn man ihm aber einen genügenden Querschnitt Q gibt und bei längeren Stäben die Unterstützung richtig ausführt (in den sogenannten »günstigsten« Punkten auflegt, die im Abstande a = 0,2113 L von den Enden liegen), so sind auch die von den Drehungen herrührenden Fehler praktisch zu vernachlässigen; diese Fehler lassen sich also stets vermeiden.

Weiter wäre aber noch zu überlegen, ob nicht der Meßdruck einen schädlichen Einfluß auszuüben vermag. Er beträgt bei verschiedenen Meßmaschinen etwa 1,3÷7,5 kg. Der letzte genannte Wert ist auf jeden Fall viel zu groß; über 3 kg sollte man eigentlich niemals hinausgehen. Bei einem Querschnitte von 1 cm² und dem Druck von 1 kg beträgt die aus dem Hookeschen Gesetze folgende Verkürzung 0,5 μ für 1 m, liegt also unterhalb der Fehlergrenze technischer Messungen.

Tafel 4.

			Durchbiegung von Endmaßen		Drehung der Endquerschnitte	
		L	100 cm	50 cm	100 cm	50 cm	
		Q	1 cm²	0,2 cm²	0,2 cm²	1 cm²	0,2 cm²	0,2 cm²
unterstützt in		a = 0,2203 L	0 μ	— 0,1 μ	0 μ	+ 4″	+ 100″	+ 12,5″
		a = 0,2113 L	0 μ	— 0,2 μ	0 μ	0″	0″	0″
		a = 0	— 0,1 μ	— 6,4 μ	— 0,5 μ	— 130″	— 3250″	— 406″
		a = 0,5 L	0 μ	— 2,2 μ	— 0,2 μ	+ 65″	+ 1625″	+ 203″

Wenn man aber ein Endmaß von 3 cm² Querschnitt mit einem solchen von 0,1 cm² Querschnitt vergleicht, beläuft sich der Unterschied der elastischen Verkürzungen beider schon bei 1,5 kg Meßdruck auf 7,3 μ für 1 m, bei 3 kg auf 14,5 μ und bei 7,5 kg sogar auf 36,3 μ/m. Bei starkem Meßdruck ist also die elastische Verkürzung unbedingt zu berücksichtigen, wenn nicht die beiden zu vergleichenden Maße gleiche Querschnitte besitzen. Gleiches gilt für die durch den Meßdruck erfolgende Abplattung bei Stücken, die von gekrümmten Flächen begrenzt werden. Vielfach erklären sich Unterschiede, die den Meßwerkzeugen zur Last gelegt werden, einfach durch die verschieden hohen Drucke der benutzten Maschinen. Während sich diese Werte bei den Endmaßen mit sphärischen Flächen mit Hilfe der Formeln von H. Hertz berechnen lassen (Tafel 5), kann man bei Zylindern, also Kaliberdornen und Meßscheiben, nicht mehr auf diese Weise vorgehen. Hier hängt die Abplattung von dem Verhältnisse des Durchmessers der Meßfläche der Meßmaschine zur Länge des Zylinders ab. Bei kleinen Zylindern von $3 \div 9$ mm Durchmesser und 5 mm Höhe ergab sich auf zwei Maschinen mit 1,3 kg und 3,1 kg Meßdruck ein Unterschied von $1\,\mu$. Bei dünnen Kaliberdornen und kleinen Meßscheiben muß also mit einem möglichst geringen Meßdrucke gearbeitet werden, wenn man noch $1\,\mu$ verbürgen will.

Zu den genannten Fehlern, die — mit Ausnahme der Abplattung — zu vermeiden bzw. leicht zu berechnen sind, kommen dann noch die Einflüsse der Temperatur. Wie bereits erwähnt, macht ein Temperaturunterschied von $1°$ bei 100 mm Länge schon einen Längenunterschied von $1,15\,\mu$ aus. Wenn man also auf $1\,\mu$ genau messen will, muß die Temperatur von Meßmaschine, Normalmaß und Werkstück auf mindestens $1°$, besser auf $0,5°$ übereinstimmen. Dazu ist notwendig, daß sie innerhalb dieses Bereiches während mehrerer Stunden unverändert

Tafel 5.

Abplattung von Kugelflächen: $\delta = 1{,}56 \cdot \sqrt{P^2/R}\,\mu$

D mm	Meßdruck P in kg			Abweichung bei 3 und 1,5 kg
	1,5	3	7,5	
1	5,5	8,8	16,2	3,3
5	3,2	5,1	9,5	1,9
10	2,6	4,1	5,7	1,5
50	1,5	2,4	3,4	0,9
100	1,2	1,9	2,5	0,7
500	0,7	1,1	2,0	0,4
1000	0,6	0,9	1,6	0,3

bleibt. Wenn die einzelnen Stücke einmal einen Temperaturunterschied von $1°$ hatten, so dauert es mehrere Stunden, bis sich ihre Temperaturen auf $^1/_{10}°$ angenähert haben. Eine genaue Messung erfordert also einen Raum mit gleichbleibender Temperatur. In den Werkstätten muß man nun mit Temperaturunterschieden von $2 \div 3°$ an verschiedenen

Stellen rechnen. Dazu kommt die Erwärmung durch die Bearbeitung, so daß man hier, allein mit Rückischt auf die Temperaturunterschiede, einen Fehler von mindestens $2\,\mu$ auf 100 mm zu berücksichtigen hat. In der Revision wird man im allgemeinen mit einem Temperaturfehler von $1\,\mu$ auskommen und ihn nur bei besonderer Vorsicht auf etwa $0,5 \div 0,25\,\mu$ bei 100 mm langen Stücken herunterdrücken können. Ferner ist zu beachten, daß, wie schon zu Anfang erwähnt, der Wert $11,5 \cdot 10^{-6}$ für den Ausdehnungskoeffizienten ein Mittelwert für Stahl ist, der bei den einzelnen Eisensorten von $9,5 \div 13,5 \cdot 10^{-6}$ schwanken kann. Treffen also unglücklicherweise ein Endmaß mit dem höchsten und ein Vergleichstück mit dem niedrigsten Ausdehnungskoeffizienten zusammen, so macht dieses bei $1°$ Abweichung der Meßtemperatur von der Normaltemperatur von $20°$ bereits $0,4\,\mu$ aus; hierzu treten dann noch die übrigen Fehler.

Nun fordert aber die Prüfung der Maßhaltigkeit von Lehren und vor allem der Endmaße eine größere Genauigkeit, und man muß daher überlegen, ob es nicht möglich ist, sie auf andere Weise zu erzielen. Dies ist tatsächlich, und zwar mit Hilfe der Interferenz des Lichtes, gelungen. Wenn irgend zwei Wellenbewegungen (P und Q) gleicher Wellenlänge übereinander fortschreiten (Abb. 73 a und b), so entsteht aus beiden eine resultierende Welle R, deren Amplitude in

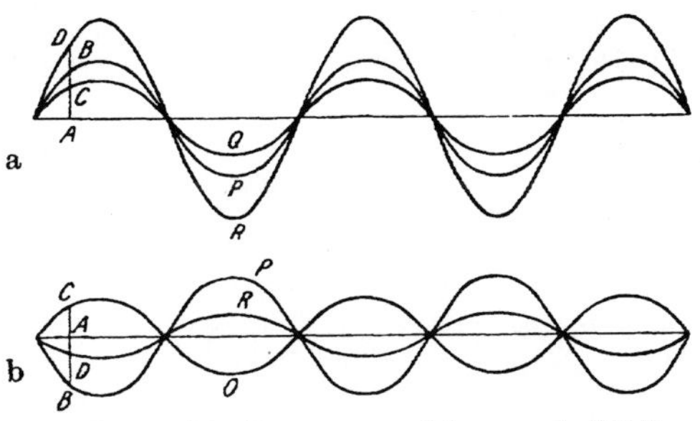

Abb. 73 a und b. Zusammenwirken zweier Wellenzüge.

jedem einzelnen Punkte gleich der Summe der Amplituden der beiden Teilwellen ist. In Abb. 73 a ergibt sich eine verstärkte Schwingung; laufen die Wellen dagegen so, daß der Wellenberg einer Bewegung mit dem Wellentale der anderen zusammenfällt, wie in Abb. 73 b, so hat man die algebraische Summe der Amplituden zu bilden und es entsteht eine geschwächte Welle. Sind die beiden Amplituden gleich groß, so erhält man in diesem Falle eine Welle mit der Amplitude Null; mit anderen Worten: Licht zu Licht hinzugefügt gibt nicht immer eine vermehrte Helligkeit, sondern unter Umständen Dunkelheit.

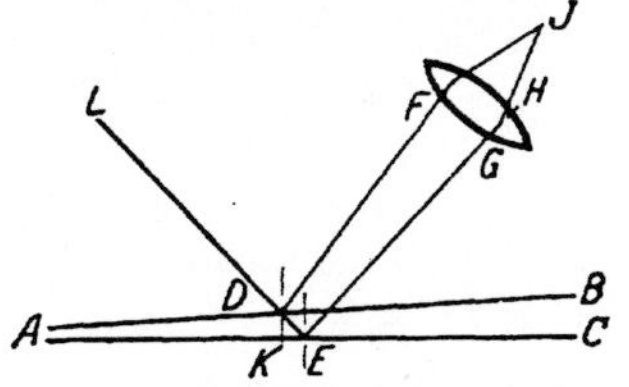

Abb. 74. Entstehung der Interferenz am Luftkeil.

Betrachtet man weiter ein keilförmiges Plättchen (Abb. 74), das etwa durch zwei Glasplatten begrenzt ist, und fällt hierauf Licht, so wird ein Strahl an der oberen Fläche AB zurückgeworfen und gelangt von hier in das Auge; ein zweiter Strahl dringt dagegen in den Luftkeil ein und wird an der unteren Fläche AC gespiegelt. Beide Strahlen werden durch die Augenlinse auf der Netzhaut bei J vereinigt. Nun hat der zweite Strahl einen Weg zurückgelegt, der, bei senkrechtem Einfall, um die doppelte Keildicke (d), bei D gemessen, länger ist. Wenn

Abb. 75. Interferenzstreifen an einer gut ebenen Fläche.

Abb. 76. Interferenzstreifen an einer schwach gewölbten Fläche.

Abb. 77. Interferenzstreifen an einer nicht genügend ebenen Fläche.

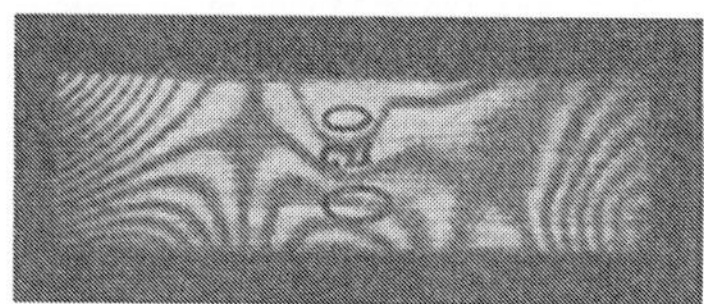

a b
Abb. 78 a und b. Interferenzstreifen an einem durch innere Spannungen verzogenen Endmaß mit sonst parallelen Meßflächen.

Abb. 79. Interferenzstreifen an einem dünnen Endmaß aus Quarz.

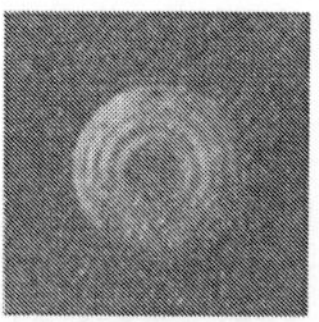

Abb. 80. Interferenzstreifen an einer schlechten Meßfläche eines zylindrischen Endmaßes.

nun 2 d ein bestimmtes Vielfaches der halben Wellenlänge ist, so trifft gerade Wellenberg auf Wellenberg; tritt aber eine halbe Wellenlänge mehr hinzu, so kommen Wellenberg und Wellental zusammen. Da sich die Dicke des Keiles stetig ändert, muß die Helligkeit periodisch verstärkt oder vermindert werden, d. h. es werden abwechselnd helle und dunkle Streifen auftreten. Diese Interferenzen gleicher Dicke kann man dazu benutzen, die Ebenheit von Endmaßen zu prüfen. Es sei z. B. die untere Fläche AC die Meßfläche des Endmaßes, die obere AB eine ebene Glasplatte. Wenn das Endmaß gut eben ist, so verlaufen die dunklen Streifen in gleichen Abständen voneinander und geradlinig (Abb. 75). Ändert sich aber die Dicke, so ändert sich auch der Abstand der Streifen; bei einem schlechteren Endmaße rücken sie deshalb, wie in Abb. 76, z. B. nach dem einen Ende hin weiter auseinander. Eine merkwürdige Form sieht man in Abb. 77; hier bemerkt man zwei Reihen von Zacken, die von einer ungleichmäßig harten Stelle im Werkstoffe herrühren. Bei dünnen Endmaßen tritt ferner ein Verziehen ein; die beiden Seiten eines Endmaßes von 0,5 mm, das vorher sehr gut war, lieferten, nachdem es einige Zeit gelagert hatte, die in Abb. 78 wiedergegebene Interferenzfigur. Innere Spannungen und Gefügeumwandlungen, die durch die Temperierung nicht herausgebracht waren, hatten das Maß gekrümmt. Da die untere Hälfte aber etwa das gleiche Bild wie die obere zeigt, sind die beiden Flächen angenähert parallel zueinander geblieben. Als Gegenstück hierzu diene die Interferenzerscheinung eines Endmaßes aus Quarz von 1 mm Dicke, das an beiden Enden unterstützt und in der Mitte 3 Stunden lang mit 1 kg belastet war (Abb. 79). Im Gegensatz zum Stahl hat also Quarz trotz der starken Beanspruchung keine dauernde Formveränderung erlitten. Abb. 80 gibt die Interferenzerscheinung an einem zylindrischen Endmaße wieder. Bei diesem bemerkt man kreisförmige Interferenzstreifen; die Meßfläche ist also nicht eben, sondern

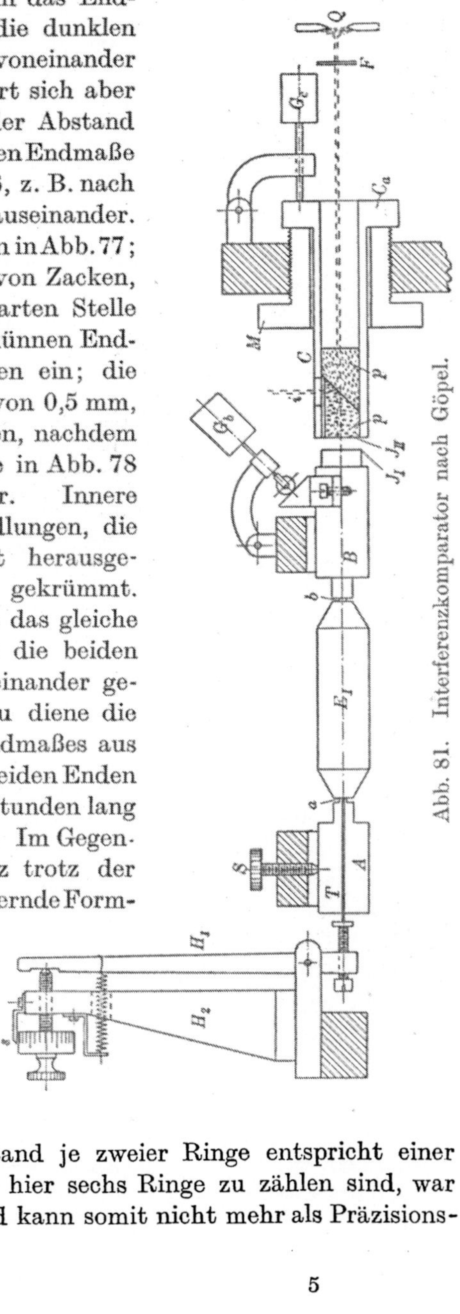

Abb. 81. Interferenzkomparator nach Göpel.

sphärisch gekrümmt. Der Abstand je zweier Ringe entspricht einer Dickenänderung von 0,2 μ; da hier sechs Ringe zu zählen sind, war also das Maß um 1,2 μ hohl und kann somit nicht mehr als Präzisionsmaß angesprochen werden.

Die Interferenz wird nun neuerdings auch zu Maßvergleichen von Endmaßen benutzt und die Behörden prüfen eingesandte Endmaße vielfach auf diese Weise. Abb. 81 zeigt den in der Physikalisch-Technischen Reichsanstalt benutzten Apparat von Göpel. Die Interferenzen entstehen zwischen der rechten ebenen Fläche J_1 des Bolzens B, der sich gegen das Endmaß E_1 legt und der linken ebenen Fläche J_2 des Glasprismas C, das aus zwei in der schrägen Fläche zusammengekitteten Stücken p besteht, in der sich auch eine Marke befindet. Durch Drehen der Schraube s kann man mit dem Hebel H_1 und dem Stifte T das Endmaß und den Bolzen B zusammen gegen das Prisma C hin bewegen, wobei man die an der Marke vorbeiwandernden dunklen Interferenzstreifen zählt. Diese Wanderung erfolgt so lange, bis die beiden ebenen Flächen zusammentreffen, da sich dann auch das

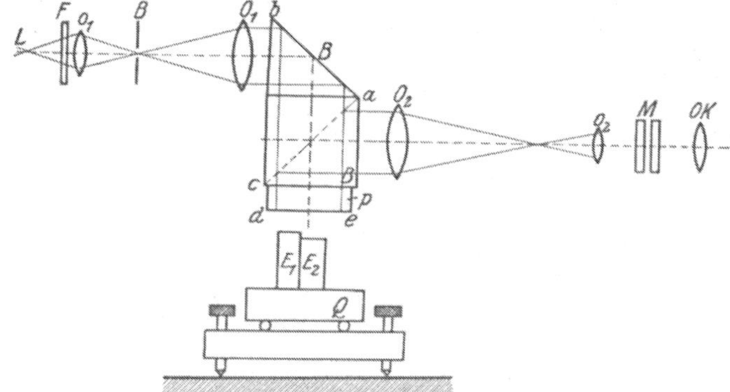

Abb. 82. Interferenzkomparator von Kösters.

Prisma C mit B zugleich bewegt. Nachdem die Schraube s in ihre Ausgangsstellung zurückgebracht ist, wird der Versuch mit dem zu vergleichenden Endmaß (von selbstverständlich angenähert gleicher Länge) wiederholt. Der Unterschied der Anzahl der in beiden Fällen an der Marke vorbeigewanderten Interferenzstreifen ergibt den Längenunterschied der beiden Maße, gemessen in halben Wellenlängen des benutzten Lichtes. In mancher Beziehung bequemer ist der Apparat der Reichsanstalt für Maß und Gewicht von Kösters (Abb. 82). Ein von der Lichtquelle L kommendes Linienspektrum fällt durch Filter F, Kondensor o_1, Blende B, Objektiv O_1, die in der Fläche a c halbdurchlässig versilberte Prismenkombination B B und die gleichfalls halbdurchlässig versilberte Planplatte p auf die beiden auf eine Quarzplatte Q nebeneinandergesetzten Endmaße E_1 und E_2. Die an ihnen entstehenden Interferenzstreifen werden mit Hilfe des aus dem Objektiv o_2 und dem Okular O K bestehenden Fernrohres beobachtet. Dadurch, daß man gleichzeitig mit mehreren Wellenlängen arbeitet, entstehen farbige anstatt heller und dunkler Interferenzstreifen, die verschiedene Tönungen aufweisen; von diesen tritt namentlich ein bräunlicher Streifen mit roten Säumen — bei Benutzung von Heliumlicht — hervor. An den beiden Stellen, an denen er auf E_1 und E_2 entsteht, hat die Luftschicht zwischen ihm und der Planfläche die gleiche Dicke. Man hat also nur noch den Abstand der beiden gleichfarbigen Streifen in Wellenlänge auszuwerten, was wieder unter Benutzung dunkler Interferenzstreifen, und zwar mit Hilfe des Mikrometers M geschieht, um damit auch den Maßunterschied von E_1 und E_2 zu erhalten[1]). Ein ähnliches, aber nicht so genaues, Verfahren verwendet auch das amerikanische Bureau of Standards.

Durch Beobachtung der von den einzelnen Spektrallinien zwischen der unteren Planplatte und die einerseits, sowie der oberen Fläche des Endmaßes und die andererseits erzeugten Interferenzstreifen läßt sich auch die Länge des Endmaßes nach einem Verfahren, dessen Erörterung indessen hier zu weit führen würde, unmittelbar in Lichtwellenlängen ermitteln. Diese Methode ist zurzeit nur bei Endmaßen bis 25 mm Länge durchzuführen, während man für größere Stücke ein anderes, gleichfalls auf der Interferenz des Lichtes beruhendes Verfahren benutzt, das aber sehr gute und vor allem möglichst vollkommen parallele Meßflächen voraussetzt.

Zum Schluß bleibt noch zu erörtern, welche Genauigkeit bei den Interferenzverfahren erreicht werden kann. Während bei der Unterteilung des Strichmaßstabes der Fehler des Meters von $0,2\,\mu$ erhalten bleibt, wird er bei der Auswertung kleiner Teile nach dem Interferenzverfahren im Verhältnis zur Länge verringert, so daß man bei 1 dm theoretisch nur noch mit 0,02, praktisch etwa $0,05\,\mu$ zu rechnen hat. Bei genügender Gleichheit der Temperatur kann man somit ein Endmaß von 100 mm auf etwa $0,05 \div 0,1\,\mu$ genau messen; meistens scheitert dieses aber an der mangelnden Güte der Flächen. Nimmt man dann noch den Einfluß der Temperatur, so kann man sagen, daß heute die Länge eines dm auf etwa $0,3\,\mu$ genau bestimmbar ist. Diese Genauigkeit wird man aber nicht in der laufenden Fertigung, sondern nur ausnahmsweise herzustellen vermögen. Die Industrie würde derartige Endmaße aus dem einfachen Grunde nicht kaufen, weil sie zu teuer wären. Auf jeden Fall aber ist es der deutschen Industrie möglich, die in Tafel II angegebenen Werte in der laufenden Fabrikation zu erreichen und zu gewährleisten. Mit diesen Werten wird man auch in der Praxis vollkommen auskommen, um die Lehren genau prüfen und feststellen zu können, ob sie innerhalb der vom Normenausschuß festgelegten Herstellungstoleranzen richtig sind.

---

[1]) Wegen näherer Erläuterungen des Interferenzverfahrens sei auf G. Berndt, Der Betrieb **3**, 389, 1921 und W. Kösters, Feinmechanik **1**, 2, 19, 39, 1922 verwiesen.

3. Die Schneidwerkzeuge für den Austauschbau.

Von Direktor Dr.-Ing. h. c. J. Reindl i. Fa. Schuchardt & Schütte, Berlin.

Die Geistesarbeit, die der Entwurf einer Maschine, einer Vorrichtung erfordert, findet ihre Fortsetzung in der werkstattmäßigen Ausführung. Die gedanklich glänzendste Lösung eines mechanischen Problems verliert an Wert, wenn sie zu unwirtschaftlichen Arbeitsweisen zwingt. Der Gedanke an die wirtschaftliche Ausführungsmöglichkeit muß die Entwürfe beherrschen, wenn ein Betrieb wettbewerbsfähig sein soll. Zählen wir zur wirtschaftlichen Ausführungsmöglichkeit Anpassung an die Werkstattmittel, so dürfte deren Besprechung selbst, soweit sie Bekanntes bringt, hier berechtigt sein. Sie soll den einzelnen zum Nachdenken veranlassen, wie er den Verhältnissen des ihm anvertrauten Betriebes am besten gerecht wird.

Wirtschaftlich arbeiten heißt, sich den Verhältnissen so anpassen, daß bei geringstem Aufwand an Zeit und Kosten die höchste Leistung erzielt wird. Die Einzelteile von Maschinen und Apparaten sollen so hergestellt werden, daß sie sich ohne besondere Nacharbeit ihrem Zweck entsprechend zusammenbauen lassen. Dies wird durch Einhaltung bestimmter Spiele und Toleranzen mit Hilfe von Grenzlehren erzielt. Die Anwendung der Lehrwerkzeuge verbürgt aber nicht allein Wirtschaftlichkeit; diese kann erst durch Arbeitsweisen erzielt werden, die die Austauschbarkeit nicht durch erhöhten Zeitaufwand in der Fertigung erkaufen. Die Arbeitsweisen wechseln mit den Gütegraden, sie wechseln mit den Werkstattmitteln und mit den zu bearbeitenden Mengen der Werkstücke.

Es gibt Werkzeugmaschinen und Werkzeuge, bei denen die Leistung sowohl in bezug auf Güte als auch auf Menge am größten ist. Diese zu benutzen, wird nur wenigen Werken möglich sein. Die meisten Werkstätten müssen versuchen, aus den vorhandenen Werkstattmitteln die höchsten Leistungen herauszuholen. Es ist Sache des denkenden Betriebsingenieurs, das für seinen Fall am besten Geeignete herauszugreifen, bzw. seinen Maschinenpark entsprechend zu ergänzen. Daß dem Leiter selbst des kleinsten Betriebes der Wunsch innewohnt, die leistungsfähigsten Maschinen und die besten Arbeitsweisen zu besitzen, ist natürlich. Vielfach sind aber andere Gesichtspunkte für die endgültige Beurteilung maßgebend. Die Menge und Art der in einem bestimmten Zeitraum in Frage kommenden Einzelteile ist z. B. entscheidend dafür, ob ein Automat, eine Revolverbank oder eine Drehbank in Frage kommt.

Daher soll bei der Besprechung der für den Austauschbau in Betracht kommenden Werkzeuge auch ihre Verwendung in Betracht gezogen werden.

1. Lochbearbeitung.

Bei der austauschbaren Fertigung ist die Lochbearbeitung wohl der schwierigere Teil. Zum allgemeinen Verständnis ist es zweckmäßig, vor Behandlung der eigentlichen Arbeitsweisen einen Überblick über die für die Lochbearbeitung überhaupt in Betracht kommenden Werkzeuge zu geben.

a) Spiralbohrer und Senker.

Von der Beschreibung des Spitzbohrers sehe ich ab, da dieses Werkzeug für die austauschbare Fertigung nicht in Frage kommt. Für Bohrzwecke ins Volle kommt lediglich der Spiralbohrer (Abb. 83) in Betracht. Nur bei Messing und dem Messing ähnlichen Werkstoffen werden für die kleineren Durchmesser Metallbohrer (Abb. 84) verwendet, die sich vom Spiralbohrer durch die fehlende Spiralwindung

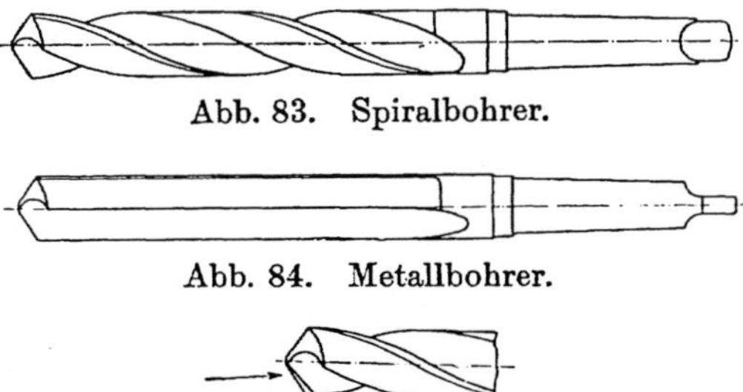

Abb. 83. Spiralbohrer.

Abb. 84. Metallbohrer.

Abb. 85. Fläche zur Erzielung eines geringeren Spanwinkels für Löcher in Messing u. dgl.

der Nute unterschieden. Ist ein Metallbohrer nicht zur Hand. so kann auch mit einem gewöhnlichen Spiralbohrer gut gearbeitet werden, wenn die vordere Schneidkante in der Achsenrichtung gerade angeschliffen wird (Abb. 85). Zu beachten ist hierbei nur, daß der Anschliff an beiden Seiten gleichmäßig erfolgt, da sonst die Spitzenverhältnisse des Bohrers geändert werden und dieser zu groß bohrt.

Da Spiralbohrer Löcher erzeugen müssen, die nach den DI-Passungsnormen aufgerieben werden und daher kleiner als das Nennmaß zu bohren sind, so wurden vom NDI-Untermaße festgelegt, die in Tafel 6 S. 70 zusammengestellt sind (hierzu Schaubild Abb. 111 S. 94):

Zahlentafel 6. Untermaße für Spiralbohrer und Senker.

Bohrerdurchmesser	Spiralbohrer u. Dreischneider	Aufstecksenker (Vierschneider)
0,8— 1,2	0,05	—
über 1,2— 1,6	0,1	—
» 1,6— 3	0,15	—
» 3 — 6	0,2	—
» 6 — 18	0,3	—
» 18 — 30	0,4	0,3
» 30 — 50	0,5	0,4
» 50 — 75	—	0,5
» 75 —115	—	0,6

Diese Untermaße sind verhältnismäßig gering. Der Bohrer darf nicht oder nicht viel größer bohren als sein Durchmesser beträgt, damit Vorreibahle und Fertigreibahle noch zur Wirkung kommen. Die Ursachen des Größerbohrens [1]) liegen meist im unrichtigen Anschliff der Schneiden. Daß ein guter Anschliff nur mit Spiralbohrerschleifmaschinen erzielt werden kann, darf als selbstverständlich vorausgesetzt werden, da es selbst bei größter Geschicklichkeit unmöglich ist, von Hand wirklich gleichmäßige Schnittkanten zu erzielen. Die hauptsächlich auftretenden Fehler sind (Abb. 86):

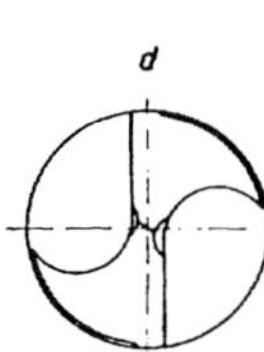

| Ungleiche Schnittkantenlänge. | Ungleiche Schnittkantenwinkel. | Gleiche Scheidenlänge. Ungleiche Kantenwinkel. | Einseitiges Anspitzen. |

Abb. 86. Fehlerhaft geschliffene Spiralbohrer.

a) Ungleiche Schnittkantenlängen; Mitte der Querschneide außerhalb der Bohrerachse. Die Schneiden sind ungleich belastet.

b) Ungleiche Schnittkantenwinkel; Mitte der Querschneide in Bohrerachse; einseitige Belastung des Bohrers.

c) Gleiche Schneidenlängen, jedoch ungleiche Kantenwinkel. Mitte der Querschneide liegt außerhalb der Bohrerachse; ungleiche Belastung der Schneiden.

d) Einseitiges Anspitzen; die Bohrerachse geht nicht durch die Mitte der Querschneide.

Jeder dieser Fehler führt dazu, daß der Bohrer verläuft.

---

[1]) S. auch S. 88.

Während die unter a, b und c angeführten Fehler bei einiger Sorgfalt mit Hilfe der Spiralbohrerschleifmaschine leicht zu vermeiden sind,
stößt dies beim Anspitzen auf gewisse Schwierigkeiten, da diese Arbeit
in der Regel nur von Hand ausgeführt werden kann. Ein sehr erheb-
licher Teil zu groß gebohrter Löcher ist auf die einseitige Lage der
Querschneide zurückzuführen, die durch ungleichmäßiges Anspitzen
entsteht. Dies zeigte sich ganz besonders bei den Versuchen, die an-
läßlich der Normung der Untermaße für Spiralbohrer und der Durchmesser der Kernlochbohrer angestellt wurden. Diese Versuche gaben
Veranlassung, bei Zeiß in Jena die Herstellung einer einfachen optischen
Vorrichtung (Abb. 87) anzuregen. In einer Prismenführung wird der

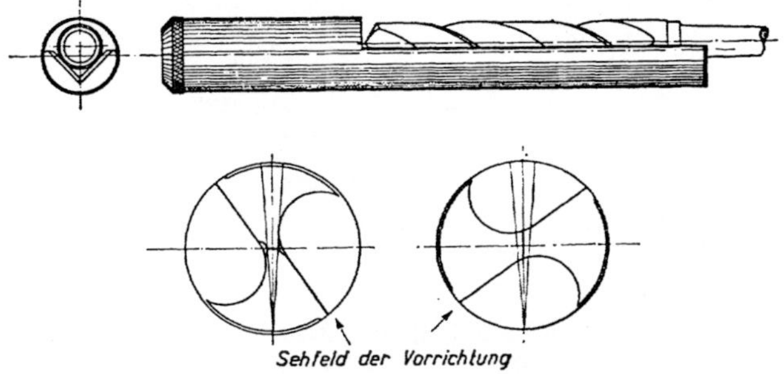

Abb. 87. Spiralbohrer-Prüfgerät.

Bohrer gehalten und die Spitze durch eine starke Lupe mit drei Strichen
beobachtet. Der Mittelstrich gibt die Bohrerachse an, die Seitenstriche
sind lediglich Hilfsmittel, um die symmetrische Verteilung der Querschneide besser schätzen zu können. Durch Drehung des Bohrers um
90° kann ferner geprüft werden, ob die Querschneide durch die Bohrerachse geht.

Das Anspitzen ist bei Stahl und Flußeisen unbedingt erforderlich,
bei allen anderen Werkstoffen aber empfehlenswert, da es die erforderliche Vorschubkraft und sicher auch das Drehmoment vermindert.
Werden nicht angespitzte Bohrer zum Bohren in Stahl verwendet, so
tritt sehr rasch eine Zerstörung der Querschneide am Übergang zur
Schnittkante ein; der Spiralbohrer spitzt sich also gewissermaßen von
selbst an. Die Querschneide leistet als solche keine eigentliche Schneidarbeit, sie drückt den Werkstoff weg, den dann die Schnittkanten beseitigen. Je weniger Arbeit die Querschneide zu leisten hat, desto
günstiger wird der Wirkungsgrad des Bohrers. Das Anspitzen vermag
auch kleine Mittenabweichungen der Bohrerseele fast ganz unschädlich
zu machen.

Aus dem Angeführten geht hervor, daß Spiralbohrer für Toleranzlöcher eine gewisse Genauigkeit voraussetzen und im Betriebe besonders sorgfältig behandelt werden müssen. Es empfiehlt sich daher, die Untermaßbohrer in der Werkzeugausgabe gesondert aufzubewahren

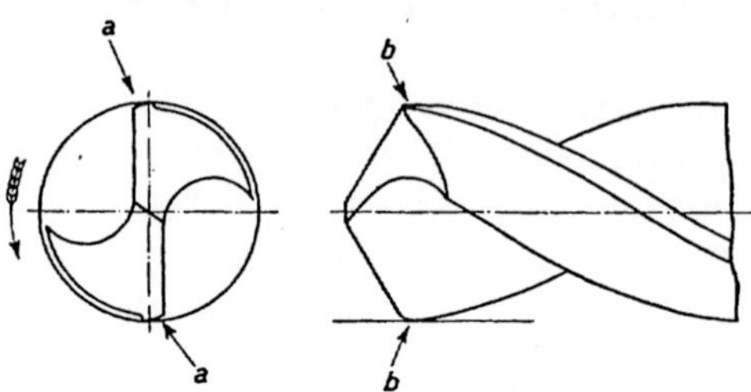

Abb. 88.   Anfressungen der Führungsfase bei Spiralbohrern.

und nur für Genaulöcher zu verwenden. Das Nachschleifen ist bei eintretender Abstumpfung sofort vorzunehmen; starke Abstumpfung hat erhöhte Erwärmung zur Folge, und diese ist eine der Hauptursachen der Beschädigung der Führungsfasen. Zeigen sich hier die geringsten Spuren von Anfressungen, so ist sofort mit dem Ölstein zu glätten, wobei besonders darauf zu achten ist, daß dann die Fase nicht den in Abb. 88 an den Punkten a und b dargestellten Abfall hat, der zur Zerstörung des Bohrers durch Klemmen an Spanteilen führen würde.

Vorgegossene und vorgebohrte Löcher sollen mit Senkern (Abb. 89) für die nachfolgende Reibahle erweitert werden. Die üblichen Spiralsenker unterscheiden sich vom Spiralbohrer nur durch das Fehlen der Spitze. Sie werden in der Regel mit drei Schneiden ausgeführt und erhalten dadurch eine bessere Führung wie die Spiralbohrer. Für Durchmesser über 24 mm können Aufstecksenker mit vier Schneidlippen verwendet werden.

Bei Senkern ist durchaus gleichmäßiger Spitzenanschliff Bedingung, da sonst ähnliche Übelstände auftreten wie bei schlecht geschliffenen Spiralbohrern. Das Nachschleifen darf nie von Hand, sondern muß

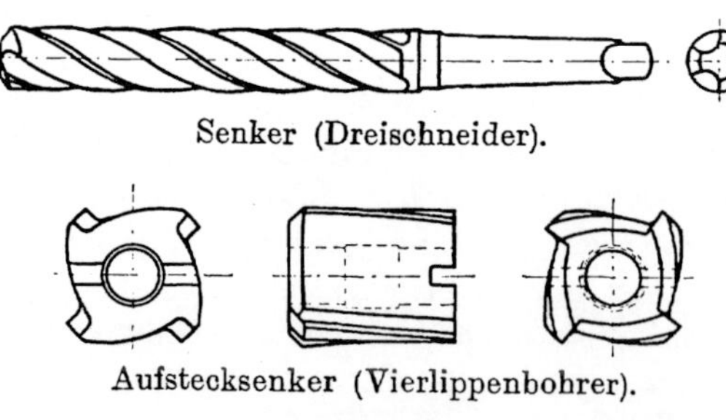

Senker (Dreischneider).

Aufstecksenker (Vierlippenbohrer).

Abb. 89.

stets auf der Werkzeugschleifmaschine erfolgen. Wenn Spiralsenker auch anstandslos für alle Werkstoffe verwendet werden können, so wird vielfach die Frage noch umstritten, ob Aufstecksenker außer für Gußeisen auch für Stahl und zähes Flußeisen geeignet sind. Sicher ist, daß bei Stahl und Flußeisen der Werkstoff besonders bei größerer Spanabnahme elastisch ausweicht und auf die Führungsfase in der Nähe der Schneide einen starken Druck ausübt, der dann das Werkzeug

mitunter unzulässig erwärmt, besonders wenn die Schmierung beim
Arbeiten ungenügend ist. Schließlich liegen aber beim Spiralbohrer
und beim Spiralsenker die gleichen Verhältnisse vor; auch hier ist der
in der Nähe der Schneide liegende Teil der Führungsfase stets Beschädigungen ausgesetzt, wenn mit ungenügender Schmierung gearbeitet
wird. Merkwürdigerweise wird selbst in gutgeleiteten Betrieben dieses
Werkzeug noch sehr oft von Hand nachgeschärft, und es dürfte hierin
der Grund der Fasenanfressungen zu suchen sein, die beim Bohren in
Stahl stärker zum Ausdruck kommen als in Gußeisen. Im übrigen
werden in vielen Betrieben Aufstecksenker für alle Werkstoffe mit bestem
Erfolg verwendet, so daß die Beschränkung auf Gußeisen nicht berechtigt erscheint.

b) Bohrstangen.

Ein immer noch sehr wesentliches Hilfsmittel zur Lochbearbeitung
ist der Innenbohrstahl bzw. die Bohrstange (Abb. 90). Die Bohrstange

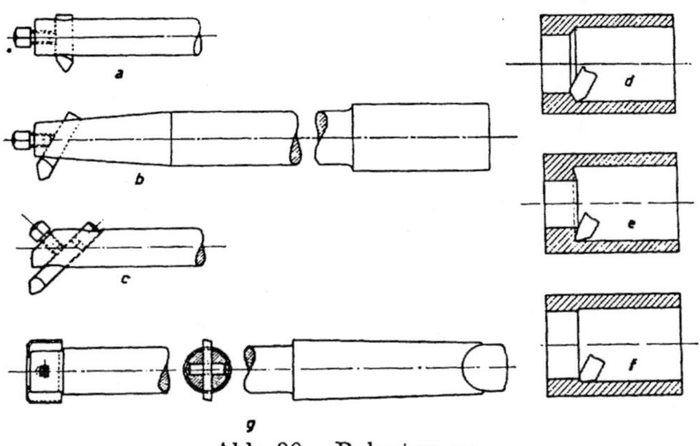

Abb. 90. Bohrstangen.

hat den Vorzug, daß Fehler in der zylindrischen Form mit ihr ausgeglichen werden können. Bei vorgegossenen Löchern empfiehlt es
sich, vor dem Ansetzen des Senkers mit einer Bohrstange erst kurz vor-
zudrehen, um dem nachfolgenden Senker den Weg zu weisen. Die
Ausführungen a und b in Abb. 90 zeigen die gebräuchlichsten Bohrstangen
mit einer einzigen Schneide. Der Unterschied ist lediglich konstruk-
tiver Natur; c ist zum Ausdrehen von Sacklöchern geeignet. Beim
Anschliff des Drehstahls ist zu beachten, daß die Schneidenform nach d
und nicht nach e ausgeführt wird. Eine Schneide nach Form e hat —
abgesehen von dem ungünstigen Spanabfluß — den Nachteil, daß der
Stahl Neigung hat, sich in den Werkstoff hineinzuziehen und größer zu
bohren. f stellt die übliche Form des Schlichtstahles dar, der auch bei
der Bohrstange Anwendung findet. g zeigt eine Bohrstange mit Messer.

Das Werkzeug arbeitet mit zwei Schneiden und wird vielfach als Ersatz für Senker verwendet, ohne jedoch die Eigenschaften des mehrschneidigen Senkers zu erreichen. Der einzige Vorzug dieser Ausführung besteht in der einfachen Herstellung bzw. in den niedrigen Anschaffungskosten.

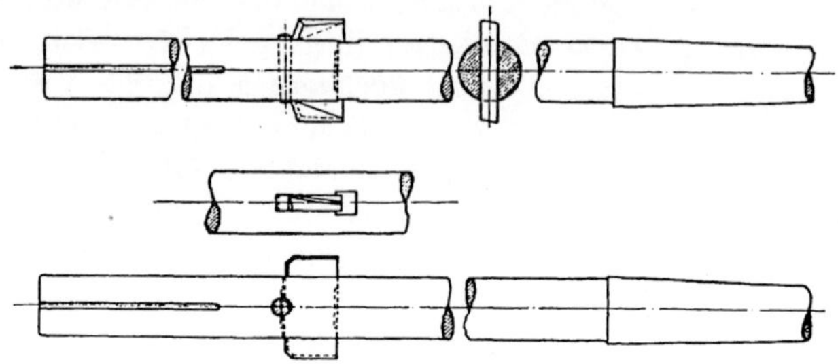

Abb. 91.   Bohrstangen für Dreh- und Bohrwerke.

Abb. 91 zeigt die übliche Bohrstange, wie sie bei Dreh- und Bohrwerken verwendet wird.

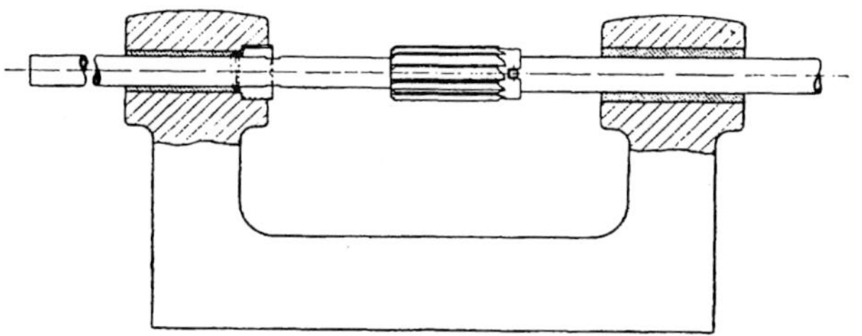

Abb. 92.   Bohrstange mit Aufsteckreibahle.

Abb. 92 zeigt eine Bohrstange, bei der hinter dem Messer eine Aufsteckreibahle angeordnet ist.

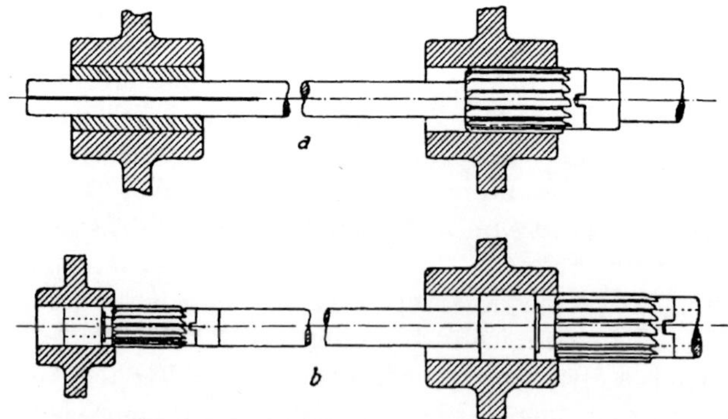

Abb. 93.   Bohrstangen für fluchtende Bohrungen.

Abb. 93 zeigt die übliche Bohrstange zum Ausreiben fluchtender Bohrungen.   Die Anordnung a dient für zwei gleichgroße Bohrungen, wobei die Führung der Bohrstange in einer Führungsbuchse läuft; bei b sind zwei fluchtende Bohrungen ungleichen Durchmessers aufzureiben. Hier ist für jede Bohrung eine Führungsbuchse vorzusehen, die mit dem Vorschub der Reibahle aus dem Loch gedrückt wird. Zweckmäßig ist es, zwischen Reibahle und Führungsbuchse eine kleine Unterlegscheibe anzuordnen oder die Führungsbuchse mit einem kleinen, schmalen Ansatz zu versehen, damit Platz für die Späne bleibt.

c) Reibahlen.

Über die besondere Verwendung der Reibahlen im Austauschbau wird später zusammenhängend berichtet; vorerst sollen nur die verschiedenen Reibahlen als solche angeführt werden.

Handreibahlen werden in verschiedenen Ausführungen hergestellt.

Abb. 94a zeigt eine Reibahle für Grobarbeiten. Sie hat zwar den Vorzug geringerer Empfindlichkeit gegen derbe Behandlung, liefert aber keine genauen Löcher. Die Schneiden sind nicht geschliffen, das Werkzeug arbeitet daher schwer und unsauber. Versuche am polytechnischen Institut in Worcester

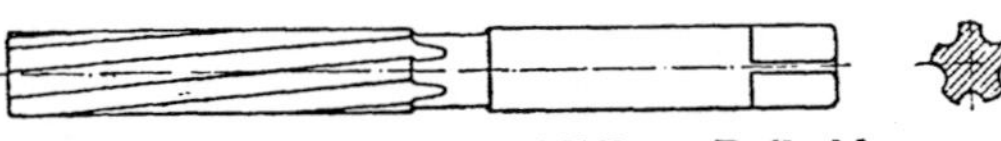

Abb. 94a. Nicht geschliffene Reibahle.

U. S. haben ergeben, daß durch das Schärfen einer einige Zeit im Gebrauch befindlichen Reibahle eine Verminderung des Drehmomentes um 64 % und des Vorschubdruckes um 76 % erzielt wurde. Daraus läßt sich ermessen, welche Eignung ein Werkzeug hat, dessen lediglich durch Fräsen hergestellte Schneiden nach dem Härten nicht sorgfältig geschliffen werden. Für die wirtschaftliche Fertigung kommen ungeschliffene Reibahlen nicht in Betracht.

Eine wesentliche Verbesserung bedeuten Bergs Handreibahlen (Abb. 94b) gegenüber den ungeschliffenen Reibahlen, mit denen sie aber die geringe Empfindlichkeit gegen derbe Behandlung gemein haben. Sie vermögen viel Werkstoff aus dem Loch zu entfernen und gestatten bequemes Nachschleifen an den Brustflächen der Schneiden. Der vor-

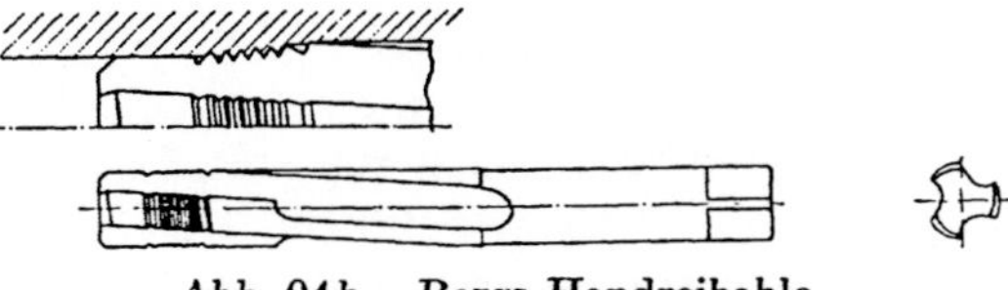

Abb. 94b. Bergs Handreibahle.

dere Teil der Reibahle wirkt als Aufbohrer, hierfauf folgt ein Leitgewinde, das ein Festhaken des rechtsschneidenden mit Rechtsdrall versehenen Werkzeuges verhindert. Die Reibahle ist in der Hauptsache für durchgehende Löcher gedacht. Für den Austauschbau kommen Bergs Reibahlen weniger in Betracht, es sei denn in Ausnahmefällen im Grobmaschinenbau zur Bearbeitung von Löchern, die maschinell nicht oder nur mit unverhältnismäßig großen Schwierigkeiten zu bearbeiten sind. Die erzielbare Sauberkeit des Loches hängt sehr von dem Zustand der Reibahle ab.

Die im feineren Maschinenbau allgemein üblichen festen Handreibahlen zeigt Abb. 95. Bei der oberen Reibahle ist der Drall der Schnittrichtung gleich; das Werkzeug hat die Neigung, sich in das Werkstück hineinzuziehen, was zu einem übergroßen Vorschub und zu einem Steckenbleiben führen kann. Diese Ausführungsart scheidet damit als fehlerhaft überhaupt aus. Ist der Drall der Schnittrichtung entgegengesetzt wie im zweiten Bild, so tritt die genannte Erscheinung nicht auf, dafür ist aber eine größere Kraft in der Richtung des Vorschubes auszuüben. Die bereits erwähnten Versuche am Polytechnischen Institut in Worcester haben nun ergeben, daß der Kraftbedarf der Reibahle mit der Zähnezahl steigt; bei gleicher Zähnezahl verbraucht die Reibahle mit Spiralnuten stets mehr Kraft als die mit geraden Nuten. In den untersten Bildern stellt a die Vorschubrichtung, b die Drehbewegung dar, c ist die Resultierende aus beiden Bewegungen. Es zeigt sich, daß bei geraden Nuten die Spanabnahme viel mehr schälend wirkt als bei gewundenen, da bei den geraden Nuten die Schnittrichtung stets schräg zur Schneide sein wird. Bei linksgewundenen Zähnen wird das Abfließen des Spanes gerade durch die Spiralwindung erschwert.

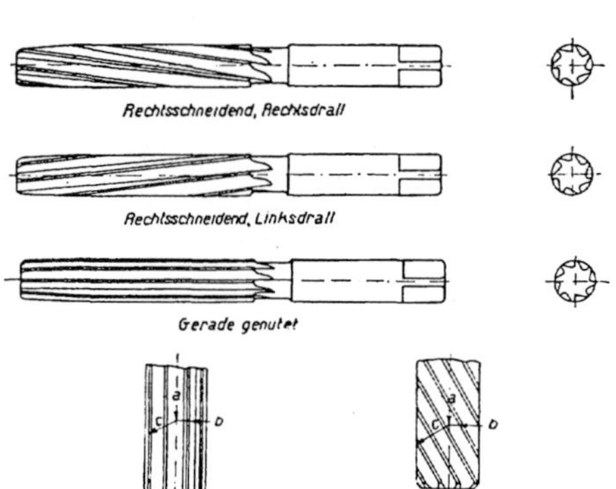

Abb. 95.   Handreibahlen für den feineren
Maschinenbau.

Spiralzähne bei Reibahlen haben eigentlich nur bei Bearbeitung mehrfach genuteter Bohrungen Berechtigung. Bei geteilten Lagerstellen haben sich gerade genutete Reibahlen durchaus bewährt, wenn das Loch vorgedreht oder mit dem Senker vorgearbeitet war und die Kanten der Stoßfugen gebrochen sind. Von bestimmendem Einfluß für die Ausführung der Geradenutung ist aber die Ermöglichung des genauen Messens mit der Schraublehre. Dies ist bei der spiralgenuteten Reibahle schwierig und kaum mit Sicherheit vorzunehmen. Bedingung hierbei ist allerdings, daß das Werkzeug mit gerader Zähnezahl ausgeführt ist, so daß sich stets zwei Zähne am Umfang gegenüberliegen. Wenn auch zur Messung möglichst Einstellringe verwendet werden sollen, so läßt sich doch in vielen Fällen, besonders bei der Herstellung, eine Prüfung mit der Schraublehre nicht umgehen.

Wirkliche Aufreibearbeit leistet bei Reibahlen nur der Anschnitt, während der mit einer schmalen Fase der Mantelfläche versehene zylindrische Teil lediglich zur Führung dient. Durch starken Vorschubdruck haken sich die Zähne des Anschnittes ein, die Reibahle steckt und kann erst nach leichtem Lockern wieder in Gang gebracht werden. Durch dieses Lockern werden die Späne abgebrochen. Beim Weiterdrehen stoßen die Zähne wieder auf die Bruchstelle des Spanes und werden dadurch so lange mehr belastet, bis wieder ein Spanbruch erfolgt, was bei Bedienung der Reibahle von Hand ohne weiteres fühlbar ist. Die Bruchstellen zeigen sich bei Reibahlen mit gleichmäßiger Zahnteilung an allen Zähnen und schreiten — von der ersten Bruchstelle ausgehend — in gleichmäßigen, meist engen Abständen fort, so daß schließlich der ganze Umfang der Bohrung unsauber ist. Mitunter mag wohl auch eine harte Stelle im Werkstoff die Ursache dieser »Rattermarken«bildung sein; meist ist aber der Grund in den vorbeschriebenen Vorgängen zu suchen.

Vielfach wird angenommen, daß durch die Spiralzahnung Rattermarken verhindert würden; in Wirklichkeit verteilen sich aber bei spiralgenuteten Reibahlen mit gleichmäßigem Zahnabstand die Rattermarken spiralig auf den Umfang der Lochwandung. Es wurde versucht, die Bildung von Rattermarken durch eine ungerade Anzahl der Schneidzähne der Reibahle zu verhindern. Da aber auch bei ungerader Zähnezahl, sofern die Zahnteilung gleichmäßig ist, die Zähne immer wieder gleichzeitig an der Ruckstelle angreifen, wurde damit nichts gewonnen.

Eine Beseitigung der durch ungleichmäßigen Arbeitsdruck entstehenden Rattermarken ist nur dadurch möglich, daß die Zähne der Reibahle unregelmäßig auf den Umfang verteilt sind. Beim Festsetzen der Reibahle werden so viele Ruckstellen entstehen, wie die Reibahle Zähne hat. Von der ungleich geteilten Reibahle greift beim Weiterdrehen des Werkzeuges nur ein Zahn oder — je nach Ausführung der Teilung — ein Paar sich gegenüberliegender Zähne an der Ruckstelle an. Die anderen Zähne kommen erst nach etwas weiterer Drehung zum Angriff, wenn der erste Zahn bereits die ihm zuliegende Ratterstelle überschritten hat und wieder in glattem Material arbeitet. Dadurch unterstützen und entlasten sich die Zähne gegenseitig und sind imstande, die anfänglichen Ruckstellen wirklich wegzureiben und damit ein glattes Loch zu erzeugen[1]).

---

[1]) Daß wir mit dieser Ansicht in Deutschland nicht allein stehen, beweist die amerikanische Fachliteratur der letzten Jahre; so ist u. a. der Leiter einer Militärwerkstatt zu dem gleichen Ergebnis gekommen, daß nur durch Ungleichteilung der Reibahle ein wirklich sauberes Loch erzielt werden kann.

Abb. 96 zeigt eine Ungleichteilung für sechs Zähne, bei der sich immer zwei Schneiden gegenüberliegen, so daß ein Messen des Durchmessers über alle Zähne möglich ist. Die Zahnangriffspunkte überdecken sich bei einer Umdrehung an zwölf Stellen nur zweimal, an zwei Stellen sechsmal. Diese Ausführung genügt um Rattermarken zu verhindern.

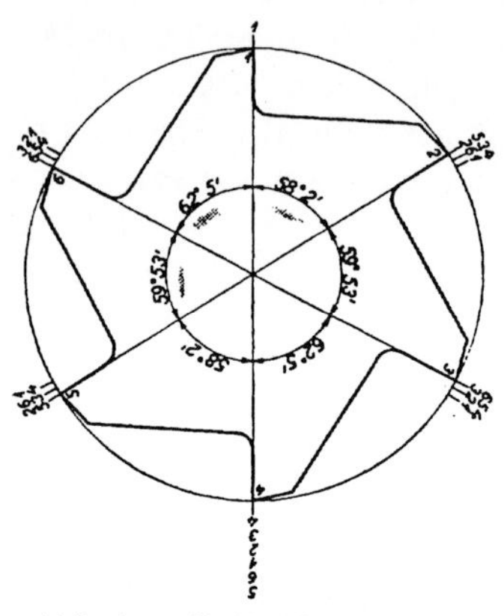

Abb. 96. Reibahlenungleichteilung für 6 Zähne.

Für den Austauschbau nach den DI-Normen kommen feste Handreibahlen kaum in Betracht. Sie müßten mit Übermaß bzw. bei Festsitz - Einheitswelle mit Untermaß hergestellt werden. Das wäre wohl durchführbar, doch ist die Reibahle bei Durchmesserverlust in folge längerer Benutzung höchstens als Vorreibahle verwendbar, wenn das Vorreiben in Sonderfällen wirklich von Hand vorgenommen werden sollte. Für Justierarbeiten sind nachstellbare Reibahlen empfehlenswerter, da der durch die Abnutzung entstehende Durchmesserverlust wieder ausgeglichen werden kann.

In Abb. 97 sind zwei der bekanntesten nachstellbaren Handreibahlen wiedergegeben. Das Bild zeigt Ansicht und Schnitt der geschlitzten Handreibahle, deren Durchmesser durch Einschrauben eines Kegels oder einer Kugel bis zu mehreren Zehntel Millimetern vergrößert werden kann. Sie findet als Justierreibahle Verwendung und soll nur wenige Hundertstel Millimeter wegnehmen. Dem gleichen Zwecke dient die nachstellbare Handreibahle mit eingesetzten Messern,

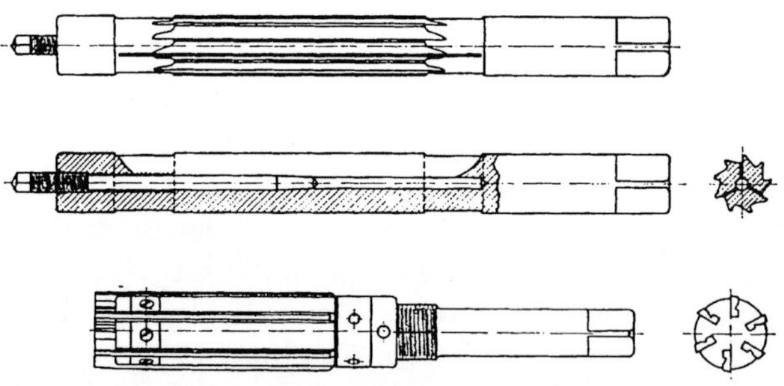

Abb. 97. Nachstellbare Handreibahlen.

die in einer im Grunde konischen Nut mit Schrauben und Klemmstücken oder auch nur mit Klemmschrauben befestigt sind. Man stößt mitunter auf die Ansicht, daß nachstellbare Reibahlen im Durchmesser nach Belieben verkleinert oder vergrößert werden könnten. Die Nachstellbarkeit soll aber nur dazu dienen, die infolge der Abnutzung eingetretene Durchmesserverringerung zu beseitigen. Zu diesem Behufe ist die nachgestellte Reibahle aufs neue rund und scharf zu schleifen; denn die angestrebte Sauberkeit und Genauigkeit des aufgeriebenen Loches erfordert unbedingt, daß alle Führungsfasen der Reibahle anliegen. Aber davon abgesehen wäre es vom wirtschaftlichen Standpunkt aus nicht zu verantworten, das zeitraubende Umstellen auf ein anderes Maß mit dem Wechsel der Sitzarten in den Arbeitsstücken vorzunehmen. Die hierfür entstehenden Löhne würden in kurzer Zeit die Anschaffungskosten von Reibahlen für die verschiedenen Sitzarten übersteigen.

Als Justiermittel sei noch die Einzahnreibahle nach Abb. 98a erwähnt. Diese dient lediglich zur letzten Glättung und feinsten Nacharbeit fertig geriebener, um geringes zu klein geratener Löcher und soll nicht mehr als etwa 0,01 mm wegnehmen. Der Reibzahn ist nach einem

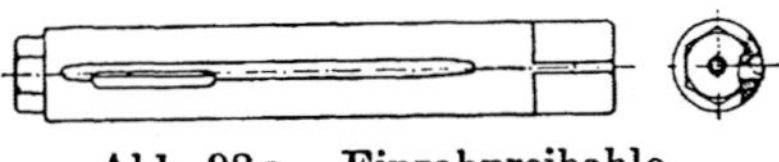

Abb. 98 a.   Einzahnreibahle.

Patent der Firma Ludw. Loewe & Co. innerhalb gewisser Grenzen nachstellbar, so daß durch Nachschleifen entstandene Untermaße ausgeglichen werden.

Zu gleichem Zwecke wird die in Abb. 98b dargestellte Glättreibahle verwendet, die ebenfalls nur im fertiggeriebenen Loch arbeiten darf. Bei ihr findet eine Spanabnahme nicht mehr statt, sondern nur noch eine Glättung der Lochwandung.

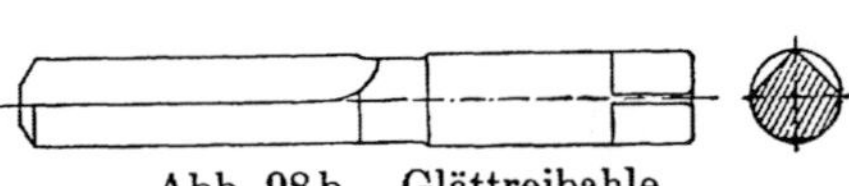

Abb. 98 b.   Glättreibahle.

In Schweden liefert eine Firma für den gleichen Zweck eine Reihe von gehärteten und polierten Stahlkugeln, die im Durchmesser 0,01 bis 0,02 mm verschieden sind. Aus dem Kugelsatz kann die Kugel mit dem geeigneten Durchmesser gewählt und durch die Bohrung getrieben werden. Es soll sich dabei die gleiche Sauberkeit wie bei einer geschliffenen Bohrung erzielen lassen, wobei noch der Vorzug der Verdichtung des Werkstoffes angeführt wird. Die Firma gibt als Beweis für die Haltbarkeit der Kugel an, daß eine Kugel von 25 mm, die in etwa 3 Jahren täglich verwendet wurde und mit der mindestens 10 000 Löcher gepreßt wurden, sich nicht bemerkbar abgenutzt hat oder beschädigt war. An und für sich ist die Verwendung von Kugeln für diesen Zweck nicht neu. Für Justierarbeiten wurden Kugeln bereits vor dem Kriege verwendet. In der Fachwelt machte sich aber immer ein gewisses Mißtrauen gegen diese Art der Justierung bemerkbar, indem ihr die Sicherheit für die zylindrische Form der Bohrung abgesprochen wurde. Leider fehlen hier weitergehende Erfahrungen.

Dieses Verfahren soll nicht nur in Schweden, sondern auch in bedeutenden Betrieben der Schweiz eingeführt sein. Es dürfte sich empfehlen, in verschiedenen Betrieben in dieser Hinsicht Versuche anzustellen[1]).

Räumahlen.

Vereinzelt finden gezahnte Dorne nach Abb. 99a für Genauarbeiten Verwendung. Sie werden durch eine Presse in das zu justierende Loch gedrückt und sind eigentlich nichts anderes als Räumahlen, die durchgedrückt, anstatt durchgezogen werden. Die Zähne haben meist nur an der Brust Schnitt und sind am Durchmesser zylindrisch geschliffen. Die letzten Zähne werden als zylindrische Bunde ausgeführt, die sich im Durchmesser nur um wenige Tausendstel Millimeter unterscheiden.

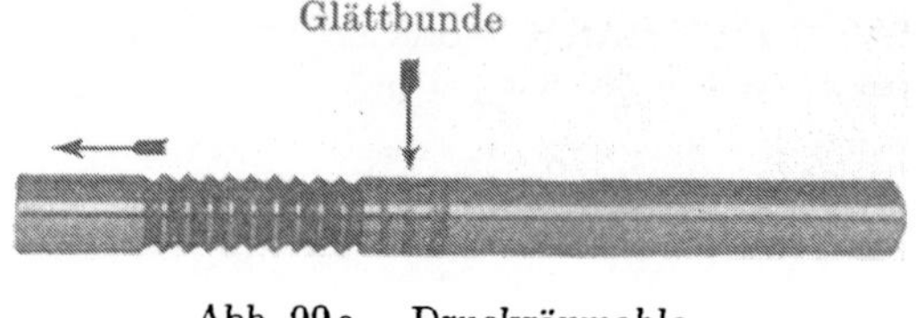

Abb. 99a. Druckräumahle.

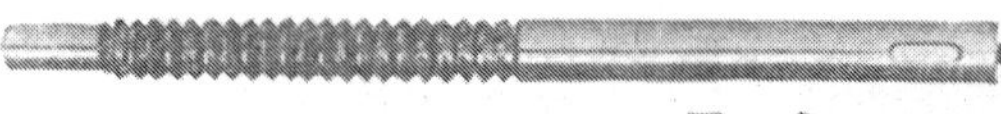

Abb. 99b. Zugräumahle.

Dorne ergeben, wenn das Loch nicht bereits durch die vorher gegangene Reibahle eine zu große Vorweite erhalten hat, besonders bei Gußeisen gut zylindrische Löcher. Die Sauberkeit des Loches läßt bei zähem Werkstoff mitunter zu wünschen übrig; auch ist, besonders bei dünnwandigen Stücken, ein elastisches Ausweichen zu beobachten. So wurde an Flußstahlringen von 60 mm ⌀ mit 25 mm Loch beobachtet, daß das Loch 0,01 bis 0,02 mm kleiner ausfiel als der Durchmesser des letzten Glättbundes betrug. Die gleiche Erscheinung kann übrigens vielfach auch bei Räumahlen beobachtet werden. Gegenüber Dornen hat die eigentliche Räum-

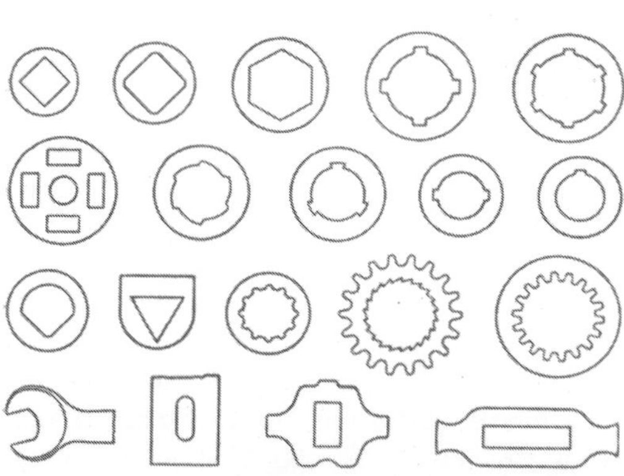

Abb. 100. Mit Räumahlen hergestellte Arbeitsmuster.

---

ahle oder Räumnadel (Abb. 99b) insofern Vorzüge, als mit ihr größere
Werkstoffmengen weggenommen werden können und sie durch die
zylindrische Form des Loches von etwaigen beim Vorbohren entstandenen
Vorweiten unabhängig ist. Mit Räumahlen können nicht nur runde,
sondern auch beliebig geformte Löcher, wie einige in Abb. 100 gezeigt
sind, mit hoher Genauigkeit fast ohne Ausschuß hergestellt werden.
Für den Austauschbau anderer als runder Löcher spielt dieses Arbeitsverfahren daher eine bedeutende Rolle.

Je nach Menge des zu entfernenden Werkstoffes sind eine oder mehrere Räumahlen erforderlich. Gegenüber den Dornen, die durchgedrückt werden, sind die Zähne auch am Umfang auf Schnitt gestellt;
die Fertigräumahle ist meist mit mehreren Glättbunden versehen.

<h3 style="text-align:center">Maschinenreibahlen.[1]</h3>

Als eigentliche Werkzeuge für die Lochbearbeitung der Massen-,
Mengen- und Reihenherstellung im Austauschbau kommen Reibahlen
zur Anwendung, deren Schäfte
zur Befestigung in Werkzeugmaschinen ausgebildet sind.

Bei kleinen Durchmessern
ist der Schaft zur Aufnahme
in das Futter zylindrisch geschliffen (Abb. 101 a), zum Gebrauch auf Drehbänken wird
der Schaft mit einem Werkzeug-
vierkant für das Windeisen
bzw. die Haltevorrichtung versehen (Abb. 101b). Das Körnerloch des Vierkants wird auf die

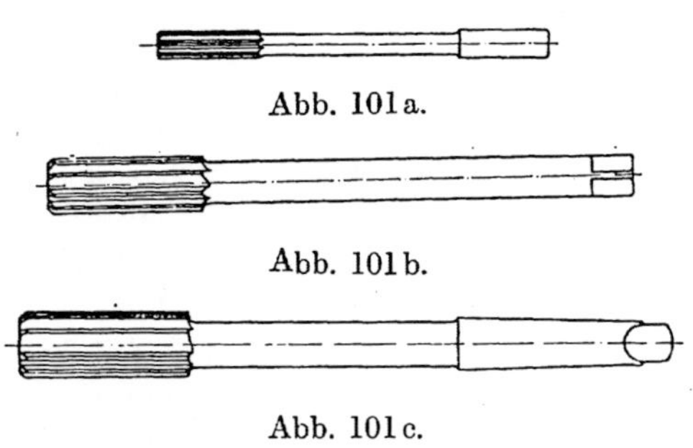

Abb. 101 a.

Abb. 101 b.

Abb. 101 c.

Abb. 101 a, b, c. Maschinenreibahlen.

Körnerspitze des Reitstockes gesetzt und der Vorschub der Reitstock-
pinole bewirkt den Vorschub der Reibahle. (Über die Zweckmäßigkeit oder Unzweckmäßigkeit dieser Arbeitsweise s. S. 91.) Auf
Bohrmaschinen und
Revolverbänken wer-
den Maschinenreib-
ahlen mit Kegelschaft
(Abb. 101 c) verwen-
det. Automaten er-
fordern infolge ihrer
Abmessungen meist
besonders hergestellte
Werkzeuge.

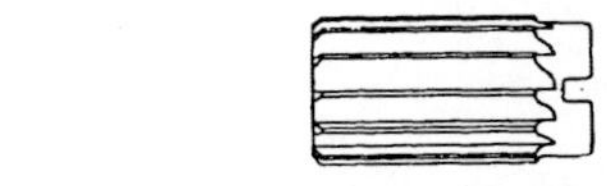

Maschinenreibahle mit Hohlkegelbohrung.

Aufsteckdorn für Maschinenreibahlen.

Abb. 102.

Für größere Durchmesser wird die Reibahle mit Hohlkegelbohrung
versehen (Abb. 102), um auf besonderen Haltern befestigt zu werden.

Die festen Maschinenreibahlen werden zweckmäßig nur als Vorreibahlen benutzt. Ungleichteilung der Zähne ist auch hier zweckmäßig, um der nachfolgenden Fertigreibahle ein möglichst glattes und sauberes Loch vorzureiben.

In Abb. 103 sind einige Arten nachstellbarer Maschinenreibahlen gezeigt, vielleicht die gebräuchlichsten. Gerade auf diesem Gebiete ist die Erfindertätigkeit besonders in Amerika, England und Deutschland sehr rege, und es gibt eine lange Reihe von Ausführungen, die alle das gleiche Ziel verfolgen, die Schneiden nach der Abnutzung nach außen drücken zu können. Es würde hier zu weit führen, diese verschiedenen Ausführungen zu besprechen, die sich in den meisten Fällen nur in nebensächlichen Einzelheiten von einander unterscheiden. Die obere und untere Reibahle im Bild entspricht der in Abb. 97 gezeigten Handreibahle. Die Ausführung nach dem mittleren Bild, die sich durch gute Widerstandsfähigkeit selbst

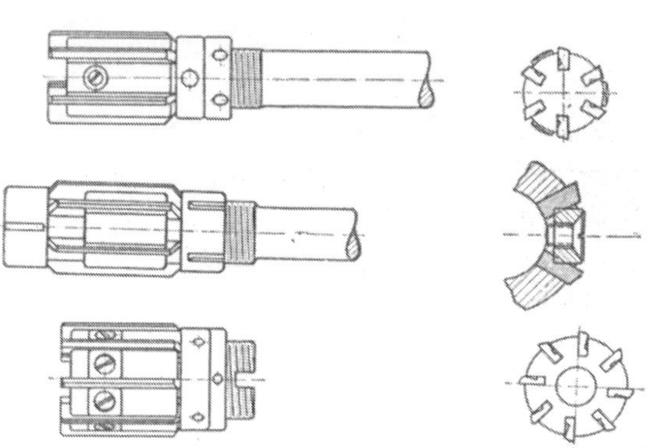

Abb. 103.   Nachstellbare Maschinenreibahlen.

gegen stärkere Beanspruchung auszeichnet, ist vielleicht die einzige, der eine gewisse Verstellbarkeit nach unten und oben zugestanden werden könnte. Die Ausdrucksweise ist hier nur aus dem Grunde so vorsichtig, weil es viele, sogar sehr viele Fachleute gibt, die allen Reibahlen mit eingesetzten Messern nur eine Nachstellbarkeit, aber keine Verstellbarkeit einräumen, und dies mit voller Berechtigung. Andererseits läßt sich aber die Tatsache nicht aus der Welt schaffen, daß Reibahlen nach dieser Ausführung in manchen Betrieben nach Bedarf in

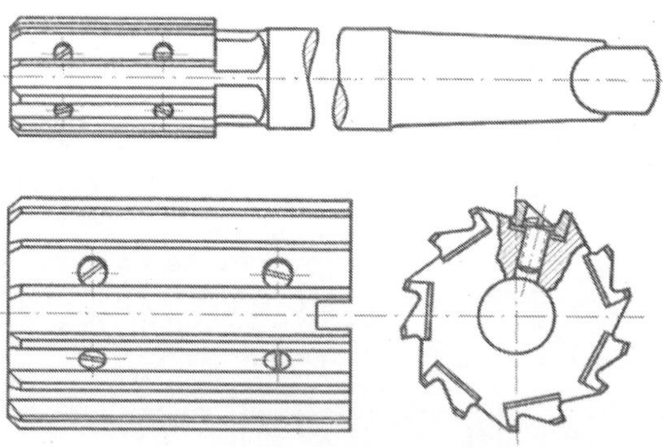

Abb. 104.   Nachstellbare Maschinenreibahlen mit aufgeschraubten Messern.

gewissen Grenzen größer oder kleiner verstellt werden. Kommt der Betrieb damit zurecht, so ist dies seine Sache, aber die wirtschaftliche Zweckmäßigkeit könnte nur nach Prüfung der örtlichen Verhältnisse beurteilt werden.

Durch besondere Widerstandsfähigkeit zeichnet sich die Gisholt-Reibahle (Abb. 104) aus. Die aufgeschraubten Messer aus Schnellstahl oder Sonderstahl mit guter Schlichtfähigkeit können nach Abnutzung mit Papier oder dünnen Blechplättchen unterlegt werden, um den Durchmesser zu vergrößern. Nach erfolgter Durchmesservergrößerung sind sie wieder rund zu schleifen. Für größere Durchmesser werden diese Werkzeuge als Aufsteckreibahlen ausgeführt.

Bei den Handreibahlen wurde bereits die Frage der gerade oder spiral genuteten Zähne besprochen und es liegt nahe, über die Form der Zahnung bei Maschinenreibahlen ähnliche Erwägungen anzustellen. Für die gerade Nutung der Zähne spricht die Möglichkeit des leichten und sicheren Messens, für die rechtsschneidende Spiralnutung mit Rechtsdrall ist der günstige Spanwinkel als Vorzug anzuführen, der hier infolge des kurzen Anschnittes anders zur Wirkung kommt als bei Handreibahlen, aber auch die Möglichkeit des Einhakens der Zähne schafft. Diese Gefahr ist bei maschinellem Vorschub jedoch so gering, daß sie wohl außer Acht gelassen werden kann und keinesfalls die Ausführung der Reibahle mit Linksdrall rechtfertigt. Bei festen Maschinenreibahlen handelt es sich um Vorreibahlen, die mit Rücksicht auf die Güte des der Fertigreibahle verbleibenden Loches nicht durch zu große Werkstoffmengen überlastet werden sollen. Die vorhandenen Einstellringe sind fast ausschließlich zur Einstellung der Fertigreibahle bestimmt, so daß für die Vorreibahle, besonders wenn sie nachgeschliffen wird, die Messung mit der Schraublehre nicht zu umgehen ist. So dürfte es wohl am zweckmäßigsten sein, diese Werkzeuge mit gerade genuteten, ungleich geteilten Zähnen zu versehen, um so mehr, als sie doch in manchen Fällen als Fertigreibahlen verwendet werden.

Schleifen von Reibahlen.

Professor Schlesinger prägte das Wort: »An den Schneiden der Werkzeuge sitzen die Dividenden.« Die modernsten Maschinen, die vorbildlichste Organisation werden nur dann ihre volle Leistungsfähigkeit entfalten, wenn die Schneiden der Werkzeuge von zweckmäßiger Form und scharf sind. So ist es wohl berechtigt, über das Schärfen der Reibahlen einiges zu sagen. Mag es auch im großen und ganzen Bekanntes sein, es gewinnt an Wert, wenn es erneut die Aufmerksamkeit auf diesen Punkt lenkt, der einer der allerwichtigsten in der neuzeitlichen Fertigung ist.

Je weniger Werkstoff eine Reibahle zu entfernen hat, desto sauberer und auch genauer wird die Bohrung werden. Es erscheint daher zweckmäßig, die Handreibahlen so auszuführen, daß schon beim Einführen erkannt werden kann, ob die Bohrung für die Ausreibearbeit zu klein ist und erst noch mit einer Vorreibahle bearbeitet werden muß. Folgerichtig soll daher der vordere Durchmesser d in Abb. 105 um so viel dünner sein als nötig ist, um die Reibahle einzuführen und ihr einen gewissen Halt zu geben. Wenngleich die Stärke s des zu entfernenden Werkstoffes bei Feinarbeit — auf den Durchmesser bezogen — nicht mehr als 0,02—0,1 mm betragen soll, kann man als Größtwert, der nicht überschritten werden soll, annehmen:

$$s = 0{,}005\,D + 0{,}1\ \text{mm}.$$

Die Formel würde für d unter Berücksichtigung einer weiteren Verminderung von 0,1 mm zum Zwecke der Einführung lauten:

$$d = D - 0{,}005 \cdot D - 0{,}2\ \text{mm} = 0{,}995\,D - 0{,}2\ \text{mm}.$$

Die Anschnittlänge l_a darf mit durchschnittlich $^1/_4$ der Zahnlänge l angenommen werden. Bei verschiedenen Erzeugnissen schwankt sie zwischen $^1/_5$ und $^1/_3$ der Zahnlänge. Je schlanker der Anschnitt, um so sauberer wird das Loch und um so besser die Führung beim Ansetzen der Reibahle. Andererseits wächst aber der Kraftbedarf mit der Anschnittlänge. Bei Handreibahlen ist dieser Umstand nicht ganz zu vernachlässigen, da das schwere Schneiden das Gefühl des Arbeiters ungünstig beeinflußt. Je geringer der Kraftaufwand ist, desto mehr wird der Arbeiter seine Aufmerksamkeit auf das richtige Ansetzen und gleichmäßige Vorschieben der Reibahle richten können. Es dürfte sich somit empfehlen, für den Anschnitt den Mittelwert $l/4$ zu wählen und ihn einheitlich durchzuführen, damit der Arbeiter beim Ansetzen der Reibahle aus der Eintauchlänge stets den gleichen Schluß auf den Lochdurchmesser ziehen kann. Die Einstellung der Schleifmaschine auf die Verjüngung des Anschnittes errechnet sich zu

$$\operatorname{tg}\alpha = \frac{(0{,}005\,D + 0{,}2\ \text{mm})}{2\,l_a} = \frac{(0{,}0025\,D + 0{,}1\ \text{mm})}{l_a}.$$

Zahlentafel 7 gibt die entsprechenden Werte für die Handreibahlen:

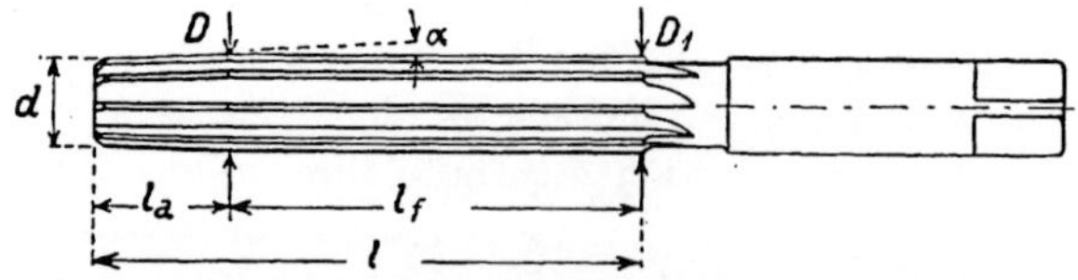

Abb. 105. Bemaßung des schneidenden Teils einer Handreibahle.

Zahlentafel 7. Maße für Handreibahlen nach DI-Norm 206.

D	l_a	d	α	D	l_a	d	α
5	14	4,775	30′	8	16	7,760	25′
6	14	5,770	»	9	16	8,755	»
7	15	6,765	25′	10	18	9,750	»

D	l_a	d	a	D	l_a	d	a
11	19	10,745	25′	27	32	26,665	20′
12	19	11,740	»	28	34	27,660	15′
13	20	12,735	»	30	35	29,650	»
14	21	13,730	20′	32	36	31,640	»
15	22	14,725	»	33	38	32,635	»
16	22	15,720	»	34	39	33,630	»
17	24	16,715	»	35	40	34,625	»
18	25	17,710	»	36	40	35,620	»
19	25	18,705	»	38	42	37,610	»
20	26	19,700	»	40	44	39,600	»
21	28	20,695	»	42	45	41,590	»
22	28	21,690	»	44	47	43,580	»
23	29	22,685	»	45	49	44,575	»
24	30	23,680	»	46	49	45,570	»
25	31	24,675	»	48	51	47,560	»
26	31	25,670	»	50	53	49,550	»

Nach dem Vorhergesagten erscheint es eigentlich überflüssig, an dem vorderen Durchmesser der Reibahle noch eine etwa im Winkel von 45° verlaufende Abschrägung oder Abrundung anzubringen mit einem Hinterschliff von rund 5°. Wenn sie trotzdem vielfach ausgeführt wird, läßt sich ihre Berechtigung damit begründen, daß bei ungleichmäßig vorgebohrten Löchern mitunter eine solche Verengung meist am Ende des Bohrloches auftritt, daß dieses kleiner als der Durchmesser d der Reibahle wird. In diesem Falle wird die Abschrägung schneidend wirken und den Werkstoff beseitigen; fehlt sie, so brechen die Schneiden aus. Es braucht wohl nicht besonders darauf hingewiesen zu werden, daß derartige Fälle unter allen Umständen zu vermeiden sind und bei ordnungsmäßiger Vorbehandlung der Bohrlöcher auch nicht vorkommen können.

Vor dem Schärfen wird die Reibahle rund geschliffen, und zwar in der Weise, daß sie bei D ihr richtiges Maß erhält. D_1 soll je nach dem Durchmesser um 0,001—0,003 mm dünner sein. Diese Verjüngung ist durchaus erforderlich, um ein zu starkes Reiben des Führungsteiles l_f an der Lochwandung zu vermeiden, das zu einer unerwünschten Durchmesservergrößerung führen könnte.

Der Schaft der Reibahle wird etwas kleiner gehalten, damit die Reibahle durch das geriebene Loch hindurchfallen kann.

Nach dem Rundschleifen wird der Führungsteil l_f mit einem Hinterschliff von etwa 5° in der Weise versehen, daß noch eine etwa 0,2—0,3 mm breite Stelle f (Abb. 106a) des Rundschliffes stehen bleibt, die dann als Führung dient. Vielfach wird dieser stehenbleibende Teil des Rundschliffes noch breiter gehalten. Es ist das schließlich kein Fehler; doch haben sich die angeführten Breiten als vollkommen ausreichend erwiesen.

Der Hinterschliffwinkel von 5° im Führungsteil ist ohne Einfluß auf die Wirkung der Reibahle; er wird aber zweckmäßig gleich dem Hinterschliffwinkel des Anschnittes gewählt, um eine gleiche Maschineneinstellung zu erhalten.

Außerordentlich wichtig ist die saubere und durchaus gleichmäßige Ausführung des Anschnitthinterschliffes von 5°. Um scharfe gratfreie Schnittkanten zu erhalten, muß die Schleifscheibe der Schnittkante entgegenlaufen, wie dies der Pfeil in Abb. 106 b zeigt. Sinngemäß ist die Umlaufrichtung der Topfscheibe zu wählen. Sehr zweckmäßig ist es, auch die Zahnbrust zu schleifen. Hier muß darauf geachtet werden, daß die Schleifscheibe beim letzten Schliff, der in der Richtung des Pfeiles a (Abb. 106 c) erfolgt, die Umlaufrichtung des Pfeiles b hat.

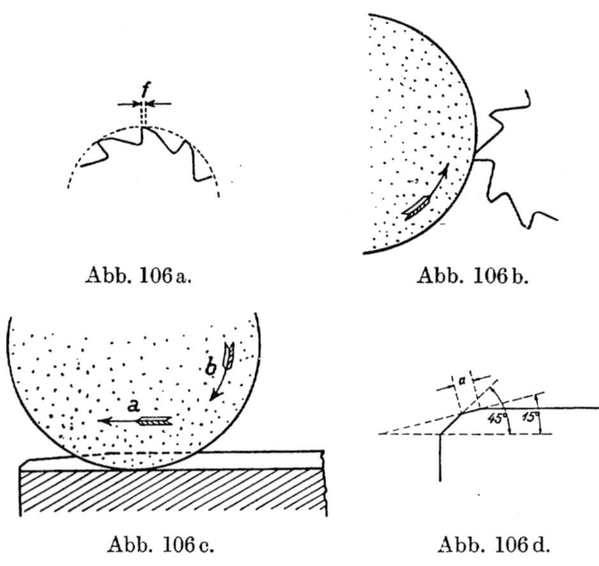

Abb. 106 a.   Abb. 106 b.

Abb. 106 c.   Abb. 106 d.

Abb. 106 a, b, c, d. Schärfen der Reibahlen.

Bei Maschinenreibahlen ist der Anschnitt kurz, von den meisten Werkzeugfabriken im Winkel von 45° ausgeführt. Nur er allein leistet Schneidarbeit; der übrige Teil der Zähne ist, wie bei Handreibahlen, rund geschliffen und nach hinten um einige Tausendstel Millimeter verjüngt. Der Hinterschliff wird auch hier mit 5° ausgeführt. Zur Vermeidung einer scharfen Ecke zwischen Anschliff und Rundschliff empfiehlt es sich, an der Übergangsstelle einen weiteren, kurzen Anschnitt a anzuschleifen (Abb. 106 d), der 15° nicht überschreiten soll. Dieser Anschnitt erfüllt den gleichen Zweck wie ein abgerundeter Anschnitt, der allerdings den besten Übergang bildet, aber nur mit Hilfe besonderer Schleifeinrichtungen auszuführen ist.

Die vorher vorgeschlagene einheitliche Verjüngung des Reibahle um 0,001—0,003 mm ist praktisch als zylindrische Ausbildung des ganzen Führungsteiles anzusprechen. In der Werkstatt ist stets mit Ausführungsfehlern zu rechnen, irgendeine absolute Genauigkeit in Maß oder Form wäre nur Zufallsergebnis. So läßt sich auch auf der Rundschleifmaschine die zylindrische Form nicht absolut erreichen. Die Fehlerquellen, die in der Maschine, der Einstellung, der Aufnahme in den Körnern liegen, sollen nun in der Weise unschädlich gemacht werden, daß das dünne Ende mit Sicherheit an das hintere Ende der Reibahle gelegt wird. Umgekehrt würde die Reibahle beim Arbeiten unzulässig erwärmt werden. Die Verjüngung ist so gering, daß durch sie ein Verlaufen der Reibahle nicht begünstigt wird. Es sollen hier auch nicht Gesetze, sondern nur Richtlinien gegeben werden.

Die weiter bei der Fertigung in Anwendung kommenden Hilfsmittel, wie Futter, Drehdorne, Bohrbuchsen, bedürfen wohl keiner besonderen Besprechung. Beachtenswertes für ihren Gebrauch wird an geeigneten Stellen erwähnt werden.

d) Herstellung von Bohrungen.

Bei Bohrungen kommt nicht allein die Meßgenauigkeit und zylindrische Form des Bohrloches, sondern auch dessen Lage zu bestimmten Flächen des Arbeitsstückes in Frage. In der Regel wird der rechte Winkel zur Anbohrfläche verlangt. Runde Einlochstücke, deren Achse mit der Bohrungsachse zusammenfällt, sind am leichtesten herzustellen. Das Werkstück wird mit dem gebohrten Loch vom Drehdorn aufgenommen und dann weiter bearbeitet. Schwieriger ist es, wenn bereits eine Stelle vorhanden ist, zu der das Loch in einem bestimmten, genau einzuhaltenden Abstand zu bohren ist.

Nehmen wir an, die Anreißarbeit ist mit großer Sorgfalt vorgenommen, der Spiralbohrer ist durchaus richtig geschliffen und angespitzt, so müßte die Grundlage genauer Arbeit gegeben sein, wenn es gelänge, den Bohrer bzw. das Werkstück so einzustellen, daß Bohrer und Bohrungsachse schon vor Beginn der Arbeit fluchten. Voraussetzung hierfür ist ein guter Zustand der Maschine und gutes Rundlaufen der Bohrereinspannung; nehmen wir auch diese Voraussetzung als gegeben an. Die Lage der Lochachse ist durch die Ankörnung gegeben. Der von freier Hand gehaltene Körner steht aber beim Schlagen nicht immer gerade. Der Arbeiter an der Bohrmaschine verzichtet nun im Vertrauen auf seine Geschicklichkeit vielfach auf den kleinen Anbohrer, wenn das Anbohren nicht schon in der Anreißerei besorgt wurde und setzt den Vorbohrer mit Augenmaß ausrichtend auf. Es scheint zu stimmen; ein leichtes Anlaufenlassen der Maschine bestätigt, daß die beiden Schneiden gleichmäßig greifen. Und doch ist bereits die Bohrerachse von der angestrebten Lochachse abweichend. Beim Ansetzen des Nachbohrers fehlt die Möglichkeit des Ausrichtens mit der Bohrer-

spitze, lediglich die gleiche Anlage der beiden Schneiden und der Probe-
lauf dient zur Gleichrichtung von Bohrer und Lochachse. Hierbei
sind kleine Fehler unvermeidlich, die sich nun mit den vorher genannten
Fehlern addieren können und eine unzulässige Abweichung vom angestrebten Maß der Lochentfernung ergeben. Die Entfernung läßt
sich dann mit Hilfe von zylindrischen Zapfen und Endmaßen sehr genau
prüfen, aber die Entfernung des Fehlers ist schließlich sehr schwierig.

Die Arbeit wird wesentlich genauer, wenn erst mit einem Bohrer
angebohrt wird, dessen Durchmesser um ein geringes stärker ist als die
Bohrerseele des Nachbohrers, und wenn die Bohrarbeit mit Hilfe von
Bohrbuchsen ausgeführt wird. In allen Fällen, in denen ein
Loch in einem bestimmten Abstand von einer bearbeiteten
Fläche oder von einem anderen Loch zu bohren ist, soll die
Anwendung von Bohrlehren und Bohrbuchsen angestrebt
werden.

Ursachen des Verlaufens und Größerbohrens von Spiralbohrern: Die Ursachen des Größerbohrens wurden, soweit sie im
Bohrer selbst liegen, bereits auf S. 70 aufgeführt. Mit Vorliebe wird
das Verlaufen des Bohrers durch harte Stellen im Werkstoff begründet,
die aber weit seltener vorkommen, als davon gesprochen wird. Auch
der Bohrer verläuft sich nur, wenn er hierzu gezwungen wird. Dieser
Zwang zum Verlaufen ist, abgesehen von fehlerhaftem Anschliff, auf
den Bohrer selbst nur dann zurückzuführen, wenn er nicht gerade sein
sollte. Die anderen Ursachen des Verlaufens sind hauptsächlich in der
Maschine und der Einspannung zu suchen. Der Befestigungskegel des
Bohrers oder der Innenkegel der Maschine sind beschädigt oder auch
nur unsauber, so daß der Bohrer schlägt. Beim schlagenden Bohrer
beschreibt die Spitze eine Kreisbewegung; die Einstellung auf das An-
körnloch ist schwierig und kann so erfolgen, daß Maschinenspindel- und
Lochachse versetzt sind. Der Bohrer muß dann schräg bohren, d. h.
sich verlaufen.

Eine der häufigsten Ursachen nicht nur des Verlaufens sondern auch
des Größerbohrens besteht darin, daß die Maschine unter dem Vorschubdruck ausbiegt und die Bohrspindelachse im Winkel zur angestrebten Lochachse steht. Bei Gelegenheit der Versuche zur Ermittlung
der geeignetsten Werte für Untermaßbohrer wurden auf einer Ständer-
bohrmaschine verschiedene Löcher mit dem gleichen Bohrer gebohrt,
und zwar wurde hierbei die Festklemmung des Tischauslegers verschieden stark betätigt. Je besser der Ausleger an der Maschinensäule fest-
geklemmt war, desto genauer wurde das Loch. Bei gelöster Klemm-
schraube war das Loch stark kegelförmig und an der Eintrittstelle des
Bohrers bei 30 mm um mehr als 2 mm größer als der Bohrer. Es ergibt
sich daraus die Folgerung, den Vorschub des Werkzeuges der Maschine

anzupassen und auf schwachen Maschinen nicht Gewaltleistungen anzustreben, deren Erfolg nur mindere Güte der Arbeit sein kann. Andererseits wird durch das Vorhergesagte der Wert des Vorbohrers wieder in den Vordergrund gerückt. Sommerfeld hatte ein Loch von 50 mm mit einem 10 mm-Bohrer vorgebohrt, um die für die Querschneide bzw. Seele des 50 mm-Bohrers erforderliche Vorschubkraft auszuschalten. Bei gleichem Vorschub und gleichem Bohrerdurchmesser ging in Gußeisen die Vorschubkraft von 3425 kg bei nicht vorgebohrtem Loch auf 625 kg bei vorgebohrtem Loch zurück, in Flußeisen von 3425 kg auf 1175 kg, wenn jedesmal ihr größter Wert eingesetzt wurde. Es handelt sich also um eine Verminderung der Vorschubkraft auf 18 bzw. 34% des Betrages, der für das nichtgebohrte Loch erforderlich ist. Mögen sich diese Zahlen unter anderen Verhältnissen auch ändern, immer bleibt zu berücksichtigen, daß sich selbst größere Löcher auf kleineren Maschinen genau bohren lassen, wenn die erforderliche Vorschubkraft durch geeignetes Vorbohren vermindert wird. Was für die Bohrmaschine Geltung hat, trifft in gleicher Weise für alle anderen Werkzeugmaschinen zu, auf denen Löcher hergestellt werden[1]).

Erfahrungsgemäß wird die Gefahr des Verlaufens des Bohrers geringer, wenn von unten gebohrt wird. Der Bohrer steht still, das Werk-

---

[1]) Anmerkung des Herausgebers. Hierzu wurde in der auf den Vortrag folgenden Erörterung von fachkundiger Seite etwa folgendes ausgeführt: Die Bohrmaschinen, die auf den Markt kommen, sind fast durchweg zu schwach. Wenn man in den Katalogen selbst der bekanntesten Firmen nachsieht und liest »bis zu 30 oder 35 mm Bohrerdurchmesser«, und sieht sich dann die Bohrmaschine an, so findet man, daß der Bohrtisch einer solchen Maschine beim Bohren fraglos um so und soviel abweicht. Es wäre gut, wenn die Betriebsingenieure einmal den einfachen Versuch machten, eine Bohrmaschine, bevor das Loch ganz durchgebohrt ist, anzuhalten, oben eine Libelle aufzustellen und allmählich den Bohrdruck nachzulassen. Für Löcher über 30 mm ist überhaupt nur noch der schwere Kastenständer brauchbar, wenn ins Volle gebohrt wird.

Um so wichtiger ist es, bei größeren Löchern immer erst vorzubohren. Nach Versuchen von Codron war bei einem Bohrer von 25 mm, der in Flußstahl arbeitete und einen Vorschub von 0,35 mm hatte, ein Vorschubdruck von fast 1500 kg erforderlich, was die vom Verfasser angegebene, vielfach unterschätzte Größe des Vorschubdruckes bestätigt.

Tatsächlich ist es nicht klar, ob allein den Werkzeugmaschinenfabrikanten der Vorwurf zu machen ist. Der Fachmann weiß natürlich ganz genau, was er zu bohren hat, ob hartes oder weiches Material in Frage kommt, wie tief das Loch zu bohren ist usw., und er wird ermessen können, welche Leistung er der Bohrmaschine zumuten kann. Das weiß der Werkzeugmaschinenfabrikant naturgemäß vorher nicht. Er kann lediglich ein Bild der Maschine bringen und den größten Bohrer angeben, z. B. 50 mm, der eingespannt werden kann. Diese 50 mm können natürlich nur mit geringerem Vorschub gebohrt werden. Immerhin ist bei der Beschaffung von Bohrmaschinen die genaue Prüfung ihrer wirklichen Leistungsfähigkeit geboten. S. auch Beitrag Huhn.

stück vollführt die Dreh- und Vorschubbewegung. Bei genauer Überlegung des kinematischen Vorganges erscheint dies unverständlich. Die Bewegungen der Schneiden im Bohrloch sind genau die gleichen; die geänderte Arbeitsweise ändert daran nicht das mindeste. Die Durchbiegungen müßten in beiden Fällen gleich sein, wenn der Vorschubdruck gleich ist. Die Erklärung dürfte in dem besseren Abfluß der Späne zu suchen sein, die zum Teil von selbst aus dem Loch fallen. Zweifellos entfällt ein Teil des Kraftbedarfs beim Bohren auf die Entfernung des abgelösten Spanes. Dies ist durch Versuche in Amerika, die sich auf den Einfluß der Spiralwindung, und von Glöckner, die sich auf den Einfluß der Oberflächenbeschaffenheit der Nuten bezogen, einwandfrei nachgewiesen. Nicht immer fließt aber der Span im regelmäßigen Band aus dem Loch. Es treten Stauungen auf, deren Ergründung hier zu weit führen würde, die aber in vielen Fällen auf Spiel in der Maschinenspindel zurückzuführen sind. Diese Spanstauungen verursachen vorerst ein Größerbohren und können außerdem eine Ursache des Verlaufens sein. Löcher, bei denen die Austrittsstelle des Bohrers größer ist als die Eintrittsstelle, dürften diesen Fehler zum Teil durch Spanstauungen erhalten haben.

Man könnte nun entgegenhalten, daß auch beim Wagerechtbohren von tiefen Löchern mit umlaufendem Werkstück ein besserer Erfolg erzielt wird, und daß hier infolge der wagerechten Anordnung die vorher genannten Gesichtspunkte keine Geltung haben. Beim Wagerechtbohren tiefer Löcher, z. B. von Gewehrläufen, wird das Kühlmittel durch eine Rohrleitung im Bohrer zugeführt und die Flüssigkeitszuführung unter hohem Drucke läßt sich bei ruhendem Bohrer viel leichter durchführen als beim umlaufenden. Die Späne werden durch das Kühlmittel aus dem Loch gespült. Beim drehenden Bohrer läßt die Abdichtung des Ölzuführungsbundes meist nach einiger Betriebszeit zu wünschen übrig; die Undichtigkeit am Bund vermindert den Öldruck an der Bohrerspitze.

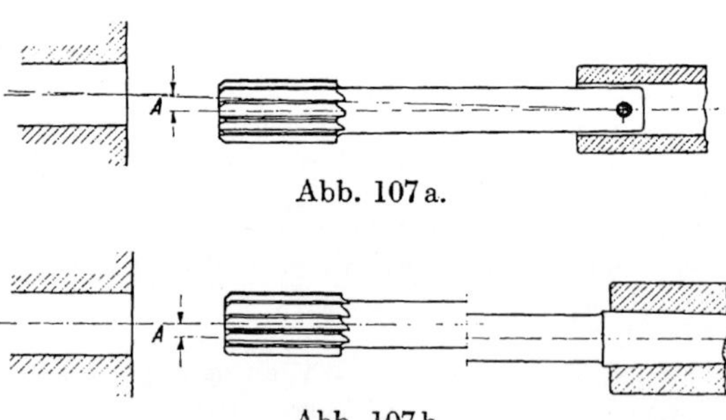

Abb. 107 a.

Abb. 107 b.

Abb. 107 a, b. Pendelnde Reibahlen.

Ursachen und Verhütung des Verlaufens bei Reibahlen. Pendelgelenke: Im allgemeinen ist der Vorschubdruck bei Reibahlen mit Rücksicht auf die geringeren wegzunehmenden Werkstoffmengen wesentlich niedriger als bei Spiralbohrern. Das Verlaufen findet hier seine Ursache fast ausschließlich in der fehlenden Achsenfluchtung zwischen Bohrloch und Werkzeug.

Abb. 107a zeigt schematisch die pendelnde Anordnung einer Reibahle, wobei das Werkzeug um seinen Befestigungspunkt schwingt. Die Reibahle muß verlaufen und größer reiben, denn sie tritt in schräger Richtung in das Loch ein und vermag sich der Achsenrichtung des vorgebohrten Loches nicht anzupassen. Wenn auch am Befestigungs-

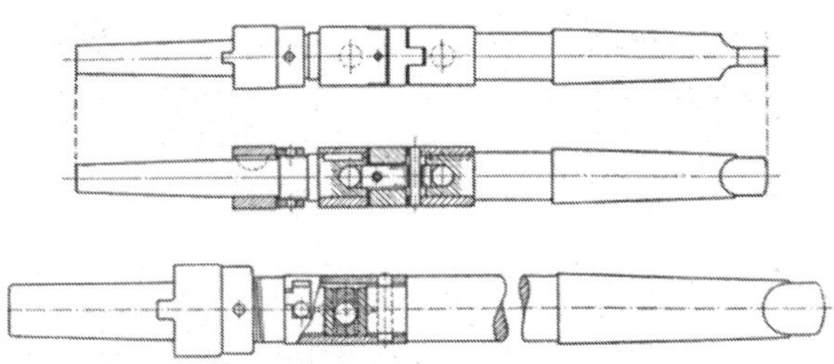

Abb. 108. Reibahlenhalter mit Pendelgelenk.

stift Spiel gelassen wurde, so kommt dies doch nicht voll zur Geltung, da der zylindrische Stift durch den Vorschubdruck auf die Mitte des ihn haltenden Loches gedrängt wird.

In manchen Werkstätten werden auf der Drehbank Löcher in der Weise ausgerieben, daß die mit Vierkant versehenen Maschinenreibahlen mit ihrem Körnerloch in die Spitze des Reitstockes gesetzt und durch die Pinole vorgeschoben werden. Liegt die Reitstockspitze nicht in der Spindelachse, so muß aus dem gleichen Grunde das Loch schräg werden.

Der Unterschied A zwischen den beiden Achsen kann nur ausgeglichen werden, wenn die Reibahle diesem Unterschied Rechnung tragen kann, ohne die Achsenrichtung zu verändern, wie dies die Abb. 107b zeigt. Zu diesem Zwecke sind verschiedene Bauarten von Pendelreibahlen üblich. Für eine gute Wirkung des Pendelgelenkes ist ein möglichst geringer Rei-

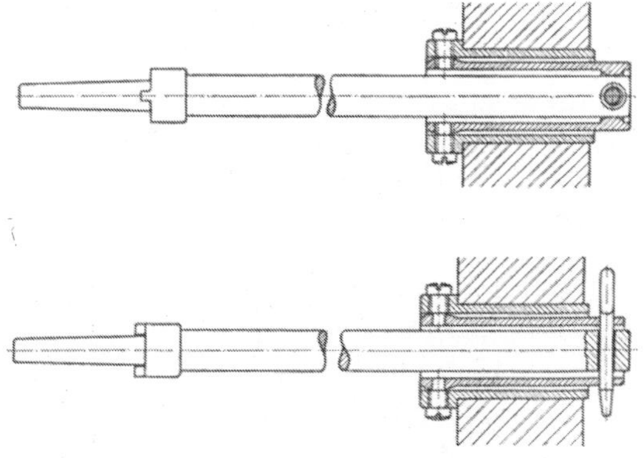

Abb. 109. Pendelnder Reibahlenhalter
(Bauart Dr. Kühn).

bungswiderstand am Gelenk für die Einstellung Bedingung. Diese Forderung ist nicht ganz leicht zu erfüllen, da das Gelenk neben der Drehungsbeanspruchung auch den Vorschubdruck zu überwinden hat.

Man hat daher versucht, die durch den Vorschubdruck bewirkte Hemmung durch Einlage von Kugeln zu vermindern, wie dies Abb. 108 zeigt.

Zum Teil wird das Pendelgelenk in die Nähe der Schneiden gelegt, um den als Hebelarm wirkenden Teil des Schaftes möglichst zu verkürzen, zum Teil wird die Beweglichkeit absichtlich an das Ende des Schaftes gelegt, um der Reibahle, besonders beim Anschnitt, eine gewisse Führung zu geben, wie dies die in Abb. 109 dargestellten, von Dr. Kühn entworfenen pendelnden Reibahlenhalter zeigen.

Es hängt von den jeweils vorliegenden Verhältnissen ab, ob der einen oder anderen Ausführung der Vorzug zu geben ist.

e) Auswahl und Arbeitsfolge der Werkzeuge.

Für die Auswahl der Werkzeuge kommen verschiedene Gesichtspunkte in Frage. Entscheidend ist der Gütegrad und innerhalb eines Gütegrades noch die Sauberkeit, die von einem Loch verlangt wird. Der Austauschbau ist in seiner Theorie viel weiter vorgeschritten als in der werkstattmäßigen Durchführung. Hier fehlt zum Teil in sehr erheblichem Maße der Erfahrungsaustausch, der auf diesem Gebiete allein den Fortschritt bringen kann. Sicher ist, daß in vielen Betrieben mit zu hohen Gütegraden gearbeitet wird und daß vielfach Edelpassung zur Anwendung gelangt, wo Feinpassung vollauf genügt und Feinpassung, wo Schlichtpassung zweckentsprechend wäre. Die immer noch geringe Anwendung der Schlichtpassung dürfte zum großen Teil auf das Fehlen der Ruhesitze zurückzuführen sein. Es wird immer wieder vergessen, daß zwischen zwei Teilen, die nach verschiedenen Gütegraden hergestellt sind, insofern Austauschbarkeit besteht, als z. B. die Welle irgendeines Gütegrades mit der Bohrung eines anderen Gütegrades zusammengesteckt werden kann. Dabei wird mindestens die Güte des Sitzes erreicht, der dem ungenaueren der beiden Gütegrade entspricht. Es kann aber nach Abb. 110 folgende Auswahl getroffen werden:

Im System der Einheitsbohrung:

Bohrungslehre
Wellenlehren Ruhesitze } Feinpassung
Wellenlehre Laufsitze   Schlichtpassung.

Im System der Einheitswelle:

Wellenlehre
Bohrungslehren Ruhesitze } Feinpassung
Bohrungslehre Laufsitze   Schlichtpassung.

Mehr als die Hälfte der Werke, die sich mit Grenzlehren versehen, führen nur zwei Sitzarten ein. Die Art der Erzeugnisse läßt für den Laufsitz meist eine viel größere Passungstoleranz zu als sie der Laufsitz der Feinpassung aufweist. In sehr vielen Fällen ist überhaupt ein Ruhesitz entbehrlich, wenn die Verbindung zwischen Welle und Loch durch Schrauben oder Keile gesichert ist.

Es wäre falsch, die Güte eines Erzeugnisses in der Anwendung enger Toleranzen der Einzelteile zu suchen. Mitunter sind größere Toleranzen zweckmäßiger als enge. Daß die Schlichtpassung zurzeit so wenig Eingang in die Betriebe findet, liegt nicht in einer Beschränktheit ihrer Anwendungsmöglichkeit, sondern mehr in einer gewissen Voreingenommenheit, die auf zu hoher Genauigkeit bestehen zu müssen glaubt.

Wenn für die Wahl des Gütegrades die reine Zweckmäßigkeit entschieden hat, wird für die Wahl der Bohrungswerkzeuge der gleiche

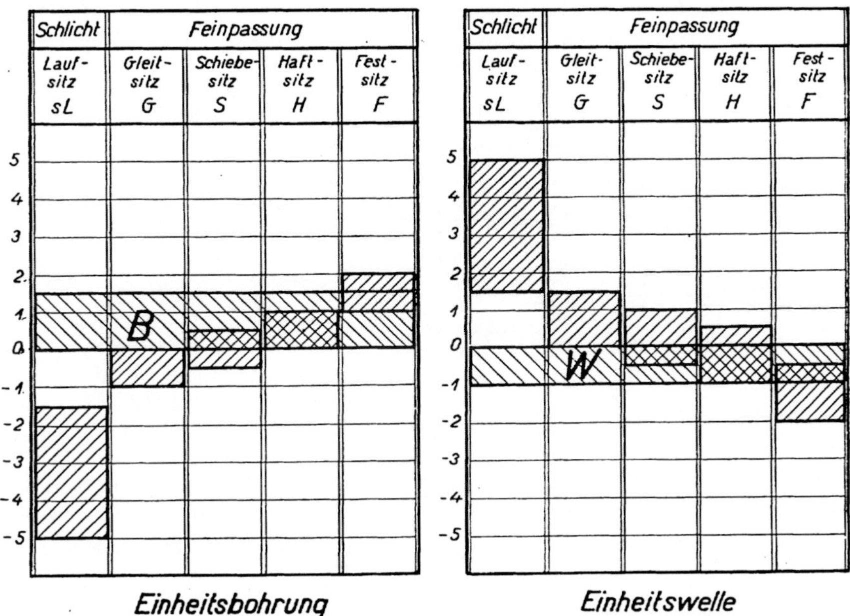

Abb. 110. Gemischte Anwendung von Fein- und Schlichtpassung.

Gesichtspunkt maßgebend sein müssen. Letzten Endes entscheidet die erforderliche Beschaffenheit des Loches. Wenn für enge Laufsitzbohrung eine hochwertige Oberflächenbeschaffenheit notwendig ist, trifft dies nicht auch auf alle anderen Sitze zu. Es wird sich vielfach ein Werkzeug und ein Arbeitsgang ersparen lassen. Bei Gelegenheit der Normung der Untermaßbohrer wurde die Industrie um Angabe der für die Lochbearbeitung in Gebrauch befindlichen Werkzeuge und deren Arbeitsfolge gebeten. Die sehr zahlreichen Antworten ließen die gerade hier herrschende Vielseitigkeit erkennen. Es ist anzunehmen, daß die Verfahren in den einzelnen Betrieben sehr genau in bezug auf

Wirtschaftlichkeit und Arbeitsgenauigkeit geprüft wurden und daß die verschiedenen Arten sich bewährt haben. Einheitlich geht aus allen Beantwortungen das Bestreben hervor, der Fertigreibahle so wenig wie möglich Spanabnahme zuzuweisen. Es kann bei Feinpassung für die der Fertigreibahle verbleibende auf den Durchmesser D mm bezogene Spanmenge s in Millimetern die Formel gelten (s. auch Abb. 111):

$$s = 0{,}001\,D + 0{,}02.$$

So würde die Fertigreibahle bei 10 mm Lochdurchmesser etwa 0,03, bei 20 mm etwa 0,04, bei 50 mm etwa 0,07 und bei 100 mm etwa 0,12 mm zu entfernen haben. Aus diesen Werten ergeben sich die Maße der Vorreibahlen, die nach dem Spiralbohrer bzw. Senker arbeiten. Untermaße für letztere s. S. 70, sowie Abb. 111. Die Senker und Aufbohrer

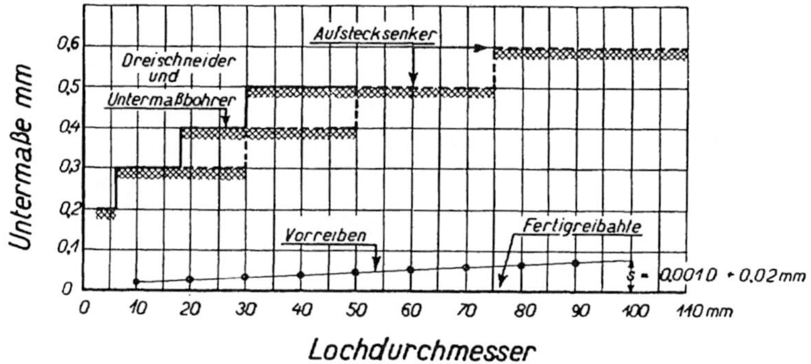

Abb. 111. Spanabnahme der Lochbearbeitungswerkzeuge.

lassen sich einheitlich für alle Löcher der Einheitsbohrung in allen Gütegraden und der Einheitswelle in Edel-, Fein- und Schlichtpassung verwenden, ohne daß die Vorreibahle selbst bei weitem Laufsitz überlastet wird.

Schwieriger ist die Frage bei der Grobpassung. Hier haben z. B. die Löcher zwischen 50 und 80 mm beim Laufsitz ein Übermaß (unteres Abmaß) von 0,1 mm. Vielfach wünscht man das Loch mit dem Spiralbohrer in einem Arbeitsgang fertigzustellen. Nicht immer ist damit zu rechnen, daß der Bohrer in der ganzen Lochlänge um 0,1 mm größer bohrt; an der Austrittsstelle ist dies in der Regel zu bezweifeln. An die Werkzeugindustrie sind bis jetzt fast keine Anforderungen auf Lieferung von Übermaßbohrern gestellt worden. Einzelne Werke, die Grobpassung eingeführt haben, verwenden als Übermaßreibahlen zum Teil feste Handreibahlen mit verstärkter Zahnform, zum Teil nachstellbare Reibahlen.

Bei der Schlichtpassung wird Vorbohren mit Untermaßbohrer oder Senker und Nachreiben mit nachstellbarer Reibahle fast ausnahmslos genügen.

Die Feinpassung stellt höhere Ansprüche an die Sauberkeit des Loches; hier werden Vorreibahlen fast allgemein zwischen Bohrer oder Senker und Fertigreibahle eingeschoben. Wenn Vorbohrer benutzt werden, so empfiehlt es sich in allen Fällen, an Stelle des Untermaßbohrers den Senker, also Dreischneider oder Vierlippenbohrer zu verwenden[1]). Der Untermaßbohrer kommt nur beim Bohren ins Volle in Betracht (abgesehen vom Vorbohren zur Entlastung der Querschneide des Bohrers). Für Nachbohren in vorgebohrte Löcher sind aber drei- oder vierschneidige Werkzeuge zweckmäßiger als zweischneidige.

Es ergibt sich daraus, daß der Untermaßbohrer nicht als das Urwerkzeug der austauschbaren Lochbearbeitung angesehen werden kann, seine Anwendung ist auf bestimmte Arbeitsweisen beschränkt. Die Zahl der von den Werkzeugfabriken bisher gelieferten Untermaßbohrer war im Vergleich zu den Vollmaßbohrern sehr gering; wenn hierüber eine Statistik zur Verfügung stünde, würde sie sicher durch den schwachen Anteil der Untermaßbohrer überraschen. Dies hat sich auch seit Einführung des neuen Grenzlehrensystems noch nicht geändert. Überwiegend werden Vorbohrer und Senker verwendet. Für die Durchmesser der Vorbohrer besteht keine Einheitlichkeit; sie wechseln mit den Größen und sind meist $^1/_2$—3 mm kleiner als das Fertigmaß des Loches.

Mit großer Vorliebe werden die festen Maschinenreibahlen als Fertigreibahlen in Gebrauch genommen, um nach Maßverlust als Vorreibahlen zu dienen. Der Grund hierfür ist wohl in den erheblich niedrigeren Anschaffungskosten der festen Reibahlen gegenüber den nachstellbaren Werkzeugen zu suchen. In einzelnen Fällen wird sich eine Ersparnis erzielen lassen; in anderen Fällen wird die verschiedene Lebensdauer von Fertig- und Vorreibahle zu viel Vorreibahlen entstehen lassen und dann doch wieder zur Anschaffung von nachstellbaren Reibahlen zwingen. Damit ist die Frage der Verwendung von Senkern oder Vorreibahlen berührt. Es kann verwendet werden:

Für Löcher ins volle Material:		Für vorgegossene Löcher:
Anbohrer	Anbohrer ⎫ oder Unter-	Bohrstangen
Vorbohrer	Vorbohrer ⎭ maßbohrer	Senker
Senker	1. Vorreibahle	Vorreibahle
Vorreibahle	2. Vorreibahle	Fertigreibahle
Fertigreibahle	Fertigreibahle	

Eine große Rolle spielt ferner die Preisfrage. Die feste Maschinenreibahle mit Kegelschaft ist in der Anschaffung billiger als der Dreischneider mit Kegelschaft, die Aufsteckreibahle dagegen ist teurer als

---

[1]) S. auch Darstellung der Bohrwerkzeuge für die Feinmechanik im Beitrag Leifer.

der Aufstecksenker (Vierlippenbohrer). Beide Werkzeuge erfüllen den gleichen Zweck; nach den örtlichen Verhältnissen dürfte die eine oder andere Ausführung vorzuziehen sein.

Vielfach wird die Frage gestellt, wieviel Vorreibahlen denn zur einwandfreien Herstellung einer Bohrung eines bestimmten Gütegrades erforderlich seien. Es wurde bereits darauf hingewiesen, daß für die Zahl der Werkzeuge nicht allein die Maßhaltigkeit des Loches, sondern auch die Oberflächenbeschaffenheit bestimmend ist. Außerdem spielt hierbei noch die Arbeitsweise, der Zustand der Maschine, Schmierung, Werkstoff usw. eine Rolle, so daß eine allgemeine Regel nicht gegeben werden kann. Kommt es doch innerhalb eines größeren Betriebes oft vor, daß die eine Werkstatt ein Loch mit einer Vorreibahle fertigstellt, während die andere zwei Vorreibahlen für notwendig hält. Wo dieser Fall eintritt, beweist er eigentlich nur das Fehlen einer einheitlichen Betriebsüberwachung. An und für sich ist die Frage sehr leicht zu klären. Jeder Arbeitsvorgang mehr erfordert Zeit und damit Lohn. So wird man bestrebt sein müssen, die Zahl der Arbeitsvorgänge zur Erzeugung eines Loches auf das Mindestmaß zu beschränken und nur dann einen Arbeitsvorgang einzuschalten, wenn dies unbedingt erforderlich ist. Die nichtgenügende Sauberkeit eines Loches hängt nicht immer nur von dem mit der Reibahle wegzunehmenden Werkstoff ab, sondern in sehr erheblichem Maße von den bereits erwähnten Umständen. Mit einer gut instandgehaltenen scharfen Vorreibahle wird man ein besseres Ergebnis erzielen als mit zwei gleichen stumpfen Werkzeugen. So wird auch hier die Findigkeit des Betriebsleiters das Richtige treffen, denn nirgends wäre ein Rezept verfehlter als bei Bearbeitungsaufgaben. Sehr oft wird zugunsten der festen Reibahle der Umstand angeführt, daß sich eine abgenutzte Reibahle für die nächstengere Sitzart abschleifen ließe. Hierzu sei wieder bemerkt, daß die Unterschiede bei den verschiedenen Sitzarten der Feinpassung und zum Teil auch der Schlichtpassung so gering sind, daß der Schleifmaschine recht wenig Arbeit verbleibt. Die zu klein gewordene Reibahle hat meist nicht nur im Durchmesser verloren, sondern die Führungsfasen weisen allerhand Beschädigungen auf, die durch das Nachschleifen beseitigt werden sollen. Die dadurch erforderliche Materialabnahme wird fast stets wesentlich größer sein als der Durchmesserunterschied zwischen den einzelnen Sitzarten. Wenn es auch möglich sein wird, eine Fertigreibahle der Grobpassung unter günstigen Umständen auf eine Fertigreibahle der Feinpassung abzuschleifen, so setzt dies voraus, daß in ein und demselben Betriebe beide Gütegrade verwendet werden, was aber bis jetzt sehr selten vorkommt. Das Abschleifen von festen Reibahlen für den nächstengeren Sitz kann also nur als Ausnahmefall behandelt werden.

Einrichter und Werkzeugmacher richten nun aus begreiflichen Gründen gern die Reibahlen so ein, daß die geriebene Bohrung in der Nähe des unteren Abmaßes bleibt. Sie passen mit Vorliebe die Reibahle leichtgehend in den Einstellring ein. Gewiß werden dadurch zu große Löcher vermieden; es liegt aber auch die Möglichkeit vor, daß die Löcher zu klein ausfallen und dann zu viel Nacharbeit entsteht. Außerdem hat die zu klein eingestellte Reibahle den Nachteil, daß das Nachstellen sehr oft wiederholt werden muß. Soll das Werkzeug für eine bestimmte Sitzbohrung lange verwendbar sein, so darf der Durchmesser der neuen Reibahle nicht in der Nähe des unteren Abmaßes liegen. Nach den Erfahrungen der Praxis kann angenommen werden, daß ein Übermaß von $2/_3$ der Toleranz über dem unteren Abmaß der Bohrung noch zulässig ist, wenn die Aufreibearbeit mit genügender Sorgfalt vorgenommen wird. Der Deutsche Präzisionswerkzeug-Verband hat als Ausführungsmaß für den Einstellring ein Maß angenommen, das um $2/_3$ der Toleranz über dem unteren Abmaß der Bohrung liegt. Bei den kleinsten Durchmessern erscheint es allerdings zweckmäßig, das Ringmaß etwa in der Mitte der Toleranz zu wählen. Immerhin wird es sich mit fortschreitender Abnutzung der Reibahle nicht vermeiden lassen, daß einzelne Bohrungen zu klein ausfallen und noch eine Nacharbeit erfordern. — Diese kann nun mit den schon erwähnten nachstellbaren Handreibahlen oder Justierreibahlen erfolgen, wobei allerdings wieder zu beachten ist, daß bei weichen Werkstoffen vielfach durch das nachfolgende Aufpressen auf den Drehdorn zur Weiterbearbeitung des Außendurchmessers noch eine Lochvergrößerung eintreten kann. Es wurde vorgeschlagen, vor dem Fertigreiben einen leicht konischen Dorn einzutreiben, der eine Verdichtung des Werkstoffes in der Bohrung herbeiführt und nachträgliche Veränderungen aufheben soll. Dieses Verfahren ist etwas umständlich und zeitraubend.

Zweckmäßiger dürfte hierfür der Druckdorn[1]) sein, dessen Schlußabsätze keinen Werkstoff mehr wegnehmen, sondern nur verdrängen, oder die bereits erwähnten Kugeln. Bei dünnwandigen Arbeitsstücken findet aber hierbei leicht ein elastisches Ausweichen statt. Die Bohrung bleibt dann kleiner als der Werkzeugdurchmesser ist. Die Werkstattaufgaben sind so vielseitig, daß eine Erörterung aller Fälle, selbst wenn sie zur Verfügung stünden, nicht durchführbar ist. Eine der am häufigsten an den Werkzeugfachmann gestellten Fragen betrifft die Zahl der mit einer Reibahle herstellbaren maßhaltigen Bohrungen. Hier spielen aber zu viel Umstände mit, als daß eine einigermaßen zutreffende Beantwortung möglich wäre. Der Werkstoff, der zum Werkzeug verwendete Stahl, die Güte des Schliffes, der Vorschub und die Schnitt-

---

[1]) S. Abb. 99a S. 80.

geschwindigkeit, die Art der Schmierung und Schmiermittel usw. spielen eine zu große Rolle, um nur einigermaßen zuverlässige Zahlen geben zu können. Im ungünstigsten Falle bedarf die Reibahle schon nach wenigen Löchern der Nachstellung, in anderen Fällen lassen sich viele Hunderte von Löchern anstandslos herstellen. Je besser der Anschnitt der Reibahle ist, desto weniger wird sie sich erwärmen und desto geringer ist ihre Abnutzung.

Es soll hier noch auf ein Hilfsmittel zur Verwendung der Werkzeuge hingewiesen werden, das in Amerika in jedem Betriebe in großen Mengen zu finden ist, in Deutschland aber verhältnismäßig selten gebraucht wird. Ein großer Teil der Wirtschaftlichkeit der Lochbearbeitung besteht im schnellen Werkzeugwechsel. Dieser läßt sich nun ohne weiteres auf Revolverbänken, Dreh- und Bohrwerken usw. erzielen, nicht aber an Bohrmaschinen. Und dabei ist es notwendig, an größeren Arbeitsstücken austauschbare Bohrungen, z. B. mit der Radialbohrmaschine,

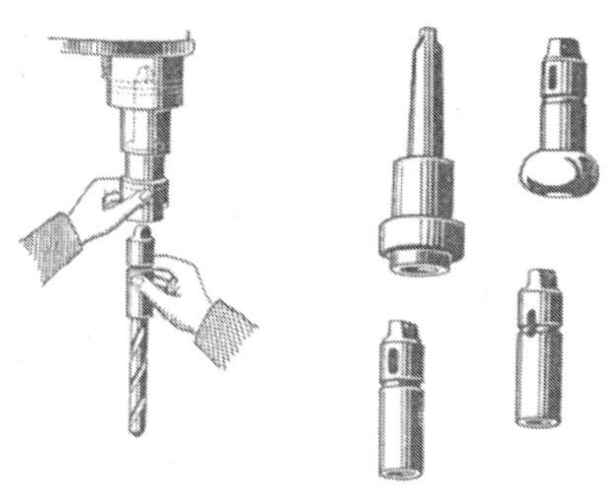

Abb. 112.   Schnellwechsel-Bohrfutter.

herzustellen. In vielen Betrieben kann man beobachten, daß wohl das Loch auf der Radialbohrmaschine vorgebohrt wird, aber daß dann zur Fertigstellung die Handreibahle in Tätigkeit tritt, oder es wird mit vielen Mühen jedesmal der Bohrer aus der Bohrspindel mit Hilfe des Austreiberkeiles entfernt und dafür die Reibahle mit Kegelschaft eingesetzt. Dieser Werkzeugwechsel ist nicht nur zeitraubend, sondern durch die oftmalige Wiederholung den Werkzeugen selbst nicht zuträglich. Hier leistet das altbekannte, leider so wenig benutzte Schnellwechselbohrfutter nach Abb. 112 hervorragende Dienste. Das Futter gestattet die Auswechselung der Bohrer, Reibahlen usw. augenblicklich und auch während des Ganges der Maschine vorzunehmen. Das mit seinem Kegelschaft in die Bohrspindel eingesetzte Futter ist mit einer zylindrischen Bohrung zur Aufnahme von verschiedenen Einsätzen versehen. Durch zweckentsprechende Einrichtung wird der Einsatz festgehalten und gegen Drehung gesichert. Der auf der Mantelfläche des Futters gleitende und leicht drehbare Ring dient zur Befestigung des Werkzeuges mit Hilfe von Kugeln. Jedes Werkzeug wird in einem Einsatz befestigt. Unter leichtem Anheben des Ringes wird der Einsatz und damit das neue Werkzeug eingeführt und durch Senken des Ringes festgehalten. Nach neuem Anheben fällt das Werkzeug aus dem Futter heraus und muß natürlich aufgefangen werden. Zu jedem Bohrfutter können beliebig viel Einsätze mit verschiedenen Innenkegeln verwendet werden.

Zum Schlusse der Besprechung über die Lochbearbeitung sei noch als Sondergebiet die Herstellung tiefer Bohrungen erwähnt.

Hierzu werden die bekannten Kanonenbohrer (Abb. 113a) verwendet, die sehr einfach herstellbar sind, aber geringe Leistungen ergeben. Zweckmäßiger sind die sogenannten Gewehrlaufbohrer (Abb. 113 b), die natürlich auch für größere Bohrungen verwendet werden können, als sie Gewehrläufe aufweisen. Die Spitze des Bohrers liegt außerhalb der Bohrerachse und beschreibt beim Arbeiten einen Kreis, so daß sich im Grunde der Bohrung ein kleiner Kegel bildet, der die Führung des Bohrers erleichtert. Die erforderliche Vorschubkraft ist wesentlich geringer als beim Spiralbohrer, sofern die Spannute genügend tief ist, d. h. bis zur Bohrermitte reicht. Als Schaft dient ein Stahlrohr, in das der eigentliche Bohrer eingelötet ist. In das Stahlrohr wird mit Hilfe einer Vorrichtung durch eine gehärtete Stahlrolle eine Rille eingedrückt, um den Abfluß des Kühlmittels und den Austritt der Späne zu ermöglichen. Für diese Bohrer ist die Schnittgeschwindigkeit bis zur doppelten des Spiralbohrers bei verhältnismäßig geringem Vorschub zu wählen.

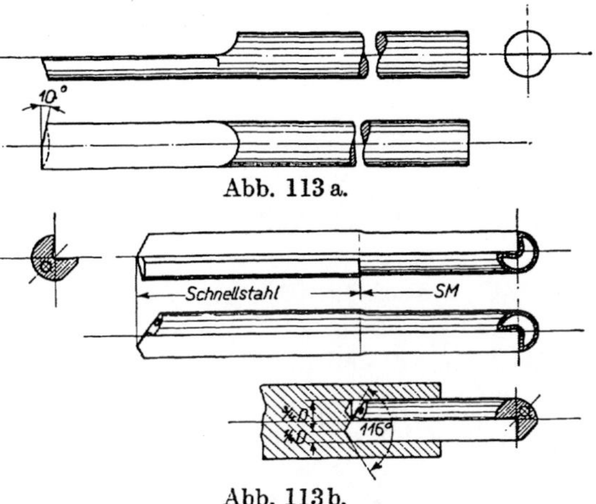

Abb. 113a und b. Bohrer für tiefe Löcher.

Das An- und Nachschleifen darf nicht von Hand, sondern muß sehr sorgfältig mit Hilfe einer besonderen Vorrichtung erfolgen. Die Schneidwinkel müssen beiderseits genau gleich groß sein; die Schneidspitze soll das erste Viertel des Durchmessers abgrenzen. Pratt & Whitney, die ähnliche Bohrer für ihre Kanonenbohrmaschinen lieferten, brachten die Spitze in der Nähe der Bohrermitte an. Für kleinere Bohrungen — besondere Erfahrungen liegen hier für die Durchmesser um 8 mm vor — dürfte aber die Anordnung der Hälfte des Halbmessers vorzuziehen sein, weil dadurch der Druck auf die Lochwandungen sehr vermindert und damit ein Abbrechen der bei diesen kleinen Durchmessern empfindlichen Bohrer verhindert wird.

Das Bohren tiefer Löcher größerer Abmessungen, deren Länge oft das 50fache des Durchmessers, oft auch mehr beträgt, erfordert mehrschneidige Bohrwerkzeuge (Abb. 114).   Auch hier dreht sich das Werkstück und der Bohrer steht fest.   Die Zerspanungsarbeit erstreckt sich nicht auf den ganzen Lochquerschnitt, sondern nur auf eine Kreisringfläche.   Es bleibt ein Kern stehen; dies bedeutet einerseits Materialersparnis, andererseits sinkt der Kraftverbrauch und die Gestehungszeit.

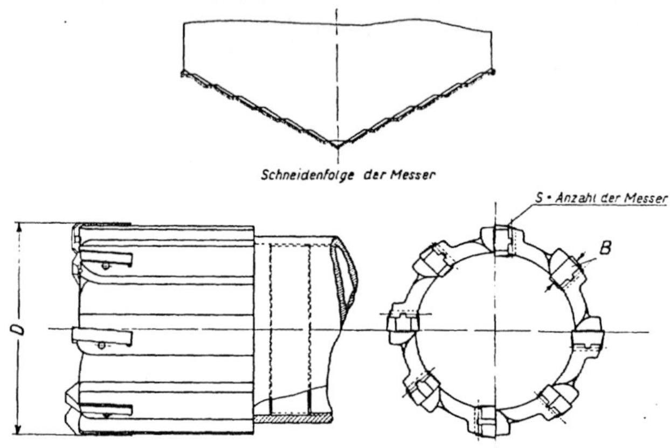

Abb. 114.   Hohlbohrer für stehenbleibenden Kern.

Die Kernbohrer sind als Messerköpfe ausgebildet, die auf einem Rohr befestigt sind und von diesem gehalten werden.   Für die Abmessungen der Messerbreiten B kann man

$$B = 0{,}04\,D + 15$$

setzen; für die Anzahl der Messerschneiden

$$s = 0{,}6 \cdot \sqrt{D}\,.$$

Bei der Ausführung sind folgende Punkte zu berücksichtigen: Das Drehmoment muß möglichst klein gehalten werden, was durch gleichmäßige Spanentwicklung und Verteilung auf die einzelnen Messer zu erreichen ist.   Der Vorschubdruck muß also gering sein.   Dies wird durch eine geignete Form der Messer erreicht, deren Zerspanungsarbeit aus der Abbildung ersichtlich ist.   Jedes der Messer übernimmt hier einen Teil des zu zerspanenden Querschnittes und wird dadurch nicht übermäßig beansprucht.   Andererseits brechen die ablaufenden Späne sehr leicht in kleine Stücke und werden von der durch das Rohr gepreßten Kühlflüssigkeit leicht fortgespült.   Der hier gezeigte Bohrkopf für einen Durchmesser von 130 mm hat 8 Messerschneiden, die unter einem Neigungswinkel von 3° zur Achse radial in den Körper eingelassen sind.   Zur Befestigung der Messer in radialer Richtung greifen die am Rücken jedes Messers vorstehenden Stege in eine Nut des Werkzeugträgers ein und werden axial mit einem durch diesen gehenden

Stift auf den Grund der Nut festgehalten. Für die Messer hat ein Zahnbrustwinkel von 3° mit einem Rückenwinkel von 5° die besten Ergebnisse gezeigt.

Das Nachstellen der abgenutzten Messer ist leicht möglich durch Untersetzen von gleichmäßig starken Klötzen, da, wo das Messer am Grunde des Körpers aufliegt. Von dem Führungssteg der gleichzeitig als Befestigungsanschlag dient, wird dann entsprechend der Höhe der untergelegten Klötze fortgeschliffen.

<h3 style="text-align:center">Polieren von Bohrungen und Wellen.</h3>

Gehärtete Bohrungen können nicht mit Reibahlen bearbeitet werden, sie müssen auf der Innenschleifmaschine ausgeschliffen werden. In den Fällen, in denen die mit der Innenschleifscheibe erzielbare Genauigkeit des Maßes oder Feinheit der Oberflächenbeschaffenheit nicht genügt, müssen die Löcher auspoliert werden. Hierbei ist eine Verbesserung der Oberfläche leicht, eine Verbesserung der Maßgenauigkeit und zylindrischen Form aber nur bei entsprechender

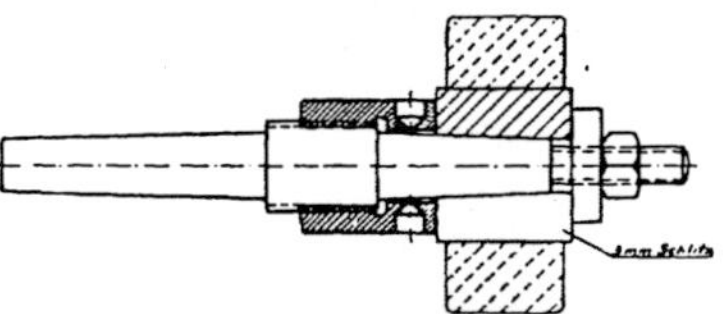

Abb. 115. Polierwerkzeug für gehärtete Bohrungen.

Übung und Sorgfalt zu erzielen. Die zylindrische Form ist um so schwerer zu erzielen, je mehr das Polierwerkzeug Linien- statt Flächenberührung aufweist. Polierdorne, die mit einer kegelförmigen Innenbohrung mit Schlitzen versehen sind und durch einen kegeligen Zapfen aufgespreizt werden, erfordern große Geschicklichkeit und ergeben meist glockenförmige Löcher. Zweckmäßiger ist das in Abb. 115 dargestellte Werkzeug, bei dem auf dem Außenkegel des Dornes eine mit Innenkegel versehene geschlitzte Schleifbuchse aus Gußeisen, Kupfer oder Messing sitzt. Die Schleifbuchse kann an ihrer Außenseite noch eine Spiralnut mit nicht zu kleiner Steigung als Raum für das überschüssige Poliermittel erhalten. Diese Nut ist außer

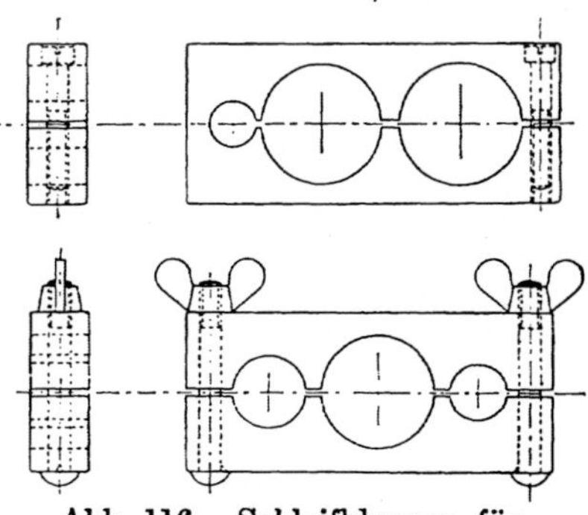

Abb. 116. Schleifkluppen für zylindrische Teile.

dem ein Vorbeugungsmittel gegen das Aufweiten der Bohrungen an den Enden.

Die folgende Abb. 116 zeigt Schleifkluppen für Wellen. Die oben dargestellte Form muß nach Abnutzung für den nächstgrößeren Durchmesser brauchbar gemacht werden, bei der unteren Form kann die Abnutzung durch Wegnehmen des Metalls an den Trennfugen ausgeglichen werden. Beim Polieren von Bolzen soll die Schleifkluppenbreite nicht zu groß sein, um die hin- und hergehende Bewegung nicht zu sehr zu beschränken. Das an den Enden der Schleifkluppenöffnung sich ansammelnde Poliermittel bewirkt an diesen Stellen eine stärkere Schleifwirkung, so daß kurze Bolzen, die mit breiten Kluppen geschliffen werden, leicht Zigarrenform annehmen.

Das Polieren erfolgt in der Weise, daß das Schleifmittel sich in die Poren des Werkstoffes des Polierwerkzeuges eindrückt und so seine schleifende Wirkung ausübt. Daraus folgert, daß als Werkstoff für Polierwerkzeuge ein weiches oder poröses Metall verwendet werden muß. Vielfach wird hierzu Kupfer gewählt. Gußeisen eignet sich aber für diese Zwecke in bester Weise und es sei daher den Betrieben, die bisher Kupfer anwendeten, der Gebrauch von Gußeisen empfohlen.

2. Wellenbearbeitung.

Erheblich einfacher als die Lochbearbeitung ist die Bearbeitung der Außenflächen von Werkstücken, allerdings nur insofern, als die hier angestrebte Genauigkeit nicht allein beim Werkzeug liegt, sondern sehr auch vom Arbeiter beeinflußt wird. Bei Verwendung der bekannten Grenzrachenlehren mit je einer Gut- und Ausschußseite oder der nach den gleichen Grundsätzen arbeitenden Meßvorrichtungen, die Größt- und Kleinstmaß angeben, fällt es auch dem ungelernten Arbeiter nicht schwer, hohe Genauigkeiten zu erzielen.

Bei der Wellenbearbeitung, wenn mit diesem Ausdruck die Außenbearbeitung runder Teile bezeichnet wird, ist zu unterscheiden:

a) das Arbeiten von der Stange,
b) das Arbeiten im Futter,
c) das Arbeiten zwischen Spitzen.

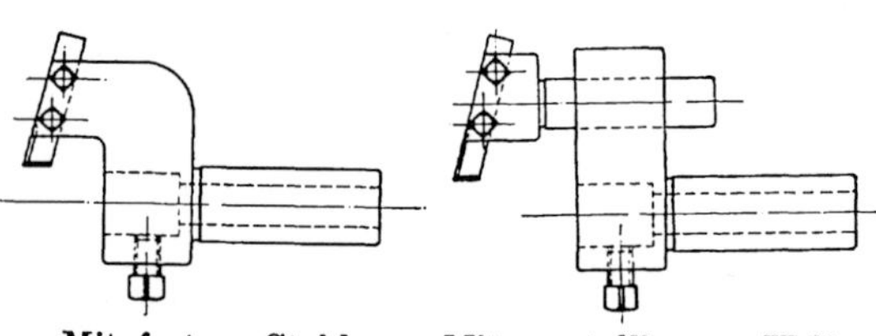

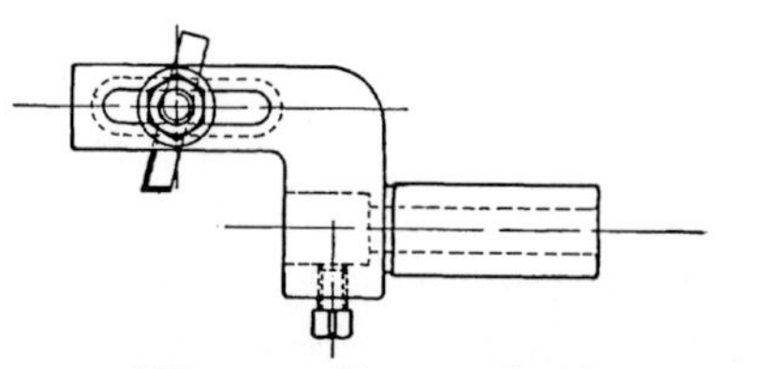

Abb. 117.   Stichelhäuser für Revolverbänke.

Zu a) Für Arbeiten von der Stange kommen wohl ausschließlich Revolverdrehbänke und Automaten in Frage. Hier bestehen allerdings erhebliche Schwierigkeiten für die Einhaltung der Grenzmaße, wie sie die Edel- und Feinpassung, ja zum Teil die Schlichtpassung vorschreibt. Es sei hier die Abb. 26, S. 16 angeführt, die nach Versuchen von Dr. Kienzle die Ungenauigkeiten zeigt, die durch die Schneidenabnutzung hervorgerufen werden. Die Teile wurden in der Regel schon beim 10. Stück bis 0,03 mm, beim 100. Stück 0,08—0,09 mm größer, dann trat eine gewisse Abflachung der Abnutzungskurve ein, nur vereinzelt nahm die Ungenauigkeit im gleichen Verhältnis wie bei den ersten

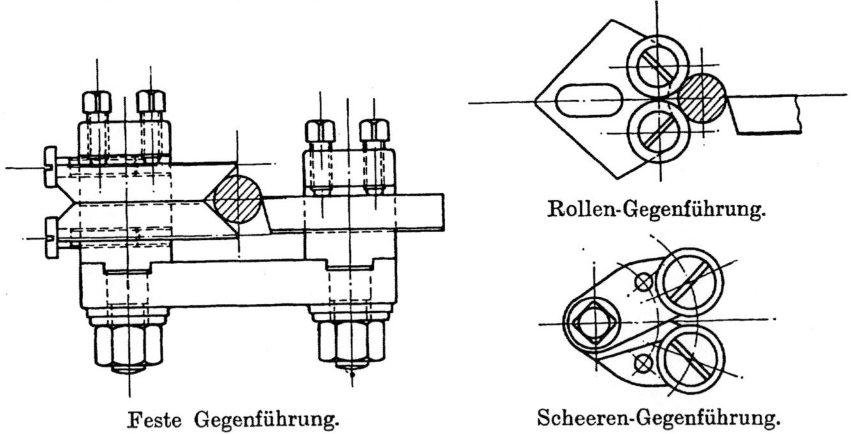

Abb. 118.   Gegenführungen für Stichelhäuser.

Stücken zu.   Nun wird die Abstumpfung der Schneiden außer von den Eigenschaften des zu bearbeitenden Werkstoffes und der Schnittgeschwindigkeit hauptsächlich von der Spanstärke beeinflußt.   Es ergibt sich daher die Folgerung, daß bei geringen Spanabnahmen für längere Dauer größere Genauigkeiten erzielt werden können.   Bei Maschinen mit mehrfachem Werkzeugwechsel läßt sich nun vielfach die Zahl der Stahlschneiden vermehren, so daß die letzte Schneide nur mehr sehr geringe Arbeit zu leisten hat und dementsprechend langsam abstumpft.

Beim Drehen vom Revolverkopf haben die Werkzeuge ohne Abstützung (Abb. 117) den Nachteil des Ausbiegens des Arbeits-

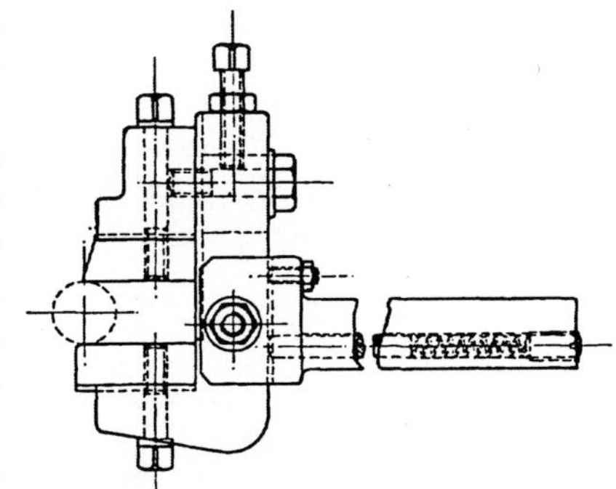

Abb. 119.   Tangential-Schlichtwerkzeug für   Revolverbänke und Automaten.

stückes, es ist daher keine hohe, gleichmäßige Genauigkeit erreichbar.

Eine Verbesserung bedeutet das Abstützen der Stange im Kastenwerkzeug durch Lünetten (Abb. 118).   Die erzielbare Genauigkeit ist bis etwa $\pm$ 0,02 mm zu steigern, aber abhängig von Werkstoff, Schmierung, Werkzeugbeschaffenheit und vor allem vom Arbeiter. Genaues Arbeiten ist auf die Dauer nur durch sorgfältige Beobachtung der Schlichtwerkzeuge und durch stete Stichproben durchführbar. Ein erprobtes Schlichtwerkzeug stellt Abb. 119 dar.

Meistens bedürfen aber die von der Revolverbank kommenden Teile, wenn sie nach Fein- oder Schlichtpassung lehrengerecht sein sollen,

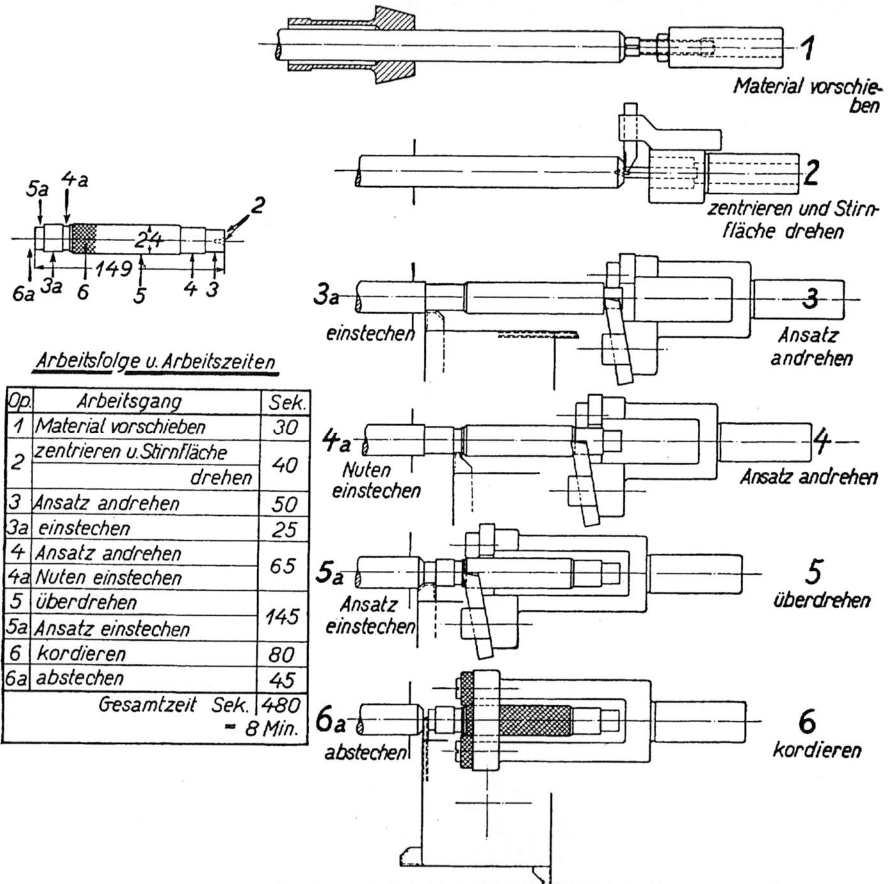

Op.	Arbeitsgang	Sek.
1	Material vorschieben	30
2	zentrieren u. Stirnfläche drehen	40
3	Ansatz andrehen	50
3a	einstechen	25
4	Ansatz andrehen	65
4a	Nuten einstechen	
5	überdrehen	145
5a	Ansatz einstechen	
6	kordieren	80
6a	abstechen	45
	Gesamtzeit Sek.	480 = 8 Min.

Abb. 120. Bearbeitung eines Griffes auf einer Revolverbank mit Wagerecht-Revolverkopf.

noch eines Überschleifens oder einer dem Überschleifen gleichkommenden Nachbearbeitung. Darunter könnte nun auch ein Nachschmirgeln auf der Drehbank verstanden werden. Aber abgesehen von dem erheblichen Zeitaufwand, den das Nachschmirgeln erfordert, ist die Genauigkeit der auf diese Weise erzielten Flächen hinsichtlich ihrer zylindrischen Form sehr mangelhaft, so daß dieses Verfahren möglichst vermieden werden soll. Der neuzeitliche Austauschbau steht im Zeichen der Schleifmaschine und nur durch sie ist eine hohe Güte des Erzeugnisses bei wirtschaftlicher Fertigung zu erzielen.

Zu b) Bei Futterarbeiten liegen die Verhältnisse ähnlich wie bei den Stangenarbeiten, jedoch lassen sich hier mit den von Hand be-

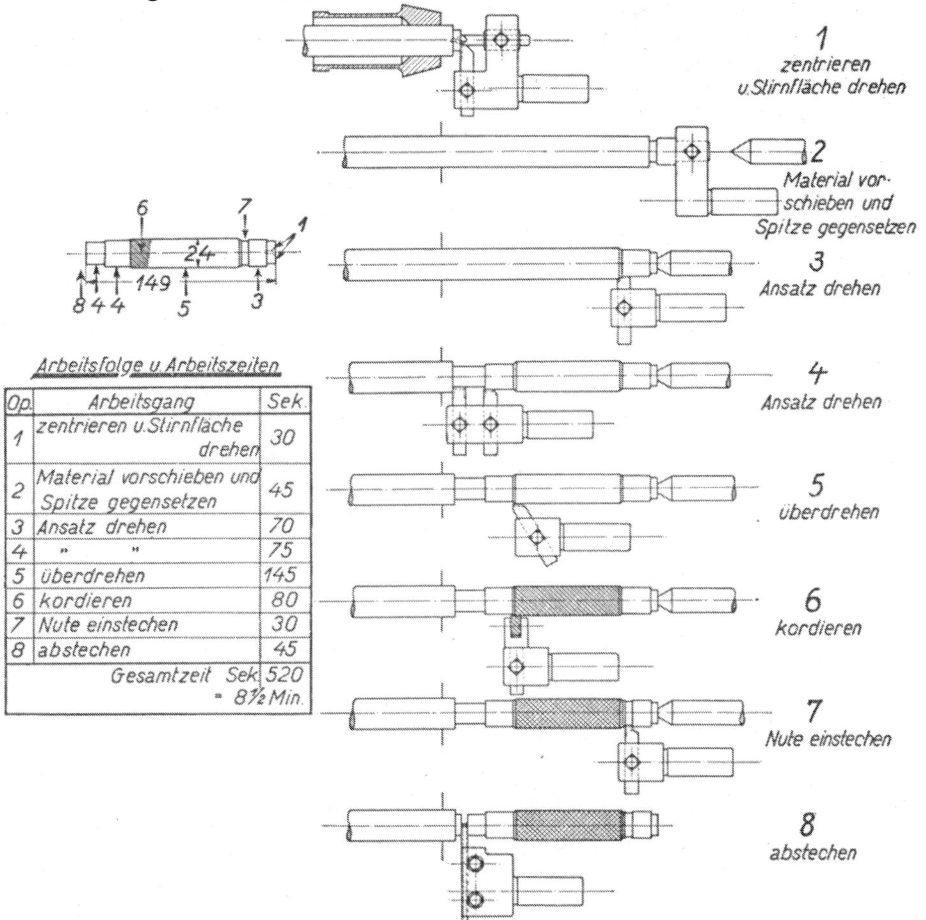

Op.	Arbeitsgang	Sek.
1	zentrieren u. Stirnfläche drehen	30
2	Material vorschieben und Spitze gegensetzen	45
3	Ansatz drehen	70
4	„ „	75
5	überdrehen	145
6	kordieren	80
7	Nute einstechen	30
8	abstechen	45
	Gesamtzeit Sek.	520
	= 8½ Min.	

Abb. 121. Bearbeitung eines Griffes auf einer Revolverbank mit Senkrecht-Revolverkopf.

tätigten Seitensupporten unter Verwendung von Grenzrachenlehren recht befriedigende Ergebnisse erzielen, die vielfach ein nachheriges Schleifen überflüssig machen. Für die mit den Revolverkopfwerkzeugen bearbeiteten Flächen gelten natürlich die gleichen Erwägungen wie für die Stangenarbeiten.

Für die Wahl der Arbeitsweisen können verschiedene Gesichtspunkte maßgebend sein.   Auch mit Drehbänken lassen sich unter Umständen befriedigende Leistungen erzielen.   So zeigen Abb. 120—122 die Arbeitsgänge des Griffes eines Grenzlehrdornes auf verschiedenen Maschinen. Abb. 120 stellt den Arbeitsplan auf einer Revolverdrehbank mit Wage-

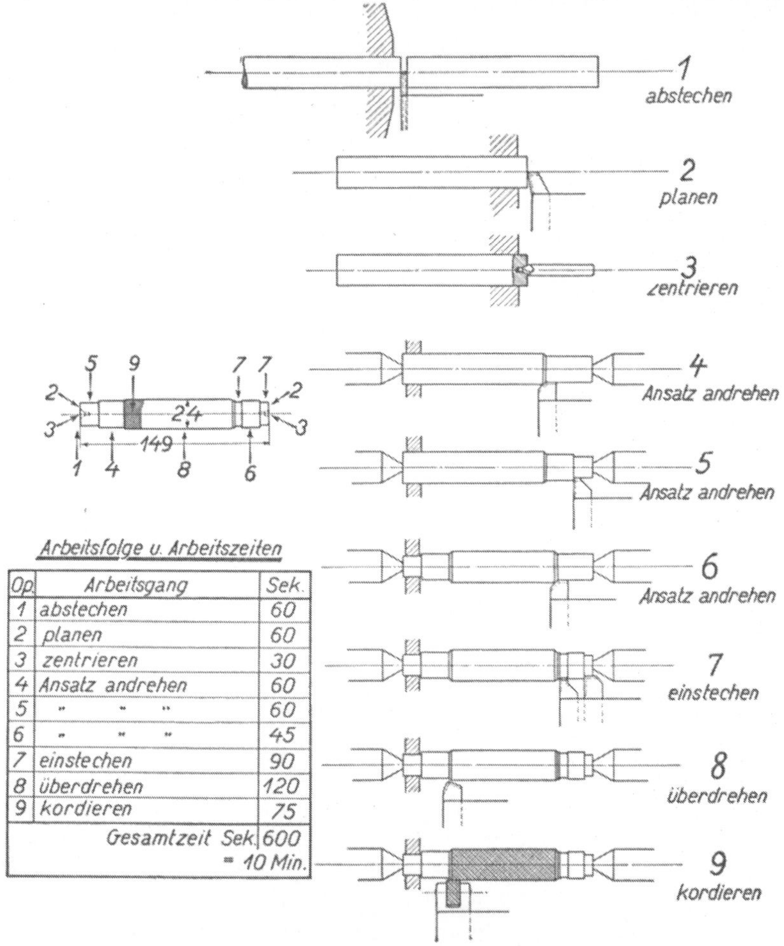

Op.	Arbeitsgang	Sek.
1	abstechen	60
2	planen	60
3	zentrieren	30
4	Ansatz andrehen	60
5	„ „ „	60
6	„ „ „	45
7	einstechen	90
8	überdrehen	120
9	kordieren	75
	Gesamtzeit Sek.	600
	= 10 Min.	

Abb. 122.   Bearbeitung eines Griffes auf einer Bolzendrehbank.

rechtrevolverkopf dar;   die Gesamtzeit beträgt 8 Minuten. — Die Abb. 121 zeigt den Arbeitsplan auf einer Revolverdrehbank mit senkrechtem Revolverkopf, mit einer Arbeitszeit von $8\,^1/_2$ Minuten. — Die Abb. 122 zeigt den Arbeitsplan, wenn für die Herstellung Bolzendrehbänke verwendet werden.   Die Gesamtarbeitszeit beträgt hier 10 Minuten.   Das Abstechen erfolgt auf einer Abstechmaschine, das

Plandrehen der Stirnseiten auf der Bolzendrehbank, das Zentrieren auf der Zentriermaschine. Für Zentrieren und Stirnflächendrehen kommt auf den Revolverdrehbänken eine Arbeitszeit von 30 bzw. 40 Sekunden in Betracht, während auf der Bolzendrehbank hierfür 150 Sekunden reine Arbeitszeit erforderlich sind. Diese Zeit erhöht sich noch durch den notwendigen Transport der Werkstücke zu den veschiedenen Maschinen, sowie durch den größeren Zeitaufwand beim Einspannen. Dagegen ändert sich der Zeitaufwand zugunsten der Drehbank, sofern reine Dreharbeit in Frage kommt. Hier sind die Arbeitszeiten niedriger; ein prozentualer Vergleich ist schlecht zu ziehen, da die Art der Arbeitsvorgänge ja nicht bei beiden Verfahren durchaus gleich ist. Es ergibt sich daraus, daß die Bolzendrehbank in all den Fällen mit Vorteil verwendet werden kann, wo es sich um Langdreharbeiten handelt; auch lassen sich bei der Verteilung solcher Arbeiten auf Drehbänke an bestimmten Flächen höhere Genauigkeiten erreichen, als auf der Revolverbank. Im vorliegenden Falle wurde die Arbeit aus dem Grunde für die Bolzendrehbank vorgesehen, weil sich auf dieser Maschine die Kordierung sauberer herstellen läßt als auf der Revolverbank. Wollte man auf der Revolverbank in der gleichen Zeit die gleiche Sauberkeit erzielen, so würde sich der Aufwand an Zeit ganz erheblich erhöhen. Zu beachten ist hierbei noch, daß sich auf den Bolzenbänken zum Teil sehr leicht die Bedienung von zwei Maschinen von einem Arbeiter ermöglichen läßt, was bei den Revolverbänken nicht der Fall ist.

Zu c) Beim Arbeiten zwischen den Spitzen spielt nicht nur die Genauigkeit der Maschine, sondern vor allem die Genauigkeit der Körnerlöcher eine erhebliche Rolle. Die Aufnahme zwischen Spitzen schließt eine Reihe von Fehlerquellen in sich. Wenn wir von der Erörterung der Ungenauigkeit der Spitzenwirkung, des Ausweichens des Werkstückes usw. als allgemein bekannt hier absehen wollen, so erscheint es doch zweckmäßig, hier noch einiges über die Körner und Körnerspitzen zu sagen, wenn es auch nur Bekanntes ins Gedächtnis

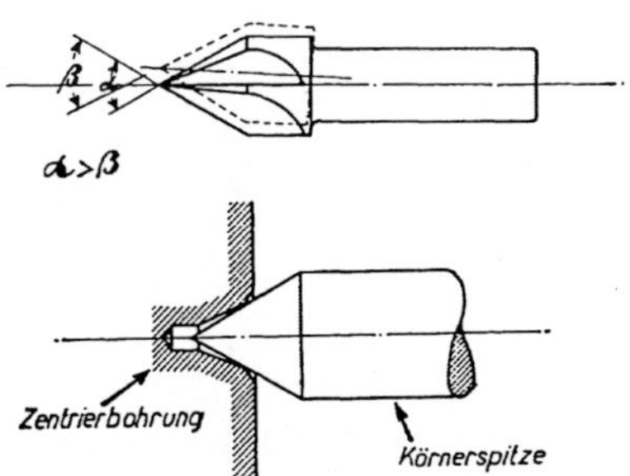

Abb. 123. Versenker für Körnerlöcher.

zurückruft. Fast in jedem Betriebe finden wiederholte Nachprüfungen der Körnerspitzen statt und bei jeder Nachprüfung werden Unstimmigkeiten gefunden. Daß mit beschädigten Körnerspitzen, mit verklopften Körnerlöchern keine gute Arbeit geleistet werden kann, ist bekannt und in gut geleiteten Betrieben wird in dieser Hinsicht auch eine strenge Überwachung ausgeübt. Vielfach wird aber übersehen, daß die Körner-

löcher trotz einwandfreien Spitzenwinkels der Versenker abweichende
Winkel aufweisen. Das tritt stets dann ein, wenn der Versenker während
des Arbeitens schlägt (Abb. 123). Anstatt der Flächenberührung tritt
dann eine Linienberührung ein, die einesteils die Körnerspitzen schädigt
und andernteils bald einen lockeren Sitz des Werkstückes verursacht.
Das Werkstück wird unrund und meist auch ungleichmäßig in der
Dicke, da der eine Körper in der Druckrichtung des Stahles festsitzt,
während der andere lose bleibt.

Von Interesse dürfte noch eine aus Amerika stammende Vorrichtung
der Norton Company, Worcester U.S.A. zum Schleifen von Motor-

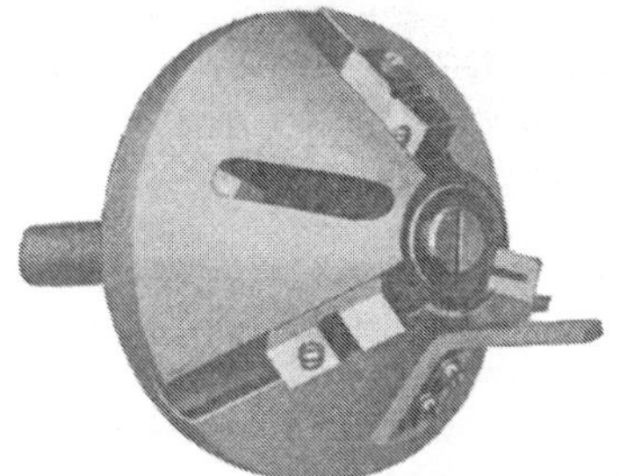

Abb. 124.   Ansicht.

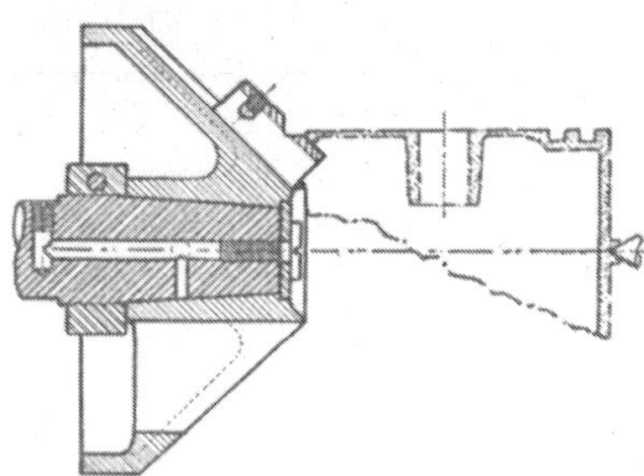

Abb. 125.   Querschnitt.

Abb. 126.   Anwendung.

kolben sein, deren Eigenart so klar aus den Abb. 124—126 hervorgeht, daß eine weitere Erläuterung sich erübrigt.

Rundschleifen.

Wohl den breitesten Rahmen in der austauschbaren Fertigung,
soweit es sich um Edel-, Fein- und zum großen Teil auch Schlichtpassung, ja sogar Grobpassung handelt, nimmt das Rundschleifen ein.
Es ist die Bearbeitungsart der Neuzeit. Allerdings läßt sich immer
wieder feststellen, daß es noch sehr viel Betriebe gibt, die die Rundschleifmaschine etwa als Poliermaschine ansehen und von ihr wohl
saubere Arbeit, aber keine Leistungen erwarten. — Eine weitgehende

Ausnutzung der Vorteile des modernen Austauschbaues kann nur in jenen Betrieben erzielt werden, die den Wert der Schleifarbeit voll erkannt haben und ihre Maschinen so ausnutzen, daß sie wirkliche Hochleistungen ergeben. Die Literatur gibt hierfür genügend Unterlagen.

Freilich muß in den einzelnen Betrieben untersucht werden, wo das Schruppen mit der Schleifscheibe vorteilhafter ist als das Schruppen auf der Drehbank und umgekehrt.

Als vor mehr als 20 Jahren bei Einführung der schweren Rundschleifmaschine das Schlagwort geprägt wurde: »Schleifen ist billiger als Drehen«, machte die Drehbankindustrie alle Anstrengungen, diesem Ausspruch seine Berechtigung zu nehmen. Jedem Fortschritt im Bau der Drehbank folgte ein Fortschritt

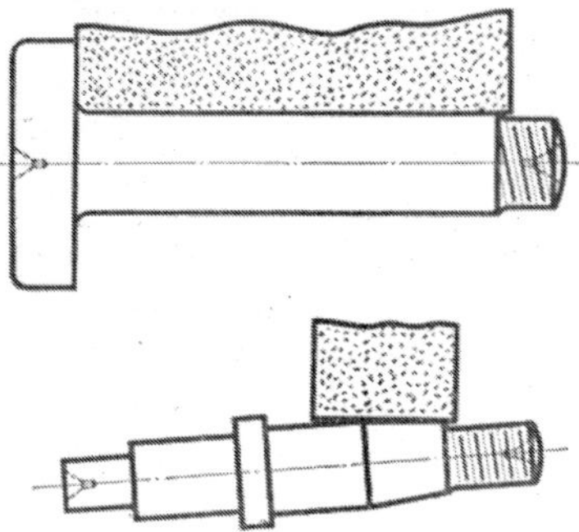

Abb. 127. Schleifen mit breiter Scheibe und Quervorschub.

im Bau der Rundschleifmaschine, und so werden heute sowohl beim Drehen wie beim Schleifen Leistungen erzielt, die man vor wenigen Jahrzehnten noch als Utopien angesprochen hätte. Und trotzdem sind wir noch lange nicht am Ende der Entwicklung angelangt. Die meisten Betriebe beschränken sich auf das übliche Rundschleifen mit schmaler Scheibe und Längsvorschub. Die Vorzüge der breiten Scheibe werden leider noch immer zu wenig ausgenutzt. Die Abb. 127 zeigt Muster von Schleifarbeiten mit dem Quervorschub, bei dem Genauigkeiten von $\pm$ 0,01 mm erzielt werden können; bei

Abb. 128. Amerikanische Rundschleifmaschine ohne Spitzenanwendung.

Materialzugaben von 0,3—1 mm ist ein Abrichten der Schleifscheibe nur etwa bei jedem 50. oder 60. Stück erforderlich.

Abb. 129. Anordnung der Schleifscheiben bei der Rundschleifmaschine ohne Spitzen.

Wenn auch Pockrandt für glatte, zylindrische Flächen keine wirtschaftlichen Vorteile erzielte, so stehen diesen Versuchen doch die in der amerikanischen Rüstungsindustrie erzielten Ergebnisse entgegen. Der Vorteil liegt weniger in den Verhältnissen des Schleifvorganges als in der Arbeitsart selbst, und es kann Betrieben, sofern sie über geeignete Maschinen und Werkstücke verfügen, die Beachtung des Schleifens lediglich durch Querschub empfohlen werden.

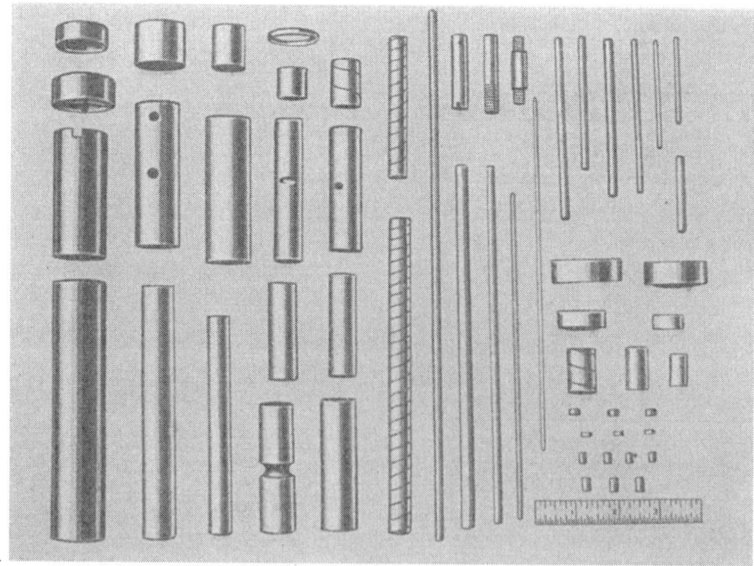

Abb. 130.   Glattzylindrische Schleifmuster ohne Zentrierkörner.

In Amerika wird in dieser Zeit vielfach das Rundschleifen ohne Anwendung von Spitzen angewendet, und es sollen sich mit diesem Verfahren große Leistungen bei hoher Genauigkeit und Sauberkeit erzielen lassen. Abb. 128 zeigt eine solche Maschine, die von den bisher üblichen Rundschleifmaschinen in ihrer Form erheblich abweicht. Die folgende Abb. 129 zeigt die Art des Schleifens. Das Werkstück wird zwischen zwei Führungen gehalten; das Schleifen selbst erfolgt durch eine Schleifscheibe und einen Schleifring, der Längsvorschub und Drehung des Werkstückes ergibt. Je höher das Werkstück über dem Mittel des Schleifringes steht, desto größer wird der Vorschub. Mit diesen Maschinen können glatt-zylindrische Teile, wie z. B. Spiralbohrer, rundgeschliffen werden. Die Leistungen sind erheblich. Spiralbohrer von 2 mm bis etwa 11 mm $\oplus$ mit Anschliff bis zu 0,2 mm werden in zweimaligem Durchschleifen auf etwa 0,02 mm genau geschliffen. In 1 Minute können vier Schleifvorgänge bewältigt werden, so daß minutlich zwei Bohrer fertig geschliffen werden. Bei 19 mm-Bohrern beträgt die Leistung ein Stück in der Minute. Abb. 130 zeigt einige glatt-zylindrische Teile ohne Zentrierkörner, Abb. 131 Teile, die ein Schleifen an Schultern erfordern. Auch hier sind die Leistungen erheblich. Ziffer 1 zeigt Ventilspindeln von 9,3 mm $\oplus$ und 230 mm Länge aus weichem Stahl, von denen drei Stück mit einer $\pm$ Toleranz von 0,013 mm geschliffen wurden. Bei den Ventilspindeln (Ziffer 2), die 7,9 mm $\oplus$ und nur 52 mm lang waren, wurden unter gleichen Verhältnissen fünf Stück minutlich geschliffen. Ziffer 12 zeigt Zapfen von 19 mm $\oplus$ und 82 mm Länge, bei denen ein Abschliff von 0,12 mm in zweimaligem Durchschleifen erzielt wird. Die Leistung soll bei einer Genauigkeit von

Abb. 131. Schleifmuster mit Schultern ohne Zentrierkörner.

$\pm$ 0,013 mm 150 Stück in der Stunde sein. Ziffer 13 und 14 sind fast übereinstimmend mit Ziffer 12.

Abb. 132. Deutsche Rundschleifmaschine ohne Spitzenanwendung.

Verschiedene andere amerikanische Werke bauen ähnliche Maschinen, die in ihrer Form abweichend sind, aber nach den gleichen Grundsätzen arbeiten. Es ist interessant, daß diesem Schleifen ein deutscher Gedanke zugrunde liegt. — Schon seit langer Zeit bauen die Vereinigten Schmirgelwerke, Hannover-Hainholz, eine Maschine nach Abb. 132 zum groben Abschleifen von Rohren und ähnlichen Teilen, die nach dem gleichen Grundsatz arbeitet. Die amerikanische Maschine stellt eigentlich nur eine Verfeinerung dieser Maschine dar.

Flächenbearbeitung.

Der Gesamtbegriff Flächenbearbeitung umfaßt im Sinne des Austauschbaues auch die Längentoleranzen. Wenn schon bei den Rund-

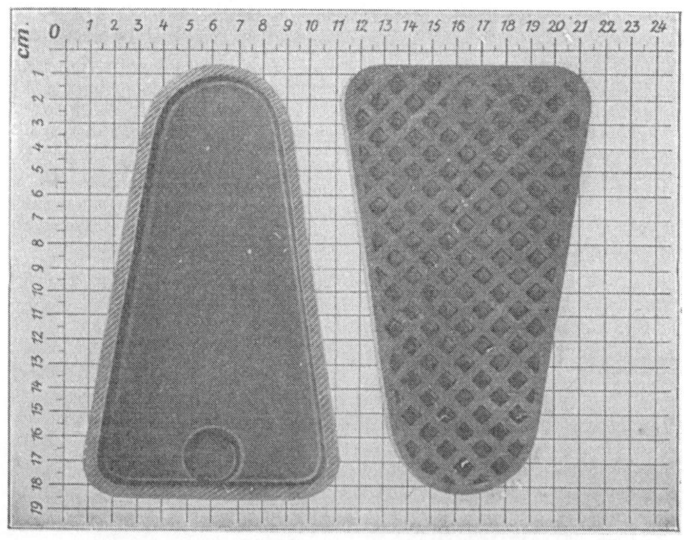

Abb. 133.   Schleifmuster mit ausgesparten Flächen.

toleranzen die obere Grenze oft schwer bestimmbar ist, so trifft dies bei den Längentoleranzen in erhöhtem Maße zu. In allen Fällen ist es zu vermeiden, die Herstellungstoleranzen so zu ziehen,

daß praktisch einwandfrei verwendbare Werkstücke als Ausschuß
gelehrt werden. Die Arbeitsweisen wird man wiederum je nach den
Genauigkeiten wählen müssen. Mit Hobeln und Fräsen ergibt wohl

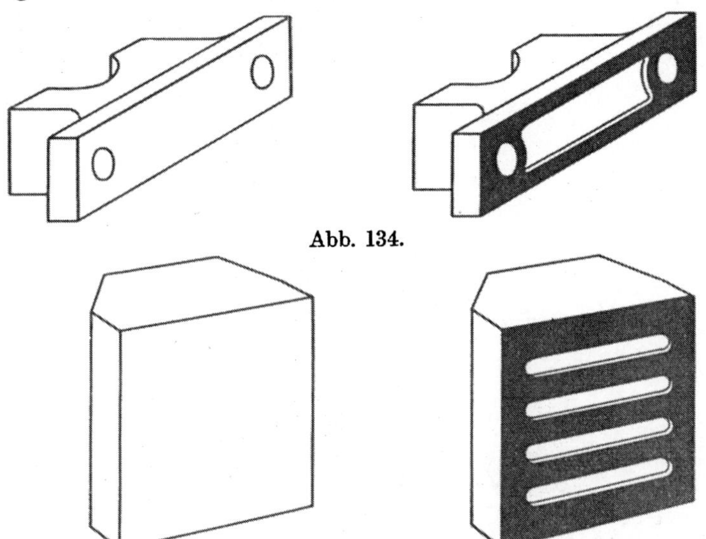

Abb. 134.

Abb.135. Schleifmuster mit ausgesparten Flächen zur Erleichterung der Schleifarbeit.

eine gute Ebenheit, doch läßt die Oberflächenbeschaffenheit in bezug
auf Glätte für viele Zwecke zu wünschen übrig. Die Hobel- bzw.
Fräsmaschine kommt meist für die
Vorbearbeitung in Frage. Bei der
Fertigbearbeitung muß auch hier das
Feilen und Schmirgeln dem Schleifen
weichen, dies um so mehr, als sich
hierbei hohe Genauigkeiten in kurzen
Arbeitszeiten erzielen lassen.

Abb. 136. Bandschleifmaschine.

Abb. 137. Flächenschleif- und Schlichtmaschine mit Stahlscheiben.

Die Genauigkeit der Schleifarbeit ist aber wieder von der Genauigkeit der Vorbearbeitung abhängig, wenn der Zeitaufwand für das

Abb. 138. Flächenschleifmaschine mit rotierendem elektromagnetischen Rundtisch.

Abb. 139.   Flächenschleifmaschine mit hin- und hergehendem Tisch.

Schleifen in gewissen Grenzen bleiben soll. Beim Hobeln lassen sich mittels geeigneter Schlichtstähle, beim Fräsen durch Erhöhung der Schnittgeschwindigkeit des Fräsers und geringer Spantiefe so gute, innerhalb 0,1 mm genaue Flächen erzielen, daß das Schleifen wenig Zeit beansprucht. Mit Hilfe von Flächenschleifmaschinen ist vielfach eine Vorbearbeitung z. B. bei Gußstücken überflüssig.

Das Flächenschleifen wird um so schwieriger, je größer und zusammenhängender die zu schleifenden Flächen sind. Es ist daher zweckmäßig, die Werkstücke so zu konstruieren, daß sie sich gut schleifen lassen, also aus einer Anzahl geschlossener kleiner Arbeitsflächen bestehen, die sich in ihrer Gesamtheit zu einer großen unterbrochenen Arbeitsfläche vereinigen. Abb. 133 S. 112 zeigt eine Platte, die als volle Fläche schlecht, mit den eingegossenen Rippen aber gut zu schleifen ist. Die Anordnung der eingegossenen Rippen hat noch den Vorzug, daß Schmutz oder Späne beim Auflegen eines Teiles leicht weggerieben werden können. Diese Rippenanordnung läßt sich für viele Stücke anwenden, ohne daß die Formenschönheit oder die Gebrauchsfähigkeit darunter leidet. Abb. 134 u. 135 zeigen Maschinenteile, bei denen durch Aussparung die Schleifarbeit wesentlich erleichtert ist. Aber nicht allein für derartige Stücke, die ausgesprochene Maschinenarbeit verlangen, soll die Schleifarbeit

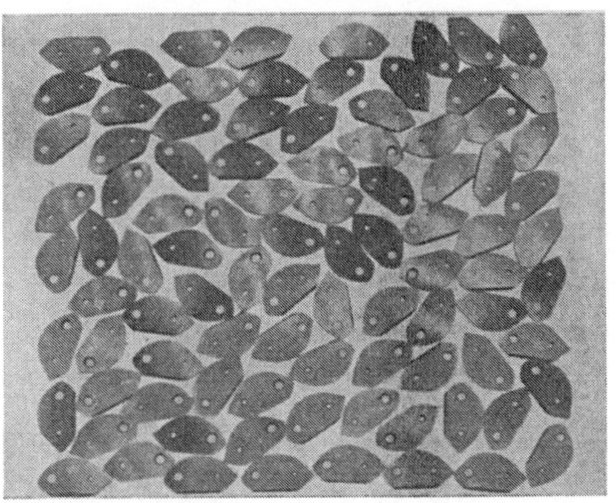

Abb. 140. Schleifmuster, geschliffen auf der Flächenschleifmaschine mit rotierendem elektromagnetischen Rundtisch.

angewendet werden, sie soll in weitgehendem Maße die Handarbeit des Schlichtens mit der Feile und dem Schmirgelpapier ersetzen. Hierfür sprechen nicht nur die geringen Gestehungskosten, sondern auch die erhöhte Genauigkeit und vor allem das bessere Aussehen des Werkstückes.

Abb. 136 zeigt eine den vorstehenden Zwecken dienende bekannte Bandschleifmaschine, Abb. 137 eine Flächenschleif- und Schlichtmaschine mit Stahlscheiben und aufgeklebten Schleifbezügen; bei diesen Maschinen erfolgt die Zuführung von Hand. Abb. 138 und 139 zeigen Flächenschleifmaschinen, die mit Topfscheiben ausgerüstet sind. Die Werkstücke werden, sofern sie nicht infolge ihrer Größe eine unmittelbare Aufspannung auf dem Maschinentisch gestatten, durch magnetische Futter festgehalten. Abb. 140 stellt Teile aus der Massenfabrikation dar, die genau auf Maß geschliffen werden sollen, und mit denen das magnetische Futter voll gelegt wird, um eine hohe Stundenleistung zu erzielen. Die Stundenleistung hängt von der Größe des Aufspann-

Abb. 141. Elektromagnetischer Rundtisch mit Schleifmustern.

tisches ab, beträgt aber mehrere hundert Stücke. Abb. 141 zeigt einen Rundtisch, vollgelegt mit Grenzrachenlehren. Die Stundenleistung wird aber auch durch die angestrebte Genauigkeit beeinflußt. Bei guter Instandhaltung der Maschine und unter Verwendung entsprechender Hilfsmittel für die Messung lassen sich sehr hohe Genauigkeiten (bis $\pm$ 0,01 mm) erzielen, wobei allerdings beim Auflegen des Tisches große Sauberkeit Voraussetzung ist. Noch höhere Genauigkeiten und höchste Sauberkeit der Arbeit gibt die in Abb. 142 dargestellte Flächenschleifmaschine mit wagerechter Spindel.

Mit diesen wenigen Abbildungen ist nur ein kleiner Teil aus der großen Zahl der in Deutschland gebauten und auf den Markt gebrachten Maschinen für Flächenschleifen gegeben.

Abb. 142. Flächenschleifmaschine mit wagerechter Schleifspindel.

Immer mehr bricht sich das Flächenschleifen gegenüber dem Handschlichten Bahn und muß es auch, wenn die Ziele wirtschaftlicher Fertigung erreicht werden sollen.

Erzielbare Arbeitsgenauigkeit.

In der amerikanischen Zeitschrift Machinery vom Oktober 1918 macht die Firma Pratt & Whitney Angaben für die bei austauschbarer Fertigung erzielbaren Toleranzen (Zahlentafel 8), deren Be-

Zahlentafel 8. Durchschnitts-Arbeitsgenauigkeit nach Pratt und Whitney.

Maße in mm   (Maschinery Okt. 1918)

Durchmesser	Drehen		Bohren*)	Reiben		Schlitzfräsen (Breite)
	Schruppen	Schlichten		Hand	Maschine	
1 ÷ 3,5			0,05		0,013	
3,5 ÷ 6			0,08			
6 ÷ 13	0,13	0,05	0,1	0,01		0,1
13 ÷ 19	0,18	0,08	0,13		0,02	0,2
19 ÷ 25			0,18		0,025	
25 ÷ 50	0,25	0,13	0,25	0,15	0,04	
über 50	0,4	0,18				

*) Bohren mit Bohrschablonen, unterste Toleranzen
Drehen mit Stichelhaus — 0,075
Fräsen — kleine Flächen 0,05 ÷ 0,1
  „   allgemein   0,1 ÷ 0,13
Hobeln — 0,13 — 0,25

Rundschleifen   0,012
Flächenschleifen 0,012
Flächenschleifen mit
senkr. Spindel 0,025-0,05

sprechung und Vergleichung von Interesse sein dürfte. Der Verfasser jenes Aufsatzes betont ausdrücklich, daß es sich um Durchschnittswerte handelt, und nach Erfordernis auch höhere Genauigkeiten erzielbar sind.

Die für Drehen angegebenen Arbeitsgenauigkeiten decken sich in der Hauptsache wohl mit den deutschen Erfahrungen. Bei den Angaben wurde die Länge des Werkstückes unberücksichtigt gelassen, wohl mit Rücksicht darauf, daß die Werte aus der Fertigung von Handfeuerwaffen und Geschützen entnommen wurden. Hierbei sind die Längen mit einigen Ausnahmen begrenzt. Auf keinen Fall können die genannten Arbeitsgenauigkeiten für Schruppen als Materialzugaben für das nachfolgende Schleifen angesehen werden.

Der oben genannte Zeitschriftenartikel spricht von erzielbaren Toleranzen. Es ist daher möglich, daß die Werte als Plus- und Minusabweichungen zu betrachten sind, was einer Verdoppelung der Zahlen entspräche. Bei Grobpassung hat die Welle zwischen 18 und 50 mm eine Gesamttoleranz von 0,15 mm, die sich mit dem Schlichtstahl ohne besondere Schwierigkeiten erreichen läßt. In der amerikanischen Arbeit wird hier 0,13 mm angegeben, so daß eine gewisse Übereinstimmung vorhanden ist, wenn die amerikanische Zahl als Gesamttoleranz angesehen wird. Diese Annahme unterstützen auch die Bohr- und Aufreibetoleranzen, die durchaus deutschen Verhältnissen entsprechen. Beim Schlitzfräsen lassen sich hingegen höhere Genauigkeiten als 0,1—0,2 mm erzielen, wobei allerdings Werkzeug, Werkzeugbefestigung und Zustand der Maschine eine große Rolle spielen. Die Firma Loewe gibt z. B. ihren Keilnuten bis 28 mm Breite eine Toleranz von 0,04 mm.

Bei den Schleiftoleranzen darf angenommen werden, daß es sich um reine Durchschnittswerte handelt; die fehlende Durchmesser- und Längenangabe der Werkstücke verhindert Vergleiche.

Allgemeinen Angaben über erzielbare Genauigkeiten bei den verschiedenen Arbeitsarten soll man nicht allzu großen Wert beimessen, und sie vor allem nicht als Grundlage zu Arbeitsplänen verwenden. Auch ist zu berücksichtigen, daß nach Neuaufstellung einer Maschine, oder Einführung einer neuen Arbeitsart die ersten Ergebnisse meist unbefriedigender Natur sind. Erst mit der wachsenden Erfahrung und Übung wird das angestrebte Ziel erreicht. Wie groß ist z. B. der Unterschied der Arbeitsgenauigkeit, die ein angelernter Hilfsarbeiter im Gegensatz zu einem geübten Lehrenschleifer an der Rundschleifmaschine erzielt. Gewiß sind der Arbeitsgenauigkeit gewisse Grenzen gezogen, aber diese Grenzen sind in vielen Fällen so schwankend, und in Abhängigkeit von den vorliegenden Verhältnissen, daß sie sich nicht als feste Regel aufstellen ließen. Wenn die vor 30 Jahren üblichen Arbeitsgenauigkeiten mit den heute gebräuchlichen verglichen werden, so ergibt sich ein gewaltiger Fortschritt, der zu den größten technischen Errungenschaften der letzten Jahrzehnte gezählt werden kann. Sicher ist auf diesem Gebiete die Entwicklung noch nicht zum Stillstand gekommen. Dem Betriebsmann erwächst die Aufgabe, diese Entwicklung zu fördern, denn letzten Endes waren die Fortschritte der Fertigung nur mit Hilfe gesteigerter Arbeitsgenauigkeit möglich. Andererseits wäre aber nichts verfehlter, als in allen Fällen höchste Genauigkeit anzustreben. Das wirkliche Ziel der Werkstatt muß in der Ermittlung der zweckmäßigen Genauigkeit liegen. Jede Minute Arbeitszeit mehr, die für unnötige Genauigkeit verschwendet wird, jedes Ausschußstück, das hierdurch entsteht, ist verlorenes Nationalvermögen.

Dieser Vortrag sollte die Werkzeuge für den Austauschbau behandeln. Und da Austauschbau gleich wirtschaftlicher Fertigung ist, so sehen wir in ihm einen der Wege zu dem zu erstrebenden Ziel: Mit geringsten Kosten die höchste Leistung zu erzielen. Nur dann wird es gelingen, uns für die Dauer auf dem Weltmarkt wettbewerbsfähig zu zeigen.

Trotzdem die Entwertung der Mark ein Hilfsmittel im Wettbewerb mit
dem Ausland ist, bedeutet der Tiefstand unserer heutigen Valuta für die
deutsche Industrie doch eine gewisse Gefahr. Dieses Hilfsmittel ist außerordentlich unzuverlässig und nur scheinbar, da auf der anderen Seite
die Beschaffung der vielfach nur vom Ausland erhältlichen Rohstoffe
erschwert und unter Umständen unmöglich gemacht werden kann. —

Abb. 143.

Abb. 144.

Eine Änderung der politischen Verhältnisse kann zudem diese Hilfe vollständig ausschalten, und wir sind dann lediglich auf unsere Leistungsfähigkeit angewiesen. Daß im Ausland allenthalben mit heißem Bemühen eine Verminderung der Produktionskosten, mit anderen Worten eine erhöhte Wirtschaftlichkeit in der Fertigung angestrebt wird, zeigt ein Blick in die fremde Fachpresse. Interessant ist, daß z. B. die Zeitschrift „Machinery" Sondernummern, Artikelreihen usw. zusammenstellt, in denen das Schlagwort: »Wie vermindere ich die Gestehungskosten?« immer und immer wieder erscheint. In auffälliger Form erscheint eine, diese Aufforderung tragende Plakette (Bild 143 und 144) mitten in den Textseiten, in den Registern, in den verschiedensten Anzeigen, um immer wieder dem Betriebsmann die Mahnung vor Augen zu führen, die Fertigung zu verbilligen, und die Leistung zu erhöhen. Wir wissen nicht, was uns die nächste Zeit bringt, nur sagt uns eine leise Ahnung, daß es nichts Gutes sein wird, wenn wir nicht mit eisernem Fleiß, mit zäher Beharrlichkeit und unbeugsamen Willen das eine Ziel verfolgen, unsere technischen Errungenschaften und unsere Arbeitskraft voll auszunutzen, um unsere Betriebe zur größten Leistung und unsere Erzeugnisse auf die höchste Stufe der Güte zu bringen.

4. Passungssysteme.

Von Dipl.-Ing. K. Gottwein, Professor an der Techn. Hochschule zu Breslau.

Als grundsätzlich wichtig für die Vorbereitungen zum Austauschbau wurde es auf Seite 13 bezeichnet, daß in den Werkstattzeichnungen die Abmaße für die Paßstellen der Einzelteile festzulegen seien. Soweit es sich um Rundpassungen (Sitze) handelt, hat man, wie kurz schon auf S. 18 erwähnt, verschiedene Möglichkeiten der Eintragung der Abmaße.

Man kann entweder den Zapfen das Normalmaß geben und den Passungsunterschied in die Bohrungen legen, oder umgekehrt die Bohrungen normal machen und die Wellen je nach der Passung gegenüber der Bohrung abstufen. Die Beschreitung des einen oder des anderen Weges ist von großer Bedeutung, denn von der getroffenen Entscheidung wird sowohl die Konstruktion als auch die Ausführung in der Werkstatt und ihr Kostenaufwand beeinflußt. Man wird daher von selbst zur Beantwortung der Frage gedrängt:

Welches der beiden heute genormten Passungssysteme soll im einzelnen Fall verwendet werden, das der Einheitsbohrung (EB) oder das der Einheitswelle (EW), oder gibt es auf Grund der genormten Sitze und Abmaße noch andere Möglichkeiten, bestimmte Passungen zu erzielen?

Die Arbeiten des Unterausschusses im Normenausschuß der deutschen Industrie (NDI) zur Klärung der Frage: EB oder EW?[1]), haben das gegenseitige Verhältnis der beiden Systeme gründlich klargelegt, so daß man eigentlich jeden, der Aufklärung sucht, darauf verweisen kann. Wer aber die richtige Nutzanwendung der Darlegungen des Unterausschusses auf seine Erzeugnisse machen will, dem bleibt es nicht erspart, sich auch selbst möglichst tief in den Stoff einzuarbeiten. Wir wollen daher im nachstehenden versuchen, diese Vorarbeit so weit zu leisten, daß uns die Entscheidung über die Wahl des Systems nicht mehr allzu schwer fällt.

Bei unseren Überlegungen ist vorwiegend die Feinpassung ins Auge gefaßt, wobei der Vollständigkeit halber Bekanntes kurz wiederholt werden muß.

---

[1]) S. Literaturverzeichnis B Nr. 12—14.

I. Allgemeines über Passungssysteme.

1. Auf welche Weise sind verschiedene bestimmte Passungen erzielbar?

a) Dadurch, daß man die Bohrungen eines Durchmessers einheitlich hält — ihnen das Normal- oder Nennmaß gibt — und die Wellen
je nach dem gewünschten Sitz veränderlich macht: System der Einheitsbohrung (EB).

b) Dadurch, daß man die Wellen eines Durchmessers einheitlich
hält — ihnen das Normal- oder Nennmaß gibt — und die Bohrungen
je nach dem gewünschten Sitz veränderlich macht: System der Einheitswelle (EW).

c) Dadurch, daß man bei einem bestimmten Nennmaß (z. B. 50 $\bigcirc$),
je nach der verlangten Passung, irgendeine Bohrung des EW-Systems
vereinigt mit irgendeiner Welle des EB-Systems: Tauschlehrsystem[1]).
Siehe Abb. 146 c.

d) Dadurch, daß man den einen Sitz aus dem EB-System, einen
anderen aus dem EW-System entnimmt. Man erhält bei diesem Vorgehen einmal Sitze, die die normale Bohrung (B), das andere Mal Sitze,
die die normale Welle (W) enthalten. Da nun sowohl B als auch W an
die Nullinie grenzen, so tritt bei diesem »Verbundsystem« in jedem
Sitz die Nullinie einmal als Begrenzungslinie auf. Ein solches Verbundsystem bestimmter Art wurde vom Verfasser ausgearbeitet; es entnimmt die beweglichen Sitze dem EW-System, die festen oder Ruhesitze dem EB-System.

Abb. 145 a—c zeigt mit Hilfe der auf S. 4 erläuterten Darstellungsart
die vorerwähnten Passungssysteme in vereinfachter Form am Beispiele
eines Laufsitzes.

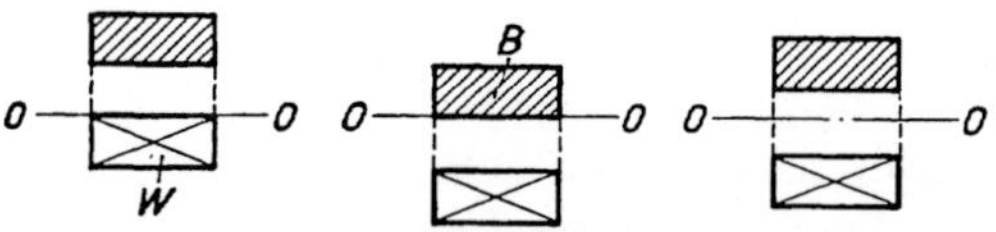

Abb. 145 a—c. Vereinfachte Darstellung der verschiedenen Passungssysteme[2]).
(TWL 130[3]).

Das EW-System ist verkörpert durch die Einheitswelle (W), deren
Toleranzgebiet sich unten an die Nullinie anschließt, verbunden mit
irgendeiner im allgemeinen nicht an die Nullinie grenzenden Bohrung.

---

[1]) Ein Tauschlehrsystem bestimmter Art wurde von Pfleiderer zum Zweck
größtmöglicher Lehrenersparnis ausgearbeitet. S. Literaturverzeichnis B Nr. 29
und 30.   [2]) S. auch Abb. 29, S. 18.   [3]) S. Vorwort.

Das EB-System ist dargestellt durch die Einheitsbohrung (B), deren Toleranzgebiet an die Nullinie anschließt, verbunden mit irgendeiner im allgemeinen nicht an die Nullinie grenzenden Welle.

Das Tauschlehrsystem ist dadurch gekennzeichnet, daß irgendeine Bohrung mit irgendeiner Welle, die beide im allgemeinen nicht an der Nullinie liegen, verbunden ist.

2. Einheitsbohrungssystem.

Dieses System ist bereits im 1. Kapitel durch Abb. 34, Seite 24 dargestellt. Bei ihm wird die Bohrung jeweils über einen ganzen Gütegrad (Edel-, Fein-, Schlicht- und Grobpassung) gleich und zwar normal gehalten; z. B. liegt die Bohrung B der Feinpassung zwischen den Abmaßen 0 und $+ 1,5$ PE.

3. Einheitswellensystem.

Dieses System ist ebenfalls schon im 1. Kapitel durch Abb. 35, S. 25 dargestellt.

Hier wird die Welle jeweils über einen ganzen Gütegrad gleich und normal gehalten; die Welle der Feinpassung z. B. liegt zwischen den Abmaßen 0 und $- 1$ PE. Die Unterschiede in den Passungen werden durch die Änderung der Bohrung erzielt. Charakteristisch gegenüber dem System der Einheitsbohrung sind die größeren Bohrungstoleranzen des Laufsitzes, des leichten und des weiten Laufsitzes.

Aus dem Vergleich der beiden Diagramme geht hervor, daß Einheitsbohrung und Gleitsitzbohrung des EW-Systems, sowie Einheitswelle und Gleitsitzwelle des EB-Systems jeweils gleich sind[1]). Man kann also auch sagen: Der Gleitsitz wird durch die Verbindung der Lehren der Einheitsbohrung und der Einheitswelle erzielt und hat in beiden Systemen dieselben Lehren. Er kann daher sozusagen als Mittelsitz gelten; dies gilt auch hinsichtlich seines Charakters, weil er in beiden Normalsystemen den Übergang von den festen zu den beweglichen Sitzen bildet.

4. Tauschlehrsystem.

Abb. 146 ist eine Darstellung, wie sie Kühn zuerst veröffentlicht hat[2]). Hierbei sind alle Bohrungen, ebenso alle Wellen, aus beiden Normalsystemen zusammengestellt. Die Bohrungen, die oberhalb der Nullinie liegen, sind als »Laufbohrungen«, die unterhalb der Nullinie liegenden als »Festbohrungen« bezeichnet. Entsprechend werden die über der

---

[1]) Daher tragen die entsprechenden Lehren jeweils beide Bezeichnungen: z. B. die Lehrdorne $B = G$, $sB = sG$ usw., die Rachenlehren $W = G$, $sW = sG$ usw.

[2]) S. Literaturverzeichnis A Nr. 34.

Nullinie liegenden Wellen mit »Festwellen«, die unterhalb der Nullinie liegenden als »Laufwellen« bezeichnet.

Eine derartige Zusammenstellung legt es nahe, eine beliebige Bohrungslehre mit einer beliebigen Wellenlehre zusammen zu verwenden.

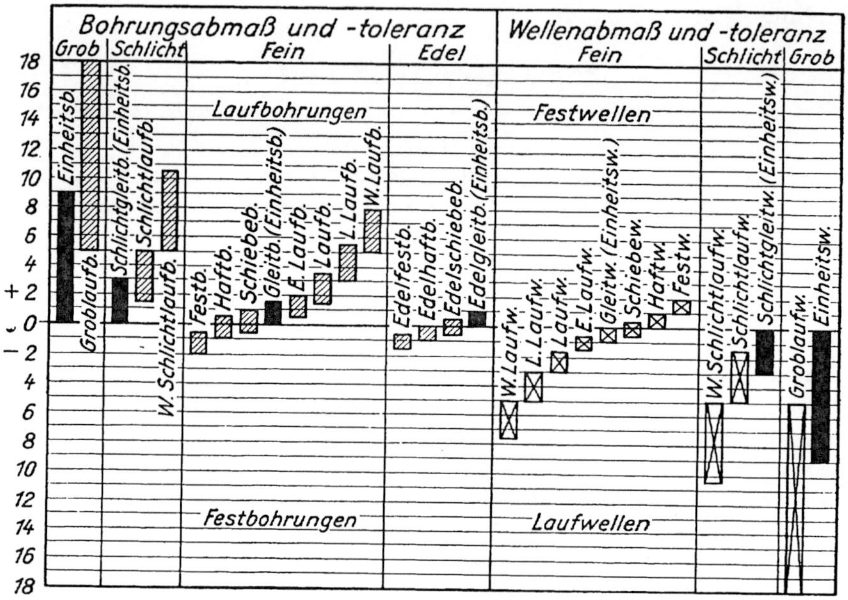

Abb. 146. Gesamtheit der in DINormen enthaltenen Paßbohrungen und Paßwellen. (TWL 131.)

Dies ist der Grundsatz des Tauschlehrsystems, das in geeigneter Weise angewendet für eine bestimmte Zahl von Sitzen die geringste Zahl an Lehren ergibt. Man erhält z. B. durch Verbindung von 2 Bohrungen und 3 Wellenlehren 2 × 3 = 6 Sitze, während bei den Normalsystemen EB und EW hierzu 7 Lehren erforderlich sind (z. B. im EB-System 1 Bohrungs- und 6 Wellenlehren). Man ersieht aus der Zusammenstellung aber auch, daß eine große Mannigfaltigkeit an Sitzen möglich ist, da theoretisch jede beliebige Bohrungs- mit jeder beliebigen Wellenlehre verbunden werden kann. Es wird also für denjenigen, der mit Passungen nicht sehr vertraut ist, schwierig sein, aus der großen Zahl der möglichen Lehrenkombinationen diejenige herauszufinden, die für seine Erzeugnisse die günstigste ist. Es kommt hinzu, daß bei Anwendung des Tauschlehrsystems in der Industrie keine Austauschmöglichkeit ähnlicher Fabrikate erreicht wird, da eben jedes Werk irgendeine ihm günstig erscheinende Lehrenkombination aus der großen Zahl der zur Verfügung stehenden Lehren aussuchen würde.

Verbundsystem[1]).

Abb. 147 zeigt eine Zusammenstellung von Sitzen, die teils aus dem System der EB, teils aus dem der EW entnommen sind, und zwar sind

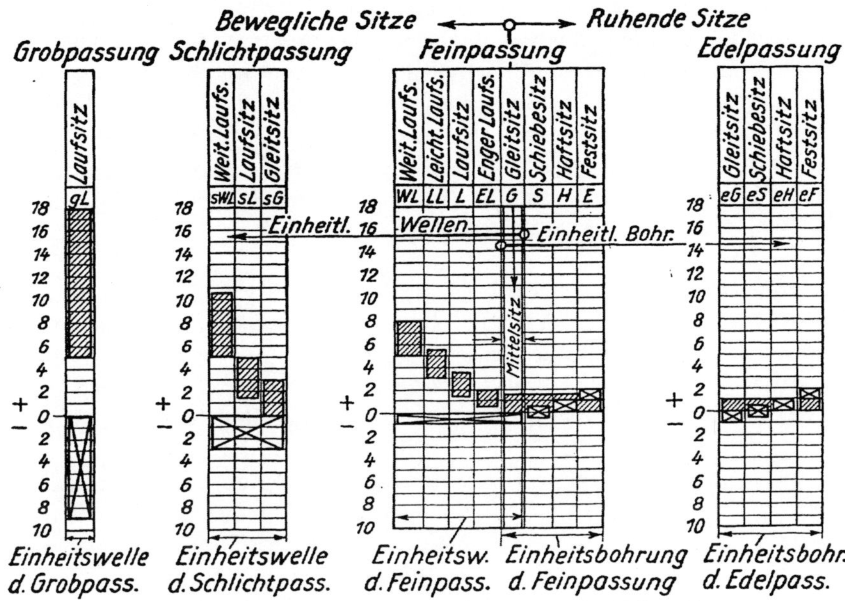

Abb. 147. Verbundsystem nach Gottwein. (TWL 132.)

alle beweglichen Sitze mit Einheitswelle, alle festen oder Ruhesitze mit Einheitsbohrung gewählt.

Dieses »Verbundsystem« enthält also nicht eine beliebige Kombination von Lehren der beiden Normalsysteme, sondern es besteht aus einer ganz bestimmten Kombination von Sitzen, die aus den Normalsystemen EB und EW entnommen sind.

Das Verbundsystem sieht demgemäß für die gröberen Gütegrade als die Feinpassung, die keine eigentlichen festen Sitze enthalten, nur das EW-System, für die feinere Edelpassung dagegen, deren Bohrungen nur für feste Sitze bestimmt sind, nur das EB-System vor.

II. Einheitsbohrung oder Einheitswelle?

Wir wollen, wie bereits eingangs erwähnt, unsere Überlegungen zunächst auf die Feinpassung beschränken, d. h. auf denjenigen Gütegrad, bei dem die Wellen geschliffen, die Bohrungen gerieben (manchmal auch

---

[1]) S. Literaturverzeichnis B Nr. 4, 6, 7, 8, 9.

geschliffen) werden, also auf solche Bohrungsdurchmesser, bei denen noch Reibahlen verwendet werden (Reibahlengebiet). Die abgeleiteten Schlüsse allgemeiner Art gelten jedoch ohne weiteres auch für die anderen Gütegrade. Als wichtigste Eigenart[1]) der beiden Systeme springt dann sofort folgende in die Augen:

Das EB-System benötigt für einen bestimmten Nenndurchmesser, z. B. 50 mm ϕ, nur eine Fertigreibahle (wenn im übrigen von verschiedenen Werkstoffen abgesehen wird), während im EW-System für einen bestimmten Nenndurchmesser mehrere Fertigreibahlen erforderlich sind, nämlich so viele, als verschiedene Sitze bei dem betreffenden Durchmesser vorkommen. Andererseits bietet das EW-System die Möglichkeit, auf einer glattgeschliffenen Welle verschiedene Sitze anzubringen.

Die Schwierigkeit bei der Abwägung beider Systeme gegeneinander besteht nun allgemein darin, daß feste und bewegliche Sitze bei den Konstruktionen in bunter Reihenfolge wechseln, so daß für den einen Konstruktionsteil die Einheitsbohrung, für den anderen die Verwendung der Einheitswelle besser geeignet sein kann. Die Beurteilung wird noch dadurch erschwert, daß manche Bohrungsteile auf bestimmte, ihnen zugehörige Zapfen (Wellenabsätze) kommen, während andere erst über ein längeres glattes Wellenstück von demselben Nenndurchmesser aufgeschoben werden müssen. Diese Verschiedenheit der Verhältnisse bedingt es, daß eine restlose Einigung auf eines der beiden Normalsysteme bis jetzt nicht möglich war.

Um die Grundlagen für die Systemwahl durchsichtiger zu gestalten, werden wir bei unseren Betrachtungen schrittweise vorgehen und zunächst ganz einfache Konstruktionsteile unter vereinfachenden, aber zulässigen Annahmen beurteilen.

1. „Zapfensitze“.

Wir betrachten zunächst einen einfachen Bohrungsteil Y (Abb. 148) vom Durchmesser d, der auf einen ihm zugehörigen Zapfen Z zu sitzen

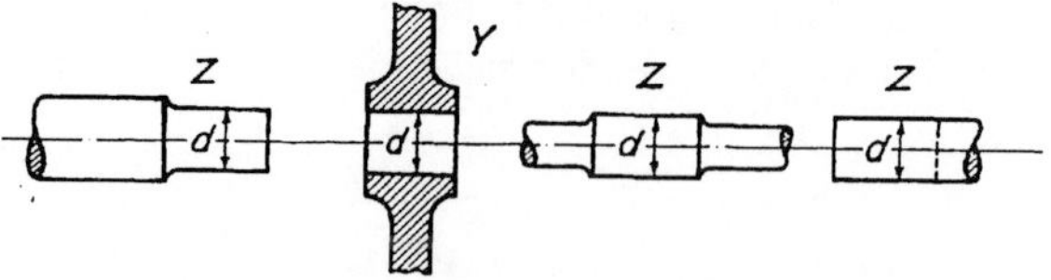

Abb. 148.   Zapfensitze.   (TWL 133.)

kommt. Der Zapfen kann entweder am Ende der Welle, oder als Wellenabsatz an einer beliebigen Stelle der Welle vorkommen; wir können uns

---

[1]) S. auch Literaturverzeichnis B Nr. 9 und 13.

den Zapfen auch durch das Ende einer glatten Welle gebildet denken. Der Sitz werde zunächst ganz unabhängig von der Art des Erzeugnisses oder der Maschine, zu der er gehört, ferner unabhängig von anderen Erzeugnissen, die in der Werkstatt vorkommen, betrachtet. Es werde dann einmal die Bohrung, das andere Mal die Welle normal gehalten.

Nehmen wir an, daß der Durchmesser d bei der gefertigten Maschine mit nur einem Sitz vorkommt (z. B. nur mit Laufsitz oder nur mit Schiebesitz), so ist zur Fertigstellung der Bohrung eine Fertigreibahle vom Nenndurchmesser d nötig, die entweder dem EB- oder dem EW-System angehört. Zum Messen der Bohrung und des Zapfens wäre in beiden Normalsystemen eine Bohrungs- und eine Rachenlehre erforderlich. Hieraus ergibt sich, daß hinsichtlich der Herstellungs- und Meßwerkzeuge in diesem Falle die beiden Normalsysteme gleichwertig sind.

Ist aber festgestellt, daß der Nenndurchmesser d mit mehreren Sitzen bei der Maschine vertreten ist, so ist zur Fertigstellung der Bohrung im EB-System nur eine Fertigreibahle erforderlich, denn der Zapfen wird je nach dem gewünschten Sitz verschieden geschliffen. An Meßwerkzeugen sind erforderlich: eine Bohrungslehre und so viele Rachenlehren, als verschiedene Sitze vorkommen. Im EW-System dagegen sind zur Fertigstellung der Bohrungsteile mehrere Fertigreibahlen erforderlich, nämlich so viele, als verschiedene Sitze vorkommen, denn der Zapfen wird jetzt einheitlich auf Normalmaß geschliffen. An Meßwerkzeugen werden benötigt so viel Bohrungslehren, als Sitze vorkommen, und eine Rachenlehre. Hieraus folgt, daß das Erfordernis an Reibahlen für die Beurteilung ausschlaggebend ist, und von diesem Gesichtspunkt aus ist die Einheitsbohrung gegenüber der Einheitswelle überlegen.

Man kann hiernach ganz allgemein aussprechen, daß dort, wo abgesetzte Wellen vorkommen, derart, daß jedem Bohrungsteil ein Wellenabsatz entspricht, die Einheitsbohrung der Einheitswelle überlegen ist. Dies gilt sowohl bei Einzel- als auch bei kleiner Reihenfertigung in demjenigen Durchmessergebiet, in dem Reibahlen verwendet werden.

Gehen wir aber jetzt zur Massenfabrikation über, wo der Nenndurchmesser d mit verschiedenen Sitzen vielfach vorkommt, begeben wir uns also in das Gebiet der Vorrichtungen, der Sonderwerkzeuge und auch der Sonderpassungen, so treten die Werkzeugkosten stark zurück gegen die bei rationeller Fertigung erzielten Ersparnisse. Die Reibahlen werden also restlos ausgenützt, und insofern wäre kein Unterschied in der Verwendung des EB- oder des EW-Systems festzustellen. Das EW-System ist aber aus nachstehenden Gründen vorteilhafter:

Der Schleifer hat dann bei Massenfertigung für seine genaue Arbeit nur eine Rachenlehre für einen bestimmten Nenndurchmesser nötig;

Verwechslungen seitens des Schleifers sind also ausgeschlossen. Nicht so im System der Einheitsbohrung, wo die Welle bei bestimmtem Nennmaß veränderlich geschliffen wird. Bei Massenfabrikation wird nämlich der Schleifer für die zu schleifenden Wellen stets eine Einzelzeichnung in die Hand bekommen, die ihm meist nur durch die Passungsangaben den Sitz erkenntlich macht. Anders ist es bei einem Bohrungsteil, z. B. bei einer Lagerbüchse, Zahnrad usw., bei denen schon die Konstruktion auf festen oder beweglichen Sitz hinweist. Im EW-System liegt in der Massenfabrikation durch die Reibahle das herzustellende Bohrungsmaß zwangläufig fest, so daß auch der angelernte Arbeiter sich nicht irren kann.

Aus vorstehenden Betrachtungen folgt, daß schon bei einem einfachen Bohrungsteil, der auf einem ihm zugehörigen Zapfen sitzt, die Entscheidung, ob EB- oder EW-System zu nehmen ist, nicht einheitlich ausfallen kann. Sie hängt vielmehr davon ab, ob es sich um Einzel- oder kleine Reihenfabrikation, — wo Einheitsbohrung, — oder um ausgesprochene Massenfabrikation handelt, wo Einheitswelle vorzuziehen ist.

Die für den einfachen Zapfen- und Bohrungsteil gezogenen Schlüsse sind sinngemäß auch anzuwenden, wenn bei einer Welle nacheinander mehrere Zapfen oder Absätze vorkommen (s. Abb. 149a). Sie sind auch für den Fall gültig, daß diese Zapfen nur um Passungsunterschiede (Schleifabsätze) verschieden sind (s. Abb. 149b).

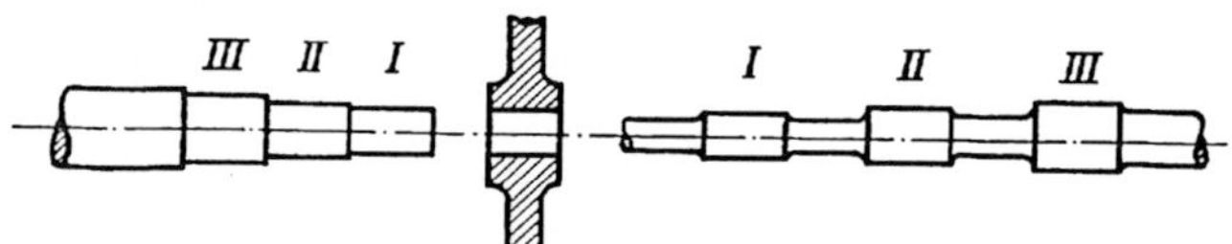

Abb. 149a. Paßstellen auf abgesetzter Welle. (TWL 134.)

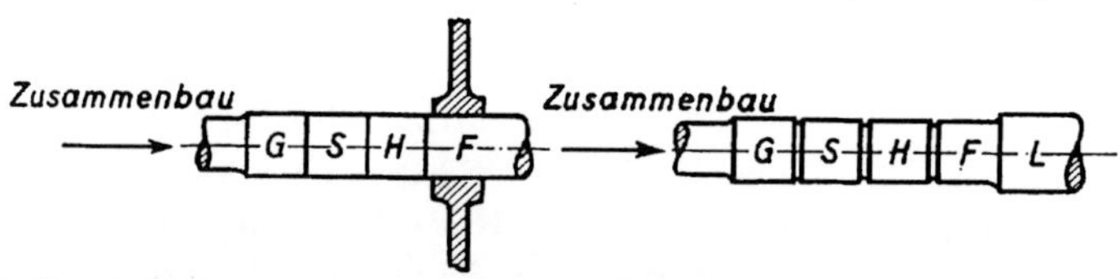

Abb. 149b. Welle nur um Passungsunterschiede abgesetzt. (TWL 134.)

Die letzteren Ausführungen sollten jedoch nur in Sonderfällen genommen werden, da sie mit Rücksicht auf einwandfreie Herstellung und guten Auseinanderbau im allgemeinen nicht empfehlenswert sind. Die Ausführung 149a erleichtert zwar die Herstellung, da die Paßstellen in der Länge durch Eindrehungen scharf begrenzt sind, die Welle wird jedoch geschwächt.

Bei den vorstehend betrachteten Sitzen ist jedem Bohrungsteil ein besonderer Zapfen zugeordnet. Derartige Sitze sollen daher in dieser

Untersuchung als »Zapfensitze« bezeichnet werden; sie weisen, abgesehen von Massenfabrikation, auf die Verwendung der Einheitsbohrung hin.

2. „Stellsitze".

In vielen Fällen ist es aus Gründen der Wirtschaftlichkeit erwünscht, die glatte Welle soweit als nur möglich durchzuführen. Man will Wellenabsätze nur dort machen, wo Konstruktionsrücksichten dies erfordern; z. B. wird man eine glatte Welle an dem Ende, wo sie keine Verdrehung durchzuleiten hat, unter Umständen absetzen, weil ein Lager von kleinerem Durchmesser, das also billiger ist, an dieser Stelle genügt, oder man wird Absätze dort ausführen, wo der Zusammenbau dies bedingt. Das EB-System verlangt aber auch häufig Absätze, die im Passungssystem begründet sind; vgl. z. B. Abb. 149b, wo die über Haft- oder Festsitz zu schiebende Lagerbüchse ein größeres Nennmaß als diese Sitze aufweisen muß. Wenn also das Bedürfnis besteht, möglichst viel glatte, oder auf größere Längen glatte, oder nur an den Enden abgesetzte, sonst glatte Wellen zu verwenden, so fragt es sich: In welchem Falle sind mit Rücksicht auf das Passungssystem glatte Wellen ohne weiteres möglich? Auf alle Fälle dann, wenn bei der Konstruktion nur Sitze vorkommen, bei welchen sich die Bohrungen ohne Gewaltmittel über die Welle schieben lassen, d. h. Laufsitze, Gleit- und Schiebesitz, oder mit anderen Worten, wenn der Schiebesitz der engste vorkommende Sitz ist. Der Bohrungsteil ist dann auf der glatten Welle beliebig verschiebbar oder »stellbar«, weshalb solche Sitze in dieser Erörterung »Stellsitze«[1]) genannt seien. Wellenabsätze treten nur dort auf, wo sie durch die Konstruktion bedingt sind. Außerdem gestattet die glatte Welle feste Sitze an ihren Enden (s. Abb. 150).

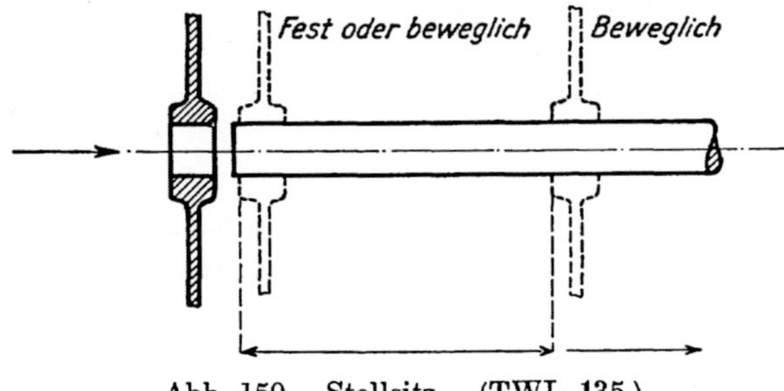

Abb. 150. Stellsitz. (TWL 135.)

Feste Sitze inmitten der glatten Welle sollten auf seltene Ausnahmen beschränkt bleiben. Der Bohrungsteil kann zwar durch vorheriges

---

[1]) Als Stellsitze können ohne weiteres auch alle Ruhesitze gelten, wenn der Bohrungsteil in der Nabe geteilt oder geschlitzt ist (Klemmsitze).

Anwärmen in warmem Öl oder Wasser aufgebracht werden; der Auseinanderbau wird jedoch durch Verwendung solcher Sitze immer erschwert und die Welle Beschädigungen ausgesetzt; unter Umständen kann der Bohrungsteil nur durch Abbohren wieder heruntergebracht werden.

Bei Verwendung der glatten Welle muß man nun nicht unbedingt die Einheitswelle nehmen. Man kann außerdem z. B. in Betracht ziehen:

die Laufwelle des EB-Systems,

die Haft- oder die Festwelle des EB-Systems,

die Gleitwelle des EB-Systems, diese ist ja aber zugleich die Einheitswelle.

Hierzu sei bemerkt:

Die Laufwelle des EB-Systems (besonders von Kühn vorgeschlagen) [1] gibt zwar mit der Einheitsbohrung die Laufsitze für Lager usw.; für engere Sitze sind jedoch engere Ergänzungsbohrungen zum EB-System hinzuzunehmen;

die Haft- oder die Festwelle des EB-Systems gibt mit der Einheitsbohrung den Haft- oder den Festsitz; für weitere Sitze wie Laufsitz sind jedoch weitere Ergänzungsbohrungen zum EB-System hinzuzunehmen. Diese können unter Umständen dem EW-System entnommen werden [2].

Die Gleitwelle des EB-Systems (gleich der Einheitswelle) ergibt mit den Bohrungen des EW-Systems alle nötigen Sitze; abnormale Ergänzungsbohrungen sind in diesem Falle nicht mehr notwendig.

Hieraus folgt:

a) Wenn in einer Konstruktion nur bewegliche Sitze vorkommen, oder wenn der Schiebesitz der engste Sitz ist,

b) wenn die Konstruktion an und für sich glatte oder größenteils glatte Wellen gestattet,

c) wenn feste Sitze nur an den Wellenenden oder auf bestimmten, ihnen zugehörigen Zapfen vorkommen,

dann wird zweckmäßig die Einheitswelle verwendet. Deren Verwendung bringt außerdem den Vorteil, daß für weniger genaue Ausführungen präzis gezogenes Material verwendet werden kann, das naturgemäß nur einheitlich (nach Einheitswelle) gezogen wird [3]; ferner erhalten die Bohrungsteile mit laufenden Sitzen größere Toleranzen als die Einheitsbohrung.

Zusammenfassend ist zu sagen:

Da die festen Sitze (Haft-, Fest- und Preßsitz) nicht beliebig auf der glatten Welle verschiebbar sind, sondern besondere Zapfen oder

---

[1] S. Literaturverzeichnis B Nr. 22.　　[2] S. Literaturverzeichnis B Nr. 9.
[3] S. auch Beitrag Leifer.

Wellenabsätze oder das Wellenende verlangen (»Zapfensitze«), so weist diese Eigenschaft der festen Sitze auf das EB-System hin, wenigstens innerhalb des Durchmessergebietes, in dem Reibahlen verwendet werden; eine Ausnahme bildet nur die Massenfabrikation, vgl. oben II., 1. Die beweglichen Sitze dagegen, die sich auf der glatten Welle beliebig verschieben oder einstellen lassen (»Stellsitze«), weisen auf die Verwendung des EW-Systems hin.

3. Feste und bewegliche Sitze (Zapfen- und Stellsitze) kommen in bunter Aufeinanderfolge vor.

Die Einigung auf ein einheitliches Passungssystem ist m. E. bis jetzt deswegen nicht zustande gekommen, weil Konstruktionen einander gegenübergestellt wurden, in denen feste und bewegliche Sitze in vielfach wechselnder Reihenfolge vorkamen; es sind aber gerade die verschiedenen Kombinationen beider Sitzarten für die Systemwahl ausschlaggebend.

Um eine schnelle Übersicht über diese Kombinationen zu gewinnen, bedienen wir uns für die Beurteilung derselben beiden Richtlinien und einer vereinfachenden, aber zulässigen Annahme:

a) Für feste Sitze (Zapfensitze) fassen wir das EB-System ins Auge.

b) Bei beweglichen Sitzen (Stellsitzen) versuchen wir mit der glatten Welle auszukommen, und zwar mit der Einheitswelle.

c) Alle Ruhesitze denken wir uns zu einem einzigen festen Sitz (Festsitz), und alle Bewegungssitze zu einem einzigen beweglichen Sitz (Laufsitz) zusammengefaßt. Diese vereinfachende Annahme ist zulässig, da ja alle Ruhesitze insofern wesensgleich sind, als jeder einen besonderen Zapfen verlangt; andererseits kann jeder bewegliche Sitz, ob er nun etwas weiter oder enger ist, beliebig auf der glatten Welle verschoben werden. Wir brauchen also nur die Kombination Laufsitz-Festsitz zu betrachten. Diejenige Lehrenausrüstung ist vorzuziehen, die die glatte Welle am ehesten ermöglicht; sie gestattet wirtschaftliche Konstruktionen.

Abb. 151a und 151b zeigen die Lösung mit Einheitsbohrung.

Fall 1: Festsitz-Laufsitz.

Die strenge Einhaltung der normalen Bohrung B verlangt einen Wellenabsatz; der Zapfen für die Lagerbohrung muß auf den nächst größeren Paßdurchmesser gegenüber dem Zapfen für den festen Bohrungsteil abgesetzt werden.

Die Verwendung der glatten Welle ist möglich:

α) wenn man die Festwelle F glatt durchführt, man erhält dann eine abnormale Lagerbohrung (weite Zusatzbohrung), die im EB-System nicht vorhanden ist;

β) wenn man die Laufwelle L glatt durchführt; dann erhält man eine abnormale Bohrung für den festen Bohrungsteil (enge Zusatzbohrung), die ebenfalls im EB-System nicht vorhanden ist.

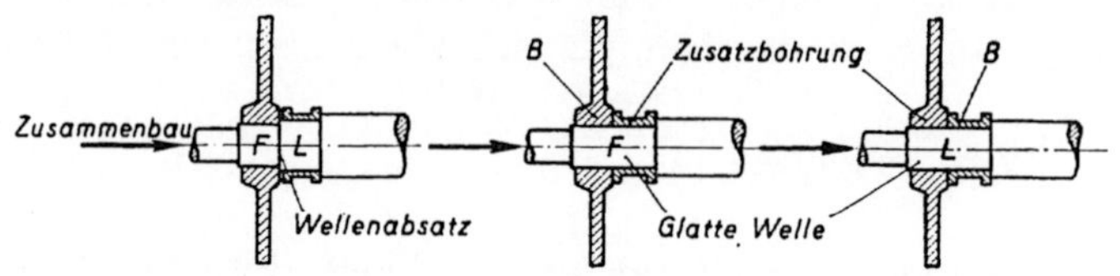

Abb. 151a.   Festsitz-Laufsitz im Einheitsbohrungssystem.   (TWL 136.)

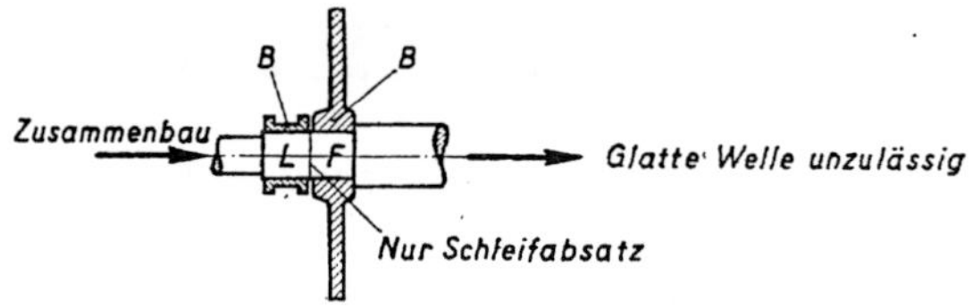

Abb. 151b.   Laufsitz-Festsitz im Einheitsbohrungssystem.   (TWL 136.)

Fall 2: Laufsitz-Festsitz.

Hier genügt es, wenn die Fest- und die Laufwelle bei gleichem Nennmaß nur um den Passungsunterschied (Schleifabsatz) voneinander abweichen; allerdings sollte, wie bereits oben erwähnt, eine derartige Ausführung nicht als Regel gelten.   Glatte Welle ist unzulässig, da der feste Bohrungsteil nicht über die Laufwelle geschoben werden darf[1]).

Abb. 152a und b zeigen die Lösungen mit Einheitswelle.

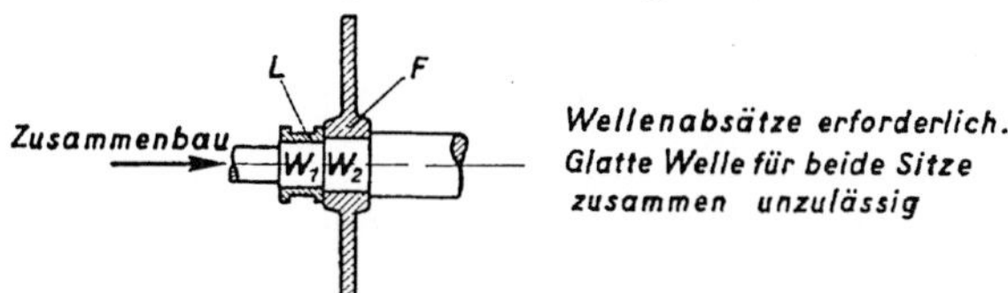

Abb. 152a.   Laufsitz-Festsitz im Einheitswellensystem.   (TWL 137.)

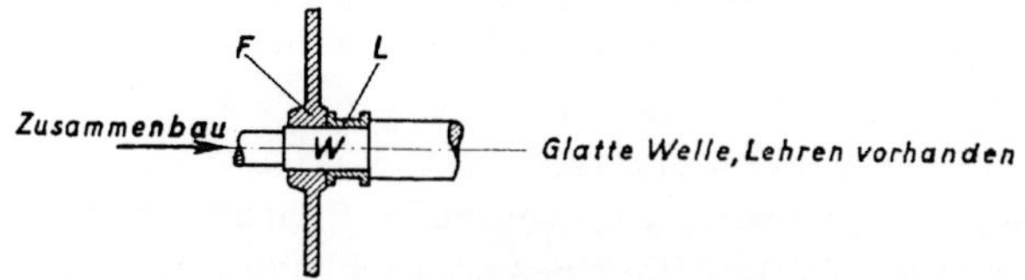

Abb. 152b.   Festsitz-Laufsitz im Einheitswellensystem.   (TWL 137.)

Bei der Reihenfolge Festsitz-Laufsitz kann die glatte Einheitswelle W für beide Sitze durchgeführt werden; dies deshalb, weil der Festsitz am

---

[1]) Eine Ausnahme von diesen Fällen bildet jeweils die Verwendung des Schiebe- oder Gleitsitzes als Festsitz.

Ende der glatten Welle allgemein möglich ist. Im Falle Laufsitz-Festsitz dagegen ist ein Wellenabsatz erforderlich, die glatte Welle scheidet aus, da der festsitzende Teil nicht über die Laufstelle geschoben werden darf.

Abb. 153 a und 153 b zeigen die Ausführungen im Verbundsystem.

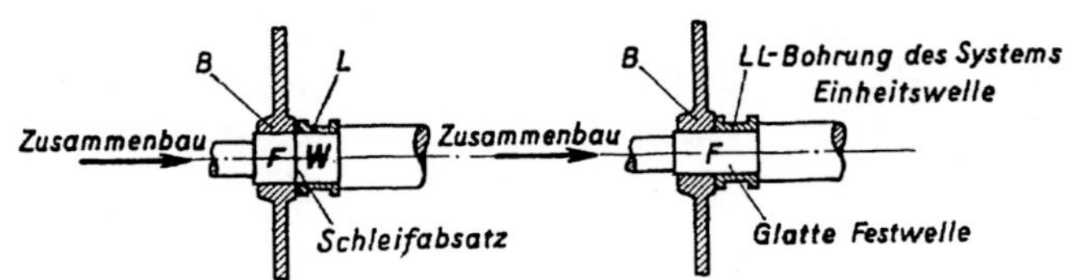

Abb. 153 a. Festsitz-Laufsitz im Verbundsystem. (TWL 138.)

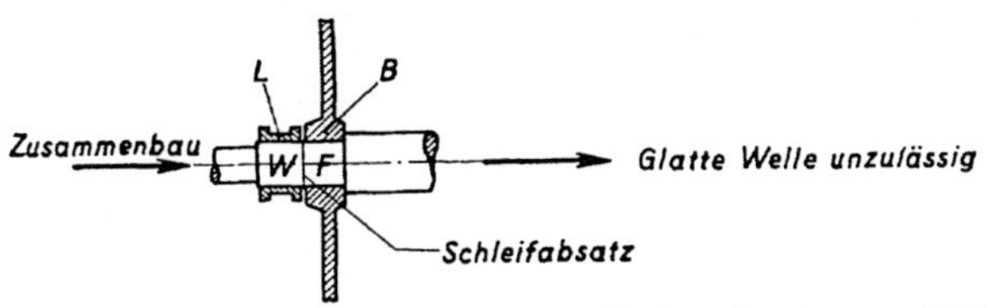

Abb. 153 b. Laufsitz-Festsitz im Verbundsystem. (TWL 138.)

Der Festsitz erhält die Einheitsbohrung B, der Laufsitz die Einheitswelle W. Dann sind im Falle Festsitz-Laufsitz zwei Lösungen möglich; einmal mit Schleifabsatz, aber gleichem Nennmaß des Zapfens, da die Bohrung des Laufsitzes über den Zapfen des Festsitzes mit Schiebesitz hinübergeht; das andere Mal kann die Festwelle glatt durchgeführt werden; der Lagerteil erhält dann die Bohrung des leichten Laufsitzes der EW, der mit der Festwelle hinreichend genau einen Laufsitz ergibt. Der Bohrungsteil mit Einheitsbohrung sitzt auf der Festwelle mit dem gewünschten Festsitz.

Bei der Reihenfolge Laufsitz-Festsitz ist eine Lösung mit Schleifabsätzen möglich; die Welle behält gleiches Nennmaß, der Zapfen für den Festsitz wird nach Festwelle der Einheitsbohrung, der Zapfen für den Laufsitz nach Einheitswelle ausgeführt. Glatte Welle (Festwelle) für beide Sitze ist nicht zulässig, da der Bohrungsteil für Festsitz nicht über die Laufstelle geschoben werden darf.

Aus dem Vergleich der Kombination von Fest- und Laufsitz folgt für die verschiedenen Passungssysteme:

Nur das Verbund- und das **EW**-System gestatten die Verwendung der glatten Welle im Falle Festsitz-Laufsitz ohne Hinzunahme neuer Lehren für Zusatzbohrungen.

Nur das Verbund- und das **EB**-System gestatten Lösungen mit Schleifabsätzen;

d. h.: Das Verbundsystem ist bezüglich Verwendungsmöglichkeit der glatten Welle gleichwertig mit dem EW-System, und hinsichtlich der Ausnutzung von Schleifabsätzen (die nur um Passungsunterschiede voneinander abweichen), mindestens gleichwertig mit dem EB-System; es vereinigt also in dieser Hinsicht die Vorteile beider Normalsysteme.

Die weitgehende Verwendungsmöglichkeit des Verbundsystems bei Wellen mit Schleifabsätzen, die gleiches Nennmaß haben, zeigt auch Abb. 154, wo die Kombinationen Lauf-Fest-Laufsitz, sowie Fest-Lauf-Festsitz betrachtet werden. Wie bereits früher erwähnt, sollten aber derartige Konstruktionen auf Sonderfälle beschränkt bleiben.

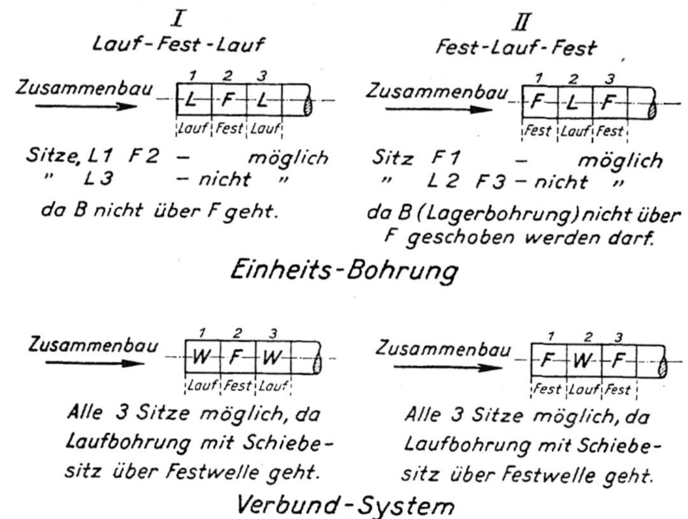

Abb. 154. Drei Sitze nebeneinander bei Einheitsbohrungs- und bei Verbundsystem.
(TWL 139.)

Abb. 155 und 156a versinnbildlichen die vereinfachende Annahme, die wir bezüglich des Vergleichs der Kombinationen getroffen haben; d. h. alle festen Sitze sind durch einen Festsitz und alle beweglichen Sitze durch einen beweglichen Sitz (Laufsitz) ersetzt. Ferner ist das Verhältnis der Laufbohrung zur Einheitswelle und zur Festwelle dargestellt (Abb. 156b).

Die Ergebnisse der bisherigen Überlegungen können etwa folgendermaßen zusammengefaßt werden: Bei Einzel- und kleiner Reihenfertigung innerhalb des Durchmessergebietes, in dem Reibahlen verwendet werden, sind zweckmäßig nachstehende Passungssysteme zu verwenden:

Das EB-System dort, wo aus konstruktiven Gründen abgesetzte Wellen nicht gescheut werden und wo deshalb kein großer Wert auf glatte Wellen oder längere glatte Wellenstücke gelegt wird, denn bei stark abgesetzten Wellen können die Vorteile der Einheitswelle nicht ausgenützt werden;

das EW-System dort, wo mit Rücksicht auf wirtschaftliche Herstellung Wert auf glatte Wellen oder längere glatte Wellenstücke gelegt wird, ferner dort, wo Bohrungsteile auf der Welle verschoben werden müssen, wie im Transmissionsbau und bei solchen Konstruktionen, wo Festsitze bei möglichster Verwendung glatter Wellen am Wellenende, oder nur gelegentlich auf besonderen Zapfen oder Wellenabsätzen vorkommen. Einheitswelle ist weiterhin das gegebene System, wenn viel gezogenes Material bei der Konstruktion verwendet wird.

Bei Massenfabrikation ist im allgemeinen, wenn nicht besondere Verhältnisse[1]) vorliegen, das EW-System anzuwenden.

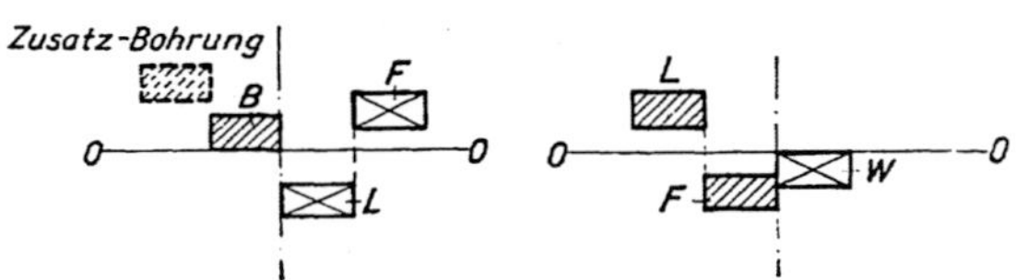

Abb. 155. Vereinfachte Darstellung der beweglichen und festen Sitze bei Einheitsbohrung (*B*) und Einheitswelle (*W*). (TWL 140.)

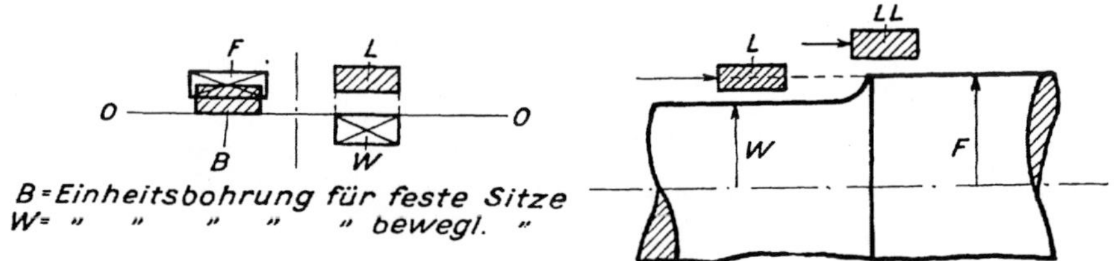

B = Einheitsbohrung für feste Sitze
W = „ „   „   „   „ bewegl. „

Abb. 156a. Vereinfachte Darstellung der beweglichen und festen Sitze im Verbundsystem. (TWL 141.)

Abb. 156b. Verhältnisse der Laufbohrung zur Einheitswelle und Festsitzwelle im Verbundsystem.

Das Verbundsystem ist dann am Platze, wenn feste und bewegliche Sitze in bunter Aufeinanderfolge nebeneinander vorkommen, und wenn man dabei Wert auf nicht zu stark abgesetzte Wellen legt. Es bietet außerdem Vorteile bei Ausführungen mit Wellenabsätzen, die nur um Schleif- oder Passungsabmaße verschieden sind, also gleiches Nennmaß besitzen. Bei seiner Anwendung sind keine Durchbrechungen des Systems und keine Ergänzungsbohrungen wie bei den Normalsystemen nötig. Dieser Umstand ist wesentlich bei solchen Maschinen, bei denen der eine Teil mehr auf die Anwendung Einheitsbohrung, der andere mehr auf Einheitswelle hinweist.

---

[1]) Z. B. bei Preßluftwerkzeugen, s. auch Literaturverzeichnis B Nr. 23.

III. Beispiele für die Wahl des Passungssystems.

Abb. 157 zeigt eine Welle mit 9 mm⊖, bei der der Schiebesitz der engste vorkommende Sitz ist. Der Haftsitz sitzt auf einem besonderen Zapfen von 9,3 mm ⊖, so daß hier der gegebene Fall für Einheitswelle vorliegt. Würde man die Welle nach Einheitsbohrung ausführen, so würde man verschiedene Wellendurchmesser oder wenigstens verschiedene Schleifabsätze für den Gleitsitz, Schiebesitz und den engen Laufsitz erhalten, was die Herstellung der Welle sehr erschweren würde.

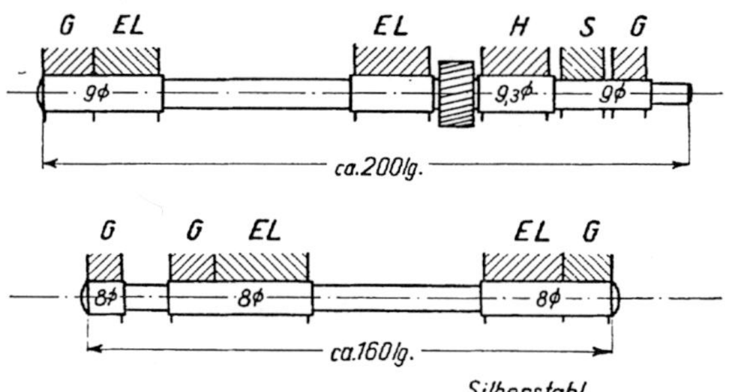

Abb. 157. Welle an Kinoapparat — System Einheitswelle. (TWL 142.)

Entsprechendes gilt für die Welle mit 8 mm ⊖, bei der die Einheitswelle außerdem die Verwendung präzis gezogenen Stahles (Genauigkeit: Schlichtpassung, Silberstahl) gestattet. Die Einheitswelle ist hier um so mehr am Platze, als es sich um Erzeugnisse der Massenfabrikation (Kinoapparate) handelt.

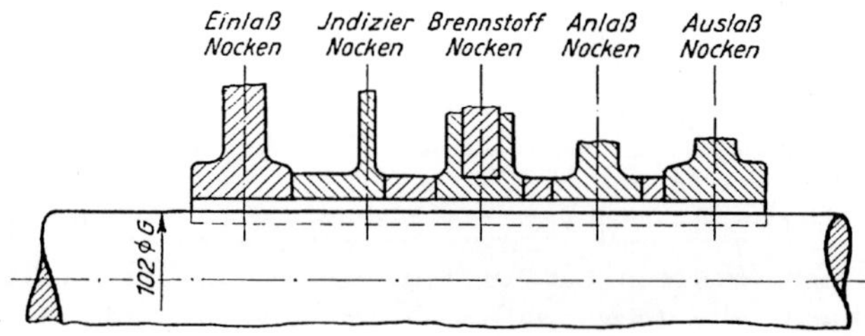

Abb. 158. Steuerwelle für Dieselmotor — System Einheitswelle. (TWL 143.)

Abb. 158 stellt ein Stück einer wagerechten Steuerwelle von etwa $4\,^{1}/_{2}$ m Länge für einen 4-Zylinder-Dieselmotor dar. Alle Nocken sind mit Gleitsitz aufgekeilt. Die Wellenabsätze, auf denen die Steuernocken je eines Zylinders sitzen, sind um je 2 mm gegeneinander abgesetzt (102, 100, 98 und 96 mm); es wäre also hier sowohl Einheitswelle als auch Einheitsbohrung möglich. Man hat aber vorgezogen, die lange

Welle mit den vielen Gleit- und Laufsitzen (Lager) normal oder einheitlich durchzuführen, und die Bohrungen nach der Welle zu richten. Das EW-System ist übrigens bei dem betreffenden Dieselmotor ganz durchgeführt und hat sich für die Fabrikation als zweckmäßig erwiesen.

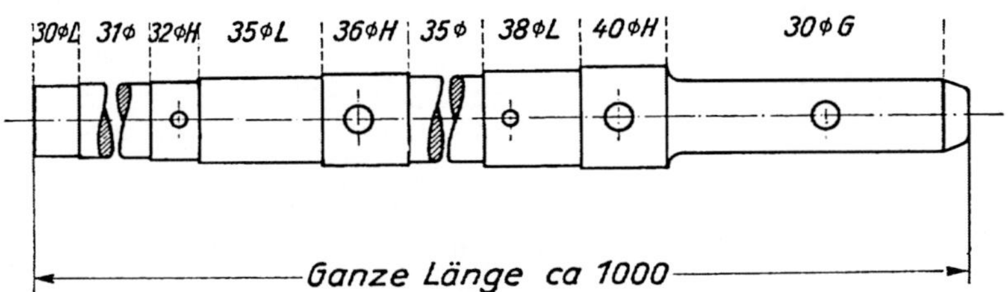

Abb. 159. Hinterachse für Kraftfahrzeug — System Einheitsbohrung.
(TWL 144.)

Abb. 159 ist ein typischer Fall für EB-System. Die stark abgesetzte Welle für Kraftwagenantrieb[1]) hat die Paßdurchmesser 30, 31, 32, 35, 36, 38 und 40 mm, d. h. jedem Bohrungsteil ist ein besonderer Zapfen zugeordnet; wir haben also nach unserer Bezeichnung'lauter »Zapfensitze«, die auf Einheitsbohrung hinweisen. Der ganze Antrieb, dem die Welle angehört, wird fast in allen Werken mit Einheitsbohrung ausgeführt.

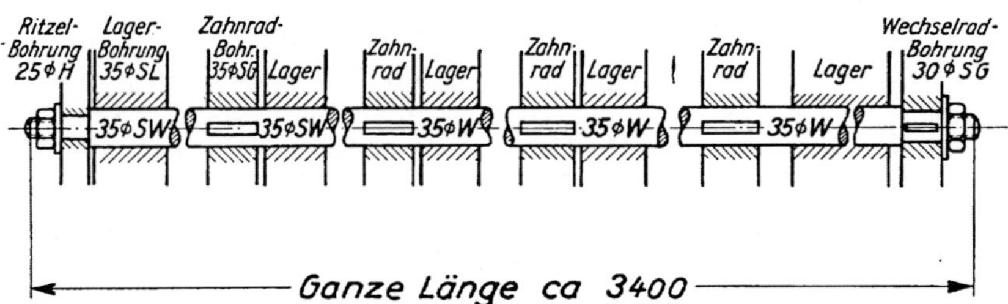

Abb. 160. Antriebswelle für eine Textilmaschine — System Einheitswelle.
(TWL 145.)

Bei der Antriebswelle für eine Textilmaschine nach Abb. 160 wechseln Zahnradsitze (Gleitsitz) und Lagerstellen (Laufsitz) regelmäßig miteinander ab. Die Welle ist daher nach dem EW-System glatt durchgeführt, was eine bedeutende Vereinfachung gegenüber einer nach Einheitsbohrung abgesetzten Welle darstellt. Die betreffende Textilmaschine, bei der auch Schlichtpassung vertreten ist, ist im übrigen ganz nach dem EW-System ausgeführt, das sich für diese Fabrikation als günstig erwiesen hat.

---

[1]) S. auch Beitrag Gramenz.

Abb. 161 zeigt eine glatte Welle für eine landwirtschaftliche Maschine, die in starker Reihenfertigung nach Schlichtpassung ausgeführt wird. Hier bietet nur die Einheitswelle eine wirtschaftliche Lösung,

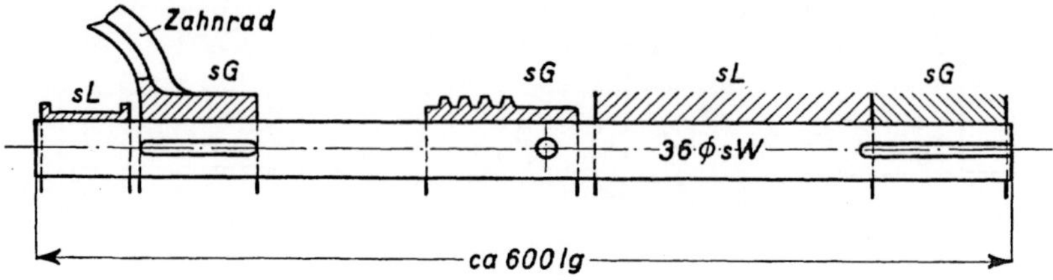

Abb. 161. Welle für eine landwirtschaftliche Maschine — System Einheitswelle. (TWL 146.)

um so mehr als im Schlichtpassungsgrad alle Sitze »beweglich« sind und dazu noch gezogenes Material verwendet werden kann.

Abb. 162 zeigt als Konstruktion einen bezeichnenden Fall für Einheitswelle. Die Hebelwelle kann in diesem System ohne weiteres glatt durchgeführt werden; die Bohrungen der Lager (Laufsitz) und der Hebel (Haftsitz) richten sich nach der glatten Welle. Aber auch das Verbundsystem gestattet die Verwendung der glatten Welle, und zwar würde man dort zweckmäßig die glatte Haftsitzwelle verwenden. Diese gibt mit der Einheitsbohrung der Hebel den gewünschten Haftsitz und

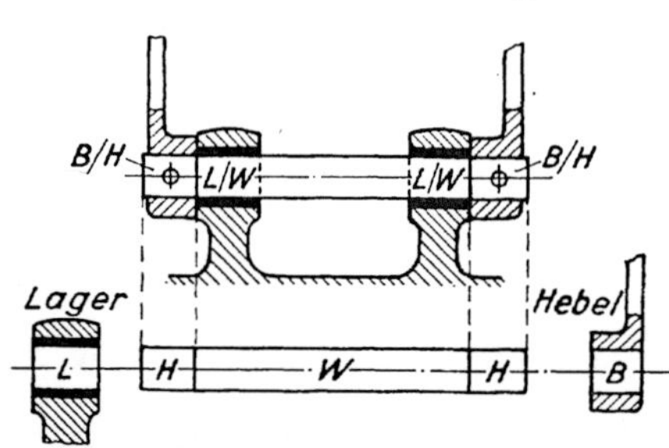

Abb. 162. Hebelwelle nach reinem Verbundsystem. (TWL 147.)

mit den leichten Laufsitzbohrungen der Lager einen Laufsitz. Würde man aber die Lager mit Laufsitzbohrungen belassen, so würden sie mit der nach Haftsitz ausgeführten Hebelwelle den engen Laufsitz ergeben, der in diesem Sonderfalle auch zulässig wäre. Beim Verbundsystem ist aber auch eine Lösung mit Schleifabsätzen möglich, wenn die Enden der Welle nach Haftsitz, die Welle zwischen den Lagern nach Einheitswelle geschliffen werden. Dieser Fall ist durch die Passungsbezeichnungen in Abb. 162 dargestellt. In der Bezeichnungsart z. B. L/W bedeutet das Kurzzeichen über dem Bruchstrich die Bohrung, das unter dem Bruchstrich die Welle. Man erhält dann in den Lagern die normalen Laufsitze der Einheitswelle, und für die Hebel die normalen Haftsitze der Einheitsbohrung. Wie schon des öfteren bemerkt, ist eine derartige Lösung aber möglichst zu vermeiden.

Aus Abb. 163 geht hervor, daß das Verbundsystem auch einfache Lösungen zuläßt, wenn Schlicht- und Feinpassung bei einem Maschinenteil gleichzeitig vorkommen. An der Spillwelle ist nur der Schleifabsatz

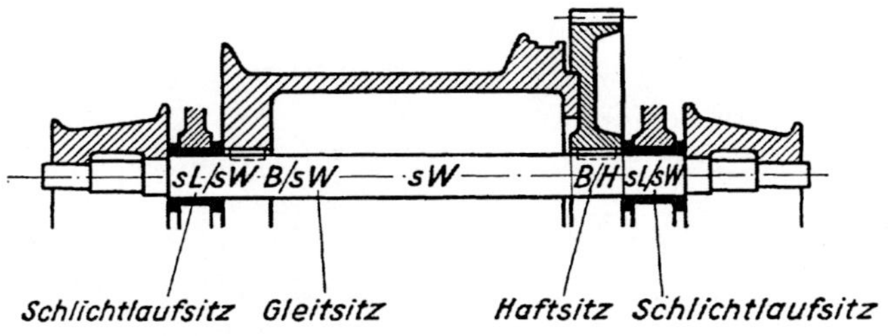

Abb. 163. Spillwelle nach Verbundsystem. (TWL 148.)

für den Haftsitz des Zahnrades geschliffen, während der übrige Wellenteil nach Schlichtpassung gedreht ist.

Abb. 164 — Zahnradvorgelege — läßt erkennen, daß beim Verbundsystem unter Verwendung von Schleifabsätzen die konstruktiven Absätze

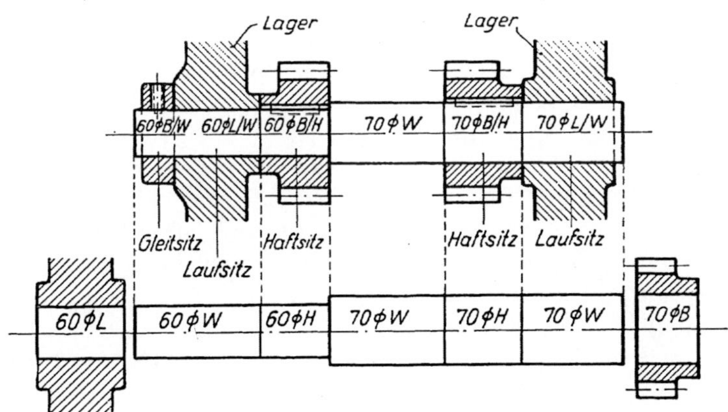

Abb. 164. Zahnradvorgelege nach Verbundsystem. (TWL 149.)

auf das Notwendigste beschränkt werden. Würde man diese Konstruktion nach Einheitsbohrung durchführen, so würde sie bei der Paßstelle 70 mm ϕ L/W eine Wellenverstärkung auf 72 mm (Wellenabsatz) bedingen, da beim Einführen der Welle von rechts die Haftsitzwelle mit 70 mm ϕ nicht durch die Lagerbohrung, die dann mit Einheitsbohrung 70 ϕ B ausgeführt wäre, geschoben werden dürfte.

IV. Konstruktionsteile mit großem Durchmesser, die außerhalb des Reibahlengebietes liegen (Einzel-Fabrikation).

Wir haben bis jetzt Teile betrachtet, deren Durchmesser noch innerhalb des Gebietes liegen, in dem Reibahlen verwendet werden, also Durchmesser unter 150—200 mm. Für größere Durchmesser, z. B. Zentrierungen von kleiner Länge, wird der Messerkopf oder der Flanschensupport verwendet, oder auch der Drehstahl bei Dreh- und Karusselbänken. Bei Schwungrad- oder Zahnradsitzen ist für die großen Durchmesser der Bohrungen der Schiebesitz auch bei feinster Ausführung im allgemeinen der engste Sitz; hierbei muß mindestens die Welle geschliffen sein. Bei solchen Ausführungen ist es an und für sich gleichgültig, ob nach EW- oder nach EB-System gearbeitet wird. Es können also für die Systemwahl bei größeren Maschinen u. U. diejenigen Teile ausschlaggebend sein, deren Durchmesser noch mit Reibahlen bearbeitet werden, oder aber wird das System nach den anderen in derselben Werkstatt bearbeiteten Fabrikaten festgelegt.

Die Grenzen, wo bei größeren Durchmessern Einheitsbohrung cder Einheitswelle günstiger ist, sind also ziemlich verwischt; bei großen Durchmessern spielt auch das Einpassen eine bedeutende Rolle, da man die Maße großer Guß- und Schmiedestücke unter Umständen je nach Ausfall nehmen muß. Führt sich z. B. ein Kolben in einer großen Zylinderbohrung mit mehr oder weniger Spiel, eine Bohrung, die ich im Gegensatz zur Lagerbohrung »Führungsbohrung« nennen möchte, so wird der Zylinder, der vielleicht ein sehr verwickeltes Gußstück darstellt, in der Bohrung rein bearbeitet und der Kolben eingepaßt. Wird die Zylinderbohrung erst bei einem Durchmesser rein, der als stark abnormal angesehen werden muß, so wird ein solches Gußstück unter Umständen trotzdem verwendet, und im liefernden Werk eine besondere Aufschreibung über das genaue Bohrungsmaß für etwaige Nachlieferungen (Kolben) gemacht.

Kleine Bohrungen, in denen sich ein Kolben führt, werden natürlich normal ausgeführt. Der Kolben erhält sein Spiel je nach dem Verwendungszweck; seine Abmaße werden also im allgemeinen nicht der DI-Norm entsprechen (s. z. B. Preßluftwerkzeuge).

V. Schlicht- und Grobpassung.

Bei Konstruktionen mit diesen Passungen wird angestrebt, möglichst wenig Wellenabsätze, also möglichst glattdurchgehende Stränge zu erhalten, ferner unter Umständen gezogene Wellen zu verwenden. Diese Passungen weisen also im allgemeinen auf das EW-System hin. Einheitsbohrung kann aber in solchen Fällen gerechtfertigt sein, wo an der-

selben Maschine oder in derselben Werkstatt auch Teile mit Feinpassun g
vorkommen, die man aus bestimmten Gründen nach Einheitsbohrun g
machen will. Teile verschiedener Gütegrade sind dann, da die Null-
linie untere Begrenzungslinie aller Bohrungen ist, untereinander austauschbar.

Im Kleinmaschinen- und Apparatebau, z. B. bei Registrierkassen,
wird unter Umständen gezogener Silberstahl verwandt; man wird also
bestrebt sein, die Wellen möglichst wenig abzusetzen und verwendet
dann soweit angängig, bewegliche Sitze, deren engster der Schiebesitz ist.

VI. Verbundsystem.

Während bei großen Durchmessern die Grenze für das geeignetere
System schwer zu ziehen ist, ist dies im Reibahlengebiet, wie wir gesehen haben, ziemlich gut möglich. Ein glücklicher Mittelweg ist indes
häufig die Wahl des oben beschriebenen Verbundsystems[1]). Bei diesem
Verfahren treten in denjenigen Fällen, wo man im EB-System gezwungen ist, Ergänzungsbohrungen zu verwenden, also das Normal-
system zu durchbrechen, entschieden weniger Schwierigkeiten auf.

Außerdem kommen dem Verbundsystem alle Vorteile zu, die ein
einziges Einheitssystem gegenüber zwei Systemen[2]) besitzt; dies
gilt besonders von solchen Betrieben, wo man der Verschiedenheit der
Erzeugnisse wegen bisher beide Systeme führen muß. Von diesen Vorteilen seien nur einige genannt:

a) Man braucht bei den Konstruktionen sich nur noch für die Sitze
zu entscheiden, nicht mehr für das System; dieses liegt ein für alle mal
fest. Durchbrechungen, wie sie jetzt bei den beiden Normalsystemen
vorkommen, entfallen, ebenso Ergänzungsbohrungen, die nicht im System
liegen.

b) In Werken mit gemischter Fertigung in einer Bearbeitungs-
werkstatt laufen nicht mehr zwei Systeme nebeneinander.

c) Das Passungssystem der Normteile oder lagergängigen Teile liegt
eindeutig fest.

d) Man erzielt eine große Verminderung in der Zahl der Lehrenarten, wie nachstehende Zusammenstellungen zeigen; allerdings ist auch
festzustellen, daß u. U. eine Einzelfabrik beim Verbundsystem nicht
immer weniger Lehrenarten benötigt, als bei Verwendung eines der
beiden Normalsysteme.

---

[1]) Siehe S. 125.

[2]) Würde man sich entschließen, das Verbundsystem als Normsystem
für die gesamte Maschinenindustrie einzuführen, so wäre eine allgemeine Austauschbarkeit wenigstens der Anschlußmale leicht zu erreichen und die Lehrenfabriken brauchten um rund 50% geringere Lehrenbestände als jetzt auf Lager
zu halten, sie könnten also den Zinsendienst entsprechend verringern.

Zahlentafel 9. Zahlenvergleich der Grenzlehren für Einheitsbohrung und Einheitswelle, gegen die des Verbundpassungssystems bei 116 genormten Durchmessern im Meßbereich 1—500 mm.

	Anzahl der Sitze		Grenz- lehren		Prüf- lehren		Abnutzungs- lehren		Gesamtzahl	
	Boh- rung	Welle	Boh- rung	Welle	Meß- schei- ben	Ra- chen- lehren	Meß- schei- ben	Ra- chen- lehren		
Einheitsbohrung	4	12	572	1992	2784	—	1392	418	7158	12660 −1876[1]
Einheitswelle	16	3	2288	498	696	—	348	1672	5502	10784
Verbundsystem	10	6	1430	912	1284	—	464	580		4670

Zahlentafel 10. Zahlenvergleich der Grenzlehren für Einheitswelle, Feinpassung: H, G, EL, L gegen die des Verbundpassungssystems bei 65 genormten Durchmessern im Meßbereich 35—120 mm.
(Beispiel für Fein-Werkzeugmaschinenbau).

	Anzahl der Sitze		Grenz- lehren		Prüf- lehren		Abnutzungs- lehren		Gesamtzahl	
	Boh- rung	Welle	Boh- rung	Welle	Meß- schei- ben	Ra- chen- lehren	Meß- schei- ben	Ra- chen- lehren	f. 1 Satz	f. 3 Satz
Einheitswelle . .	4	1	276	69	130	—	65	260	800	1490[2]
Verbundsystem	3	2	219	146	260	—	65	195	885	1615[2]

VII. Schlußwort.

Wie schon eingangs erwähnt, hat der Unterausschuß zur Klärung der Frage »Einheitsbohrung oder Einheitswelle« die Eigenart der beiden Normalsysteme weitgehend klargestellt. Wir sind vorstehend auf Grund zum Teil selbständiger Überlegungen bezüglich der beiden Systeme zu ganz ähnlichen, da und dort etwas schärferen Ergebnissen gelangt. Wir haben aber außerdem gefunden, daß durch eine geeignete Verbindung beider Systeme, also durch eine Art Verbundsystem, das die festen Sitze mit Einheitsbohrung, die beweglichen mit Einheitswelle ausführt, in wirtschaftlicher Beziehung noch manche Vorteile herauszuholen sind. Daß eine Verbindung beider Normalsysteme mindestens in gewissen Fällen notwendig ist, zeigen die Zusatzbohrungen, die häufig zur Einheitsbohrung hinzugenommen werden müssen, um wirtschaftliche Konstruktionen zu erzielen.

---

[1] Lehren, welche gleiche Abmaße haben.
[2] Hierbei ist für Prüf- und Abnutzungslehren nur 1 Satz erforderlich.

5. Die wirtschaftlichen Grenzen der Arbeitsgenauigkeit im Werkzeugmaschinenbau.

Von Direktor E. Huhn, i. Fa. Ludw. Loewe & Co., A.-G., Berlin.

Im Werkzeugmaschinenbau richten sich die wirtschaftlichen Grenzen der Genauigkeit hauptsächlich nach den Aufgaben, welche die herzustellende Werkzeugmaschine erfüllen soll. Wenn es sich z. B. um eine Drehbank zur Bearbeitung von Gewindekalibern oder um eine Räderfräsmaschine zur Herstellung von Rädern für Turbogeneratoren handelt, so muß die bei den Erzeugnissen geforderte Genauigkeit auch in der erzeugenden Maschine vorhanden sein. Die Wirtschaftlichkeit ihrer Herstellung kommt dem erst in zweiter Linie in Betracht. Weiter ist zu beachten, daß durch die Genauigkeit einzelner Teile einer Werkzeugmaschine nicht ohne weiteres ihre Genauigkeit im ganzen bestimmt wird.

Welche Genauigkeit verlangt man nun zweckmäßig von einer Werkzeugmaschine?

Antwort: Die Genauigkeit ihrer Bewegungen, der Aufnahmeorgane usw. darf allgemein nicht geringer sein als die des damit herzustellenden Erzeugnisses. Nehmen wir also an, daß die Arbeiten einer Drehbank genau rund sein sollen, so müssen die Arbeitsspindel und ihre Lager ebenfalls genau rund sein. Da nun aber absolute Genauigkeit ebenso schwierig auszuführen als nachzuweisen ist, so sind für derartige Fälle die Grenzen der Genauigkeit zu bestimmen. Ähnlich wie bei der Arbeitsspindel liegt die Sache bei der Leitspindel. Das auf der Drehbank zu schneidende Gewinde wird bis zu einem gewissen Grade eine Kopie des Leitspindelgewindes sein; das Zylindrischdrehen ist abhängig von den Supportführungen auf dem Bett u. s. f. Diese Erwägungen sind bestimmend für die Genauigkeitsansprüche, die an die einzelnen Teile und Bewegungen der Drehbank zu stellen sind. In ähnlicher Weise muß natürlich bei anderen Werkzeugmaschinen verfahren werden.

Wie weit andere Teile oder Bewegungen diese Bedingungen beeinflussen, ist hierbei mit zu überlegen. Beim Gewindeschneiden auf der Drehbank ist z. B. neben der Leitspindel die Genauigkeit der Wechselräder von Einfluß. Beim Teilkopf einer Universalfräsmaschine ist es eine ganze Reihe von Teilen, welche die Genauigkeit beeinflussen: die

Arbeitsspindel des Teilkopfes, das Teilschneckenrad, die Schnecke mit ihrer Welle und Lagerung, die Teilscheiben oder auch die Wechselräder und die Gewindespindel im Supportschlitten. Da die Fehler dieser Einzelelemente in der Funktion des Ganzen sich summieren können, so muß bei der Festlegung der zulässigen Fehler diese Tatsache berücksichtigt werden. Über die Genauigkeitsprüfung von Werkzeugmaschinen hat Finkelstein in der „Werkstattstechnik“ 1911 eine Arbeit veröffentlicht, in der besonders die Abnahmevorschriften der Firma Ludw. Loewe & Co. verwendet wurden, so daß ich es unterlassen kann, diese Gedanken zu wiederholen.

Sowohl bei der Verwendung von Werkzeugmaschinen als auch bei der Bearbeitung ihrer Teile in der Fabrikation muß demgemäß die Frage auftreten, wie weit die Genauigkeit der Maschine in dem damit bearbeiteten Erzeugnis wiedergefunden wird, d. h. welche Genauigkeit man von einem maschinell bearbeiteten Teile verlangen kann und welche Nacharbeiten durch Schaben, Justieren, Feilen usw. zur Erlangung der nötigen Genauigkeit vorgenommen werden müssen. Hieraus ergibt sich aber auch, welche Ansprüche an die Genauigkeit der Maschinen zu stellen sind. Aus wirtschaftlichen Gründen sollten Nacharbeiten wenn irgend möglich vermieden werden, und darum ist die Herstellung maschinenfertiger Arbeit seit ungefähr 20 Jahren als ein erstrebenswertes Ziel hingestellt worden. Tatsächlich ist dieses Ziel auch erreichbar, soweit es sich um Drehteile handelt, selbst da, wo es sich um Toleranzen in der Größe von Bruchteilen eines hundertstel Millimeters handelt. Hier kann die Rundschleifmaschine, ganz gleich, um welches Material es sich handelt, die Aufgabe unterstützen. Schwieriger wird die Aufgabe beim Bohren, Hobeln und Fräsen; da findet man die in der Werkzeugmaschine vorhandene Genauigkeit häufig am Werkstück nicht wieder vor, weil durch ungleichartigen Werkstoff, Form des Arbeitsstückes u. a. m. Fehler entstanden sind. Während beim Drehteil in den meisten Fällen jede verlangte Genauigkeit durch Anwendung entsprechend genauer Maschinen erreichbar ist, muß bei den anderen Bearbeitungsarbeiten öfter die Nacharbeit zur Hilfe genommen werden. Aber auch bei der Drehbank ist die geleistete Maschinenarbeit häufig nicht genügend, wenn Fehler im Rohmaterial des Arbeitsstückes und in den Werkzeugen vorhanden sind. Ein auf der Drehbank geschnittenes Gewinde wird weniger genau sein als die Leitspindel, mit deren Hilfe es geschnitten wurde. Die Ungleichmäßigkeiten im Rohmaterial, die besonders bei längeren Stücken oft bedeutend sind, ferner Abweichungen durch Verbiegen usw. stehen dem entgegen. Aus diesem Grunde ist es nicht angängig, bei einer Werkzeugmaschine als Abnahmebedingung die Genauigkeit der Arbeit aufzustellen, vielmehr kann nur die Genauigkeit der Maschine selbst in Betracht kommen.

Ebenso, wie sich bei der Arbeit die Fehler mehrerer Teile einer Maschine summieren können, so summieren sich auch die Fehler mehrerer Operationen oder mehrerer Maschinen an demselben Stück. Ein auf der Zentriermaschine hergestellter unrunder Körner muß die Ursache des Unrundlaufens des Arbeitsstückes bleiben. Schlägt außerdem die Arbeitsspindel der Drehbank oder der Schleifmaschine, so muß, grob ausgedrückt, das Stück notwendig viereckig werden. Ich komme auf diese Summierung der Fehler noch zurück.

Werfen wir einen Blick zurück, etwa auf die Zeit vor 1890, so wird beim Vergleich mit der heutigen Zeit in bezug auf das Bestreben der Herstellung maschinenfertiger Arbeit ein Unterschied zu finden sein. Man hat den Unterschied treffend bezeichnet, indem man sagte, früher wurden Maschinen gebaut, heute werden sie fabriziert. Was diese Worte bedeuten, ist jedem klar, der die Entwicklung der letzten 30 Jahre kennt. Früher Einzelherstellung, nachdem der Auftrag vom Kunden erteilt war, heute Reihenherstellung auf Vorrat. Früher Anpassen der einzelnen Teile, heute Austauschbau. Die Reihenherstellung und die Grenzlehre, die ungefähr gleichzeitig in Anwendung kamen, waren die Voraussetzung für den Austauschbau, denn die Austauschfähigkeit hat erst in zweiter Linie den Zweck, Ersatzteile ohne weiteres nachliefern zu können. Der Hauptzweck ist die Austauschfähigkeit in der Fabrikation und damit Verbilligung der Herstellung. Daß dabei meist, eben durch die Bedingung der Austauschfähigkeit, das Erzeugnis selbst verbessert wurde, sei nur nebenbei erwähnt. Vor der Einführung der Grenzlehren war natürlich Austauschbau unmöglich, und daher entfiel auch ein großer Vorteil der Reihenfabrikation: das gleichzeitige Bearbeiten zusammengehöriger Teile. Dieses gleichzeitige Bearbeiten ermöglicht aber wieder eine Umwälzung in der Fabrikation, die heute zum größten Teil noch nicht erkannt und durchgeführt ist, nämlich die Trennung der Operationen am einzelnen Stück, Häufung gleicher Operationen verschiedener Teile an derselben Maschine und dadurch Schaffung einer Massenfabrikation bei den Einzeloperationen trotz Reihen- und Einzelherstellung der Gesamterzeugnisse. Dieser Vorteil läßt sich besonders leicht im Werkzeugmaschinenbau erreichen und ich habe mich im Kriege seiner bedient, um durch diese Massenfabrikation selbst bei verhältnismäßig schwierigen Arbeiten ungelernte Arbeiter verwenden zu können. Durch den Austauschbau werden also vier große Vorteile erreicht: Verkürzung der Fabrikationsdauer, größere Unabhängigkeit von den Arbeitern, größere Genauigkeit und Verringerung der Herstellungskosten.

Es ist viel darüber geschrieben und gesprochen worden, daß die Einrichtungen an Lehren und Werkzeugen für den Austauschbau zu

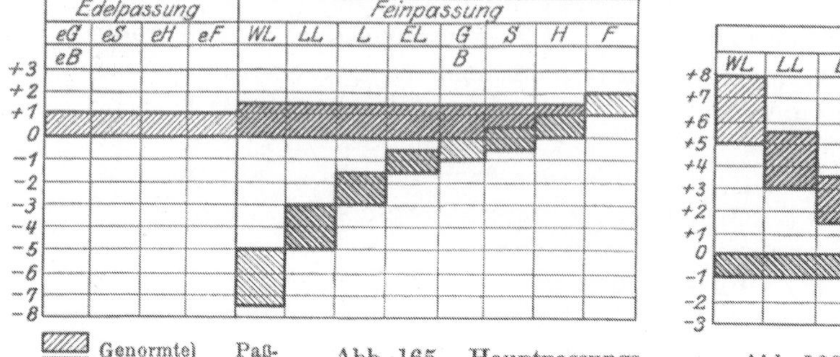

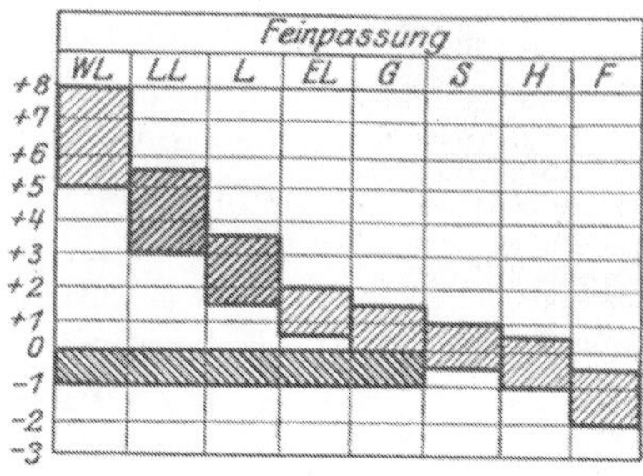

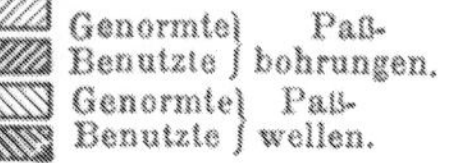

Abb. 165. Hauptpassungssystem für den Werkzeugmaschinenbau. (Auswahl der Sitze aus den DI-Normen.)

Abb. 166. Hilfspassungssystem für den Werkzeugmaschinenbau.

große Anlagekapitalien erfordern, und daß es bei Einzelreihenfabrikation aus diesem Grunde keineswegs zweckmäßig sei, lehrenhaltige, also austauschbare Teile, herzustellen. Diese Behauptung ist nur zutreffend, wo man sich die Vorteile der Normalisierung nicht zunutze gemacht hat. Wo diese Normalisierung durchgeführt ist, auch für die Sonderwerkzeuge, sind die Kosten für Fabrikationseinrichtungen eher niedriger als in den Werkstätten alten Stiles. Sie bilden also auch keinen Grund zur Beschränkung des Austauschbaues in der Einzelfabrikation, vielmehr, wenn man die übrigen Vorteile hinzurechnet, eher einen Grund zur Einführung.

Für Dreherei und Schleiferei genügen in den meisten Fällen die Lehren der Feinpassung, in wenigen Fällen muß man die Edelpassung

Abb. 167.   Hobeln eines Drehbankbettes nach Vorspannlehre.   (TWL 175.)

verwenden, z. B. bei kurzen Bohrungen mit Schiebesitz, wie bei Wechselräderbohrungen, Werkzeugen für Revolverköpfe u. dgl. Der Werkzeugmaschinenbau hat sich entschlossen, für die runden Passungen die DINormen zu übernehmen, und zwar im System der Einheitsbohrung, wie dies den aus folgenden durch zwei Diagramme erläuterten Richtlinien hervorgeht. (Abb. 165 und 166). Das in Abb. 166 dargestellte Einheitswellensystem ist als Hilfssystem bezeichnet, weil es nur für besondere Fälle wie Vorgelege usw. verwendet werden soll.

Für Bohrerei, Fräserei und Hobelei muß oft durch Schaben und Ausrichten nachgeholfen werden, besonders dann, wenn durch Aufbau mehrerer Teile, wie z. B. bei einem Support, die Toleranzen sich summieren können, oder wenn durch Schaben bei ineinander gleiten-

Abb. 168. Vorspannlehre zu Abb. 167. (TWL 174.)

den Teilen, wie bei Gußeisen, oder mit anderen Worten, durch Entfernung der „Haare" die vorzeitige Abnutzung vermieden werden soll. Daß die Austauschbarkeit beim Bohren und Hobeln ohne zu große Schwierigkeiten selbst bei verwickelten Arbeiten erreichbar ist, dafür diene als Beispiel: die Bearbeitung eines Drehbankbettes, wie sie aus Abb. 167 hervorgeht. Vor das zu hobelnde Drehbankbett ist die in Abb. 168 besonders dargestellte „Vorspannlehre" gespannt. Nach ihr wird der Stahl vor dem letzten Schnitt eingestellt und gewährleistet so eine genaue Übereinstimmung der Form aller gehobelten Betten mit der Form der Vorspannlehre.

Um etwaige dennoch verbleibende geringfügige Abweichungen durch Nacharbeit beseitigen zu können, bedient man sich besonderer Prüflehren gemäß Abb. 169.

Abb. 169.   Prüflehren für Drehbankbett.   (TWL 184.)

Wie weit man in der Anschaffung besonderer Einrichtungen bei
Einzel- und Serienfabrikation gehen soll, wird natürlich von der Kalkulation zu entscheiden sein, abgesehen von den Fällen, wo die Genauigkeit des Fabrikates solche ohne Rücksicht auf die Kosten verlangt.
Die Anschaffung von Bohr- und Fräsvorrichtungen, Sonderwerkzeugen,
Sonderlehren usw., welche die Austauschfabrikation ja bedeutend fördern, wird überall da zum Gebot, wo die Kosten durch die Fabrikation
aufgebracht oder darüber hinaus Ersparnisse gemacht werden.   Bei der
Anschaffung kann aber viel gespart werden, wenn man die Normali-

Abb. 170.   Endmaße als herausnehmbare Längsanschläge an Revolverbank.
(TWL 178.)

sierung auch auf diese Einrichtungen ausdehnt. So können z. B. durch Normalisierung der Winkel der Drehbank- und Fräsmaschinenprismen, konischer Lager u. dgl. verschiedene Teile mit den gleichen Lehren hergestellt und geprüft werden. Gewisse Vorrichtungen, z. B. solche für das Bohren der Augen an Hebeln, können verstellbar gemacht werden und dienen dann für eine ganze Reihe ähnlicher Teile. Bei Sonderwerkzeugen wird die Gefahr doppelter Anschaffung durch die Aufstellung von Normalien in Tabellen, in denen die vorhandenen Werkzeuge gekennzeichnet sind, vermieden. Ich verweise hier auf meinen Vortrag im V. D. I. über Normalien im Jahre 1916, siehe Technik und Wirtschaft 1916, Heft VII.

Abb. 171. Endmaß zum Einstellen des Fräsers. (TWL 177.)

Obwohl ich Werkzeuge und Einrichtungen nicht besonders besprechen will, möchte ich doch ein Hilfsmittel für die Austauschfabrikation nicht unerwähnt lassen, weil ich mich bis zu einem gewissen Grade als Vater des damit verbundenen Verfahrens betrachte, dessen Anwendung ich immer wieder auf das dringendste empfehle. Es ist die Verwendung des Endmaßes in der normalen Fabrikation. In den Abb. 170—174 sind dafür einige Beispiele gegeben. Abb. 170 zeigt an einer Drehbank zwischen dem Support und einem am Bett befestigten Anschlag einige Endmaße. Diese begrenzen die Längsbewegung des Supports beim Drehen des ersten Ansatzes des Werkstückes. Das dem Support zuliegende Endmaß wird nach Fertigstellung des ersten Ansatzes herausgenommen und nun kann der Support genau um die Länge des herausgenommenen Endmaßes vorgeschoben werden, um den zweiten Ansatz fertigzustellen. Dessen Länge ist also genau gleich der des herausgenommenen Endmaßes. Ebenso wird der dritte Ansatz durch Herausnehmen des zweiten Endmaßes genau auf Länge gedreht.

In Abb. 171 liegt ein Endmaß zwischen dem an einer zu nutenden Welle anliegenden Winkel und dem Nutenfräser.

Abb. 172 zeigt eine entsprechende Verwendung eines Endmaßes auf der Bohrmaschine.

Abb. 173 und 174 zeigen die Verwendung von Endmaßen zum Prüfen und Messen. Bei Abb. 173 handelt es sich um die Prüfung der Entfernung verschiedener Bohrungen. In die nach Grenzlehrdornen hergestellten Bohrungen sind genau passende Buchsen und Dorne gesteckt und zwischen diese werden Endmaße gesteckt, mit deren Hilfe die Ermittlung der genauen Lochentfernung nunmehr möglich ist. Bei Abb. 174 wird die Höhe eines Supportteils mittels Messerlineals mit der Höhe eines Endmaßes verglichen. Es gibt zurzeit kein Hilfsmittel in der Werkstatt, das auch nur annähernd so allgemein an-

Abb. 172. Endmaße zum Einstellen der Bohrtiefe an einer Bohrmaschine.   (WTL 172.)

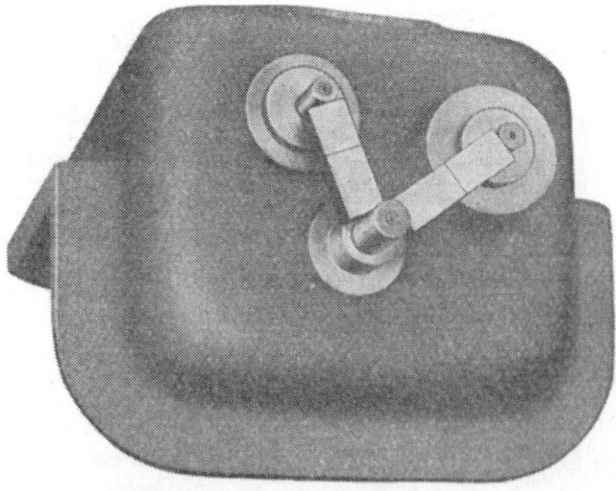

Abb. 173.   Messen von Lochentfernungen mittels Endmaßen.

gewendet werden kann, und das die Arbeit so abkürzt und geeignet ist, sie zu verbessern, wie das Endmaß. Dieses und die Grenzlehre bilden zwei Meßwerkzeuge, die nur noch wenig Raum für die Verwendung anderer Meßwerkzeuge lassen. Sie bilden die hauptsächlichsten Mittel zur Erzielung austauschbarer Teile und gewähren die Möglichkeit, die erforderliche Genauigkeit bequemer und billiger zu erreichen, als nach der alten Anpaßmethode. Damit ist die Frage der Grenzen der Wirtschaftlichkeit im Austauschbau zum größten Teil beantwortet, denn überall, wo nicht besondere Genauigkeit verlangt wird, genügt fast immer die mit diesen Mitteln erzielbare Genauigkeit und sie hat, wie schon erwähnt, sogar noch jene vier vorteilhaften Eigenschaften. Voraussetzung ist dabei, daß nicht nur Maschinen sondern auch die ganze übrige Fabrikationseinrichtung in Ordnung ist.

Daß diese Voraussetzung nicht ganz leicht erfüllt ist bzw. wie das Fertigerzeugnis schließlich eine Liste sämtlicher Fehler der Einrichtung ist, dafür ein Beispiel:

Wir schneiden eine genaue Gewindespindel und finden, daß das

Abb. 174. Endmaße mit Haarlineal zum Prüfen eines Höhenmaßes. (TWL 173.)

Gewinde den gestellten Ansprüchen nicht genügt. Wir versuchen Abhilfe der Fehler und finden folgendes:

1. Die Gewindespindel ist in der Mitte stärker.
   Ursache: Die rohe Stange ist in der Mitte geschweißt, an der Schweißstelle härter und darum stärker.

2. Das Gewinde ist „betrunken".
   Ursache: Die Laufringe, die dem Bund der Leitspindel gegengelagert sind, schlagen; die Arbeitsspindel schlägt.

3. Das Gewinde zeigt periodisch wiederkehrende Steigungsfehler.
   Ursache: ein schlagendes Wechselrad, oder ein starker Zahn in einem solchen.

4. Das Gewinde zeigt Flammen, es flimmert.
   Ursache: schlecht kämmende Räder im Spindelkasten.

5. Das Gewinde hat ungenaue Form.
   Ursache: ungenaues Werkzeug.

Sucht man die Gründe, warum diese Fehler in der Fabrikation gemacht wurden, auf, so muß zu ihrer Beseitigung vielleicht die ganze Fabrikationseinrichtung revidiert und verbessert werden. Gleichzeitig zeigt sich aber hier eine Reihe von Fällen, wo die gewöhnlichen Toleranzen für die betreffenden Teile der erzeugenden Maschine nicht genügen und wo man, ohne Rücksicht auf die Kosten der Herstellung die Fehlergrenzen enger ziehen muß.

Beim Fehler zu 1 liegt der Fehler weder in der Maschine noch in den Werkzeugen, sondern im Material. Fehler 2 zeigt, daß die gewöhn-

Abb. 175. Prüfvorrichtung für Schnecken und Schneckenräder. (TWL 170.)

lichen Toleranzen für die Bearbeitung der Laufringe nicht ausreichen. Wir verwerfen daher Laufringe, die über 0,005 mm Abweichungen in der Parallelität der Laufflächen zeigen. Dasselbe gilt von der Arbeitsspindel, die in unseren Werkstätten mit einer Abweichung über 0,002 mm nicht mehr abnahmefähig sind. Fehler 3 und 4: Ungenaue Zahnräder bilden ein Kapitel, das besondere Aufmerksamkeit verlangt. Gewinde und Zahnräder lassen eine so große Anzahl von Fehlern zu, wie kein anderes Maschinenteil und die genannten fünf bilden nur eine Auswahl. Bei den Zahnrädern ist jede einzelne Operation für das Endergebnis

mitbestimmend; wirklich genaue Zahnräder herzustellen, ist daher eine
Aufgabe, die zu den schwierigsten gehört. Das ist auch der Grund, daß
zum Nachprüfen von Zahnrädern eine große Anzahl von Apparaten
erfunden und ausgeführt sind. Diese haben zwar dazu beigetragen,
die Fehler zu erkennen, aber fabrikationsmäßig Räder mit höchster
Genauigkeit herzustellen, ist nur möglich, wo die gesamte Einrichtung
darauf zugeschnitten ist, und so bilden derartige Apparate immer nur
ein Mittel, die Fehler zu erkennen und die Einrichtung zu verbessern.
Abb. 175 zeigt eine der einfachsten Zahnradprüfvorrichtungen am Beispiel von Schnecke und Schneckenrad. Die beiden Supporte nehmen

Abb. 176. Teilapparat mit Mikroskop zum Prüfen der Teilgenauigkeit. (TWL 181.)

die Räder auf und lassen sich genau in die Lage einstellen, die der Soll-
entfernung der beiden Achsen entspricht. Beim Antreiben des so entstehenden Zahnradtriebes mittels des Handrads erkennt man dann
das einwandfreie Arbeiten der Räder.

Verwickeltere Vorrichtungen hat man zur genauen Beobachtung
des Abwälzens der Zahnflanken gebaut. Bis dahin bleibt nichts übrig, als
Fehler in den Rädern durch Nachschleifen, Einlaufen und andere Hilfsmittel zu korrigieren. Man hat also die Wahl, ob man das Geld für Nacharbeiten oder für Verbesserung der Fabrikationseinrichtung ausgeben will.

Auch hier ist das Ergebnis, wie schon früher bemerkt, von der Genauigkeit einer Anzahl Teile abhängig: Schneckenrad, Hauptspindel, Schnecke, Schneckenradwelle, Teilscheibe und Wechselräder. Einen Hinweis darauf, wie man hohe Genauigkeit von Teilrädern erzielen kann, bringt Abb. 176. Auf der rechts sichtbaren großen Scheibe ist eine feine Teilung angebracht, die durch zwei Zeißsche Mikroskope betrachtet wird und etwaige Abweichungen vom Sollwert der Teilung genau erkennen läßt.

Bei all dem ist es wichtig, zu beachten, daß Lehrenhaltigkeit und Genauigkeit zwei sehr verschiedene Dinge sein können. Unser Grenzlehrensystem verlangt nur die Maßhaltigkeit zwischen zwei Grenzen, d. h. eine bestimmte Ungenauigkeit darf nicht überschritten werden, sie ist aber erlaubt. Wie weit die Grenzen voneinander entfernt sein dürfen, ist abhängig von dem Verwendungszweck. Andererseits ist Genauigkeit und Maßhaltigkeit nicht immer dasselbe. Eine Bohrung kann genau zylindrisch sein, muß aber nicht gleichzeitig lehrenhaltig sein. Bei der Vereinigung beider Bedingungen wachsen natürlich Schwierigkeit und Kosten. Lehrenhaltig muß jedes Stück sein, das austauschbar sein soll. Wenn Teile, an deren Genauigkeit besondere Anforderungen zu stellen sind, austauschbar sein sollen, so müssen dafür Sondertoleranzen aufgestellt werden, wie wir es vorher an der Arbeitsspindel gesehen haben.

Ich komme nun zu dem Zeitgewinn, der durch den Austauschbau erzielt wird. Ich bemerkte schon, daß beim Austauschverfahren sämtliche Teile einer Maschine gleichzeitig in Arbeit genommen werden, da die Lehrenhaltigkeit ohne weiteres auch das Passen einschließt. Beim Anpaßverfahren können ganze Reihen von Teilen nur nacheinander in Angriff genommen werden, weil ein Teil immer dem anderen angepaßt wird. Weiter wird, wie erwähnt, durch das Sammeln gleichartiger Operationen an einer Maschine der Vorteil der Massenfabrikation erreicht. Aber nicht nur in der Teilfabrikation, sondern auch beim Zusammenbau ist die gleichzeitige Bearbeitung gegeben. Wir teilen z. B. eine Drehbank in folgende Kleinmontagegruppen: Spindelkasten, Reitstock, Obersupport, Räderplatte, Räderkasten, Brillen und Deckenvorgelege. Statt einer Kolonne können also gleichzeitig sechs Kolonnen sich in die Arbeit teilen, und die so montierten Teile müssen dann in der Endmontage, wahllos kombiniert, das Endprodukt, die fertige Maschine, ergeben.

In der Praxis bietet ein Umstand der Durchführung des Austauschverfahrens starke Hindernisse: d. i. der Arbeitsausschuß, aber nicht etwa dadurch, daß beim Austauschbau die Teile genauer und besser bearbeitet sein müssen als beim Anpassen. Im Gegenteil habe ich gefunden, daß beim Anpaßverfahren viel unnötige Genauigkeit aufgewendet wird. Die Hauptsache beim Austauschverfahren ist die Lehrenhaltigkeit, und darum ist es nicht angängig, ein Stück, bei dem im

Rohmaterial $\frac{1}{2}$ mm fehlt, überhaupt zu bearbeiten. Beim Anpaßverfahren ist das möglich, weil das zu dem ersten gehörige Gegenstück
wahrscheinlich $\frac{1}{2}$ mm größer gehalten werden kann. Im ersten Falle
ist man also u. U. gezwungen, das Stück als Ausschuß zu erklären
und zu ersetzen. Wie viele Meister und Betriebsingenieure können es
sich versagen, nicht lehrenhaltige Stücke als Ausschuß zu erklären,
wenn sie, unter Durchbrechung des Austauschprinzips, noch „gerettet"
werden können? Dabei bedenkt man zweierlei nicht. Erstens wird
die Ausnahme sehr schnell zur Regel und damit die Bedingungen für
Austauschbarkeit ganz beiseite geschoben. Es ist eine alte, aber unum-
stößliche Wahrheit, daß für die Folge jede Arbeit so gut oder so genau
ausgeführt wird, wie sie revidiert und abgenommen wird, d. h. es wird
so lange ungenau gearbeitet, als man sich zur Abnahme ungenauer
Arbeit herbeiläßt. Die Nachsicht, die das erstemal geübt wird, schließt
die für das zweitemal schon ein. Man bilde sich doch nur nicht ein,
daß dies aber das „letztemal" gewesen sei und daß es das nächstemal
nicht genau so gemacht werden wird. Zweitens wird in fast allen Fällen
in einem auf Austauschfabrikation eingestellten Betriebe das unnormale,
nicht lehrenhaltige Stück mehr Kosten verursachen, als sein Wert
beträgt. Dazu kommt noch, daß die dazu passenden Stücke vielleicht
auch unnormal ausgeführt werden müssen und die böse Tat auch hier
fortzeugend Böses gebären muß. Wenn Ausnahmen überhaupt gemacht
werden, so müssen die Stücke auf das nächste normale Maß gebracht
werden, um so die Möglichkeit zu haben, zum wenigsten die Lehrenhaltigkeit aufrechtzuerhalten. Diese Abweichungen sollten aber sorgfältig auf Zeichnungen vermerkt oder registriert werden, um bei Nachlieferungen und Reparaturen sich informieren zu können, wie das betreffende Stück früher ausgeführt wurde. Nehmen wir an, daß eine
Welle zu schwach geschliffen wurde, so ist ein dazu gehöriges Zahnrad,
das schon gebohrt ist, ebenfalls unbrauchbar. Wird die Welle durch
Nachschleifen auf das nächste Maß verwendbar gemacht, so muß das
Zahnrad ebenfalls ersetzt werden und das normal gebohrte Rad kann
für die nächste Maschine im Magazin aufbewahrt werden. Keinesfalls
dürfte die unnormal geschliffene Welle zurückgelegt werden, denn das
dazu gehörige Rad wird sicher das nächstemal wieder normal gebohrt.
Beim Kauf von Werkzeugmaschinen sollte die Frage der Nachlieferung
austauschbarer Ersatzteile berücksichtigt werden, weil Reparaturzeiten
dadurch wesentlich verkürzt werden können.

Daß selbst bei lehrenhaltig bearbeiteten Teilen in der Montage noch
Nacharbeiten nötig werden, ist selbstverständlich. Man wird ein Drehbankbett oder einen Fräsmaschinenständer nicht ohne weiteres auswechseln können, wenn auch, wie ich zeigte, das Bett lehrenhaltig
bearbeitet wurde. Man kann aber die Nacharbeit aufs äußerste

beschränken. So werden z. B. Fräsmaschinenkonsole in unserer Fabrik nicht an dem dazu gehörigen Ständer ausgerichtet, sondern an Normalständern, die für die ganze Serie Maschinen dienen. Diese Normalständer sind rot angestrichen und werden bis zur Bearbeitung der nächsten Serie beiseite gestellt. Ein solches Verfahren ist nur angängig, wenn die ganze maschinelle Bearbeitung lehrenhaltig ist. Derartig ausgeführte Maschinen werden beim Ersatz von Teilen nicht nur wenig Ansprüche auf Nacharbeit machen, man kann auch annehmen, daß sie billigen Ansprüchen an Genauigkeit entsprechen.

Welche Ansprüche soll aber der Käufer an die Genauigkeit von Werkzeugmaschinen stellen? Das wird sich in vielen Fällen nach der Art und Genauigkeit seiner eignen Erzeugnisse richten. Eine Bohrmaschine für Brückenbau erfordert nicht die Genauigkeit wie für den Buchdruckmaschinen- oder Werkzeugbau. Allerdings wird die genauer gebaute Maschine auch vielfach an Leistungsfähigkeit und Lebensdauer den anderen überlegen sein und somit kann aus diesen Gründen für die Dauer die teurere Maschine vorzuziehen sein. Handelt es sich um Maschinen für Präzisionsarbeit, so muß, wie eingangs erwähnt, die Maschine zum mindesten die Genauigkeit des herzustellenden Erzeugnisses haben. Da aber diese Genauigkeit von einer Reihe außerhalb der Maschine liegenden Ursachen beeinträchtigt wird, so kann man nicht von diesen ohne weiteres auf die Maschine zurückschließen. So wurde bei unserer Firma z. B. nach einer Drehbank angefragt, mit der man einen Zylinder von bestimmtem Durchmesser und Länge innerhalb einer bestimmten Genauigkeit drehen könne. Diese Bedingung lehnten wir ab und schrieben der Firma, wir würden ihr eine Maschine liefern, deren Genauigkeiten wir im einzelnen angaben. Unser Revisionsattest würden wir bei der Ablieferung mit einsenden, damit das Ausrichten am Aufstellungsort diesem Attest entsprechend erfolgen könne. Diese Revisionsatteste werden in unserer Firma für jede einzelne Maschine ausgestellt und aufbewahrt und ich halte es für zweckmäßig, daß der Käufer von Maschinen für Präzisionsarbeit sich diese Atteste vom Lieferer einfordert. Über den Inhalt eines solchen Scheines gibt der nachfolgende Abdruck eines kleinen Teiles davon Auskunft.

Häufig werden erstklassige Werkzeugmaschinen durch unsachgemäßes Aufstellen in ihrer Genauigkeit beeinträchtigt und wir haben darum für das Ausrichten der Maschinen beim Verbraucher besondere Vorschriften ausgearbeitet. Wenn je eine Klage über Ungenauigkeit unserer Maschinen auftrat, so lag der Grund stets in dem mangelhaften Ausrichten. Dieser Fehler liegt gewöhnlich entweder in der Unkenntnis, wie eine Maschine überhaupt ausgerichtet werden soll — dem helfen die erwähnten Vorschriften ab — oder aber zum größten Teil in ungenauen oder fehlenden Hilfsmitteln.

L. L. & Co. A.-G.
Form 2257

Revisionsschein.

Drehbank Nr.————

———Stück   Mod.-Nr.————   Ord.-Nr.————   Fabr.-Nr.————

Revision der fertigen Maschine.

Frage	Antwort	Bemerkungen
Montage für Bett und Montage. 1. Ist das Bett sauber geputzt?		
2. Sind die Fußschrauben genügend lang?		Schraube muß im Gewinde mit einer Länge von $1{,}5 \times \varnothing$ sitzen
3. Sind die Löcher f. d. Fundament-schrauben vorhanden?		
4. Ist das Bett genau nach Wasser-wage ausgerichtet?		
5. Wieviel ist das Bett hohl oder ballig po. 1 m Länge?		Gestatteter Fehler: 0,02 mm
6. Sind alle Prismen- und Führungs-flächen parallel?		
7. Sind alle Flächen sauber geschabt und gemustert?		
8. Läuft der Konus d. Arbeitsspindel?		Gestatteter Fehler: 0,02 mm auf 300 mm Lg.
9. Wieviel weicht die Arbeitsspindel zur Prismenführung des Bettes ab? a) Horizontal. b) Vertikal.		Gestatteter Fehler: 0,02 mm auf 300 mm Lg.
10. Wieviel weicht die Pinole des Reit-stockes zur Prismenführung des Bettes ab? a) Horizontal. b) Vertikal.		Gestatteter Fehler: 0,02 mm auf 300 mm Lg.

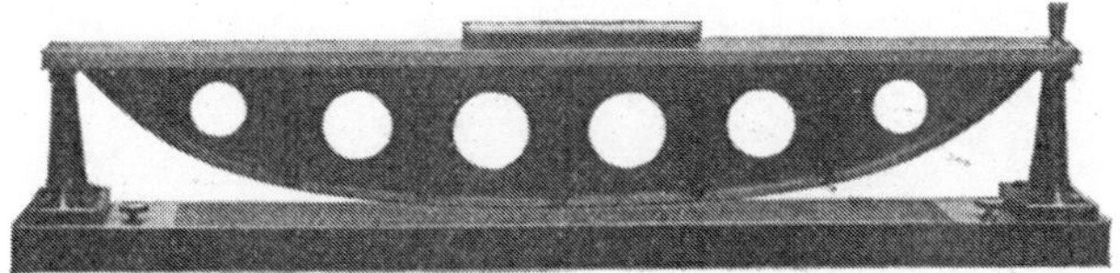

Abb. 177.   Prüfapparat für Libellen.   (TWL 167.)

Die Firma Ludwig Loewe & Co. Akt.-Ges. stellt daher ihren Ab-
nehmern auf Wunsch die zum Ausrichten nötigen Werkzeuge zur Ver-

fügung. Vor allem gehören dazu genaue Wasserwagen. Solche Instrumente besitzt zwar fast jeder Betrieb, die wenigsten vermögen sich aber ein Bild über ihre Genauigkeit zu machen oder diese gar zu prüfen. Eine äußerst einfache Einrichtung hierfür zeigt Abb. 177, die keiner weiteren Erläuterung bedarf. Mit Hilfe der Ausrichtwerkzeuge muß dann die Maschine so ausgerichtet werden, daß sie der Genauigkeit im Revisionsattest entspricht. Erst dann kann man erwarten, daß das auf ihr hergestellte Erzeugnis mit größter Annäherung die Genauigkeit der Werkzeugmaschine und ihrer Einzelteile widerspiegelt.

6. Der Austauschbau im Kraftfahrzeugbau.

Von Oberingenieur **Gramenz**, Berlin-Südende.

Bei Betrachtung des Austauschbaues und der damit zusammenhängenden Arbeitsgenauigkeit im Kraftfahrzeugbau ist als grundlegend vorauszuschicken, daß es sich hier, abgesehen von amerikanischen Verhältnissen, im allgemeinen um einen Serienbau von etwa 50 bis 200 und 300 Stück Fertigerzeugnisse handelt; nur ausnahmsweise kommen höhere Stückzahlen vor. Die Stückzahl ist bekanntlich ein wesentlicher Faktor in der wirtschaftlichen Fertigung, von ihr hängt die Verteilung der Werkstattvorbereitungsarbeiten auf eine kleinere oder größere Menge ab; im Hinblick auf den Austauschbau ist von ihr die Ausnutzung der Lehren und Werkzeuge abhängig. Für die einzelnen Werkstücke vervielfachen sich die oben genannten Zahlen mit 4, 6, 8 oder 12, je nachdem, wie oft das betreffende Werkstück am Motor (hier vervielfacht vor allem die Zylinderzahl das Vorkommen der einzelnen Teile) bzw. Fahrgestell vorhanden ist. Die wirtschaftliche Fertigung von Werkstücken in größeren Stückzahlen und in solchen Genauigkeitsgrenzen, daß ohne Nacharbeit von Hand Austauschbarkeit in befriedigender Passung erreicht wird, bedingt nun bekanntlich die Anwendung von Grenzlehren.

Der Kraftfahrzeugbau gehörte aus diesem Grunde nach seiner Eigenart mit zu den ersten Fabrikationszweigen, welche sich auf die Fertigung nach Grenzlehren eingestellt und seit etwa 15—20 Jahren hiernach gearbeitet haben. Liegen doch hier die Verhältnisse so, daß nicht nur für den Zusammenbau, sondern auch für die Nachlieferung von Ersatzteilen wahllose Austauschbarkeit in weitestem Maße angestrebt werden muß.

In den bisher vorwiegend in Anwendung befindlichen Passungssystemen gab es im allgemeinen nur einen Passungsgütegrad und damit für die Fertigung nach Grenzlehren auch nur einen Genauigkeitsgrad, etwa entsprechend der Feinpassung des NDI, daher sind die wirtschaftlichen Grenzen der Arbeitsgenauigkeit in der Vorkriegszeit wohl wenig überlegt und kaum untersucht worden. Man hat vielmehr im Kraftfahrzeugbau ebenso wie in anderen Fabrikationszweigen, so gut und schlecht es eben mit den verfügbaren Fabrikationsmitteln ging, nach Grenzlehren gearbeitet, d. h. man hat sich bemüht, die in den gegebenen Lehren festgelegten Genauigkeitsgrenzen einzuhalten, besonders in den Fällen, in denen mit Rücksicht auf die Betriebsverhältnisse hohe Genauigkeitsanforderungen gestellt werden mußten, z. B. Kolbenbolzen, Paßstellen für Kugellager usw. Bei anderen Teilen, welche einen weniger hohen Genauigkeitsgrad erfordern, z. B. Teile der Federaufhängung, der Anhängerkupplung, des Lenkgestänges usw., hat man aber in der Werkstatt bewußt oder unbewußt darauf verzichtet, bei der Herstellung und in der Revision die gegebenen engen Grenzlehren allzu streng anzuwenden[1]. Solange also für die Fabrikation nur Feinpassungslehren zur Verfügung stehen, muß bei allen den Teilen, bei welchen diese Lehren in der maschinellen Bearbeitung nicht eingehalten werden können, eine nachträgliche Bearbeitung von Hand erfolgen, um die Werkstücke in gewünschtem Maße zueinander »passend« zu machen, soweit nicht schon von vornherein die Bohrungen zu weit und die Wellen zu schwach sind.

Viele Betriebsingenieure mögen sich nun bewußt oder unbewußt mit der Tatsache abgefunden haben, daß die Maschinenarbeit in vielen Fällen der Nacharbeit von Hand bedarf, um das Zusammenfügen der zueinander ausgesuchten Werkstücke zu ermöglichen.

Für eine ausgesprochene Serienfabrikation aber, wie sie im Kraftfahrzeugbau vorliegt, ist ein solches Verfahren ein Zustand, der nicht befriedigen kann.

Aus den bekannten Nachteilen heraus, welche die nachträgliche Handbearbeitung maschinenfertiger Teile mit sich bringt, wie ungenaue Paßstellen, mangelnde Austauschbarkeit und hohe Kosten für den Zusammenbau, muß die Forderung erhoben werden, die Werkstücke so weit als möglich bereits auf der Werkzeugmaschine derart fertigzustellen, daß sie ohne weitere Nacharbeit wahllos zusammengefügt werden können. Dies bedingt die Anwendung von Toleranzen, welche nicht nur den späteren Betriebsverhältnissen, sondern auch in ausreichendem Maße dem Herstellungsverfahren Rechnung tragen, oder mit anderen Worten: Im Kraftfahrzeugbau muß neben Edel- und Feinpassung auch die Schlicht- und nötigenfalls sogar die Grobpassung geführt werden. Die Schlichtpassung und die Grobpassung gestatten lehrenhaltige Fabrikation und damit maschinenfertig austauschbare Werkstücke da, wo mit

---

[1] Anmerkung des Herausgebers: An dieser Stelle möchte ich, wie dies auch verschiedentlich in der auf den Vortrag folgenden Erörterung geschah, besonders darauf hinweisen, daß sich der Verfasser dieses Abschnittes ein besonderes Verdienst dadurch erworben hat, daß er offen und rückhaltlos die Verhältnisse schildert, wie sie vielfach früher waren. Erst dadurch, daß wir die Schwächen unseres »Austauschbaues« aufdecken und die Erfahrungen hierüber austauschen, tragen wir zu seiner Förderung bei.

Rücksicht auf die Betriebsverhältnisse gröbere Toleranzen, als sie die Feinpassung bietet, zulässig sind. Ihre Verwendung wird mit Rücksicht auf die im Rahmen einer wirtschaftlichen Fertigung zu wählenden Herstellungsverfahren unbedingt notwendig.

Nach einer Umfrage des NDI über den Stand der Passungsfrage in der Kraftfahrzeugindustrie haben unter 37 Firmen bereits im Sommer 1919 11 Firmen die Schlichtpassung als notwendig bezeichnet, obwohl damals keine Gelegenheit bestanden hatte, sie auszuprobieren; weitere 3 Firmen haben sogar schon damals weiterhin die Notwendigkeit der Grobpassung zugegeben.

Auch heute (1922) läßt sich eine endgültige Übersicht welche Gütegrade für die verschiedenen Paßstellen am Automobil mit Rücksicht auf die Anforderungen des Betriebes einerseits und im Rahmen einer wirtschaftlichen Fertigung andererseits vorzusehen sind, wohl kaum geben, da abgeschlossene Erfahrungen über eine Fabrikation nach DI-Grenzlehren im Kraftfahrzeugbau noch nicht vorliegen.

Von entscheidendem Einfluß auf die Anzahl der Paßstellen und die erforderlichen Gütegrade ist natürlich die Durchbildung der Konstruktion. Die Verhältnisse werden deswegen an einem Personenwagen, wenn auch nicht wesentlich, so doch etwas anders liegen, als an einem Lastwagen.

Den folgenden Angaben liegt ein 4,5 t Lastwagen mit einem 45-pferdigen Motor zugrunde, der eine untenliegende Steuerwelle und von oben gesteuerte Ventile besitzt. Die Betrachtungen beziehen sich nur auf die zylindrischen Paßstellen unter Ausschluß aller geteilten Lager, aller kegelförmigen Verbindungen und aller Keile, Paßfedern und Nuten. Längenpassungen sind grundsätzlich ausgeschlossen, da zunächst den zylindrischen Paßstellen das Hauptaugenmerk zuzuwenden ist, und die Frage der Längenpassungen erst an zweiter Stelle steht und auch noch nicht so geklärt ist wie die der zylindrischen Paßstellen.

In den Übersichtstafeln 11 und 12 geben die nicht eingeklammerten Zahlen die Anzahl der verschiedenen Paßstellen für den betreffenden Gütegrad an, d. h. jede mehrmals vorkommende Paßstelle ist nur einmal in Rechnung gesetzt, z. B. die acht Ventilhebel des Motors. Die in Klammern dahinter vermerkten Zahlen geben die Anzahl der Paßstellen an, wenn jede vorkommende zylindrische Paßstelle mitgezählt wird.

Tafel 11 zeigt die Zusammenstellung der Paßstellen am Motor. Von 104 verschiedenen Paßstellen sind 22 nach Schlichtpassung, 76 nach Feinpassung und 6 nach Edelpassung angenommen. Werden sämtliche gleichartigen Paßstellen mitgezählt, so sind von 210 Paßstellen 64 nach Schlichtpassung, 134 nach Feinpassung und 12 nach Edelpassung.

Tafel 11.

Verteilung der Passungsgütegrade an einem 45 PS Lastwagenmotor.

Laufende Nummer	Teile	Anzahl der Paßstellen				
		Edelpassung	Feinpassung	Schlichtpassung	Grobpassung	Zusammen
1	Kurbelgehäuse	—	13 (15)	6 (12)	—	19(27)
2	Kurbelwelle mit Schwungrad	2 (2)	3 (3)	1 (1)	—	6 (6)
3	Kolben und Kolbenstange	2 (8)	1 (8)	—	—	3 (16)
4	Nockenwellenräder und Führungskolben . . .	—	11 (38)	5 (26)	—	16 (64)
5	Regulator	—	3 (3)	4 (4)	—	7 (7)
6	Ventileinsatz und Ventilhebel.	—	4 (24)	1 (16)	—	5 (40)
7	Zündung	—	4 (4)	—	—	4 (4)
8	Auspuffrohr	—	—	1 (1)	—	1 (1)
9	Vergaser mit Luftregulierung	—	11 (11)	—	—	11 (11)
10	Druckventil	—	2 (2)	—	—	2 (2)
11	Kühlwasserpumpe.	—	9 (11)	—	—	9 (11)
12	Ölpumpe	—	13 (13)	—	—	13 (13)
13	Andrehvorrichtung	—	—	3 (3)	—	3 (3)
14	Windflügel	2 (12)	2 (2)	1 (1)	—	5 (5)
	Am Motor gesamt	6 (22)	76 (134)	22 (64)	—	104 (210)
	„ „ in v. H.	5,8 (5,8)	73 (63,8)	21,2 (30,4)	—	100 (100)

Tafel 12.

Verteilung der Passungsgütegrade am Fahrgestell eines 4,5 t Lastwagens mit Motor.

Laufende Nummer	Teile	Anzahl der Paßstellen				
		Edelpassung	Feinpassung	Schlichtpassung	Grobpassung	Zusammen
1	Reibungskupplung	3 (5)	7 (7)	—	—	10 (12)
2	Getriebe.	21 (23)	31 (39)	6 (7)	—	58 (69)
3	Geschwindigkeitswechsel	—	4 (4)	26 (26)	—	30 (30)
4	Getriebe- und Hinterradbremse	—	—	33 (44)	—	33 (44)
5	Fußhebelbestätigung für Kupplung und Bremsen	—	—	26 (28)	—	26 (28)
6	Gelenkkupplung	2 (2)	5 (6)	1 (1)	—	8 (9)
7	Hinterachsantrieb	8 (12)	24 (33)	9 (15)	—	41 (60)
8	Schubbalken	—	—	4 (10)	2 (4)	6 (14)
9	Vorder- und Hinterachse.	—	4 (8)	27 (54)	—	31 (62)
10	Vorder- und Hinterfeder	—	—	10 (20)	3 (6)	13 (26)
11	Lenkung	—	18 (18)	3 (3)	—	21 (21)
12	Lenkgestänge	—	—	14 (14)	—	14 (14)
13	Regulierung	—	13 (13)	—	—	13 (13)
	Am Fahrgestell gesamt	34 (42)	106 (128)	159 (222)	5 (10)	304 (402)
	„ „ in v. H.	11,2 (10,5)	34,9 (31,8)	52,3 (55,2)	1,6 (2,5)	100 (100)
	und am Motor gesamt	6 (12)	76 (134)	22 (64)	—	104 (210)
	„ „ in v. H.	5,8 (5,8)	73 (63,8)	21,2 (30,4)	—	100 (100)
	Am Fahrgestell und Motor zusammen	40 (54)	182 (262)	181 (286)	5 (10)	408 (612)
	„ „ „ „ „ v. H. .	9,8 (8,84)	44,6 (42,8)	44,4 (46,7)	1,2 (1,66)	100 (100)

11*

Unter lfd. Nr. 1 ist das Kurbelgehäuse angeführt. Die 6 Stellen Schlichtpassung sind für die Lagerung der Ventilstößelführungen im Gehäuse und verschiedener Lagerdeckel für den Steuerwellen- und Pumpenantrieb im Gehäuse vorgesehen. Nach Feinpassung sind die Lager für den Pumpenantrieb und den Magnetantrieb sowie die als Paßschrauben ausgebildeten Lagerschrauben auszuführen.

Unter lfd. Nr. 4 sind Steuerungsteile und deren Antrieb aufgeführt. Nach Schlichtpassung können Kopf- und Fußstücke der Ventilstoßstangen sowie einige Paßstellen an Betätigungsorganen für die Verschiebung der Steuerwelle beim Anlassen gefertigt werden, während die Nockenrollen und die Teile der Ventilbetätigung selbst nach Feinpassung herzustellen sind.

Unter lfd. Nr. 6 sind die Paßstellen der Ventile im Zylinder, Teile zu den Ventilen, die Ventilhebel und deren Lagerung enthalten. Für den Sitz der Ventileinsätze im Zylinder, für die Lagerstellen der Ventilhebel muß die Feinpassung angestrebt werden, während für die Federteller z. B. und die Stellringe, durch welche die Ventilhebel auf den Böcken gehalten werden, die Schlichtpassung genügt.

Der unter lfd. Nr. 9 aufgeführte Vergaser mit Rohrschieber ist eine besondere Ausführung der Automobilfirma selbst und erfordert überwiegend Feinpassung, bei den handelsüblichen Vergasern dürfte aber durchweg die Schlichtpassung, zum Teil die Grobpassung ausreichend sein.

Tafel 12 zeigt die Paßstellen am Wagen. Von 304 verschiedenen Paßstellen sind 5 nach Grobpassung, 159 nach Schlichtpassung, 106 nach Feinpassung und 34 nach Edelpassung angenommen. Werden sämtliche gleichartigen Paßstellen mitgezählt, so sind von 402 Paßstellen 10 nach Grobpassung, 222 nach Schlichtpassung, 128 nach Feinpassung und 42 nach Edelpassung.

Unter lfd. Nr. 1 ist die Reibungskupplung angeführt, für deren Teile 7 Paßstellen nach Feinpassung und 3 Paßstellen nach Edelpassung angenommen sind; die Edelpassung kommt für die Gegenstücke von Kugellagern in Betracht.

Bei den Teilen zum Getriebe nach lfd. Nr. 2 ist natürlich vorwiegend die Feinpassung und, soweit es sich um Kugellager handelt, die Edelpassung anzustreben. Die Schlichtpassung kommt hier nur für Zwischenringe, Zentrieransätze von Verschlußdeckeln usw. in Betracht.

Die Schaltorgane für den Geschwindigkeitswechsel nach lfd. Nr. 3, die Teile für die Bremsen nach lfd. Nr. 4 und die Bedienungselemente für Kupplung, Handhebel- und Fußhebelbremse usw. nach lfd. Nr. 5 sind natürlich ohne Bedenken nach Schlichtpassung auszuführen. Auch das Lenkgestänge nach lfd. Nr. 12 wird vorwiegend nach Schlichtpassung auszuführen sein, während die Lenkspindel zum Teil wohl die Feinpassung erhalten muß.

Im Hinterachsantrieb[1]), zusammengefaßt unter lfd. Nr. 7, ist vorwiegend die Feinpassung vertreten; sie ist erforderlich für das Differential- oder Ausgleichgetriebe. Daneben sind einige Paßstellen, welche nach Schlichtpassung ausgeführt werden können, während für Kugellagerpassungen wieder die Edelpassung angestrebt werden muß.

Bei den unter lfd. Nr. 9 zusammengefaßten Teilen zur Vorder- und Hinterachse handelt es sich um Räder mit Gleitlagern, hier ist für die Lagerbuchsen, Stoßscheiben, Zwischenringe usw. durchweg die Schlichtpassung angenommen, und nur für die Lagerung der drehbaren Vorderachsschenkel, welche besonderen Stößen ausgesetzt sind, ist die Feinpassung erforderlich.

Unter lfd. Nr. 10 sind die Teile für Federaufhängung aufgeführt, für welche die Schlichtpassung vollkommen ausreichend sein dürfte und zum Teil sogar die Grobpassung zulässig sein mag.

Die Zusammenfassung ergibt, daß am Motor und Wagen zusammen, je nachdem, ob die gleichartigen Paßstellen nur einmal oder sämtlich in Rechnung gesetzt werden, von 408 bzw. 612 Paßstellen 5 bzw. 10 Paßstellen nach Grobpassung, 181 bzw. 286 nach Schlichtpassung, 182 bzw. 262 nach Feinpassung und 40 bzw. 54 nach Edelpassung ausgeführt werden können, d. h. in Hundertteilen ausgedrückt und bei Zählung sämtlicher in Betracht kommender Paßstellen 1,7 v. H. Grobpassung, 46,7 v. H. Schlichtpassung, 42,8 v. H. Feinpassung und 8,8 v. H. Edelpassung.

Die genannten Zahlen sind sehr vorsichtig zusammengestellt worden, es ist eher anzunehmen, daß sich bei genauerer Untersuchung der betreffenden Paßstellen und vor allen Dingen durch praktische Versuche oft ein gröberer Gütegrad betriebsmäßig als zulässig und mit Rücksicht auf die wirtschaftliche Herstellung als zweckmäßig erweisen wird. In einzelnen Fällen wird auch für die Bohrung mit Rücksicht auf die schwierigere Herstellung ein gröberer Gütegrad in Betracht zu ziehen sein als für das zugehörige, leichter in engen Toleranzen herstellbare Wellenstück. Hierdurch wird das schädliche Spiel, welches auftreten könnte, wenn beide Werkstücke nach den gröberen Toleranzen gefertigt werden, möglichst gering gehalten.

Die vorausgegangenen Ausführungen zeigen jedenfalls, daß für den Kraftfahrzeugbau ohne Bedenken die **Schlichtpassung** in weitgehendem Maße Anwendung finden kann und muß, wenn im Rahmen einer **wirtschaftlichen** Fertigung tatsächlich

---

[1]) S. auch Abb. 159, S. 137.

austauschbare maschinenfertige Werkstücke erreicht werden sollen.

Vor dem Eingehen auf einige ausgewählte Passungsbeispiele sollen grundsätzliche Richtlinien für die Wahl des Passungsgütegrades besprochen werden.

Für alle Teile, welche mit dauernder Drehbewegung aufeinander gleiten, ist mit Rücksicht auf die hohen Umlaufszahlen besonders im Motor und Getriebe die Feinpassung erforderlich. Sie ist für die in Betracht kommenden Teile im allgemeinen auch maschinenmäßig einzuhalten, da die betreffenden Wellen geschliffen und die Bohrungen sorgfältig gerieben werden. Die Feinpassung muß ferner an allen den Stellen vorgesehen werden, an denen einwandfreie Ruhesitze verlangt werden.

Für die Kugellageraußenpassung muß überall die Edelpassung angestrebt werden. Ob sie an allen Stellen erreichbar sein wird, muß noch dahingestellt bleiben. Für die Passung zwischen Kugellagerinnenring und zugehöriger Welle soll ein leichter Festsitz erreicht werden. Dieser ergibt sich, wenn die Wellen nach der Haftsitzlehre aus dem System Einheitsbohrung bearbeitet werden. Diese Lehre gewährt bei den Betracht kommenden Durchmessern eine Toleranz von etwa 0,02 mm, welche beim Schleifen von Wellen mühelos eingehalten werden kann. Schwieriger ist es, für die Passung zwischen Kugellageraußenring und Gehäusebohrung die Edelpassung einzuhalten. Meistens handelt es sich um ungeschickte Werkstücke (Getriebekasten, Gehäuse zum Hinterachsantrieb usw.), welche nur auf dem Bohrwerk bearbeitet und meistens nicht einmal durchgehend gerieben werden können. Die Einhaltung der Edelpassungstoleranzen ist auch schwierig, wenn die Gegenstücke zu den Kugellagern ringförmige Deckel mit geringen Wandstärken sind. Heute werden die Bohrungen, welche ein Kugellager aufnehmen sollen, vielfach bereits auf dem Bohrwerk oder der Drehbank dem zu verwendenden Kugellager zugepaßt, anderenfalls werden sie bei der mechanischen Bearbeitung um 0,01—0,02 mm und mehr enger gehalten, damit die entsprechend ausgesuchten Kugellager durch Ausschaben der Bohrungen in diese eingepaßt werden können. Ein befriedigender Weg ist dies natürlich nicht, und es bleibt den Fabrikationsingenieuren und dem Werkzeugmaschinenbau die Aufgabe, hierfür einen gangbaren Weg zur wahllosen Austauschbarkeit der Kugellager zu suchen.

Für Teile, welche nur ineinander gesteckt werden und welche selten oder keine bzw. geringe Drehbewegungen ausführen, dürfte im allgemeinen die Schlichtpassung ausreichen. Am Motor kommt die Schlichtpassung daher nur für solche Teile in Betracht, für welche ein genaues Passen keinesfalls erforderlich ist und wo sie daher ohne Bedenken zugelassen werden kann (z. B. Ventilspindel im Ventilgehäuse, Federteller usw.). Am Wagen finden sich im Gegensatz zum Motor aber viele Teile, bei deren oberflächlicher Betrachtung allein man schon die Überzeugung gewinnt, daß sie nicht Feinpassungstoleranzen entsprechen und auch bei wirtschaftlicher Fertigungsweise unmöglich nach so engen Toleranzen hergestellt werden können, z. B. Federaufhängung, Teile zur Vorder- und Hinterachse, zum Schubbalken, zur Hinterrad- und Getriebebremse und die Betätigungsorgane hierzu sowie für den Geschwindigkeitswechsel und das Lenkgestänge. Die Schlichtpassung kommt besonders auch für die schwer herzustellenden dünnwandigen Buchsen in Betracht, welche an vielen Paßstellen mit geringfügigen schwingenden Bewegungen vorgesehen sind.

Die Grobpassung mit Toleranzen 0,1—0,2 mm und Spielen von 0,1 bis 0,5 mm erscheint mir allgemeinen für den Kraftfahrzeugbau nicht geeignet. Sie kommt nur für Fälle in Betracht, welche eine verhältnismäßig rohe Herstellung vertragen, z. B. Ohrenlager für den Schubbalken an Wagen mit Ritzelantrieb, Bergstütze und einige Teile der Federaufhängung.

Die folgenden Abbildungen stellen einige Passungsbeispiele dar und sollen das Vorhergesagte erläutern.

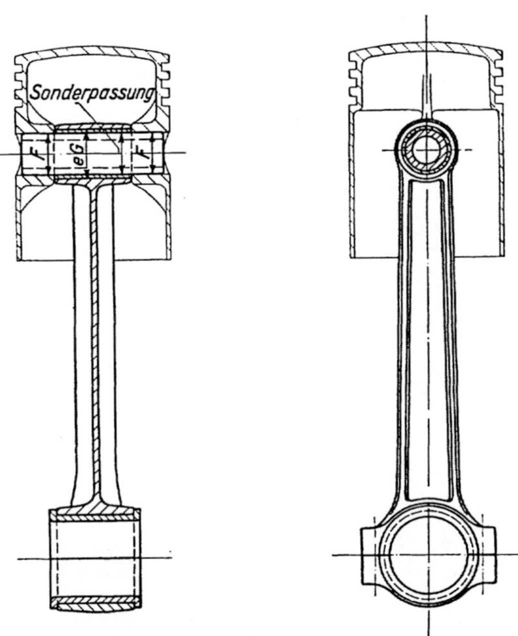

Abb. 178. Kolbenstange mit Buchse, Kolbenbolzen und Kolben. (TWL 187.)

Abb. 178 stellt die Kolbenstange eines Motors mit Buchse, Kolbenbolzen und Kolben da. Ber Bolzen soll im Kolben einen festen Sitz haben und muß deswegen bei vorliegender Konstruktion im Schlesinger-Loewe-System[1] EB in ganzer Länge nach Festsitzlehre, im NDI-System nach

---

[1] Bei den Sitzbezeichnungen ist stets zu beachten, ob man vom früheren Passungssystem (besonders dem Schlesinger-Loeweschen) oder vom NDI-System spricht, da zwischen beiden nicht nur Unterschiede in der Lage der Nullinie, sondern auch in Abmaßen, Toleranzen und Spielen bestehen.

Haftsitzlehre geschliffen werden. Zwischen Buchse und Bolzen muß ein ausreichendes Laufsitzspiel vorhanden sein. Dasselbe darf aber den betriebsmäßig erforderlichen Betrag nicht überschreiten, weil an dieser Stelle jedes unnötig große Spiel die vorschnelle Abnutzung infolge der Stoßwirkung der hin und her gehenden Massen begünstigt. Für die Bohrung der Büchse ist also die Einhaltung der Feinpassung oder der Edelpassung anzustreben. Die Bohrung muß aber weiter als die normale Bohrung nach besonderem Grenzlehrdorn ausgeführt werden, damit sie auf dem nach Festsitzlehre geschliffenen Bolzen den Laufsitz ergibt. Hier liegt somit ein Fall vor, in dem das System der Einheitsbohrung, welche im Automobilbau vorwiegend Anwendung findet, durchbrochen werden muß. An dieser Stelle würde natürlich das System der EW oder das Verbundsystem Vorteile bieten Abb. 179[1]).

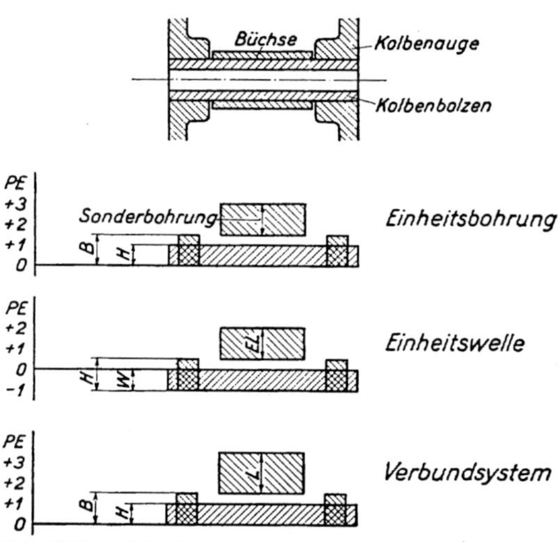

Abb. 179. Tolerierung des Kolbenbolzens in den verschiedenen Passungssystemen. (TWL 215.)

Die Passung der Buchse im oberen Auge der Stange stellt nun ganz besondere Anforderungen. Bei austauschbarer Fertigung muß sich dieselbe ohne wesentlichen Druck in die Stange hineinschieben lassen, damit beim Hineindrücken ein Zusammenziehen vermieden wird. Dies würde ja ein Nachreiben mit der Handreibahle erforderlich machen, um auf dem Bolzen den gewünschten Sitz zu erzielen, denn bei den Toleranzen, welche für die Herstellung der Bohrung in der Stange einerseits und des Außendurchmessers der Buchse andererseits zugestanden werden müssen — das sind zusammen immerhin 0,03—0,04 mm —, wäre es unmöglich, den Innendurchmesser, welcher für sich auch eine entsprechende Toleranz erfordert, von vornherein so abzustimmen, daß beim Einpressen der Buchse mit Übermaß das Zusammenziehen der inneren Bohrung gerade so erfolgt, daß sich der innere Durchmesser der Buchsen nach dem Einpressen noch in zulässigen engen Grenzen bewegt. Daher kommt für die Passung zwischen Stange und Buchse nur ein

---

[1]) S. auch S. 133 und Literaturverzeichnis B Nr. 9.

Gleitsitz in Betracht. Dieser hat, nebenbei bemerkt, auch den Zweck, daß sich die Buchse in der Stange drehen kann, wenn der Bolzen in der Buchse fressen sollte. Der Gleitsitz der Edelpassung gewährt aber z. B. für 38 mm ϕ im ungünstigsten Grenzfalle ein Größtspiel von 0,036 mm, was schon einem mittleren Laufsitz entspricht. An dieser Stelle erscheint daher notwendig, noch feinere Toleranzen, als sie die Edelpassung vorsieht, anzustreben und dieselben auf etwa $^3/_4$ der Edelpassungstoleranzen festzulegen. Dies ist natürlich bei den dünnwandigen Buchsen und bei den Augen in der Stange, welche nur schwer

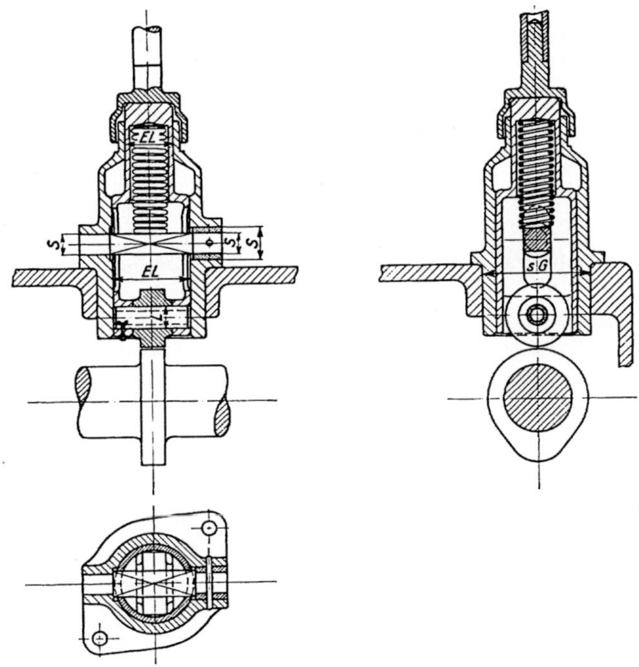

Abb. 180. Ventilstößel und Nockenwelle. (TWL 188.)

auf einer Rundschleifmaschine, sondern im allgemeinen nur durch Reiben hergestellt werden können, eine recht schwierige Aufgabe, welche heute wohl noch nicht ganz als gelöst zu betrachten ist. Ein Ausweg, ohne Verringerung der Toleranzen das mögliche Spiel zu verringern, ist, die Buchsen nach Schiebesitzlehren zu bearbeiten und durch Aussuchen die Fälle der möglichen Überdeckungen, also des zu strammen Sitzes zu vermeiden.

Abb. 180 zeigt den Anhubstößel mit Nockenwelle für die Ventilbetätigung. Hier müssen natürlich die Bohrung in der Rolle, der zugehörige kleine Bolzen, die entsprechenden Bohrungen im Anhubstößel, der Außendurchmesser des Anhubstößels und die Bohrung im Führungsstück nach Feinpassung ausgeführt werden. Für die Passung zwischen Führungsstück und Motorgehäuse ist die Schlichtpassung am Platze.

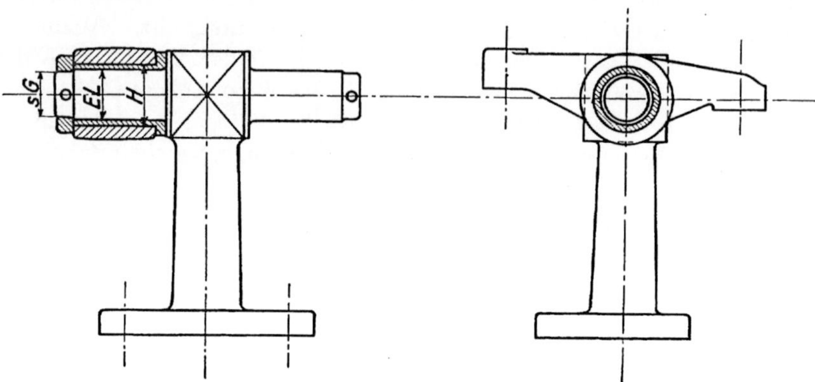

Abb. 181.   Ventilhebel mit Ventilhebelblock.   (TWL 189.)

Abb. 181 stellt den Ventilhebelbock mit Ventilhebel dar. Die Buchse soll im Hebel nach Festsitz bez. Haftsitz passen, ist also nach Feinpassung auszuführen. Auch für den Innendurchmesser der Buchse und den Ventilhebelbock kommt nur der Laufsitz der Feinpassung in Betracht. Der Stellring hingegen und der entsprechende Zapfen am Bock können nach Schlichtpassung-Gleitsitz ausgeführt werden.

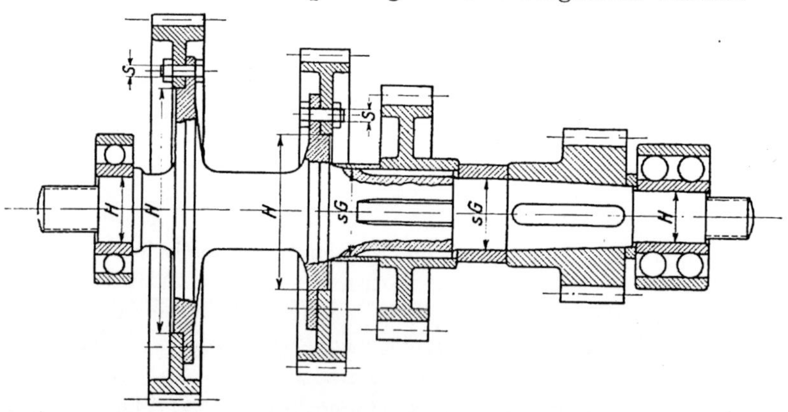

Abb. 182.   Getriebewelle.   (TWL 190.)

Abb. 182 stellt eine Welle aus dem Getriebekasten dar. Die Paßstellen der Kugellager, die Zentrierung der Zahnräder auf den Zentrieransätzen der Welle und die Paßschrauben sind nach Feinpassung auszuführen. Die beiden Zwischenringe genügen natürlich in Schlichtpassung.

Abb. 183 zeigt die Schaltwelle mit Hebel und die Welle für den Hand-
bremshebel. An diesen Teilen kommt natürlich, soweit nicht ein Festsitz erforderlich ist, nur die Schlichtpassung in Betracht. Man über-
lege, daß die Bremshebelwelle einerseits in den am Rahmen befestigten
Böcken gelagert ist und durch die auf der Bremshebelwelle verschiebbare
Schalthebelwelle andererseits auch im Getriebekasten lagert. Bei den
unvermeidlichen Verwindungen zwischen Rahmen und Getriebekasten

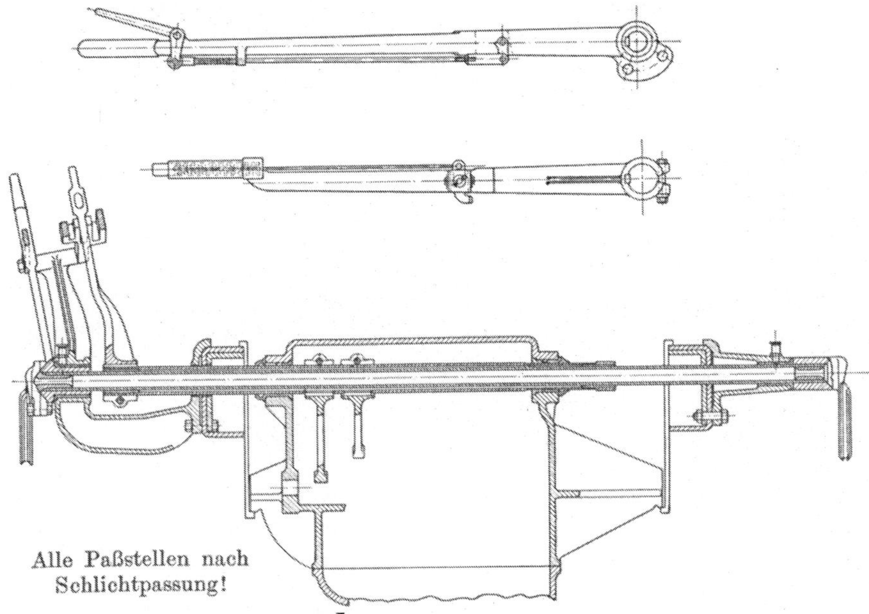

Abb. 183. Schalt- und Bremsgestänge. (TWL 191.)

muß ein ausreichendes Spiel angestrebt werden, wenn die Organe stets
leicht und ohne Klemmen zu betätigen sein sollen. Wenn betriebsmäßig große Spiele erforderlich sind, so ist auch stets die Genauigkeit
der Schlichtpassung für die betreffenden Teile ausreichend. Die Einzelteile an der Verriegelung der Hebel genügen natürlich vollauf nach
Schlichtpassung. Ebenso sind die Klemmsitze, welche für die Befestigung
einiger Hebel Verwendung finden, nach Schlichtpassung auszuführen.

Abb. 184 stellt die Getriebebremse dar, an welcher natürlich sämtliche
Paßstellen an den Verbindungsbolzen, den Gabelköpfen und Hebel-
augen nach Schlichtpassung ausgeführt werden können.

Abb. 185 zeigt die Hinterachse mit Hinterrad, auch hier ist die Schlichtpassung für fast alle Paßstellen angebracht.

Abb. 186 stellt das unter dem Rahmen liegende Gestänge für die
Lenkung dar. Alle Teile sind halbroh. Die Genauigkeit des Zusammenbaus

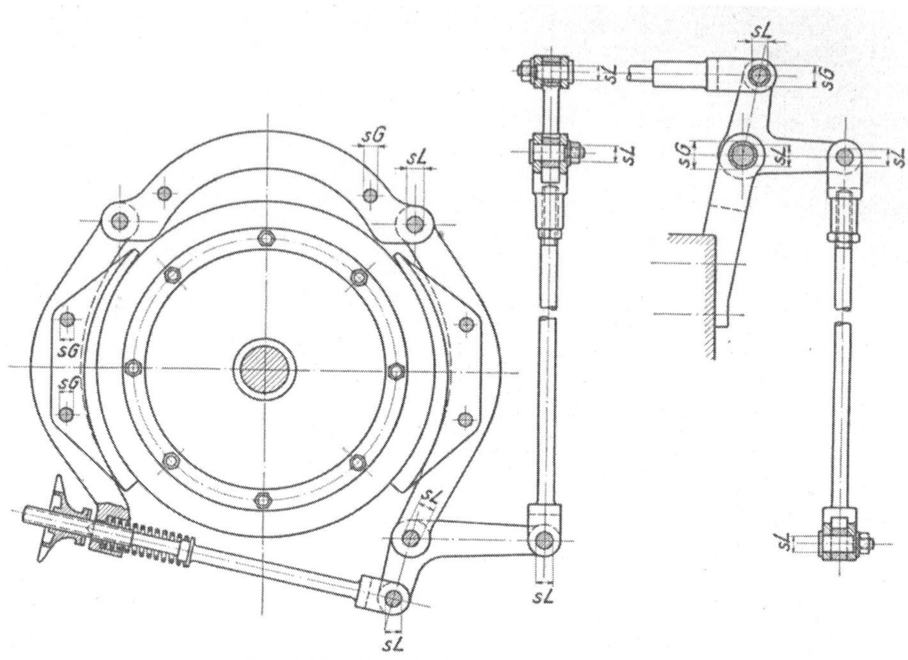

Abb. 184.   Getriebebremse.   (TWL 192.)

wird durch das Annieten bzw. Anschrauben des Lenkgehäuses und des
Lagerbockes an den Rahmen in Frage gestellt. Die Achsen der verschiedenen Drehstellen werden kaum genau parallel sein. Für diese Stücke ist
also die Einhaltung enger Feinpassungstoleranzen weder durchführbar
nach praktisch von Bedeutung, weil beim Zusammenbau doch so weit
nachgeholfen werden muß, daß sich die Teile leicht bewegen lassen.
Hierbei geht die Güte der Passung natürlich mehr verloren, als wenn
gleich maschinenmäßig in entsprechend weiten Toleranzen, also in der
Schlicht- oder Grobpassung gearbeitet wird. Wenn befürchtet wird,
daß durch Anwendung der Schlichtpassung für sämtliche Teile einer
Verbindung das Gesamtspiel zu groß wird, so kann in Erwägung gezogen werden, die leichter herzustellenden Bolzen nach Feinpassung
und nur die Bohrungen nach Schlichtpassung auszuführen[1]).

Die Zahl der Passungsbeispiele ließe sich natürlich auf ein Vielfaches vermehren, doch zwingt der zur Verfügung stehende Raum zur
Beschränkung.

Eine wichtige Frage, die nicht unberührt bleiben soll, ist die Umstellung vom bisherigen Passungssystem auf die DI - Passungen.

---

[1]) S. auch S. 17: Verteilung der Gesamtpassungstoleranz auf beide
Paßteile.

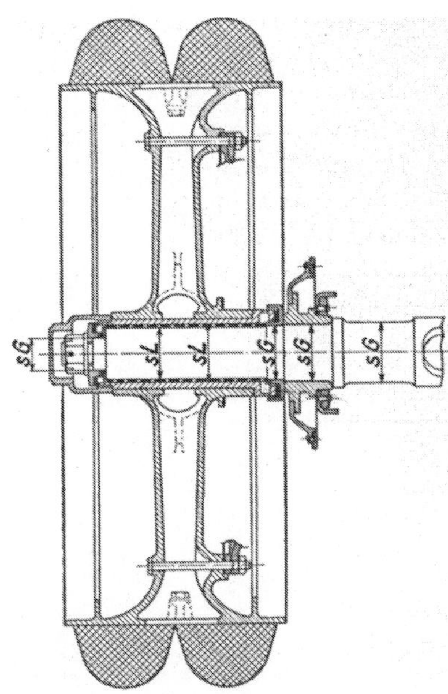

Abb. 185. Hinterachse. (TWL 193.)

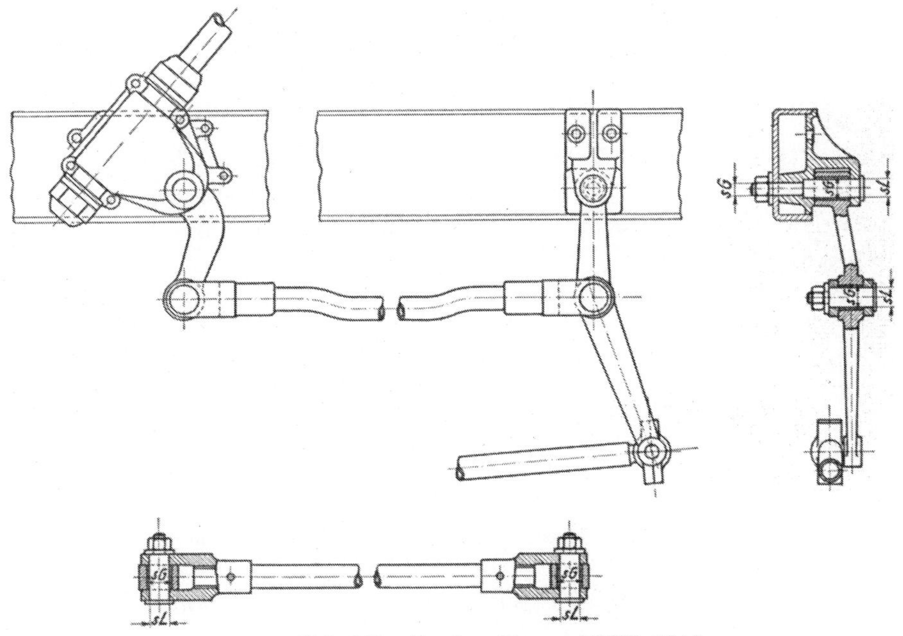

Abb. 186. Lenkgestänge. (TWL 194.)

Gerade im Kraftfahrzeugbau steht man heute (1922) der Umstellung noch ziemlich ablehnend gegenüber. Es ist ja auch nicht zu verkennen, daß kaum eine andere Industrie auf so lange Jahre hinaus verpflichtet ist, ein umfangreiches Ersatzteillager zur schnellen Lieferung von Ersatzteilen zu führen. Gefürchtet werden die Schwierigkeiten, welche sich daraus ergeben, daß während der Übergangszeit vielleicht auf viele Jahre hinaus neben den Lehren des neuen Systems ein Teil der Lehren des alten Systems weitergeführt werden muß, ferner, daß man gewisse alte Einzelteilzeichnungen für neue Typen verwenden möchte. Nach eingehender Untersuchung der Frage messe ich aber solchen Bedenken geringere Bedeutung bei und verweise auf meine Veröffentlichung über »Schlesinger-Loewe-Passung und NDI-Passung«[1]). An dieser Stelle möchte ich nur kurz das Ergebnis meiner diesbezüglichen Überlegungen an einem Beispiel erläutern.

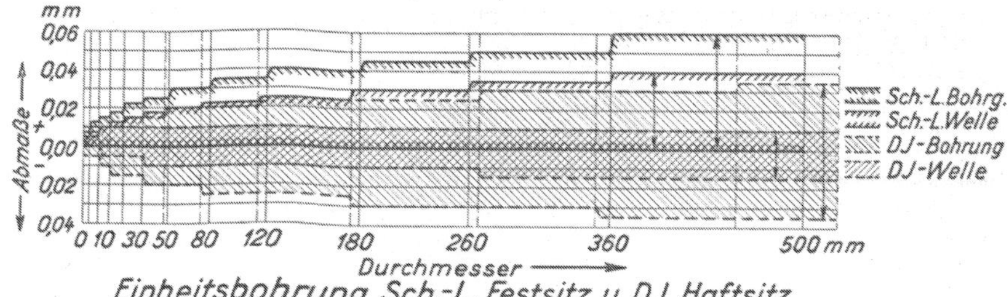

Abb. 187 a.

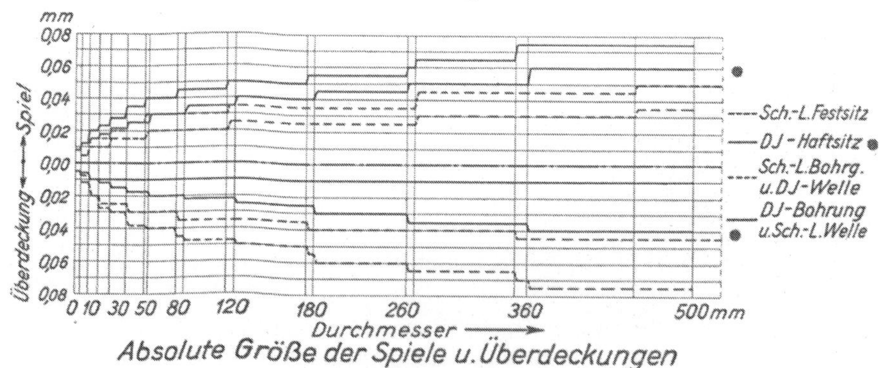

Abb. 187 b.

Abb. 187 a und b. Vergleich Schlesinger-Loewe-Festsitz. (TWL 195.)

In Abb. 187 a sind Toleranzen für den Loewe-Festsitz und den DI-Haftsitz dargestellt. Die von links oben nach rechts unten schraffierte Fläche zwischen den gestrichelten Linien stellt die Toleranz für die

---

[1]) S. Literaturverzeichnis A Nr. 12, ferner A Nr. 21.

Loewe-Bohrung dar. Die entgegengesetzt schraffierte Fläche ist die Toleranz für die Festsitzwelle. Die DI-Feinpassungsbohrung ist durch die vollausgezogenen Linien mit von links oben nach rechts unten gerichteter starker, aber nicht durchgezogener Schraffur angedeutet. Die DI-Haftsitzwelle wird durch voll ausgezogene Linien mit entgegengesetzt gerichteter Schraffur begrenzt.

In Abb. 187 b sind die absoluten Werte der Spiele und Überdeckungen aufgetragen. Die beiden gestrichelten Linien, die rechts bis zu der senkrechten gestrichelten Linie gehen entsprechen den von Schlesinger-Loewe-Festsitz möglichen äußersten Spielen und Übermaßen. Dieser gestattet bei voller Ausnutzung der Toleranzen nicht nur Überdeckungen, sondern bei weitester Bohrung und schwächster Welle auch Spiele, welche fast den Mittelwert eines Lafusitzes erreichen. Die ausgezogenen Linien geben die Spiele und Überdeckungen des DI-Haftsitzes an. Fast an gleicher Stelle verlaufen die ausgezogenen Kurven beim DI-Haftsitz; sie sind rechts durch einen schwarzen Strich gekennzeichnet. Aus dem annähernd gleichen Verlauf der Linien für den Schlesinger-Loewe-Festsitz und den DI-Haftsitz der Feinpassung ergibt sich, daß beide Sitze im Charakter etwa gleichwertig sind[1].

Die beiden andern ausgezogenen Linien zeigen die möglichen Spiele bzw. Überdeckungen, wenn Bohrung nach DI-Norm mit der Festsitzwelle nach Schlesinger-Loewe-Abmaßen zusammengefügt werden; die gestrichelten Linien welche nur bis zur senkrechten Linie 500 mm geken entsprechen der Vereinigung von Bohrung nach Schlesinger-Loewe- und Haftsitzwelle nach DI-Abmaßen. In beiden Fällen der Vereinigung der Werkstücke aus verschiedenen Passungssystemen wird der Charakter des Sitzes nicht wesentlich anders, er kann in einem Falle etwas lockerer, im anderen Falle etwas fester werden als bei Verwendung von Werkstücken nach Lehren aus dem gleichen System. Die Austauschbarkeit ist aber zwischen beiden Systemen bei weitem nicht in dem Maße in Frage gestellt, wie allgemein angenommen wird, sondern ohne ernstliche Bedenken durchführbar. Für die Untersuchungen wurde angenommen, daß die Lehren des Schlesinger-Loewe-Systems die Bezugstemperatur 20° haben. Ist die Bezugstemperatur 0°, so liegen die Verhältnisse noch günstiger[2].

---

[1] Anmerkung des Herausgebers. Tatsächlich zeigt sich, daß der Haftsitz ein größeres Spiel und ein kleineres Übermaß hat. Praktische Versuche, die nach der Abfassung dieses Teils vorgenommen wurden, ergaben, daß der Haftsitz für manche Zwecke zu locker ist, weshalb vom Normenausschuß zwischen ihm und dem DI-Norm-Festsitz ein weiterer Sitz, der Treibsitz, eingeführt wurde; bei ihm hat die Welle im Einheitsbohrungssystem die Abmaße $+ 1,5 + 0,5$. Der Sitz ist also um $\frac{1}{2}$ PE enger als der Haftsitz. Er wird in großem Umfange den Loewe-Festsitz ersetzen.

[2] S. Literatnrverzeichnis A Nr. 28.

Ähnlich wie beim Festsitz bzw. Haftsitz liegen die Verhältnisse auch bei den anderen Sitzen. Wenn sich bei den beweglichen Sitzen durch gemeinsame Verwendung von Bohrungen nach Schlesinger-Loewe-Lehren und Wellen nach DI-Lehren theoretisch einmal etwas zu stramme Sitze ergeben, sei man nicht allzu bedenklich. Die Fabrikation ist bisher vielfach nicht austauschbar gewesen und hat häufig der Nacharbeit von Hand bedurft, so daß es auch während der Übergangszeit von einem System auf das andere nicht darauf ankommen darf.

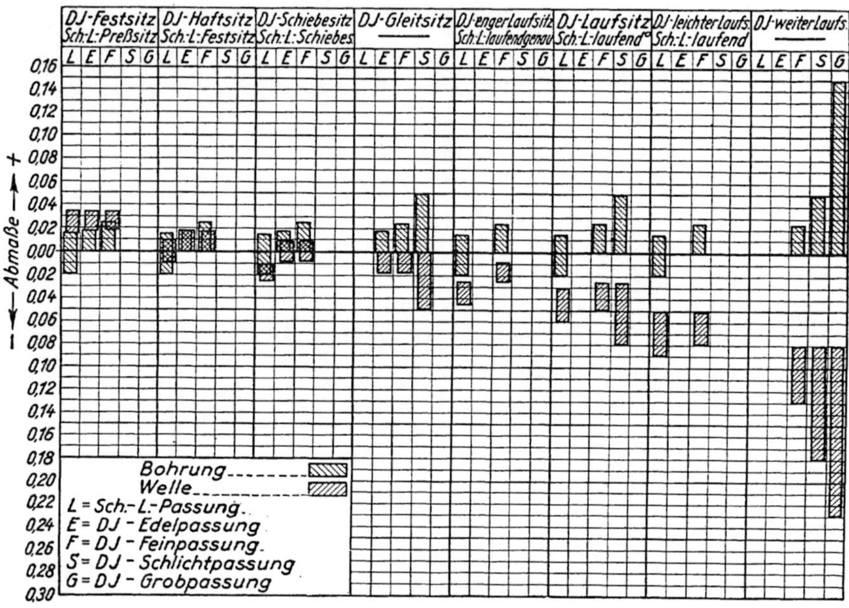

Abb. 188. Vergleich Schlesinger-Loewe-Passungen und DI-Passungen im Einheits-bohrungssystem. (TWL 196.)

Abb. 188 gestattet einen übersichtlichen Vergleich zwischen den Schlesinger-Loewe-Passungen und den DI-Passungen. Toleranzen und Spiele sind maßstäblich aufgetragen, und zwar für den Durchmesser-bereich 30—50 mm EB, denn der Begriff »Paßeinheit« ist im Vergleich der beiden Systeme nicht gut anwendbar, da das Schlesinger-Loewe-System nicht hiernach aufgebaut ist.

Für die acht Sitzarten der DI-Feinpassung ist je eine Hauptspalte vorgesehen, in welche die für den betreffenden Sitz in Betracht kommen-den Gütegrade mit ihren Abmaßen, Toleranzen und Spielen maßstäblich eingetragen und der Schlesinger-Loewe-Passung gegenübergestellt sind.

Graphische Blätter dieser Art haben bei Bearbeitung von Pas-sungsfragen und bei Einführung der DI-Passungen wertvolle Dienste geleistet. Sie zeigen, welche Gütegrade für jeden Sitz zur Verfügung stehen, welchen Vorteil der Übergang zur Schlichtpassung in der Vergrößerung der Herstellungstoleranzen bietet, wie sich die Spiele vergrößern und wie dieselben wieder durch Verwendung von Feinpassungswellen in Schlichtpassungsbohrungen vermindert werden können. Weiter zeigen die Blätter, wie in der Übergangszeit Werkstücke nach alten Grenzlehren mit solchen des neuen Systems zusammenpassen, welche Spiele sich dann ergeben und in welchen Fällen die Sitze zu locker werden oder der Nacharbeit bedürfen.

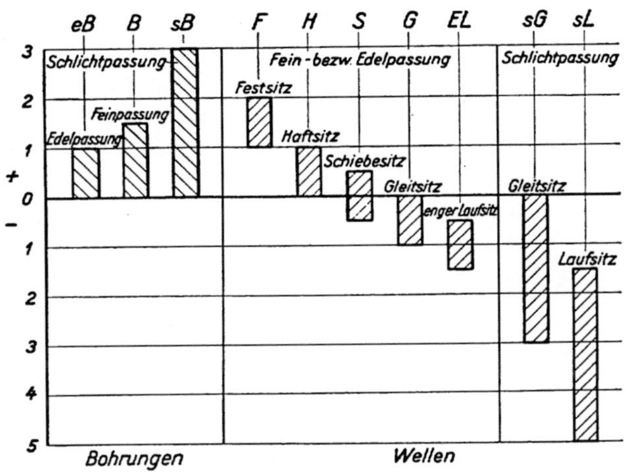

Abb. 189.   Benötigte Gütegrade und Sitzarten im Kraftfahrzeugbau[1]).
(TWL 197.)

Abb. 189 zeigt die Zusammenstellung der für den Kraftfahrzeugbau nötigen Grenzlehren, wenn nach dem System EB[2]) gearbeitet wird. An Bohrungslehren sind erforderlich:

die Edelpassung für Bohrungen zur Aufnahme von Kugellagern, und zwar statt der gezeichneten normalen Bohrung, welche gleich der Gleitsitzbohrung aus dem System EW ist, vielleicht die Schiebesitzbohrung aus dem System EW[3]);

die Feinpassung für alle Ruhesitze, den engen Laufsitz und den Laufsitz;

die Schlichtpassung für die übrigen Bohrungen.

---

[1]) In diesem Diagramm ist von der Grobpassung abgesehen, da sie im Kraftfahrzeugbau nur an untergeordneten Paßstellen vorkommt.

[2]) Über die Berechtigung dieses Systems für den Kraftfahrzeugbau s. Literaturverzeichnis B Nr. 9.

[3]) S. auch S. 190.

Die Hinzunahme der Schlichtpassung bedeutet natürlich gegenüber dem bisherigen Zustand eine nicht unerhebliche Vermehrung der Verschiedenartigkeit der Lehren und des Lehrenbestandes überhaupt. Die richtige Auswahl aus der größeren Zahl der verschiedenen Sitze und der möglichen Verbindungen stellt an den Konstrukteur erhöhte Anforderungen, und in der Werkstatt bringt die Verwendung der größeren Anzahl verschiedener Lehren leichter die Benutzung falscher Lehren und damit fehlerhafte Bearbeitung und Ausschuß mit sich, besonders die von 1 auf 3 erhöhte Zahl der verschiedenen Bohrungslehren. Aber auch hier wird sich der Arbeiter daran gewöhnen müssen, bei der Anforderung von Lehrdornen ebenso genau auf die Zeichnungsangaben zu achten wie bei Rachenlehren. Die Hinzunahme der Schlichtpassung kann in der Weise erfolgen, daß zunächst von Fall zu Fall entschieden wird, an welchen Paßstellen Schlichtpassung zulässig und zweckmäßig ist, und dann für diese Paßstellen die benötigten Schlichtpassungslehren beschafft werden. Die Austauschbarkeit mit Werkstücken nach alten Lehren ist bei den weit größeren Toleranzen nicht mehr so gefährdet wie in der DI-Feinpassung. Nebenher können für Paßstellen für Kugellager Edelpassungslehrdorne und Feinpassungsrachenlehren beschafft werden. Der schwierigste Punkt ist natürlich die Umstellung für diejenigen Paßstellen, für welche die Feinpassung unentbehrlich ist. Hier muß es jedem Betriebsleiter überlassen bleiben, nach gründlichem Studium die Umstellung in der richtigen Weise durchzuführen. Befand sich bisher die Fabrikation nicht auf bester Höhe und sind Lehrwerkzeuge und Aufnahmedorne nicht in bestem Zustande, so wird auch ohne eine Verschlechterung der Erzeugnisse diese Umstellung jederzeit auf der ganzen Linie gleichzeitig durchgeführt werden können, indem die alten Lehren eingezogen und neue Lehren ausgegeben werden. Hierbei ist natürlich die Umarbeitung der vorhandenen Lehren in Betracht zu ziehen. Durch Tabellen ist dann darauf hinzuweisen, durch welche neuen Lehren die alten auf den Zeichnungen noch angegebenen Lehren zu ersetzen sind[1]). Glaubt ein Betriebsleiter, die Umstellung in der angedeuteten, allerdings etwas rigorosen Art aus dem einen oder dem anderen Grunde nicht verantworten zu können, so bleibt eben nichts anderes übrig, als von bestimmten Aufträgen ab die neuen Feinpassungslehren zu verwenden und die Lehren des bisherigen Passungssystems in entsprechend verminderter Zahl bis zur Fertigstellung der laufenden alten Aufträge und für die erste Zeit der Ersatzteillieferung weiterzuführen. Nach gewisser beschränkter Zeit aber können die Lehren des alten Systems gänzlich abgestoßen werden ohne Rücksicht auf noch zu liefernde Ersatzteile.

---

[1]) S. Literaturverzeichnis A Nr. 21; ferner Kapitel 12.

Abb. 190 zeigt das Ergebnis solcher Passungsuntersuchungen an einer Kugellagerpassung[1]). Links sind die Messungen an Kugellagerinnenring und Welle, rechts die Messungen zwischen Kugellageraußenring und Lagergehäuse aufgetragen. Gemessen wurden je 20 Werkstücke. Die gezeichneten starken vertikalen Linien stellen den Betrag der größten Abweichung an der Paßstelle eines Werkstückes dar, und der obere Querstrich gibt den Größtdurchmesser, der untere den Kleinstdurchmesser an.

Größt- und Kleinstdurchmesser im Innenring des Kugellagers liegen, abgesehen von zwei Fällen, verhältnismäßig gleichmäßig zum Nennmaß

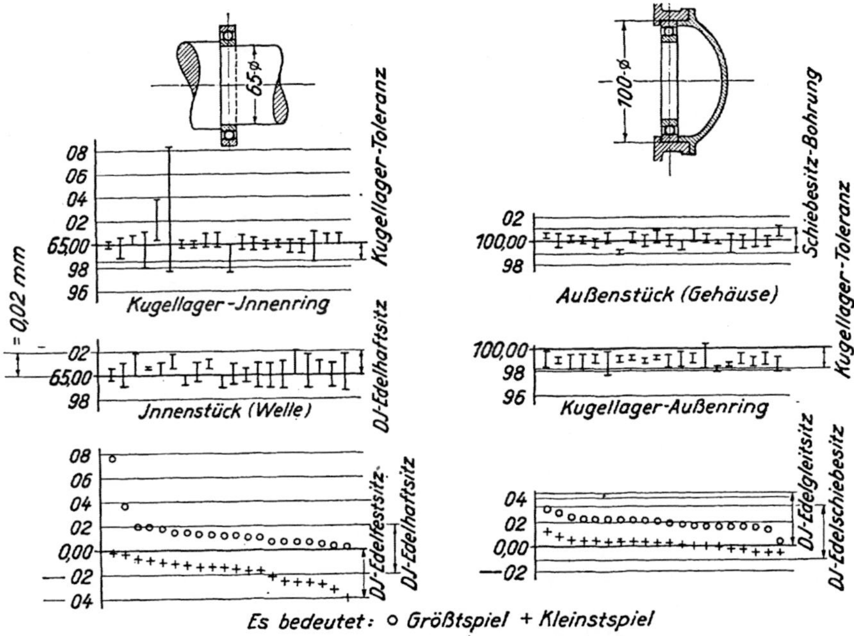

Abb. 190. Passungsuntersuchungen an Kugellagern. (TWL 198.)

verteilt. Die parallel zum Nennmaß unterhalb desselben verlaufende Linie stellt das nach der heutigen Ansicht zulässige Abmaß dar. Die gemessenen Kugellager liegen mit den festgestellten Kleinstdurchmessern im Toleranzbereich.

Die Größtdurchmesser der zugehörigen Welle liegen im Toleranzbereich des Edelhaftsitzes.

Unten sind dann die sich nach den festgestellten Größt- und Kleinstdurchmessern ergebenden Größt- und Kleinstspiele dargestellt, und zwar

---

[1]) Siehe auch Kapitel 7.

in fallender Linie der Größe nach geordnet. Die Kleinstspiele (in diesem Falle negative Spiele, also Übermaße) nützen den Bereich des Edelfestsitzes voll aus; die Größtspiele liegen in der oberen Hälfte des Edelhaftsitzbereiches bis auf die schon erwähnten beiden Ausnahmefälle.

Die vorliegende Passung stellt also einen Festsitz bis Haftsitz dar und muß demnach als gut bezeichnet werden. Die Durchmesser der Gehäusebohrung (rechte Bildseite) liegen im Toleranzbereich der Schiebesitzbohrung aus dem System Einheitswelle.

Die Kugellageraußendurchmesser liegen ebenfalls im hierfür vorgesehenen Toleranzbereich.

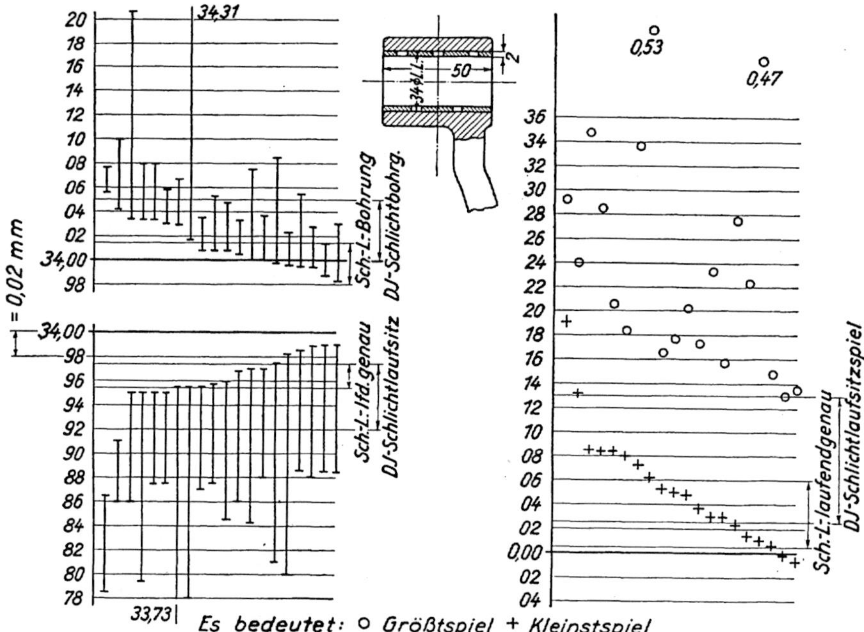

Abb. 191. Passungsuntersuchungen an einem Hebel mit Buchse. (TWL 199.)

Die entsprechend zusammengestellten Größt- und Kleinstspiele bewegen sich im Bereiche des Edelschiebesitzes. Vergleichsweise ist die obere Begrenzungslinie des Edelgleitsitzes eingetragen, welcher nach meinen Erfahrungen bei voller Ausnutzung der Toleranzen als zu locker bezeichnet werden muß.

Abb. 191 endlich zeigt die Passungsuntersuchungen an der Bohrung eines Hebels aus dem Lenkgestänge und der zugehörigen Buchse. Die Messungen in der Bohrung sind nach den Kleinstdurchmessern der Größe nach in fallender Linie geordnet, die Messungen am Außendurchmesser der Buchse nach dem Größtdurchmesser in steigender Linie.

Für beide Werkstücke ist der Toleranzbereich nach Schlesinger-Loewe-Passung „laufend genau" eingetragen. Zum Vergleich sind die Toleranzgebiete der Schlesinger-Loewe-Bohrung und der DI-Schlichtbohrung durch die von den senkrechten Pfeillinien begrenzten wagrechten Geraden eingetragen. Die engen Toleranzen der Schlesinger-Loewe-Passung sind nicht eingehalten, 8 Bohrungen sind hiernach unbedingt zu weit, 6—9 Buchsen zu schwach und 5—6 Buchsen zu stark[1]). Für Werkstücke dieser Art ist die Einhaltung enger Toleranzen unwirtschaftlich und wird darum auch nicht gefordert. Die Revision muß also. die davon abweichenden Werkstücke unkontrolliert durchgehen lassen, wenn nicht Grenzlehren mit entsprechend weiten Toleranzen angewandt werden, welche den tatsächlichen Ausschuß dann auch wirklich erkennen lassen.

Die Spiele sind auf der rechten Seite des Bildes der Größe der Kleinstspiele nach in fallender Linie geordnet. Diese überschreiten den Bereich des Schlesinger-Loewe-Laufsitzes bei weitem und sogar den des DI-Schlichtlaufsitzes. Die Größtspiele gehen noch ganz erheblich darüber hinaus. Die Werkstücke können also ohne Bedenken nach der Schlichtpassung gefertigt werden, ohne daß sich betriebsmäßig Nachteile ergeben werden.

Passungsuntersuchungen der angedeuteten Art sollten in jedem größeren Werke, welches sich ernstlich mit Passungsfragen befaßt und bestrebt ist, die vollkommene Austauschbarkeit seiner Werkstücke zu erreichen, durchgeführt werden. Nur, indem Fall für Fall untersucht wird, gewinnt man ein sicheres Urteil dafür, welcher Sitz und welcher Gütegrad angebracht und erreichbar ist. Die Untersuchungen geben ein Bild über die Güte der Werkstattarbeit. Sie machen auf Fehler in der Bearbeitung aufmerksam und regen an, die Maschinen und Werkzeuge, die Vorrichtungen und Herstellungsverfahren auf erreichbare Genauigkeit zu untersuchen, ja sie führen in einzelnen Fällen sogar dazu, nicht nur Sitz und Gütegrad zu ändern, sondern auch Konstruktionsänderungen vorzunehmen, um im Rahmen einer wirtschaftlichen Fertigung doch in befriedigender Passung so, wie sie die Betriebsverhältnisse erfordert, zu fabrizieren. Ehe aber das Ziel der wahllosen vollkommenen Austauschbarkeit im Rahmen einer für die Betriebsverhältnisse befriedigenden Güte der Passung für alle Teile des Kraftfahrzeuges erreicht sein wird, wird es noch viel gemeinsamer Arbeit zwischen Werkstatt und Konstruktionsbüro und des öffentlichen Gedankenaustausches bedürfen.

---

[1]) Mit diesen und ähnlichen Fällen erweisen sich die Ausführungen auf S. 160 als durchaus berechtigt.

7. Die Kugellager im Austauschbau.

Von Obering. **Gohlke**, i. Fa. Berlin-Karlsruher Industriewerke[1]) A.-G.,
Berlin.

Im Austauschbau steht das Kugellager, obwohl eins der jüngsten
Maschinenteile, wegen Zahl, Genauigkeit und damit Herstellungswert
an erster Stelle. Da es sich vom Gleitlager u. a. dadurch unterscheidet,
daß die Welle keine Abnutzung erfährt, so wird es nach Abnutzung oder
Beschädigung ohne weiteres gegen ein anderes ausgetauscht. Dieser Vorgang spielt sich z. B. in den Instandsetzungswerkstätten für Kraftwagen
alltäglich ab. Die Genauigkeit des Kugellagers, als ein Ganzes, hängt
nun von der Genauigkeit der Einzelteile ab, denen wir uns damit zuwenden.

Kugeln. Ihre Herstellung und die der Kugellager ist verschiedentlich in der Literatur beschrieben; hier sei nur einiges herausgegriffen.

Die kalt oder warm annähernd rund geschlagenen (mitunter auch
gedrehten) Kugeln haben immerhin Abweichungen von der runden Form
von einigen Zehnteln bis zu einem halben oder mehr Millimetern und
werden gleich auf der Stufe des Vorschleifens ziemlich genau, nämlich
auf etwa $0{,}03 \div 0{,}05$ mm rund geschliffen. In Wirklichkeit besteht die
geschliffene Kugeloberfläche aus winzigen, aneinandergereihten Flächenstücken, die durch eine ebene Schmirgelscheibe während der Drehung
der Kugeln erzeugt sind.

Beim Fertigschleifen werden die Kugeln schon auf eine Genauigkeit
von einigen Tausendsteln Millimeter gebracht, poliert und durch verschiedene maschinelle Ausleseverfahren nach Größe geordnet. Die hierzu
benutzte Maschine (Abb. 192) besteht im wesentlichen aus zwei schräg und
geneigt gestellten Leisten mit genau gerade geschliffenen und polierten
Kanten, auf welchen die Kugeln, aus einem darüber angebrachten Behälter fallend, laufen. Wo die Weite gleich ihrem Durchmesser ist, fallen
sie durch und werden durch Röhren in verschiedene Kästen geleitet.

Das Spiel wird je nach den Umständen fünf- bis neunmal wiederholt,
und so erhält man für die Kugeln, die bei diesem Lauf immer in einen und
denselben Kasten fallen, eine Genauigkeit von $0{,}001 \div 0{,}002$ mm.

Die Kugel, als der einfachste mathematische Körper, hat den Vorzug,
daß sie nur durch eine einzige Größe, den Krümmungshalbmesser, in
bezug auf Rundung und Durchmesser vollkommen bestimmt ist.

---

[1]) Früher Deutsche Waffen- und Munitionsfabriken, Berlin-Borsigwalde.

Die Kugeln werden verpackt und haben innerhalb eines Kartons die angegebene Genauigkeit, wogegen die Kugeln verschiedener Kartons nicht untereinander vermischt werden dürfen, eben wegen der verschiedenen Toleranzgebiete.

Es wird einleuchten, daß man in der Kugelfabrikation nicht nur auf ein Toleranzgebiet hin arbeiten kann. Beispielsweise wird man aus wirtschaftlichen Gründen, wenn die Kugeloberflächen genügend poliert sind, nicht weiter arbeiten lassen, falls die Kugeln dann noch über Maß sind. In einem anderen Falle, wenn sie zwar das richtige Maß, aber noch nicht genügende Hochglanzpolitur haben, muß man selbstverständlich bis zur ausreichenden Politur arbeiten lassen und das etwaige Mindermaß in den Kauf nehmen.

Abb. 192. Kugelsortiermaschinen.

Hinzu kommt noch, daß namentlich die größeren Kugeln während des Arbeitsganges sich erwärmen, so daß es also nicht immer möglich ist, die beabsichtigte Toleranz zu erreichen. Würde man also nur ein Toleranzgebiet zulassen, so müßten alle danebenliegenden Kugeln Ausschuß werden. Infolgedessen würden sich unabsehbare Mengen anhäufen; daher muß man zu dem jetzt geübten Verfahren greifen, die Kugeln innerhalb mehrerer Toleranzgebiete zu verwerten.

Beispielsweise hat ein Kugellager Nr. 307 Kugeln von 12,7 mm Durchmesser innerhalb 0,001÷0,002 mm Genauigkeit. Ein anderes Lager Nr. 307 hat aber vielleicht Kugeln, die unter sich zwar auch nur 0,001÷0,002 mm abweichen, aber insgesamt 0,02÷0,03 mm größer oder kleiner als 12,7 mm sein können.

Wenn nun, wie dies manchmal geschieht, die Verbraucher von

Kugellagern mitunter Nachlieferungen von einigen Ersatzkugeln für ein früher bezogenes Kugellager fordern, so ist dies nach dem Vorhergesagten nicht möglich, denn bei der Massenherstellung der Kugellager kann über die Kugelmaße eines jeden Kugellagers nicht etwa Buch geführt werden.

Eine zu starke Kugel im Kugelkranz erhielte zuviel Belastung und könnte leicht beschädigt werden, eine zu schwache nähme an der Belastung gar nicht oder fast nicht teil; in beiden Fällen wäre also nichts gewonnen. Es bleibt daher nichts weiter übrig, als das Kugellager durch ein anderes zu ersetzen und der Kugellagerfabrik zur Instandsetzung einzusenden, oder, wenn es sich um ein Längslager handelt, einen vollständigen Satz Kugeln zu beziehen. Auch aus einem anderen Grunde ist es nötig, auf den alleinigen Austausch der Kugeln zu verzichten, weil nämlich in der Regel die Laufbahnen beschädigt worden sind und nachgearbeitet werden müssen.

Aus wirtschaftlichen Gründen ist also die Austauschbarkeit der Kugeln eines normalen Kugellagers nicht durchführbar. Hier ist nur bedingte Austauschbarkeit vorhanden.

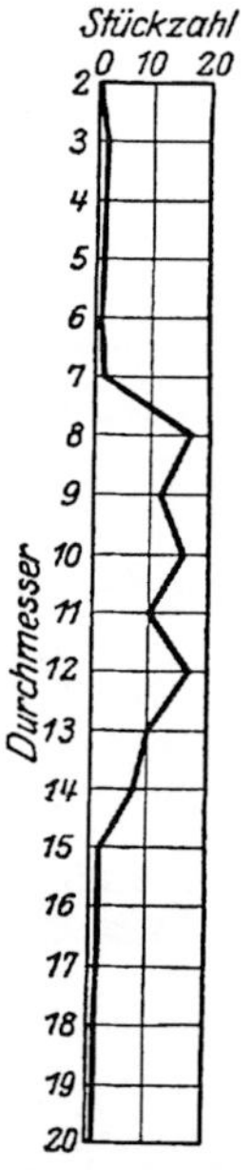

Ringe. Bei den Ringen ist die Genauigkeit unter mehr Gesichtspunkten zu betrachten. Bei der Kugel ist nur der Krümmungsradius bestimmend, bei den Ringen sind es neben den Durchmessern konzentrische Lage der Laufbahnen zur äußeren bzw. inneren Zylinderfläche und rechtwinklige Lage der Stirnfläche zur zylinderischen Außen- und Innenfläche.

Am wichtigsten hierbei sind die Genauigkeit der Bohrung und die konzentrische Lage der Rillen.

Über die Genauigkeit der Zylinderflächen vom Außendurchmesser und der Bohrung gibt Zahlentafel 14 S. 188 links Auskunft. Leider entsprechen diese Zahlen nicht dem DIN-System, weil sie im wesentlichen schon seit Anfang dieses Jahrhunderts vorhanden waren und durch weite Verbreitung international geworden sind.

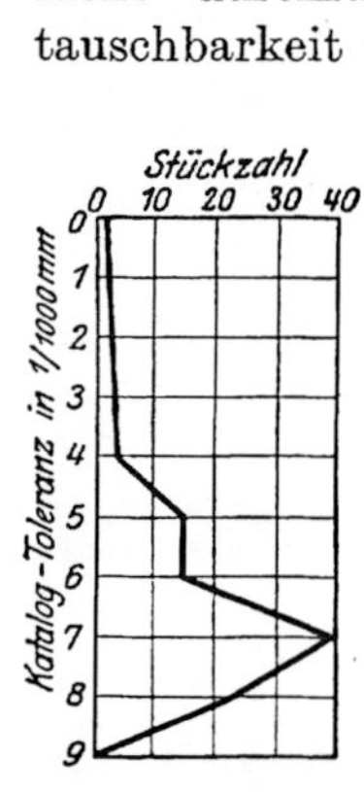

Abb. 193. Ausfall von 100 Kugellagern im Innendurchmesser. (TWL 200.)

Abb. 194. Ausfall von 100 Kugellagern im Außendurchmesser. (TWL 200.)

Die Genauigkeit der Ringdurchmesser ist im Durchschnitt 0,01 bis 0,02 mm, also etwa das zehnfache der für Kugeln einzuhaltenden Genauigkeit.

Erschwerend fällt für die gehärteten Ringe das nachträgliche Verziehen ins Gewicht, das man zwar gelernt hat, zu mildern, aber nicht vollständig aus der Welt zu schaffen.

Abb. 193 und 194 zeigen tatsächliche Abmessungen von etwa 100 Stück DWF-Kugellagern Nr. 306 vom Jahre 1914. Das Diagramm Abb. 193 besagt, daß z. B. 18 Lager ein Untermaß von —8 μ hatten, 12 —9 μ usf. Die größte Häufigkeit liegt also in Abb. 193 bei —8 μ bis —12 μ.

Die Genauigkeit der äußeren Zylinderfläche noch weiter zu steigern, ist zwar möglich, jedoch unwirtschaftlich. Kommt ein Staubkorn zwischen Ring und Futter, was trotz bester Sauglüftung unvermeidlich ist, so kann dies zur exzentrischen Lage und Ungenauigkeit führen.

Beim ganzen Kugellager kommt hauptsächlich die Exzentrizität in Frage, z. B., bei Verzahnungen, bei Hauptspindellagern von Drehbänken, feinmechanischen Apparaten u. dgl. Die Kugeln dürfen nicht fest zwischen den Laufringen geführt sein, sondern müssen ein, wenn auch geringes, Spiel haben, um Klemmungen nach vollzogenem Einbau zu vermeiden. Infolgedessen ist es nicht ganz leicht, die Exzentrizität eines fertigen Kugellagers, die auch je nach der Fehlerquelle beim Drehen fortwährend wechselt, festzustellen.

Abb. 195. Prüfung der Exzentrizität eines Kugellagers am Außendurchmesser.

Immerhin wird die Exzentrizität des Kugellagers in den Grenzen von 0,01—0,02 mm gehalten. Die Prüfung geschieht nach Abb. 195.

Auch hier würden wesentlich höhere Anforderungen an die Genauigkeit außerordentlich preissteigernd wirken. Es ist beispielsweise möglich, die Exzentrizität auf 0,005 mm und etwas weniger zu beschränken, dann sind jedoch besondere Maßnahmen in der Fabrikation nötig; außerdem kann eine so große Genauigkeit auch nur durch Aussuchen aus einer etwa zehnfach größeren Menge erzielt werden.

Zahlentafel **13** zeigt die Exzentrizität verschiedener nachgemessener Kugellager in den Stufen bis 0,005, 0,010, 0,015, 0,020 mm. Die größte Menge liegt bis 0,005 mm, wobei der größte Anteil auf den Innenring fällt, so daß dieser, wie es dem kleineren Durchmesser und dem Verwendungszweck als meist sich drehender Teil entspricht, genauer ist als der Außenring.

Zahlentafel 13. Exzentrizität von Kugellagern in mm (TWL 216).

Gesamtzahl der Querlager	Nummer	Anzahl der Kugellager mit einer Exzentrizität							
		bis 0,005		bis 0,010		bis 0,015		bis 0,020	
		a	i	a	i	a	i	a	i
8	305 E	2	6	4	2	2			
10	307 E	5	10	2		3			
6	209 E	1	6	4		1			
8	207 D	4	7	4	1				
50	207 E	31	43	19	7				
25	204 E	15	16	8	5	2	4		
25	311 E	3	17	12	8	7		3	
40	206 E	27	32	12	5	1	3		
50	202 E	43	49	7	1				

a = Schlag im Außenring (Innenring stillstehend)
i = Schlag im Innenring (Außenring stillstehend).

Die gehärteten Ringe werden infolge des Verziehens etwas oval. Das Spiel in radialer Richtung zwischen Kugeln und Laufbahnen zählt nur nach Hundertstel Millimetern und Bruchteilen, macht sich aber in axialer Richtung in ziemlich starker Übersetzung, etwa 10 : 1, bemerkbar.

Da ein Unterschied von 0,001—0,002 mm sich schon bei der Passung zwischen Loch und Dorn bemerkbar macht, ist es um so mehr zwischen Kugeln und Laufbahnen zu spüren, die sich ja bei weitem nicht so umschließen, wie jene. Es kann daher vorkommen, daß an einer Stelle beim Drehen des Kugellagers einzelne Kugeln sich nicht mit drehen. Da als Ovalität der Ringe aber nur 0,01—0,02 mm zugelassen werden, so erscheint dies zeitweilige Stillstehen unbedenklich, denn sobald das Kugellager eingebaut ist und unter Last kommt, gleichen sich diese winzigen Abweichungen von der mathematisch genauen Form aus.

Für die weitaus meisten Fälle der Industrie dürften die angegebenen Genauigkeiten ausreichen, bzw. eher noch zu genau sein, besonders, wenn man sich vergegenwärtigt, mit welcher geringen Genauigkeit beispielsweise die Gehäuse hergestellt werden, und wie rauh häufig die Kugellager behandelt werden.

Damit kommen wir zum letzten Punkt, zu den mit den Kugellagern zu verbindenden Teilen.

Wellen und Gehäuse. Die Wellen sind leichter genau herzustellen, weil man sie vielfach schleift und zwar nicht nur gehärtete, sondern auch weiche Wellen, denn die Abnutzung des Schneidstahles, die Verschiedenheiten in der Härte der Oberflächen usw. bringen es mit sich, daß gedrehte Flächen in der Massenfertigung in der Regel nicht genauer als auf 0,05 mm zu halten sind; das übrige muß dann Feile und Reibahle oder Schmirgelleinewand tun.

Ein geschickter Dreher wird im Einzelfalle auch eine genauere Welle mit sauberen Flächen herstellen, hier seien aber nur durchschnittliche Fälle des Maschinenbaues angenommen, und da verursachen besonders die Gehäuse Schwierigkeiten. Bei den verschiedenen Beratungen über die Passungen der Kugellager ist bisher eine einheitliche Auffassung weder im Kreise der Kugellagerhersteller, noch im Normenausschuß der deutschen Industrie zu erzielen gewesen. Vielleicht ist dies ebensowenigmöglich, wie bezüglich der Frage: Einheitsbohrung oder Einheitswelle.

Es wurde bereits darauf hingewiesen, daß die Kugellagerabmaße nicht dem DIN-System entsprechen, Zahlentafel 14 zeigt neben den Kugellagerabmaßen die Einreihung derselben in DIN-Paßeinheiten. Abgesehen von den weniger vorkommenden Durchmessern 4—6 mm bewegen sie sich zwischen 0,7—0,9 mm Paßeinheiten.

Hier muß aber darauf hingewiesen werden, daß dies Abnahmemaße sind, daß die Herstellung der Kugellager in noch engeren Grenzen geschieht und sich im Durchschnitt innerhalb etwa $^1/_2$—$^3/_4$ Paßeinheiten bewegt. Diese geringe Spanne zwischen Fabrikations- und Abnahmemaß ist nötig, weil, wie bereits erwähnt, gehärteter Stahl sich noch nachträglich verziehen kann.

Bohrung und Außendurchmesser haben bei den Kugellagerpassungen die Nullinie als obere Begrenzungslinie und gleiche Abmaße für gleiche Durchmesser.

Wir gehen nun näher auf die einzelnen Vorschläge ein, die für die Abmaße der Wellen und der Gehäuse gemacht worden sind.

Zahlentafel 14 ergibt eine Übersicht, die auf DIN-Paßeinheiten (PE) bezogen ist.

Die Kugellagerabmaße bewegen sich etwa zwischen 0 und —0,5 bis 1 PE und die der Wellen zwischen 0 und —1 PE. Da nun nach dem DIN-System die Einheitsbohrung über Null liegt, so ergeben die für die Welle gemachten Vorschläge (Tafel 14) nach DIN in den Bohrungen der Kugelagerinnenringe um 0,5—1 PE festere Sitze als die gleichen Wellen in einer Einheitsbohrung nach DI-Norm ergeben würden.

Zahlentafel 14. Auswahl aus den Abmaßvorschlägen. (TWL 217.)

Innen- und Außen-durchmesser mm	Abnahmeabmaße mm			Fabrikationsabmaße mm								
	Kugellager			Wellen			Gehäuse					
							1. Vorschlag			2. Vorschlag		
	Oberes Abmaß	Unteres Abmaß		Gutseite		Ausschuß-seite	Gutseite		Ausschuß-seite	Gutseite		Ausschuß-seite
				neu	abgenutzt	neu	neu	abgenutzt	neu	neu	abgenutzt	neu
				DIN 24		DIN 25	← DIN 45 →			← DIN 44 oder 19 →		
			PE	$+0{,}5$		0	$-0{,}5$		$+1$	0		$+1{,}5$
$4 \div 6$	0	$-0{,}01$	1,3	$+0{,}004$	$+0{,}0060$	0						
über $6 \div 10$	0	$-0{,}01$	1	$+0{,}005$	$+0{,}0075$	0						
„ $10 \div 18$	0	$-0{,}01$	0,8	$+0{,}006$	$+0{,}0090$	0	$-0{,}006$	$-0{,}0100$	$+0{,}012$	0	$-0{,}0040$	$+0{,}018$
„ $18 \div 30$	0	$-0{,}01$	0,7	$+0{,}008$	$+0{,}0120$	0	$-0{,}008$	$-0{,}0130$	$+0{,}015$	0	$-0{,}0050$	$+0{,}022$
„ $30 \div 50$	0	$-0{,}012$	0,7	$+0{,}012$	$+0{,}0170$	0	$-0{,}009$	$-0{,}0150$	$+0{,}018$	0	$-0{,}0060$	$+0{,}025$
„ $50 \div 80$	0	$-0{,}014$	0,7	$+0{,}017$	$+0{,}0230$	0	$-0{,}010$	$-0{,}0170$	$+0{,}020$	0	$-0{,}0070$	$+0{,}030$
„ $80 \div 120$	0	$-0{,}018$	0,8	$+0{,}022$	$+0{,}0280$	0	$-0{,}011$	$-0{,}0190$	$+0{,}022$	0	$-0{,}0080$	$+0{,}035$
„ $120 \div 180$	0	$-0{,}022$	0,9	$+0{,}025$	$+0{,}0320$	0	$-0{,}013$	$-0{,}0220$	$+0{,}025$	0	$-0{,}0090$	$+0{,}040$
„ $180 - 260$	0	$-0{,}027$	0,9	$+0{,}030$	$+0{,}0380$	0	$-0{,}015$	$-0{,}0250$	$+0{,}030$	0	$-0{,}0100$	$+0{,}045$

Im Feld zwischen den Zeilen $18 \div 30$ und $30 \div 50$: Besondere Lehren. — Zwischen $50 \div 80$ und $80 \div 120$: DIN 25 $+ 1 - 0$ PE.

DIN = Deutsche Ind.-Normen
PE = Paßeinheiten

Für hohe Genauigkeitsanforderungen muß Aussuchen stattfinden; bei Abmaßen der Gehäuse unter Null kann Nacharbeit nötig werden.

Die Festsitzwelle DIN 26 mit $^{+2}_{+1}$ PE erscheint beim heutigen geringen Spiel der Kugellager zu fest, es besteht die Gefahr, daß die Kugeln durch Dehnung des Innenringes zwischen den Ringen geklemmt und überlastet werden.

Die Haftsitzwelle DIN 25, $^{+1}_{\ 0}$ PE erscheint für die Durchmesser unter 30 mm zu fest, wogegen die Schiebesitzwelle DIN 24 $\pm$ 0,5 PE, zu lockere Sitze ergeben kann. Es ist deshalb noch ein Mittelvorschlag gemacht; nämlich $^{+0,5}_{\ \ 0}$ PE, d. h. als oberes Abmaß, das von DIN 24, als unteres, das von DIN 25 als Zwischenstufe zu wählen, damit erscheinen aber die Passungen für die Durchmesser über 80 mm nicht fest genug.

Der letzte Vorschlag beruht darauf, der Welle dieselben Abmaße über Null zu geben, wie das Abmaß der Kugellagerbohrung unter 0 liegt; entweder soll dies für alle Durchmesser geschehen, oder nur teilweise.

Gehäuse. Für die Gehäuse kommt die Bohrungslehre DIN 19, bzw. Gleitsitzlehre DIN 44, beide aus der Feinpassung oder besser die Bohrungslehre DIN 18 bzw. Gleitsitzlehre DIN 48 mit $^{+1}_{\ 0}$ PE aus der Edelpassung in Betracht. Es empfiehlt sich, die Gutseite stramm einzupassen.

Wenn die kleinsten Kugellager und die größten Gehäuse zusammenkommen und einen etwa zu lockeren Sitz ergeben, wird Aussuchen nötig sein.

Weiter ist die Schiebesitzbohrung der Feinpassung, DIN 45 $^{+\ 1}_{-\ 0,5}$ PE und die Schiebesitzbohrung der Edelpassung, DIN 49 $\pm$ 0,5 PE vorgeschlagen. Hier ist es zweckmäßig, die Gutseite lose einzupassen, besonders wenn sie abgenutzt ist. Aussuchen oder Nacharbeit wird nötig, wenn größte Kugellager und kleinste Gehäuse zusammentreffen.

Die Gehäuseabmaße über Null werden lockere Sitze ergeben und hauptsächlich dort Anwendung finden, wo es weniger auf große Genauigkeit ankommt. Bei den Gehäuseabmaßen mit $^{+\ 1}_{-\ 0,5}$ PE ist hauptsächlich darauf Rücksicht genommen worden, daß die durchschnittlich liegenden Maße gut zusammenpassen; etwaige Nacharbeiten sind aber mit in Kauf zu nehmen.

Solche Anforderungen sind für Werkstätten mit höheren Genauigkeitsanforderungen recht; aber für viele Werkstätten sind sie zu hoch, sind doch dann die Gehäuse mit der gleichen Genauigkeit zu fertigen wie die geschliffenen Kugellager.

Tafel 15. Gesamtübersicht der verschiedenen Abmaßvorschläge.

Kugellager	Bohrung und Außendurchmesser
	$0 \div \sim\ - 0{,}5$ PE Fabrikationsabmaße
	$0 \div\ - 0{,}9$ PE Abnahmeabmaße
	(abgesehen von $4 \div 6 \oplus$ mit 1,3 PE und $6 \div 10 \oplus$ mit 1 PE).

Wellen

Bohrung d. EB-Systems		EB	EB	EB	EB	EW	EB	
Edelpassung	Feinpassung	Edel- u. Feinp.	Edel- u. Feinp.	Edel- u. Feinp.	Edel- u. Feinp.	Edel- u. Feinp.	Edel- u. Feinp.	Durchweg Kugellagerabmaße als Pluswerte von Null an, oder nur teilweise für:
Sitzarten ⟶		Festsitz	Haftsitz	Schiebe/Haftsitz	Schiebesitz	Wellenlehre	Gleitsitz	
DIN 18	19	26	25	24/25*) oberes | unteres Abmaß	24	40	23	$30 \div 50 \oplus$ | $50 \div 80 \oplus$
PE $+1-0$	$+1{,}5-0$	$+2+1$	$+1-0$	$+0{,}5$ | -0	$+0{,}5 - 0{,}5$	$0-1$	$0-1$	$0{,}012-0$ | $0{,}017-0$ 0,7 PE | 0,8 PE siehe Tafel 14
Bemerkungen: Die Wellensitze sind wegen der Minusmaße der Kugellagerbohrungen $0{,}5 \div 1$ PE fester als die der EB der DIN.		Erscheint beim heutigen geringen Spiel der Kugellager zu fest	Für Durchm. unter 30 mm zu fest	Über 30 mm Durchmesser nicht fest genug	Kann zu lockeren Sitz geben	Für viele Wellen zu locker. Leicht Abnutzung der Welle (Einschlagen)		
			Aussuchen für höchste Genauigkeit					

Gehäuse

Wellenlehre d. EW-Syst.	EB	EW	EB	EW	EW	EW	EW
Edel= und Feinpassung	Feinpassung	Feinpassung	Edelpassung	Edelpassung	Feinpassung	Edelpassung	Feinpassung
Sitzarten ⟶	Feinbohrung	Gleitsitz	Edelbohrung	Gleitsitz	Schiebesitz	Schiebesitz	Haftsitz/Gleitsitz
DIN 40	19	44	18	48	45	49	46/44*)
PE $0-1$	$+1{,}5-0$	$+1{,}5-0$	$+1-0$	$+1-0$	$+1-0{,}5$	$+0{,}5-0{,}5$	oberes | unteres Abmaß $+0{,}5$ | -0
Bemerkungen: DIN = Deutsche Industrie-Normen EB = Einheitsbohrung EW = Einheitswelle PE = Paßeinheit	Gutseite stramm einpassen				Gutseite lose einpassen		Zu genau für viele Werkstätten
	Aussuchen, wenn kleinste Kugellager und größte Gehäuse zu locker sitzen				Aussuchen oder Nacharbeiten, wenn größte Kugellager u. kleinste Gehäuse zusammentreffen		

*) Hier können auch andere Lehren gleicher PE auch aus anderen Gütegraden gewählt werden.

Diese Übersicht der Vorschläge zeigt, daß sowohl Lehren des DIN Einheitswellen-, wie auch des Einheitsbohrungssystems verwendet werden können. Für höhere Genauigkeitsanforderungen kommt nur Edelpassung in Frage, mitunter wird auch diese noch nicht ausreichen und es muß zu dem Hilfsmittel des Aussuchens gegriffen werden; für viele Fälle wird aber die Feinpassung genügen.

Je mehr man sich mit der Angelegenheit befaßt, desto mehr kommt man zu der Erkenntnis, daß eine einheitliche Kugellagerpassung für alle Gebiete des Maschinenbaues nicht möglich ist. Für jeden Betrieb muß eingehend geprüft werden, welche Genauigkeit und damit welche DIN-Lehren erforderlich sind. Mitunter wird man bereits vorhandene Lehren benutzen, bzw. wie bei den gemachten Vorschlägen die Abmaße verschiedener Lehren vereinigen können.

Tafel 15 zeigt eine Übersicht der Abmaßvorschläge mit einer Gegenüberstellung der Abmaße[1]).

Für die Wellen von 4—30 mm ist eine Lehre vorgesehen, Gutseite nach DIN 24, + 0,5 PE, Ausschußseite 0. Für die Durchmesser 81—260 mm kann DIN 25, + 1 PE verwendet werden, für 20—80 mm werden besondere Lehren (Gutseite außerhalb des Systems) vorgesehen. Das entspricht den letzten Verhandlungen im A.-A. für Kugellager; es war ausdrücklich hervorgehoben, daß, um Übergangshärten zu vermeiden, gegen Verwendung anderer Abmaße als nach DIN-Lehren nichts eingewendet werden sollte.

Die Vorschläge für Gehäuseabmaße nach Tafel 15 enthalten nur DIN-Lehren.

DIN 45 ist für festeren und DIN 44 für loseren Sitz gedacht.

Betrachtet man beispielsweise einen Außenring von 120 mm Durchmesser, der sich innerhalb der Grenzen 0 bis — 0,18 mm bewegt, so liegt sein durchschnittliches Maß etwa bei — 0,01 mm.

Das Gehäuse nach DIN 45 hat im Durchschnitt nicht ganz + 0,01 mm nach DIN 44 fast + 0,02 mm. Die Passung ist also doppelt so locker und für viele Fälle nicht schädlich. Der Außenring soll im Gehäuse gerade noch verschiebbar sein. Bei sauber bearbeiteten Flächen genügen schon 0,005—0,01 mm Spiel zwischen Kugellagerring und Gehäuse, um diese Verschiebung zu ermöglichen.

Die Abmaße nach DIN 45 ergeben im Durchschnitt fast 0,02 mm, nach DIN 44 fast 0,03 mm Spiel, also das Doppelte bis Dreifache davon.

---

[1]) Für manche Zwecke wird die Schlichtgleitsitzbohrung DIN 157 (+ 3—0 PE), ja die Laufsitzbohrung DIN 156 (+ 5 + 1,5 PE) vollkommen genügen, z. B. für Gehäuse von Radachslagerungen an Schiebebühnen, Drehscheiben, Laufkranen, Gehäuse von Lagern für Wellenleitungen. Als Mittelding käme noch die enge Laufsitzbohrung Feinpassung DIN 43 (+ 2 + 0,5 PE) in Frage.

Für Fälle, wo Erzitterungen unbedingt vermieden werden müssen, z. B. bei Schleifspindeln, Holzhobelmaschinen usw., wird unter Umständen schon ein Spiel von 0,02 mm Zittermarken hervorrufen können.

In solchen Fällen muß dann ausgesucht oder enger eingepaßt werden.

Die Passungen verlangen eben wegen ihrer Empfindlichkeit u. U. engere Grenzen, als sie bei unserer heutigen Werkstattarbeit nach Grenzlehren wirtschaftlich möglich sind.

Die Abmaße unter Null bei DIN 45 sind mit der Absicht gewählt, das durchschnittliche Maß des Gehäuses dem Nullmaße näher zu bringen. Bei DIN 44 war dagegen der leitende Gedanke der, mit dem Abmaß Null auf alle Fälle Nacharbeiten infolge zu festen Passens im Gehäuse zu vermeiden; bei abgenutzter Lehre wird dies nicht ganz möglich sein, da die abgenutzte Lehre unter Null liegt.

Zusammenfassung.

Die wirtschaftlichen Grenzen der Genauigkeit liegen bei den Kugeln eines Kugellagers innerhalb $\pm$ 0,001$\div$0,002 mm, bei den Ringen, bei den vollständigen Kugellagern und den Wellen springt die Ungenauigkeit auf etwa das zehnfache, bei den Gehäusen läßt sich etwa mit dem zwanzigfachen auskommen.

Innerhalb der Werkstätten sind geeignete Maßnahmen zu treffen, um den Maßänderungen zu begegnen, die durch den Wechsel der Temperatur entstehen. Die Lehre muß die gleiche Temperatur wie das Werkstück haben. Beispielsweise darf der Werkzeugraum nicht kälter oder wärmer als die Werkstatt selbst sein; die zu schleifenden Teile dürfen nicht unmittelbar am Fenster stehen oder sonst dem Luftzug ausgesetzt sein; die Dehnung infolge Erwärmung beim Schleifen ist zu berücksichtigen. Meßeinrichtungen und Werkzeuge folgen infolge ihrer abweichenden, äußeren Gestalt und Oberfläche Temperaturänderungen anders als Kugeln und Kugellagerringe.

Das Maß der Kugellager gilt bei 20° C; in den Werkstätten können jedoch trotz Heizens Temperaturänderungen bis zu 10° C entstehen. Demgegenüber ist zu bedenken, daß 100 mm sich bei 10° C Temperaturunterschied bereits um etwa 0,01 mm ändern.

Damit sind der Genauigkeit Grenzen gesetzt. Forderungen von weniger als 0,01 mm und gar Forderungen nach Unterschreitung der Kugellagertoleranzen sind reiflich zu erwägen, da die Kosten bei tatsächlicher Einhaltung außerordentlich steigen.

Wesentlich trägt zur wirtschaftlichen Fertigung bei, daß die Verbraucher sich nur der in den Normen vorkommenden Kugellagern bedienen.

Jede Abweichung vom normalen Kugellager in Form oder Maß bedeutet eine Verteuerung, ganz abgesehen davon, daß bei eiligen

Ersatzbestellungen nicht auf Vorräte zurückgegriffen werden kann, sondern die Sonderanfertigung längere Lieferzeit beansprucht.

Selbst in Fällen, wo Abweichungen von früherher im Gebrauch sind, läßt sich vielfach das normale Kugellager unter Zuhilfenahme nur einmal anzufertigender Buchsen, Zwischenringe oder sonstige Zusatzteile einbauen[1]). Jede Kugellagerfabrik wird hier gerne mit Rat und Tat zur Seite stehen.

In Fällen, wo der gehärtete Stahl dem Rosten ausgesetzt ist, wird man es vorziehen, Kugellager aus gehärtetem Stahl öfter auszuwechseln als Kugellager aus besonderen, nicht rostendem Stoff dafür zu verwenden.

Die vorstehenden Ausführungen sollten den Verbrauchern einen Einblick in die einschlägigen Fragen geben, da Ablehnung abweichender Formen oder zu weit gehender Genauigkeitsanforderungen häufig als Mangel an gutem Willen angesehen wird.

Planmäßige Untersuchungen gut ausgeführter Passungen, wie sie auf S. 179 von Gramenz beschrieben wurden, sollten in den Einzelindustrien weiter durchgeführt werden, um die heute noch zum Teil schroff gegenüberstehenden Anschauungen klären.

---

[1]) Siehe Zeitschr. „Der Betrieb" 1920, S. 429. Zur Einschränkung der anormalen Kugellager.

8. Der Austauschbau in der feinmechanischen Industrie (Apparatebau).

Von Obering. G. **Leifer**, i. Fa. Siemens & Halske A.-G. Wernerwerk
Siemensstadt.

In der feinmechanischen Technik wurde der Austauschbau bisher
noch nicht so angewendet, wie es bereits seit längerer Zeit im Feinmaschinenbau und im Motoren- und Automobilbau der Fall ist.   Von
einem geordneten System beim Austauschbau in der Feinmechanik
konnte bis jetzt nicht gesprochen werden, da man sich vielfach beim
Zusammenbau der Apparate und Instrumente auf das einzelne Zusammenpassen und Nacharbeiten beschränkte.   Trotzdem kann man
nicht sagen, daß in der Feinmechanik der Austauschbau nicht zur Anwendung kam.   In vielen Zweigen dieses Gewerbes wurde bei der Herstellung der Apparate auf eine Austauschbarkeit der Teile hingearbeitet,
weil infolge der soliden Bauart der deutschen Instrumente und Apparate
mit langjährigen Ersatzlieferungen für diese Apparate gerechnet werden
mußte.   Es geschah dies jedoch dann in der Weise, daß von Fall zu
Fall für derartige Ausführungen Sondermaße festgelegt wurden unter
gleichzeitiger Anfertigung von entsprechenden Musterteilen bzw. Kontrollehren.   Welches Maß hierbei zugrunde gelegt wurde, war Nebensache, wenn dasselbe nur in der Nähe des angegebenen Nennmaßes
blieb.   Dies hatte zur Folge, daß sich in den Werkstätten große Mengen
von Musterteilen und Durchmesserlehren ansammelten, die nur immer
für den bestimmten Apparat benutzt werden konnten.

Während früher in diesen Meisterwerkstätten der feinmechanischen
Technik unter sachkundiger Führung von hervorragenden Gelehrten
und Meistern, wie Repsold, Abbé, Pistor, Martin, Werner v. Siemens, Bamberg, Goerz, Fueß, Haensch, Breithaupt usw. die
Kunstwerke deutscher Feinmechanik entstanden, bei denen sich jeder Mitarbeiter selbst als Künstler fühlte, haben sich heute die Verhältnisse sehr
geändert.   Wie im Maschinenbau, ist auch in der feinmechanischen Technik aus dem ehemaligen Handwerksbetriebe eine Fabrikationswerkstatt
geworden.   Die industrielle Entwicklung zwingt uns viel mehr als bisher, wirtschaftlich zu arbeiten und, wenn irgend angängig, an Stelle der
Einzelfertigung Serien- oder gar Massenfertigung anzuwenden, bei denen
ein Austauschbau in engeren oder weiteren Grenzen erforderlich ist.

Weiter zwingen uns die Zeitverhältnisse mehr als bisher, hochwertige Industrieerzeugnisse herzustellen, die bei geringstem Materialwert höchste Qualitätsarbeit zeigen, und wenn angängig, diese Erzeugnisse auch ins Ausland auszuführen. Es ist daher unbedingt erforderlich, daß in erster Linie sich diejenigen Industriezweige, für deren Erzeugnisse wenig Rohstoffe eingeführt werden und bei denen der Wert der zur Veredelung der Rohstoffe aufgewendeten Arbeit im Vordergrunde steht, die wirtschaftlichsten Fertigungsmethoden zu eigen machen. Der Prozentsatz der aufzuwendenden Arbeitslöhne aus den Zusammensetz- bzw. Montagewerkstätten muß zugunsten der Vorfabrikationswerkstätten herabgesetzt werden, d. h. es muß schon in die Herstellung der Einzelteile eine größere Genauigkeit gelegt werden, damit die Nacharbeiten in den Zusammensetzwerkstätten auf das Äußerste beschränkt werden.

Feinmechanische Industrie. Dies ist nun für die feinmechanische Industrie ganz besonders erforderlich, da sie bereits heute in Deutschland von großer wirtschaftlicher Bedeutung ist. Die Statistik der deutschen Berufsgenossenschaften ergibt, daß von sämtlichen in den Fabriken der elektrotechnischen Industrie beschäftigten Personen 44% der Schwachstromtechnik, also dem feinmechanischen Apparatebau, zuzurechnen sind. Von den in Groß-Berlin beschäftigten Arbeitnehmern der Metallindustrie entfallen ungefähr 50% auf die feinmechanische Industrie. Als wichtigste Erzeugnisse der feinmechanischen Technik kann man wohl bezeichnen:

1. physikalische und optische Apparate, geodätische, astronomische und wissenschaftliche Instrumente;
2. Apparate und Instrumente für die Schwachstromtechnik, das Telegraphen-, Telephon- und Meßwesen;
3. Schreibmaschinen, Rechenmaschinen, Büromaschinen u. dgl.;
4. photographische und kinematographische Apparate;
5. Dampf-, Gas- und Wassermesser;
6. Uhren und Laufwerke;
7. mechanische Musikinstrumente.

Abb. 196 soll an einem Beispiel zeigen, welcher Art und Ausführung die feinteiligen Erzeugnisse dieses Industriezweigs sind und wie infolge der Vielseitigkeit eines derartigen Apparates gerade hier der Austauschbau am Platze ist.

Wenn wir nun der Frage der Austauschbarkeit der Teile nähertreten, so finden wir, daß im Apparatebau eine große Zahl von Teilen ineinander gepaßt werden müssen. Die wichtigsten Passungen sind auch hier die Rundpassungen, bei denen mehr oder weniger Spiel oder Übermaß verlangt wird (s. auch Abb. 1—3, S. 3). Je nach der Art des Erzeugnisses, nach der Bedeutung, die dem betreffenden Teil zukommt, und nach der größeren oder geringeren Herstellungsgenauigkeit werden die Herstellungstoleranzen zu wählen sein, da sie bestimmend für den Herstellungspreis sind. Man wird daher Passungssysteme verschiedener Güte haben müssen. Ein Laufsitz bei einem Erzeugnis der Feinmechanik muß anders beschaffen sein als bei einem Erzeugnis des Maschinenbaus, z. B. einer landwirtschaftlichen Maschine. Auch innerhalb eines Industriezweiges wird man je nach den Anforderungen (z. B. Schnelltelegraph gegenüber Installationsschalter) Passungen verschiedener Gütegrade fertigen.

DIN-Passungen. Der NDI hat nun der deutschen Industrie eine große Zahl von Passungen mit den verschiedensten Sitzarten beschert, die eine entsprechende Zahl von Bohrungen bzw. Wellen erfordern.

Abb. 196.   Schnelltelegraph.

Auf der anderen Seite hat es der NDI den einzelnen Industriezweigen überlassen, sich aus dieser großen Zahl der Sitzarten diejenigen herauszusuchen, die für den in Frage kommenden Industriezweig genügen (s. auch Abb. 34 und 35, S. 24 und 25).

Für die feinmechanische Technik entsteht jetzt die schwierige Frage: Welches Passungssystem, d. h. Einheitswelle oder Einheitsbohrung, ist zu verwenden, und welche Gütegrade und Sitzarten sind vorzugsweise zu wählen?

Die Arbeitsgebiete sind außerordentlich verschieden. Während einige Betriebe genauesten Präzisionsapparatebau haben (optische, geodätische und astronomische Instrumente, Feinmeßapparate, Re-

gistrierapparate, Präzisionsuhr- und Laufwerke, Telegraphenapparate
u. dgl.), stellen andere feinmechanische Firmen nur Apparate in Serien-
oder Massenfertigung her, wie z. B. Rechen- und Schreibmaschinen,
Gas- und Wassermesser, Zählwerke, Objektive, Theatergläser, elektro-
technische Meßinstrumente, Fernsprechapparate und ähnliches.

Für die erste Art der Fertigung ist unbedingt damit zu rechnen,
daß eine größere Zahl von Sitzarten bei den verschiedenartigen Konstruktionen vorkommt, während bei der zuletzt erwähnten Herstellung
von Apparaten wenige Sitzarten ausreichen werden.

Einheitsbohrung. In den Fällen, in denen bei einer Konstruktion
viele verschiedene Sitzarten gleichzeitig erforderlich sind, wird man mit
Vorteil die Einheitsbohrung an-
wenden. Bei Teilen, wie z. B.
Zahnrädern gleicher Form für Getriebe, bei denen die Achsen verschieden stramm hineingehen sollen,
also lose und fest, wird man ebenfalls die Einheitsbohrung anwenden. Räder, die äußerlich vollkommen gleich aussehen, könnten,
wenn sie Bohrungen hätten, die sich
nur um hundertstel Millimeter voneinander unterscheiden, im Lager
nicht auseinander gehalten werden.

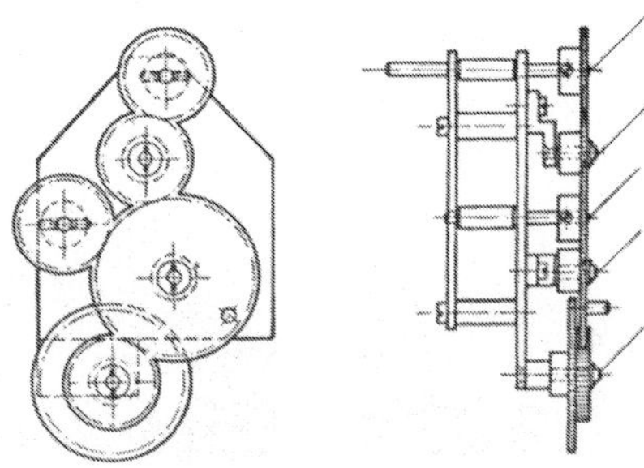

Abb. 197. Konstruktion nach Einheitsbohrung.

Abb. 197 zeigt ein Beispiel für die
Anwendung der Einheitsbohrung in der Feinmechanik, bei dem die
eben angeführten Forderungen gestellt sind.

Einheitswelle. Es läßt sich jedoch auf der anderen Seite nicht
leugnen, daß die Entwicklung im Apparatebau immer mehr zur Verwendung der Einheitswelle führt, insbesondere dann, wenn nur etwa
zwei bis vier Sitzarten angewendet werden und wenn ein gröberer Gütegrad, d. h. Schlicht- oder Grobpassung zulässig ist.

Die außerordentliche Steigerung der Arbeitslöhne zwingt uns jetzt
mehr als früher, die Konstruktionen und die Fertigungsverfahren so
auszubilden, daß möglichst vollendete Rohfabrikate, bei denen die Fertig-
stellungsarbeiten kurz sind, bezogen werden können, wie dies durch
die neuerdings vermehrte Anwendung von Fertigguß, gepreßten und
geprägten Teilen bereits der Fall ist. Hierzu gehört auch die vermehrte
Anwendung gezogener Stangen. Eingehende Verhandlungen mit den
bedeutendsten Ziehwerken, sowie vielfach angestellte Versuche und Ver-
besserungen haben dahin geführt, daß jetzt Rundstangen aus Messing,
Bronze, Eisen und Stahl in den verschiedensten Festigkeiten mit einer
Genauigkeit gezogen werden, die den Passungen der Schlicht- und Grobpassung entspricht. Eine Rundstange, die als Einheitswelle für die

Schlichtpassung verwendet werden kann, wird gezogen mit einer Genauigkeit von drei Paßeinheiten; man bezeichnet dies als »Ziehgenauigkeit A«. Das Material für die Einheitswelle der Grobpassung hat die Bezeichnung »Ziehgenauigkeit B« und wird innerhalb 10 Paßeinheiten gezogen. Abb. 198 gibt rechts die Lage der verschiedenen Durchmesserabmaße zur Nullinie, die genau mit der der Einheitswelle übereinstimmt.

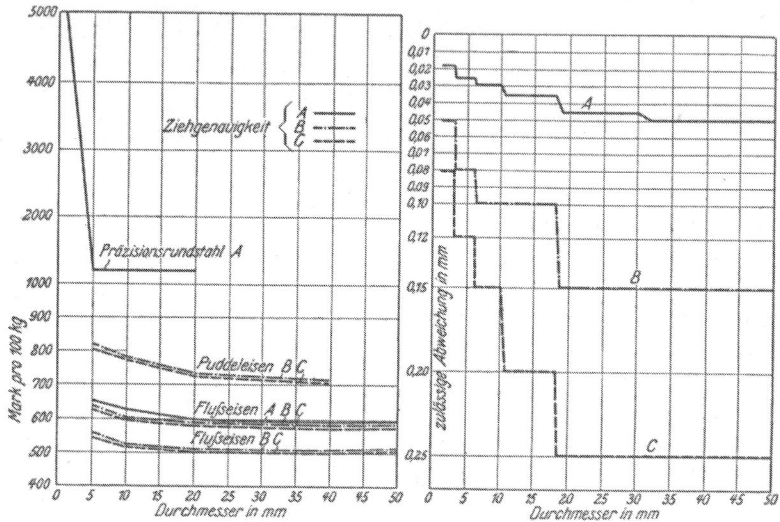

Abb. 198. Unterschiedliche Darstellung der verschiedenen Ziehgenauigkeiten und der hiervon abhängigen Preise für Rundeisen und Rundstahl.

Links sind die Preisunterschiede für die verschiedenen Genauigkeiten aufgetragen. Hieraus ist ersichtlich, daß der Preisunterschied zwischen der bisher handelsüblichen Ziehgenauigkeit C und den beiden Ziehgenauigkeiten A und B nicht so groß ist, daß eine Verwendung des genauer gezogenen Materials A und B ausgeschlossen erscheint.

Gezogenes Material für die Einheitswelle Feinpassung ist im Handel nicht erhältlich, vielmehr müssen derartige Wellen geschliffen werden. Im Apparatebau werden sich jedoch bei näherer Untersuchung eine große Anzahl Konstruktionen ergeben, bei denen gezogene Wellen verwendet werden können.

Ferner ist die Konstruktionsfreiheit beim Einheitswellensystem größer, denn bei ihm können Wellen, auf denen Bohrungen mit verschiedenen Sitzen aufgebracht sind, glatt oder abgesetzt sein, im Einheitsbohrungssystem müssen solche Wellen stets abgesetzt sein. Die Apparatekonstruktionen werden daher bei Verwendung der Einheitswelle leichter und eleganter, auch wenn die Welle, wie es häufig der Fall ist, abgesetzt wird. Abb. 199 zeigt eine Konstruktion, ausgeführt

nach der Einheitsbohrung gegenüber einer nach der Einheitswelle. Da
hier ein Festsitz benötigt wird, der noch dazu in der Mitte zwischen
anderen Passungen liegt, so sind Absätze erforderlich, um den Festsitz
über die Welle bringen zu können. Der Festsitz ist der Feind der glatten Welle in den Fällen, in denen er nicht an das Ende der Welle gelegt werden kann[1]), weil

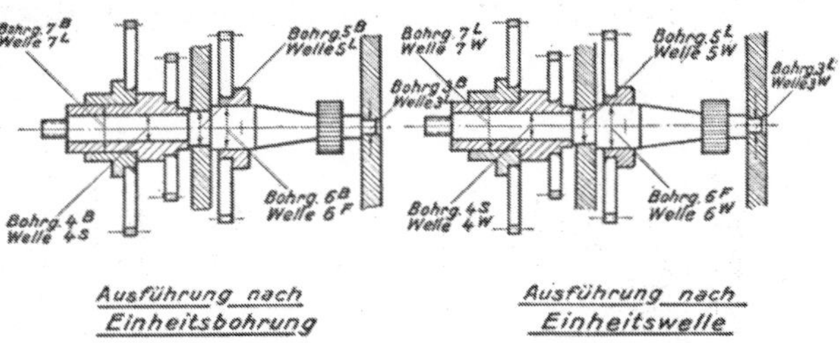

Abb. 199. Konstruktion mit abgesetzter Welle.

durch ihn eine Verstärkung der Welle um mindestens eine Durchmesser-
stufe eintritt. Bei der Konstruktion ist daher hierauf stets Rücksicht
zu nehmen. Wird aus anderen Gründen eine glatte Welle verlangt, so kann der Festsitz, wenn er nicht durch den Schiebe- oder Haftsitz zu ersetzen ist, in einer der in Abb. 200 dargestellten Ausführungen angeordnet werden, je nach dem die Arbeitsweise des Apparates dies zuläßt.

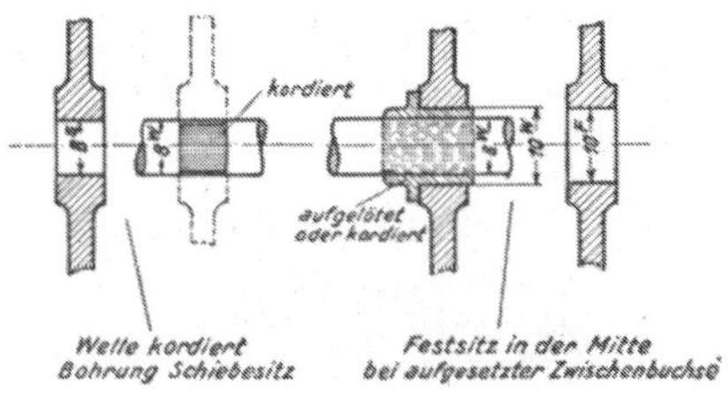

Abb. 200. Fester Sitz durch Riffelung
erzielt.

Im Gegensatz zu Abb. 199 ist
in Abb. 201 eine Konstruktion wiedergegeben, bei der es unbedingt
erforderlich ist, die Paßstellen nach dem Einheitswellensystem auszubilden und eine glatte Welle zu verwenden. Hier wäre es falsch,
die Einheitsbohrung zu nehmen, weil dadurch die aufzuwendende Arbeit
erschwert und die Anzahl der Teile vermehrt würde.

In Abb. 201 a ist die Konstruktion einer Welle gezeigt, die sich ohne
weiteres so ändern läßt, daß gemäß Abb. 201 b gezogenes Material verwendet werden kann. Das Diagramm Abb. 201 c zeigt die verschiedenen
Sitze in der bekannten Darstellungsweise. Hier sei noch auf Abb. 157
S. 126 hingewiesen, wo eine Welle aus einem kinematographischen
Apparat als glatte Feinwelle gezeigt wird. Dieser Apparat ist im übrigen
vollständig nach dem Einheitswellensystem durchgebildet und hat
sich in der Fabrikation gut bewährt.

Leitsätze für die Auswahl. Über die Verwendung des Systems
der Einheitswelle für den Apparatebau kann man daher zusammenfassend sagen:

---

[1]) S. auch S. 132 Abb. 151 b und 152a.

Das Einheitswellensystem soll möglichst angewendet werden:

a) bei durchgehenden glatten Wellen,

b) bei Konstruktionen mit abgesetzten Wellen, bei denen das Einheitswellensystem infolge geringerer Zahl von Ansätzen einen kleineren Materialdurchmesser ergibt,

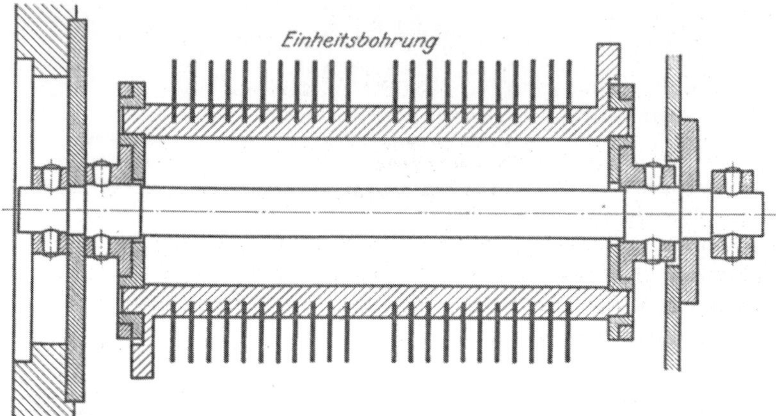

Abb. 201 a.

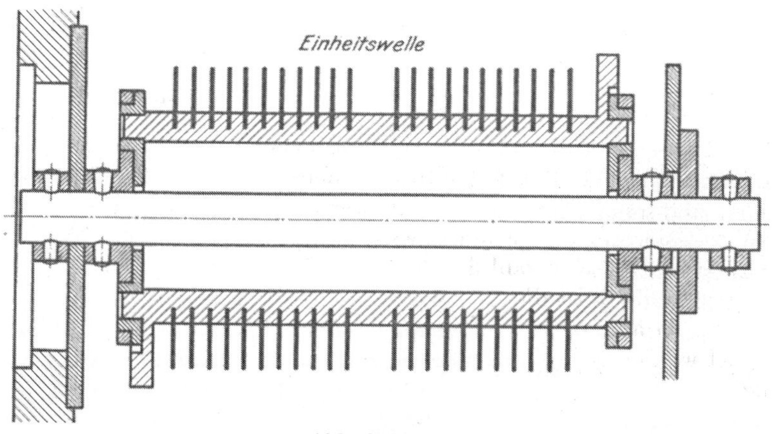

Abb. 201 b.

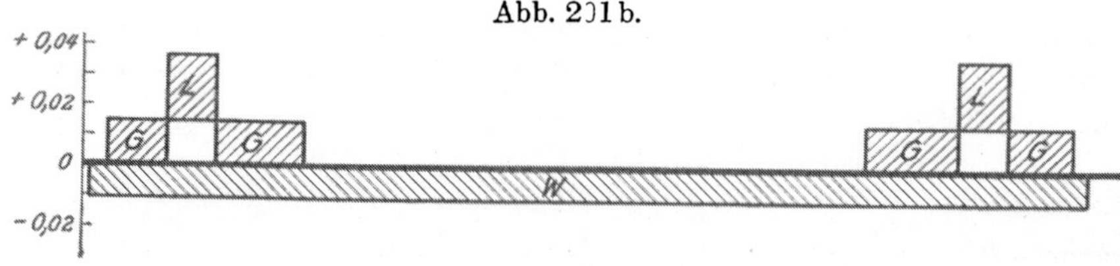

Abb. 201 c.

Abb. 201 a—c.   Drehkondensator nach Einheitswelle wirtschaftlicher.

c) bei gröberen Passungen, weil hier die verlangte Herstellungsgenauigkeit infolge der größeren Abmaße die Verwendung gezogenen Materials gestattet,

d) wenn ein Betrieb mit wenig Sitzarten auskommt,

e) bei Massenfertigung, weil dann die Reibahlen trotz vermehrter Durchmesserzahl gleichmäßig benutzt werden.

Die Anwendung der Einheitsbohrung im Apparatebau wird demnach beschränkt sein auf:

a) Wellen, die viele verschiedene Sitzarten gleichzeitig tragen und in geringen Stückzahlen hergestellt werden;

b) Wellen geringer Stückzahl, die aus Gründen des Zusammenbaus mehrere Ansätze haben sollen;

c) Zylinderbohrungen oder Rohre, in denen Kolben verschiedener Dichte laufen sollen;

d) Fälle, in denen nach der Edelpassung gearbeitet werden soll und außerdem viele feste Sitze zur Anwendung kommen;

e) Erzeugnisse, bei denen man mit wenig Reibahlen auskommen will, die seltener benutzt werden.

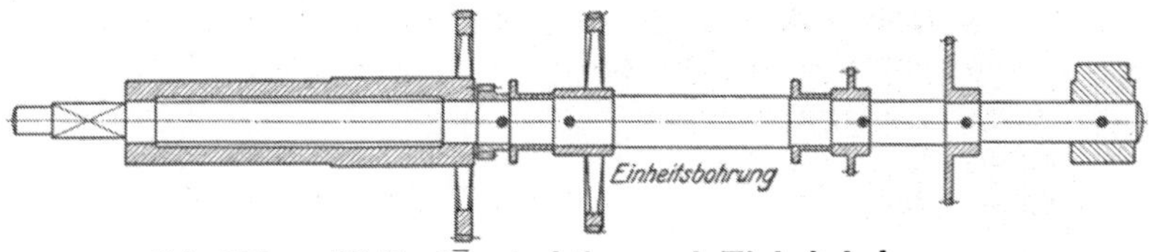

Abb. 202a.   Wellenkonstruktion nach Einheitsbohrung.

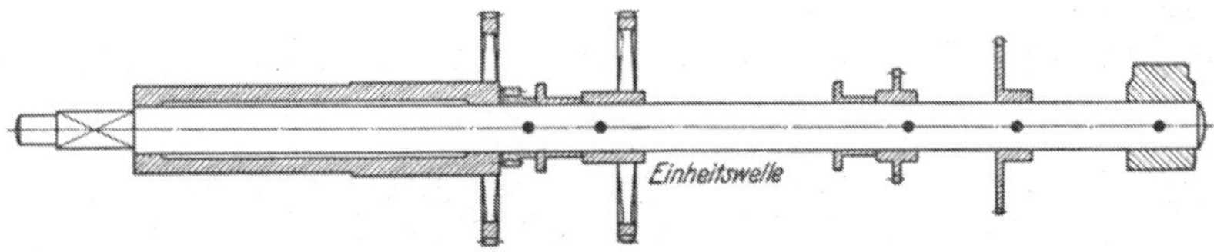

Abb. 202b.   Verbesserte Wellenkonstruktion nach Einheitswelle.

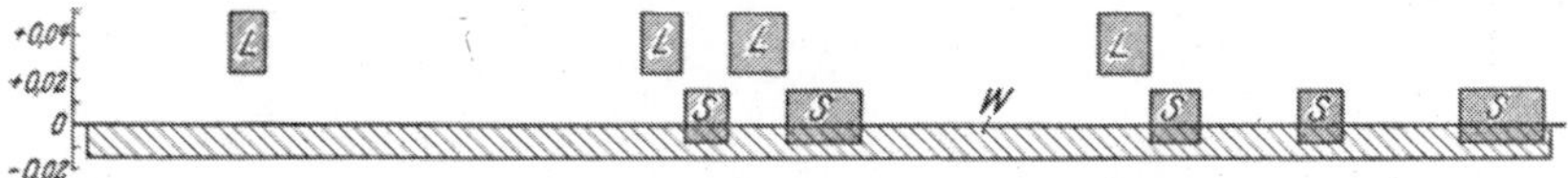

Abb. 202c.   Passungsdiagramm zu Abb. 201b.

Außer diesen Gegenüberstellungen lassen sich noch mehr Punkte aufführen, die jedoch am Gesamtbild kaum etwas ändern dürften.

Gütegrad und Sitzart.   Die zweite Frage, die sich nun der Apparatekonstrukteur vorzulegen hat, ist die: Welcher Gütegrad und welche Sitzarten sind bei der vorliegenden Konstruktion zu wählen? Für diese Frage ist in erster Linie die Herstellungsgenauigkeit der Teile in der Fertigungswerkstatt ausschlaggebend und außerdem die Funktion des Apparates, die angibt, welches Spiel zugelassen werden kann.

Es wäre unter allen Umständen falsch, ein Teil genauer zu bearbeiten, als es für den vorliegenden Zweck unbedingt erforderlich ist. Leider wird hiervon viel zu wenig Gebrauch gemacht. Der Konstrukteur ist beim Entwurf eines Feinapparats oder einer Feinmaschine gewöhnlich der Meinung, daß dann auch alle Teile mit der größten Genauigkeit hergestellt werden müssen, weil er annimmt, daß der fertige Apparat dann am sichersten funktioniert. Auf diese Weise werden der Werkstatt häufig Aufgaben gestellt, die nur unter Anwendung der schwierigsten Hilfsmittel zu lösen sind. Der Konstrukteur muß sich klar sein, daß die Herstellungsgenauigkeiten auch für den Betrieb eine bestimmte Grenze haben, und daß bei äußerster Genauigkeit die Herstellungspreise ins ungeheure steigen. Man wird sich bei der Konstruktion daher Klarheit schaffen müssen, wie groß die Spielschwankungen in Rücksicht auf eine noch gute Funktion des Apparates sein dürfen, um die zulässigen größten Toleranzen vorschreiben zu können. Der Genauigkeitsfimmel, der vielfach verbreitet ist und durch die Passungsarbeiten des Normenausschusses der deutschen Industrie ungewollt Nahrung erhielt, muß auf das wirtschaftliche Maß zurückgebracht werden. Will man für eine Konstruktion den einen oder anderen Gütegrad anwenden, so muß man sich über die für diesen Gütegrad zulässigen Abmaße und deren Herstellungsmöglichkeiten eine Vorstellung machen. Abb. 30 S. 19 zeigt den Verlauf der Paßeinheitenkurve, nach der die NDI-Passungen aufgestellt sind. Aus diesem Verlauf ist ersichtlich, daß für die kleineren Durchmesser, insbesondere unter 8 mm, die Kurve sehr scharf abbiegt, so daß die absoluten Werte der Paßeinheiten äußerst schnell abnehmen. Dies ist noch deutlicher aus der Zahlentafel 16 der genauen Werte ersichtlich. Hiernach betragen die Abmaße bei

einem Durchmesser von 20 mm bei 1 PE = 0,015 mm,

»   »   »   6 »   » 1 PE = nur noch 0,008 mm,

»   »   »   3 »   » 1 PE =   »   »   0,006 »

Edel- und Feinpassung. Der vom NDI festgelegte Verlauf für die Paßeinheiten nach der $\sqrt[3]{D}$ scheint für die kleinen Durchmesser nicht richtig zu sein, da wegen der scharfen Abbiegung der Kurve bei den kleinen Durchmessern die Abmaße zu klein werden, so daß z. B. ein Abmaß, das bei 6 mm ⌀ der Schlichtpassung entspricht, bei 30 mm ⌀ schon Feinpassung ist. Hierbei ist zu berücksichtigen, daß die Herstellungsgenauigkeiten eines Arbeitsstückes auf den Arbeitsmaschinen innerhab eines bestimmten Durchmesserbereiches gleich schwierig sind, d. h. eine Achse von 10 mm mit 0,01 mm Abmaß ist ebenso leicht oder schwierig herstellbar wie eine Achse von 20 mm ⌀ mit auch 0,01 mm Toleranz, da beide Achsen auf der gleichen Arbeitsmaschine hergestellt werden.

Zahlentafel 16. Zahlenwerte der Paßeinheiten.

	Anzahl der Paßeinheiten	Maße in mm					
		Durchmesserbereich					
		von 1—3	über 3—6	über 6—10	über 10—18	über 18—30	über 30—50
Edelpassung	0,5	0,003	0,004	0,005	0,006	0,008	0,009
	1	0,005	0,008	0,010	0,012	0,015	0,018
Feinpassung	1,5	0,008	0,012	0,015	0,018	0,022	0,025
Schlichtpassung	2	0,012	0,015	0,020	0,025	0,030	0,035
	2,5	0,015	0,020	0,025	0,030	0,035	0,040
	3	0,018	0,025	0,030	0,035	0,045	0,050
Grobpassung	3,5	0,020	0,030	0,035	0,040	0,050	0,060
	4	0,025	0,030	0,040	0,050	0,060	0,070
	5	0,030	0,040	0,050	0,060	0,070	0,080
	5,5	0,035	0,045	0,055	0,065	0,080	0,095
	6	0,035	0,050	0,060	0,070	0,080	0,100
	7	0,040	0,055	0,070	0,085	0,100	0,120
	7,5	0,050	0,060	0,075	0,090	0,110	0,130
	8	0,050	0,060	0,080	0,100	0,120	0,140
	10	0,050	0,080	0,100	0,100	0,150	0,150

Das Hauptanwendungsgebiet im Apparatebau liegt bei den Durchmessern unter 10 mm, wie eine Aufstellung, die das Ergebnis einer Umfrage bei großen Betrieben ist, zeigt (Abb. 203). Daher werden die Schwierigkeiten bei der Herstellung der Gütegrade: Edelpassung und Feinpassung, die Toleranzen von 1—2 PE verlangen, infolge der kleinen Toleranzen für die feinmechanische Technik sehr groß sein. Bei Industrien, die überwiegend mit größeren Durchmessern, also über 10 und 20 mm, arbeiten, werden sich die Schwierigkeiten bei der Fein- und Edelpassung vielleicht nicht in diesem Umfange zeigen.

Bevor nun die Edel- oder Feinpassung in einem feinmechanischen Betriebe zur Anwendung kommt, ist es unbedingt erforderlich, daß der Betrieb sich über die Herstellungsgenauigkeiten seiner Arbeitsmaschinen ein Bild macht, um sich von vornherein klar zu werden, ob er infolge seiner Einrichtung überhaupt in der Lage ist, die verlangten Genauigkeiten einzuhalten. Die Prüfung der Herstellungsgenauigkeiten von Arbeitsmaschinen muß sich auf alle zur Anwendung kommenden Drehbänke und Rundschleifmaschinen, unter Umständen sogar auch auf Ziehbänke, Ziehpressen, Bohrmaschinen u. dgl. erstrecken. Hierbei

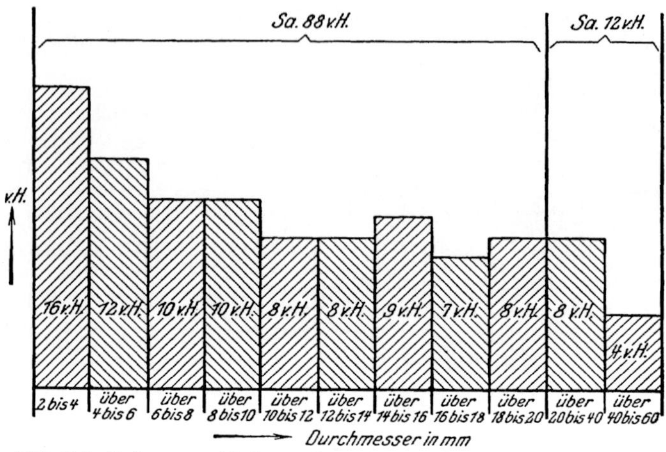

Abb. 203. Häufigkeit der verschiedenen Durchmesserbereiche in der Feinmechanik.

wird sich ergeben, daß die normalen Drehbänke — auch beste Erzeugnisse — nicht in der Lage sind, die Edel- oder Feinpassung für die kleinen Durchmesser zu erzeugen. Zahlentafel 17 zeigt z. B. Ergebnisse von Messungen an einer großen Zahl von Arbeitsstücken, die im normalen Betriebe durch Drehen oder Bohren mit Spezialwerkzeugen hergestellt sind. Aus dieser Zusammenstellung ist ersichtlich, daß die Schlichtpassung durchweg erreicht, dagegen die Feinpassung nur über 6 mm zu erreichen ist. Abb. 204 zeigt die Drehwerkzeuge, Abb. 205 die Bohr- und Reibwerkzeuge, die zur Herstellung genauer Teile in der Feinmechanik zur Anwendung kommen. Will man die Feinpassung oder sogar die Edelpassung herstellen, so sind hierfür besondere Paßdrehbänke notwendig, die mit ausgezeichneter Lagerung und mit automatischer Stellung versehen sind, um jede Beeinflussung durch die Bedienungspersonen zu vermeiden oder aber, wenn die Teile geschliffen werden können, Präzisionsrundschleifmaschinen. Doch ist dies leider im Apparatebau infolge des Vorhandenseins von Ansätzen bei äußerst geringem Durchmesser nicht immer glatt durchführbar. Zu der Schwierigkeit in der reinen Herstellung dieser Edel- und Feinpassung bei kleinen Durchmessern tritt noch ein anderes Hemmnis hinzu, das die Herstellung erschwert. Das ist die sehr schnelle Abnutzung der zur Anwendung kommenden Lehren, da infolge der kleinen Toleranz auch die zulässige Abnutzung äußerst gering ist. Z. B. ist bei der Gleitsitzwelle bzw. Einheitswelle von 6 mm $\oplus$ eine Toleranz von 0,008 mm vorgeschrieben. Unter Berücksichtigung der den Lehrenlieferanten zugestandenen Herstellungstoleranz bei der Anfertigung der Lehren kann die verwendete Grenzrachenlehre sogar die Werte 6 mm — 0,002 auf der Maximalseite und 6 mm — 0,007 auf der Minimalseite haben.

Zahlentafel 17. Arbeitsgenauigkeiten von Werkzeugmaschinen.

Bezeichnung der Maschinen:	A Automaten		R Revolverbänke		BR Boley-Revolver-Bänke		SB Schraubenbänke	
Art der Drehteile	Einfache und kurze Teile	Schwierige und lange Teile	Einfache und kurze Teile	Schwierige und lange Teile	Einfache und kurze Teile	Schwierige und lange Teile	Einfache und kurze Teile	Schwierige und lange Teile
Betriebsverhältnisse 1	A_1 normal ohne besondere Zusatz-Dreheinrichtungen		R_1 normal ohne besondere Zusatz-Dreheinrichtungen		BR_1 normal ohne besondere Zusatz-Dreheinrichtungen		SB_1 Verarbeitung von Vierkant- und Formmaterial / geringe Spantiefe	große Spantiefe
erreichbare Toleranzen der Drehdurchmesser: bis 6 mm	0,1	0,2	0,1	0,2	0,03	0,09	0,1	0,3
üb. 6—18 mm	0,15	0,25	0,15	0,25	0,05	0,1	0,2	0,6
„ 18—30 „	0,15	0,4	0,15	0,4	0,05	0,15	0,3	0,8
über 30 „	0,2	0,6	0,2	0,6				
erreichbarer Gütegrad	—	—	—	—	Grobpassung		—	—
Betriebsverhältnisse 2	A_2 mit Schlichtstahl im Querschlitten		R_2 mit Schlichtstahl im Querschlitten				SB_2 Verarbeitung von Rundmaterial mit Ziehgenauigkeit „B" / geringe Spantiefe	große Spantiefe
erreichbare Toleranzen der Drehdurchmesser: bis 6 mm	0,03	0,06	0,03	0,06			0,1	0,2
üb. 6—18 mm	0,04	0,08	0,04	0,08			0,15	0,25
„ 18—30 „	0,05	0,1	0,05	0,1			0,2	0,4
über 30 „	0,06	0,12	0,06	0,12				
erreichbarer Gütegrad	Grobpassung		Grobpassung				—	—
Betriebsverhältnisse 3	A_3 mit Schlichtstahl im besonderen Halter im Revolverkopf eingespannt u. durch Gleitlineal im Querschlitten geführt		R_3 mit Schlichtstahl im besonderen Halter im Revolverkopf eingespannt u. durch Gleitlineal im Querschlitten geführt				SB_3 Verarbeitung von Rundmaterial mit Ziehgenauigkeit „A" / geringe Spantiefe	große Spantiefe
erreichbare Toleranzen der Drehdurchmesser: bis 6 mm	0,02	0,04	0,02	0,04			0,05	0,1
üb. 6—18 mm	0,03	0,06	0,03	0,06			0,1	0,2
„ 18—30 „	0,04	0,08	0,04	0,08			0,15	0,3
über 30 „	0,05	0,1	0,05	0,1				
erreichbarer Gütegrad	Schlichtpassung ab 3 mm aufwärts	Grobpassung	Schlichtpassung ab 3 mm aufwärts	Grobpassung			Grobpassung	—
Betriebsverhältnisse 4	A_4 mit Messerkopf		R_4 mit Messerkopf		RB_4 mit Messerkopf			
erreichbare Toleranzen der Drehdurchmesser: bis 6 mm	0,01	0,02	0,01	0,02	0,01	0,02		
üb. 6—18 mm	0,01	0,03	0,01	0,03	0,01	0,03		
„ 18—30 „	0,01	0,04	0,01	0,04	0,01	0,04		
erreichbarer Gütegrad	Feinpassung ab 6 mm aufwärts	Schlichtpassung ab 3 mm aufwärts	Feinpassung ab 6 mm aufwärts	Schlichtpassung ab 3 mm aufwärts	Feinpassung ab 6 mm aufwärts	Schlichtpassung ab 3 mm aufwärts		

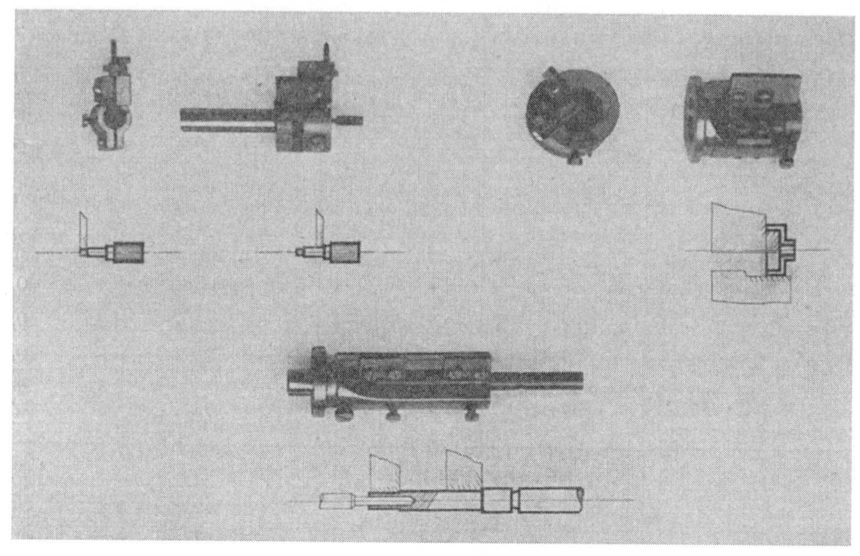

Abb. 204.   Drehwerkzeuge für die Feinmechanik.

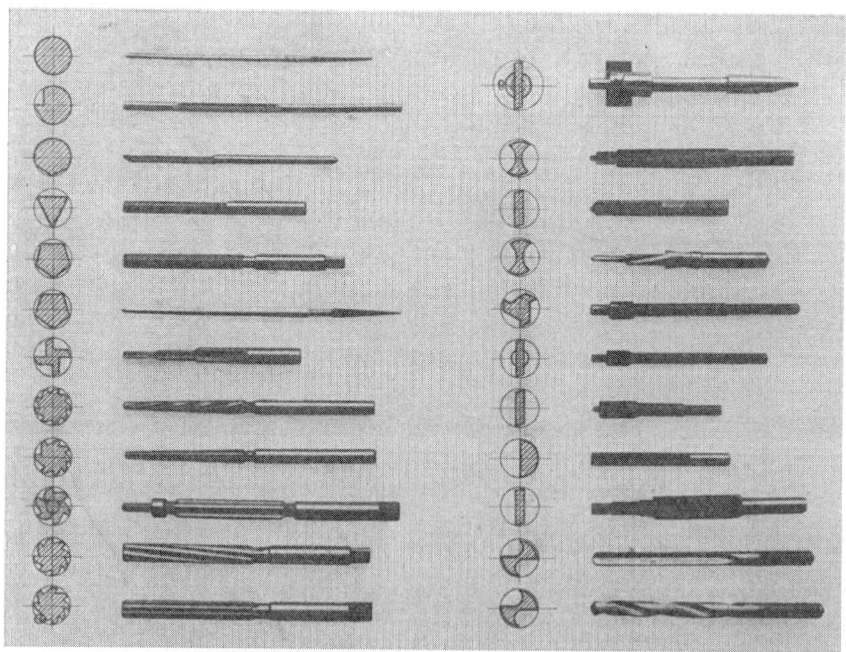

Abb. 205.   Bohrungswerkzeuge für die Feinmechanik.

Demnach bliebe in diesem äußersten Grenzfall für die Arbeitstoleranz nur die Differenz, also 0,005 mm übrig. Berücksichtigt man weiter, daß für die Abnutzung der Lehren bei diesem Durchmesser nur 0,002 mm zugelassen werden, so ist es klar, daß die Lehren für diese Größen und diese Toleranzen im Betriebe äußerst schnell die Abnutzungsgrenze erreichen und demnach sehr häufig ausgewechselt werden müssen. Von einer fabrikationsmäßigen Fertigung kann dann kaum noch die Rede sein.

Ähnlich schwierig ist die Anfertigung der Bohrungen für diese Passungen und Durchmesser, denn die Toleranz beträgt 0,012 mm. Auch hier müssen Reibahlen, Schleifwerkzeuge und Lehren sehr häufig ausgewechselt werden.

Aus der vorangegangenen Betrachtung soll die Feinmechanik die Lehre ziehen, die Edel- und die Feinpassung nur in den Fällen höchster Genauigkeit, wenn es die Funktion des Apparates unbedingt verlangt, anzuwenden, im übrigen aber Passungen zu gebrauchen, die größere Toleranzen bei der Herstellung der Arbeitsstücke gestatten.

Schlichtpassung. Bei näherer Untersuchung der Arbeitsweise der verschiedenen Apparate wird sich zeigen, daß die Spiele, die die Schlichtpassung unter 10 mm ⌀ ergibt, in sehr vielen Fällen zugelassen werden können. Wenn von der Schlichtpassung noch nicht in größerem Umfange Gebrauch gemacht wurde, so liegt dies daran, daß bisher das

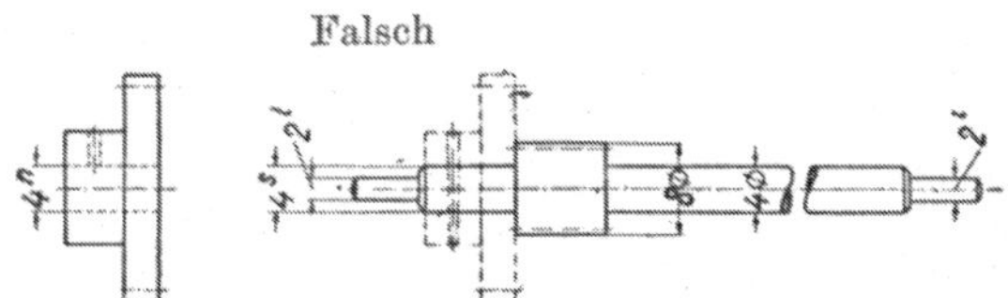

Abb. 206a. Wellenkonstruktion nach Einheitsbohrung — Feinpassung unzweckmäßig.

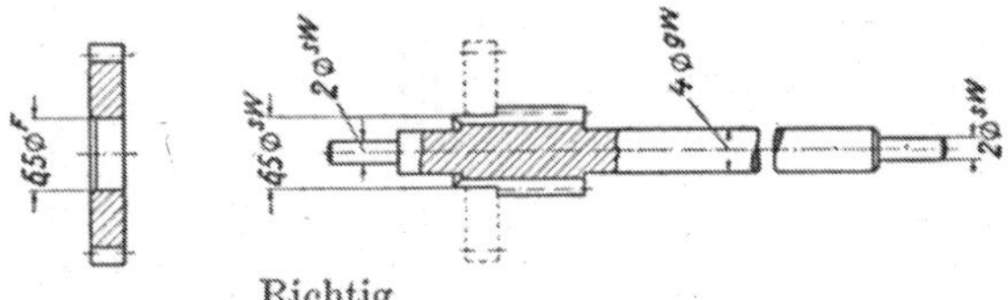

Abb. 206b. Dieselbe Konstruktion — wirtschaftlich nach Einheitswelle Schlichtund Grobpassung.

Schlesinger-Loewe-System nur die Feinpassung aufwies, oder es kam, wie eingangs erwähnt, ein unmittelbares Ineinanderpassen zur Anwendung. Die jetzt vorliegende Möglichkeit, bei der Schlichtpassung gezogenes Material für die Einheitswelle zu erhalten, wird noch mehr dazu führen, diesen Gütegrad auch bei Feinapparaten zu verwenden.

Abb. 206 zeigt ein Beispiel, bei dem bisher nach der Einheitsbohrung, und zwar Feinpassung, gearbeitet wurde. Abb. 206 b ergibt, daß sich die gleiche Konstruktion auch nach der Schlichtpassungseinheitswelle ausführen ließ; dadurch wurde eine erhebliche Verbilligung in der Herstellung erzielt, ohne daß die Arbeitsweise des Apparates litt. In Abb. 207 a und b sind Konstruktionen aus der Fernmeldetechnik angegeben, die ebenfalls in Schlichtpassung, und zwar als Einheitswelle,

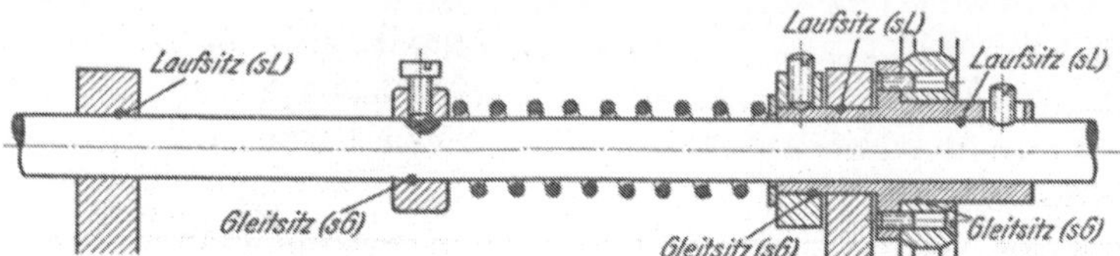

Abb. 207 a. Indukturachse nach Schlichtwelle.

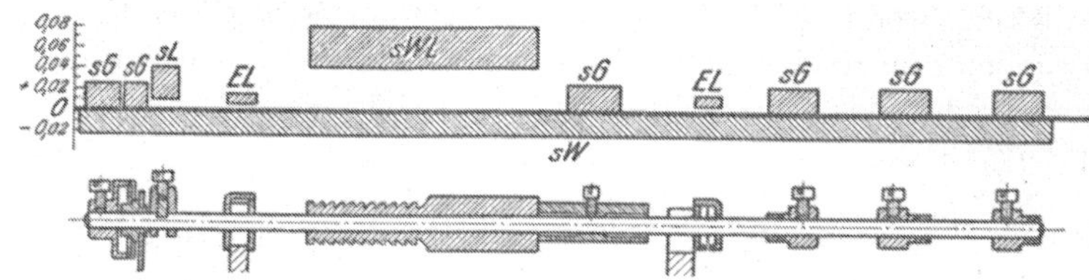

Abb. 207 b. Drehwählerachse nach Schlichtwelle.

mit Vorteil ausgeführt werden können. Abb. 207 b zeigt im Passungsdiagramm, wie die Sitze der einzelnen Teile gewählt sind. Überhaupt hat sich bei weiterer Verwendung der Schlichtpassung im Apparatebau gezeigt, daß dieser Gütegrad in den weitaus meisten Fällen, insbesondere bei den kleinen Durchmessern, mit Vorteil angewendet werden kann. Wenn irgendmöglich, sollen daher bereits bei der Konstruktion die Abmaße bzw. Spiele der Schlichtpassung berücksichtigt werden, weil dann in den meisten Fällen der Betrieb in der Lage sein wird, wirtschaftlich zu fabrizieren.

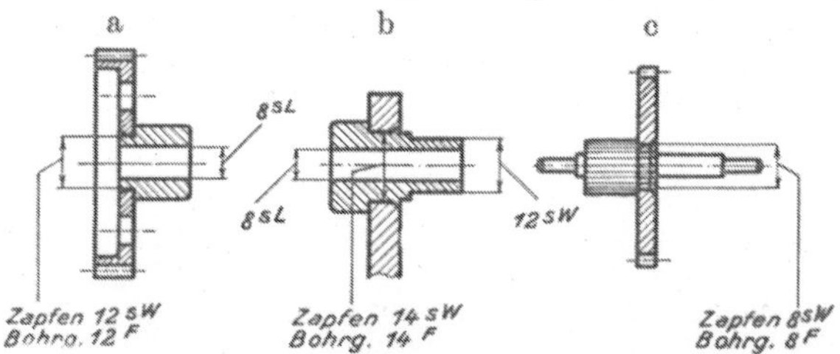

Abb. 208 a, b und c. Festsitze. Passungen von Zapfen in Blechteilen.

Die Erfahrung hat weiter ergeben, daß bei der Schlichtpassung sogar eine bestimmte Art von Festsitz mit Vorteil verwendet werden kann, wenn z. B. massive Vollteile in Blechteile eingenietet bzw. eingedrückt werden sollen, wie dies in der Abb. 208 a—c dargestellt ist. Selbstverständlich müssen hier die Teile in der Fertigung ausgesucht werden, da die Grenzfälle entweder ein zu großes Spiel oder ein zu großes Übermaß ergeben können. Die Lage des Festsitzes der Schlichtpassung ist aus Abb. 220 S. 216 zu ersehen.

Grobpassung. Wenn es die Arbeitsweise eines Apparates nur irgend erlaubt, sollte man auch die Grobpassung anwenden. Da dieser Gütegrad Toleranzen von 10 PE zuläßt, ist er im normalen Betriebe ohne große Mehrkosten auch in der Massenfertigung herstellbar. Der Ausdruck Grobpassung könnte darauf hindeuten, daß hier eine sehr grobe Ausführung gemeint wäre. Dem ist nicht so, am wenigsten bei den kleinen Durchmessern. Z. B. beträgt das Abmaß bei einer 6 mm Welle 0,08 mm und bei 10 mm Wellendurchmesser 0,10 mm. Derartige Werte verlangen in der Massenfertigung immerhin ein sorgfältiges Arbeiten. Für die Grobpassung ergeben sich größere Anwendungsgebiete, wo zwei ineinandergesteckte Teile sich leicht bewegen sollen, wo also die

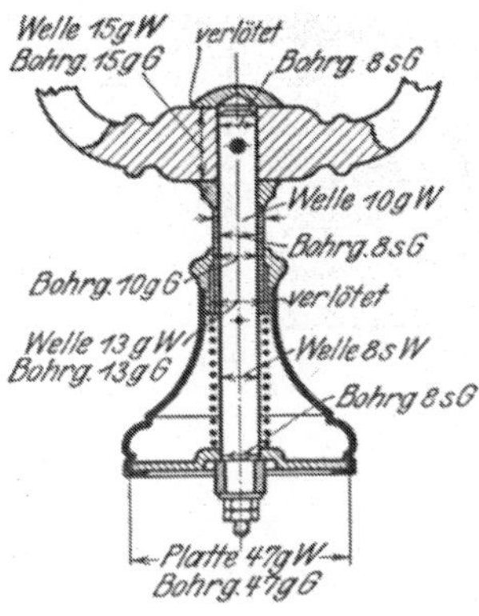

Abb. 209. Abfrage-Apparatträger.

Bohrung stets größer und die Achse stets kleiner sein muß und wo ein Nachpassen nicht zur Anwendung kommen soll. Bisher wurde in solchen Fällen vielfach nur ein Maß eingeschrieben, z. B. bei der Achse 10 mm $\bigoplus$ und beim Loch 10 mm $\bigoplus$. Der Werkstatt blieb es überlassen, das Loch nach Wahl größer zu machen. Beim Zusammenbau von Schaltern, bei Bewegungsmechanismen für Schreib- und Rechenmaschinen, Telephonstationen u. dgl. m. ist die Grobpassung als eine der billigsten Passungen häufig gut zu verwenden. Die Bohrungen sind durch glattes Bohren und die Achsen durch Drehen herstellbar. Ein Anwendungsbeispiel zeigt Abb. 209.

Fertigungsgang. Bei der Anwendung der NDI-Passungen muß der Konstrukteur auch gleichzeitig den Fertigungsgang berücksichtigen, damit Doppelarbeit vermieden wird. Vielfach wird man die Einzelteile nur vorarbeiten und erst im zusammengesetzten Zustand fertigstellen, wie es in Abb. 210 gezeigt wird.

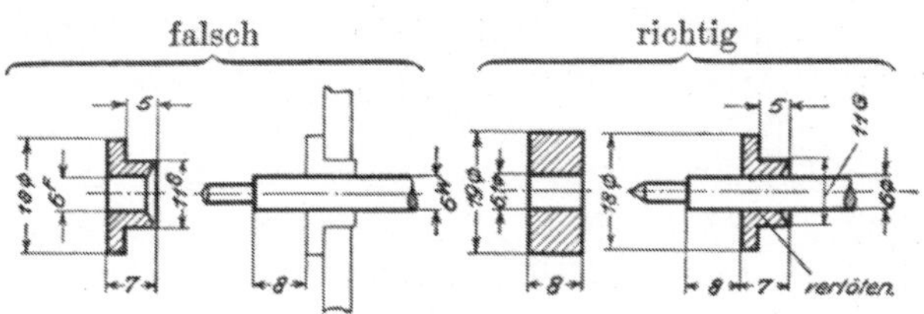

Abb. 210. Paßteil, welches erst nach Aufpassung auf die Welle in den äußeren Paßmaßen fertiggestellt wird.

wird. Werden Teile aus Werkstoffen hergestellt, die sich durch längeres Lagern verändern können, z. B. aus Hartgummi, so ist hierauf Rücksicht zu nehmen (Abb. 211). In vielen Fällen wird man gezwungen sein, Teile genauer herzustellen, als es das einzelne Teil erfordert. Durch das Zusammensetzen der Teile können sich die Abmaße in der Weise addieren, daß zum Schluß Abweichungen entstehen, die in Rücksicht auf die Arbeitsweise nicht zugelassen werden können. Abb. 212

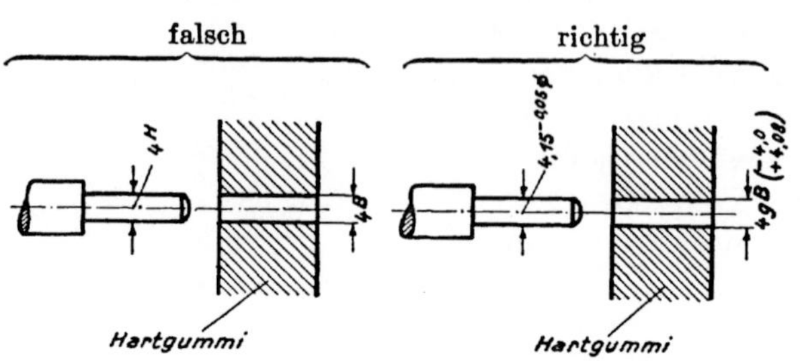

Abb. 211. Passung in Hartgummi.

zeigt eine derartige Konstruktion, bei der Zapfendurchmesser, Schlitztiefe und Lochabstand, jedes für sich, mit Rücksicht auf den Zusammenbau mit nur kleinen Abmaßen hergestellt werden müssen.

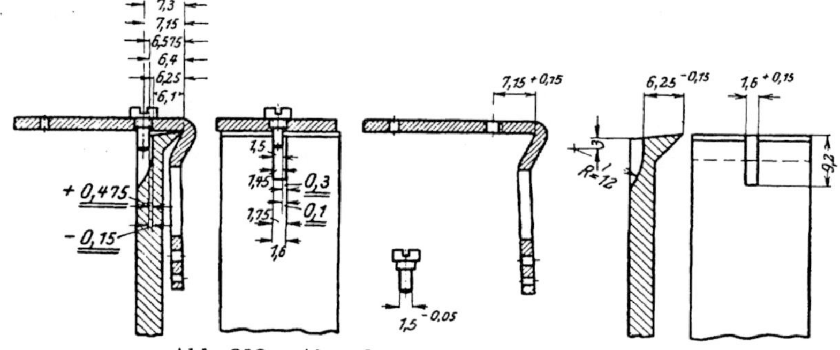

Abb. 212. Abmaße zusammengesetzter Teile.

Wenn Zapfendurchmesser, Schlitztiefe und Lochabstand eine zu große Abweichung zeigen, dann könnte es eintreten, daß im zusammengesetzten Zustande der aufliegende Anker trotz der Sicherungsschraube von der Schneide herunterfällt. In allen Passungsfällen, die nicht von vornherein einwandfrei klar sind, sollte daher stets mit dem Betriebe Rücksprache genommen werden, um vor dem Fertigungsbeginn eine Festlegung des Herstellungsganges herbeizuführen.

Passungen können in der Feinmechanik auch häufig bei Teilen vorkommen, die aus Blech gezogen werden. Es wird sich dann darum handeln, ob die gezogenen Teile noch nachgearbeitet werden müssen, oder ob die Ziehteile gebrauchsfertig sind. Ist die Schichtpassung zulässig, so können präzis gezogene Teile ohne weiteres verwendet werden. Abb. 213a zeigt einen gezogenen Teil, der an zwei Stellen nach Schlichtpassung-Laufsitz austauschbar sein muß. Bei vielen Ziehteilen wird auch die Grobpassung noch genügen, wie Abb. 213b zeigt.

In besonderen Fällen wird man in der Fertigung geringere Abmaße vorschreiben müssen, als es die spätere Funktion des Apparates verlangt und zwar in den Fällen, wo mit Rücksicht auf die zur Anwendung kommenden Einrichtungen u. dgl. die Teile untereinander nur sehr

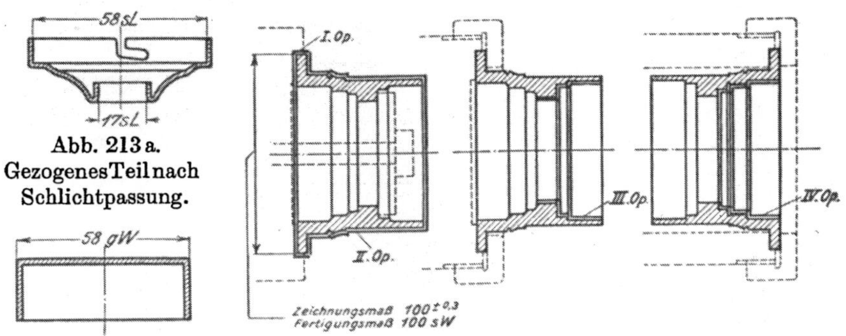

Abb. 213 a.
Gezogenes Teil nach Schlichtpassung.

Abb. 213 b.
Gezogenes Teil nach Grobpassung.

Abb. 213 c. Tolerierung eines Teiles unter Berücksichtigung seiner Aufnahme in Vorrichtungen-

wenig abweichen dürfen, um ein sicheres Aufnehmen in der Einspannvorrichtung zu gewährleisten. Abb. 213 c zeigt ein Beispiel für das Arbeiten nach geringen Toleranzen, bei denen die Lehren des Passungssystems zur Anwendung kommen, ohne daß die ursprüngliche Konstruktionszeichnung diese Paßmaße aufweist.

Längenpassungen. Nicht nur für Rundpassungen, auch für Längenpassungen können die NDI-Abmaße verwendet werden. Man wird bei Längenpassungen, wenn ein Teil in das andere passen soll, ähnlich wie bei der Rundpassung, zweckmäßig das Grobpassungssystem ausgehend von der Nullinie verwenden; auch für Längenmaße, die durch Abschneiden, Fräsen oder Schleifen hergestellt werden, sind die Abmaße der Grobpassung gut zu benutzen. Als Abschneide- und Fräslehren für Abschnitte und Einzelteile mit freien Maßen haben sich Lehren nach Abb. 214 gut bewährt. Zahlentafel 18 gibt dazu ±-Toleranzen an, die sich bewährt haben.

Bei der Tolerierung von Längen, die sich aus verschiedenen Einzellängen entweder eines Teiles oder mehrerer Teile zusammensetzen, ist stets das größt- und kleinstzulässige Gesamtspiel festzulegen und hiernach die Tolerierung der Einzelmaße vorzunehmen[1]. Abb. 215 gibt ein solches Beispiel für die Tolerierung von Längen, die sich aus verschiedenen Längenmaßen zusammensetzen.

---

[1] S. auch Abb. 25 S. 13.

Zahlentafel 18. Abmaße für Längen[1]).

Abb. 214. Längenlehre.

Längenbereich	Rachenlehren		Zulässige Abnutzung der Gutseite bei Längenlehren
	Abmaß		
	oberes	unteres	
	Gutseite	Ausschußseite	
1 bis 3	+ 0,05	− 0,05	0,008
über 3 „ 6	+ 0,08	− 0,08	0,012
„ 6 „ 10	+ 0,10	− 0,10	0,015
„ 10 „ 18	+ 0,10	− 0,10	0,018
„ 18 „ 30	+ 0,15	− 0,15	0,022
„ 30 „ 50	+ 0,15	− 0,15	0,025
„ 50 „ 80	+ 0,20	− 0,20	0,030
„ 80 „ 120	+ 0,20	− 0,20	0,035
„ 120 „ 180	+ 0,25	− 0,25	0,040
„ 180 „ 260	+ 0,25	− 0,25	0,045
„ 260 „ 360	+ 0,30	− 0,30	0,050
„ 360 „ 500	+ 0,35	− 0,35	0,060

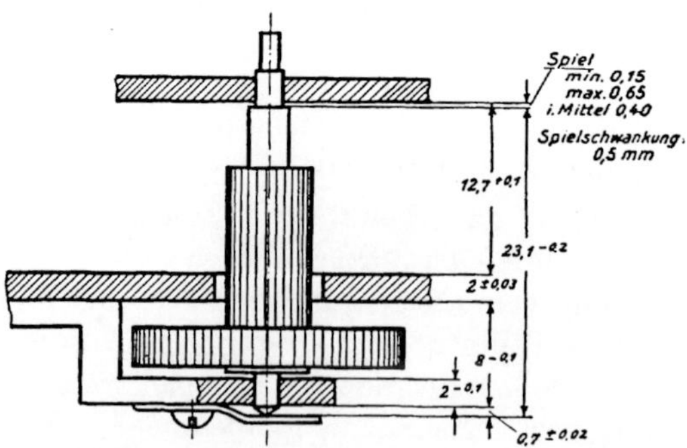

Abb. 215. Tolerierung von Längen aus verschiedenen Einzelmaßen.

---

[1]) Die Herstellungegenauigkeit der Längenlehren ist dieselbe wie die der Grobpassungslehren.

Lehren. Als Lehren werden für alle Arten von Passungen überwiegend für Achsen und Vollkörper die bekannten Grenzrachenlehren und für Bohrungen, Hohlkörper, Schlitze u. dgl. die Grenzlehrdorne verwendet. Wie jedoch bereits erwähnt, ist bei den kleinen Durchmessern der Unterschied zwischen Größt- und Kleinstmaß sehr gering und die zulässige Abnutzung sehr schnell erreicht, so daß mit derartigen Lehren nicht auszukommen ist. Außerdem ist der Einfluß des Meßdruckes von nicht geringer Bedeutung[1]). Zweckmäßig wird man bei solchen kleinen Größen direkt zeigende, einstellbare Meßinstrumente verwenden. Hierfür kommen in erster Linie Fühlhebel und Meßuhren (Abb. 216) in Frage, deren Meßbereich nur wenig mehr als die verlangte Arbeitstoleranz betragen soll, und die ein dem sehr kleinen Meßbereich entsprechendes Übersetzungsverhältnis haben. Auch hier ist damit zu rechnen, daß bei Messungen im

Abb. 216. Meßuhr.

Betriebe Meßfehler von 0,002—0,004 mm, also unter Umständen die halbe Arbeitstoleranz, auftreten, die auf Fehler des Instrumentes, Ablesefehler und Temperatureinflüsse zurückzuführen sind. Geringere Abweichungen sind nur in Einzelfertigung und beim Messen in entsprechend eingerichteten Meß- und Prüfräumen mit sehr gut geschultem Personal zu erreichen. Immerhin ermöglichen die einstellbaren Fühlhebel durch Nachprüfen mit ent-

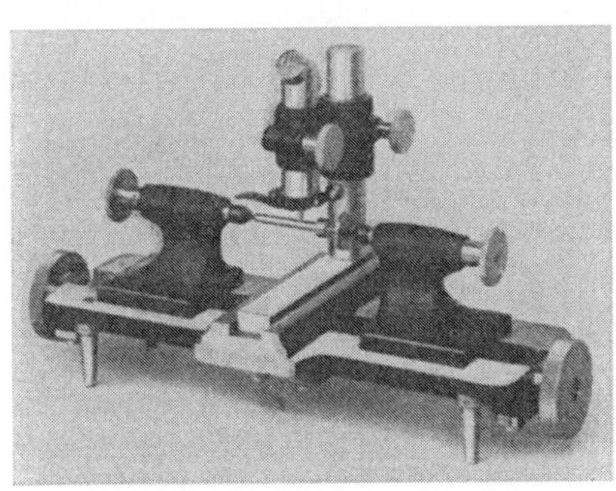

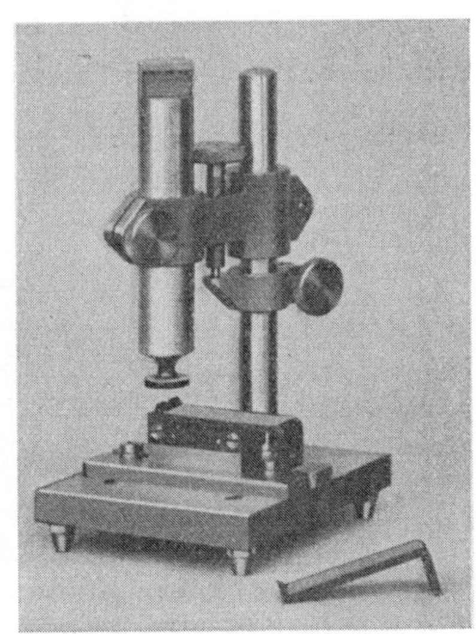

Abb. 217a. Zeigerinstrument nach Zeiß.

Abb. 217b. Hirthminimeter in besonderer Verwendung.

[1]) S. auch Literaturverzeichnis A 19.

sprechenden Normalstücken, Endmaßen u. dgl., daß der Sollwert wieder schnell hergestellt werden kann. Derartige Fühlhebel bewähren sich für die Feinpassung und auch für die Schlichtpassung sehr gut, da die Anordnung den verschiedenen Zwecken angepaßt werden kann. Abb. 217a zeigt ein Zeigerinstrument der Firma Zeiss, bei dem der Zeigerausschlag durch eine Linse betrachtet wird, und Abb. 217b die bereits auf S. 47 beschriebenen Hirth-Minimeter in besonderer Anwendung. Beide eignen sich für die Verwendung im Betriebe und in der Teilrevision, und ihre Meßgenauigkeit reicht für die Prüfungen der Fein- und Schlichtpassung aus. Ein weiterer Vorteil der einstellbaren Fühlhebel ist, daß die Ab-

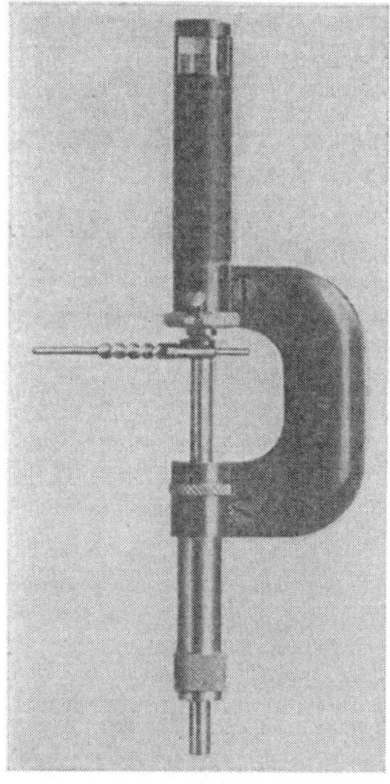

Abb. 218.   Mikrometer mit Fühlhebel.

lesung an einer Skala bei jeder Messung angibt, wieweit das bei der Messung festgestellte Maß vom Sollmaß noch entfernt ist. Der Arbeiter hat demnach einen Anhalt, wieviel er noch vom Werkstück abzunehmen hat, ein Moment, das, wie schon früher betont, gegenüber den festen Rachenlehren bei Einhaltung geringer Toleranzen von nicht zu unterschätzender Bedeutung ist.

Aus diesem Grunde wird man Fühlhebel nicht nur im Revisionsraum, sondern auch unmittelbar an Feinwerkzeugmaschinen verwenden. Für Arbeitsstücke, die beim Messen nicht ausgespannt werden können, benutzt man eine Kombination der Rachenlehre mit einem Präzisionsfühlhebel nach Art einer Mikrometerschraube (Abb. 218)[1]. Die Skala des Fühlhebels enthält dann drei Striche, und zwar Mittelwert, oberes und unteres Abmaß. Zwischen den beiden letzteren Strichen muß der Zeiger bleiben, wenn das Werkstück innerhalb der vorgeschriebenen Toleranz gehalten werden soll. Das Gegenlager des Fühlhebeltaststiftes, also der zweite Schnabel der Rachenlehre, wird nach Endmaßen entsprechend dem Mittelwert eingestellt, solange die Toleranz für den Durchmesserbereich gleich ist; wechselt die Toleranz, wird eine andere Skala eingesetzt. Durch derartige Einrichtungen ist man in der Lage, ganze Reihen von Rachenlehren für die verschiedenen Durchmesser, Passungen und Sitze zu ersetzen. Eine weitere gute Anwendung findet der Fühlhebel bei der Kontrolle und der Auswahl der blank gezogenen Rundstäbe für die

---

[1] S. auch Abb. 49, S. 39.

Einheitswelle in der Schlicht- und in der Grobpassung. Abb. 219
gibt eine Darstellung, wie im Wernerwerk der Siemens & Halske-A.-G.
entweder aus lagermäßigem Material entsprechende Stangen ausgesucht
oder die Anlieferung des Stangenmaterials, das nach Ziehgenauigkeit A
oder B gezogen werden sollte, kontrolliert wird.

Die Verwendung von Präzisionsfühlhebeln in der feinmechanischen
Technik ist demnach äußerst mannigfaltig. Die Siemens & Halske
A.-G. hat bei der Herstellung ihrer präzisionsmechanischen Apparate,

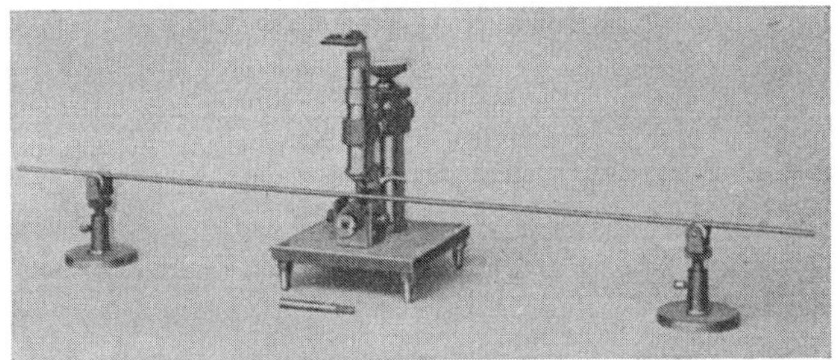

Abb. 219a.   Prüfung von Stangendraht auf Maßhaltigkeit.

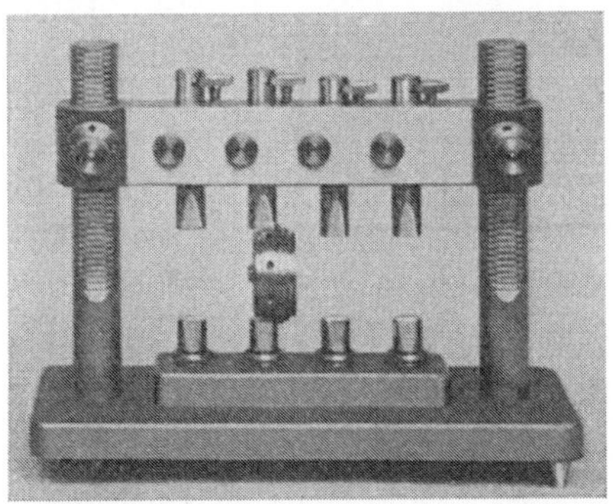

Abb. 219b.   Einstellbare Grenzlehreinrichtung für mehrere Maße.

die alle mit großer Genauigkeit nach dem Austauschverfahren hergestellt werden, hiervon eine ausgedehnte Anwendung gemacht, indem,
wie in Abb. 217b angedeutet, für jede Art von Werkstück besondere Aufnahmen gemacht wurden, welche die Werkstücke in der richtigen Meß-
lage festhalten. Bei noch feineren Abmessungen, wenn es sich um die
Kontrolle der Edelpassung, insbesondere bei kleinen Durchmessern
handelt oder um die Herstellung von Meßdornen, ist es jedoch zweckmäßig, stets eine Meßmaschine[1]) zu verwenden, bei der eine größere

---

[1]) S. Abb. 70, S. 59.

Genauigkeit in der Messung besteht als bei den bisher angeführten Meßinstrumenten. Meßmaschinen werden zurzeit in verschiedenen Ausführungen mit hoher Präzision gefertigt. Für noch feinere Messungen kämen schließlich Meßmikroskope[1]) der verschiedenen Konstruktionen zur Anwendung.

Für Teile von größeren Durchmessern und größeren Abmaßen, z. B. Schlichtpassung und Grobpassung, können für die Revision insbesondere dann, wenn es sich um eine große Stückzahl handelt, einstellbare Festlehren mit Vorteil verwendet werden, wie dies in Abb. 219 b dargestellt ist.

Die bisher angeführten Meßwerkzeuge bezogen sich auf das Prüfen von Achsen und Wellen. Für die Kontrolle der Bohrungen in der Fabrikation kommen überwiegend immer noch Grenzlehrdorne in Betracht, die sich, wenigstens bis jetzt, im Betriebe am besten bewährt haben. Alle einstellbaren Innenlehren werden wohl mehr oder weniger nur für den Meßraum in Frage kommen.

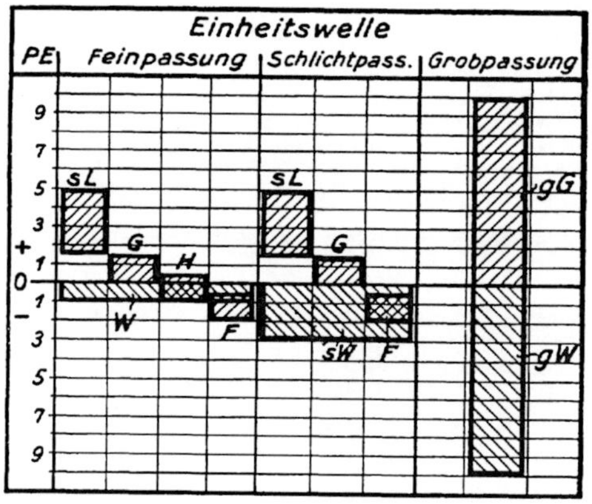

Von den Fortuna-Werken werden seit längerer Zeit einstellbare Innenlehren in den Handel gebracht, die jedoch nur für Vergleichsmessungen in Frage kommen. Die Firma Krupp hat neuerdings eine einstellbare Innenlehre herausgebracht, die bis zu dem Durchmesser von 3 mm herunter anwendbar sein soll.

Abb. 220. Beschränkte Sitzauswahl für feinmechanische Betriebe — Auswahlsatz.

Auswahl der Sitzarten. Aus den angestellten Betrachtungen ergibt sich, daß die NDI-Passungen ein Mittel an die Hand geben, den Austauschbau zu vervollkommnen und die Fertigung durch vermehrte Anwendung der Maschinenarbeit zu verbilligen. Bei sachgemäßer Anwendung wird erreicht, die teuerste aller bestehenden Arbeiten — die Handarbeit — auch in der feinmechanischen Technik einzuschränken und gleichzeitig die Qualität der Arbeit zu heben. Um den Austauschbau wirtschaftlich zu gestalten, ist es jedoch zweckmäßig, sich auf eine bestimmte Zahl Gütegrade und Sitzarten festzulegen, um den Werkzeugpark möglichst ausnutzen zu können.

---

[1]) S. auch Abb. 56 S. 49 und Literaturverzeichnis A 10.

In den allermeisten Betrieben des Apparatebaues wird man wohl
mit der Einheitswelle auskommen, bestimmt jedenfalls für die Schlicht-
und Grobpassung; Betriebe, die wenig Sitzarten benötigen, sogar auch
für die Feinpassung. Diese Betriebe würden sich einen Auswahlsatz
aus dem Einheitswellensystem schaffen, etwa wie dies das Diagramm
Abb. 220 zeigt.

Gemischte Betriebe, die eine weitverzweigte Fertigung haben und
viele Sitzarten anwenden müssen und bei denen sehr viele Festsitze
vorkommen, werden zweckmäßig aus der großen Zahl der bestehenden

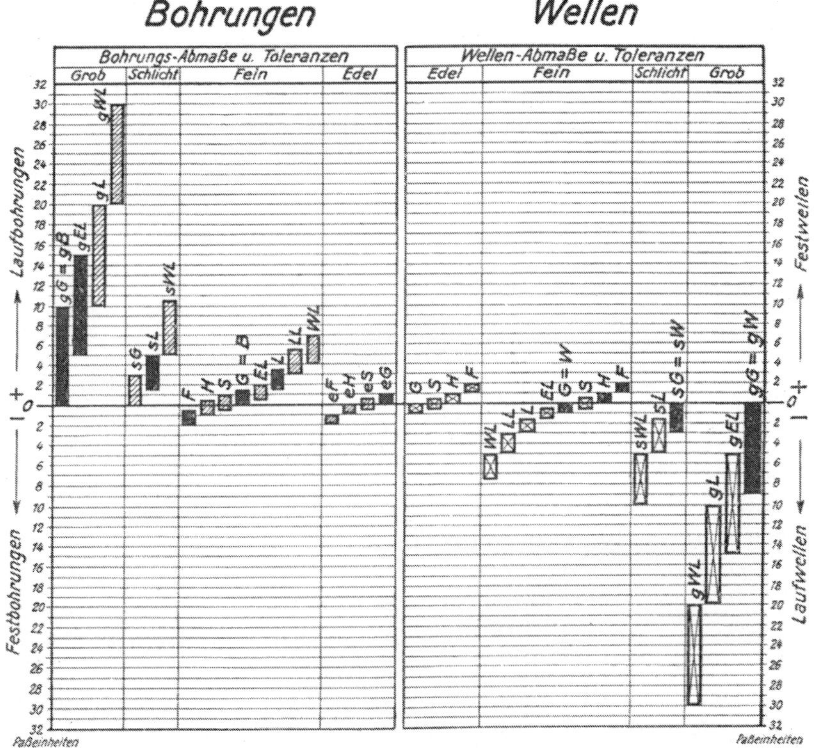

Abb. 221. Auswahl der Sitze für einen großen feinmechanischen Betrieb mit
verschiedenen Erzeugnissen.

NDI-Bohrungen und -Wellen sich diejenigen Bohrungs- und Wellen-
abmaße heraussuchen, die für ihre Fertigung in Frage kommen. Es ist
dies gemäß Abb. 221 für einen größeren Betrieb der feinmechanischen
Industrie durchgeführt. Mit diesen ausgewählten Bohrungen und
Wellen läßt sich dann sozusagen ein Verbundsystem herstellen und

man bekommt dann einen zweiten Auswahlsatz, wie er in Abb. 222[1]) dargestellt ist, der für sämtliche in der feinmechanischen Technik vorkommenden Sitzarten unbedingt genügen müßte.

Wirtschaftlicher ist es jedoch, wenn die Firmen mit dem ersten Auswahlsatz, der wenigerWerkzeuge und Kontrollehren erfordert, auskommen.

Überwachung des Betriebes. Unter allen Umständen ist es wichtig, daß sich der Betrieb dauernd selbst kontrolliert und eingehende Passungsmessungen an den ausgeführten Werkstücken vornimmt, ferner die im Umlauf befindlichen Lehren einer fortwährenden scharfen Kontrolle unterzieht, um zu verhindern, daß in kürzerer oder längerer Zeit das gewollte Passungssystem durch die Ungenauigkeit der Lehren verloren geht.

Um eine solche Überwachung der Lehren durchführen zu können, sind alle Lehren zu registrieren. Zu diesem Zwecke erhalten sie eine

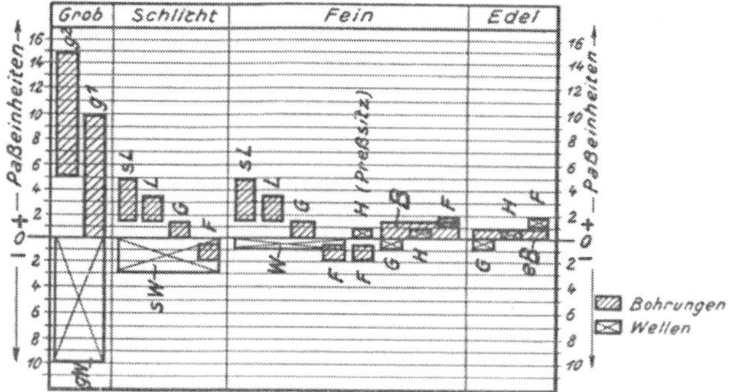

Abb. 222.   2. Auswahlsatz für große, feinmechanische Betriebe.

genaue Bezeichnung durch Zeichnungs-, Stücklisten- und Lehrennummer. Auf der Registrierkarte (Tafel 19) werden sämtliche Lehren einer Zeichnungsnummer vermerkt. Die vorletzte Spalte der Registrierkarte gibt an, welche Prüfkarte zu der in Frage kommenden Lehre gehört. Die Prüfkarte (Tafel 20) enthält auf der Vorderseite Prüftag, Prüfbefund und Standort bei der Fertigstellung der Lehre. Die dritte Spalte mit der Bezeichnung „Kontrolle" enthält Vermerke, in welchen Zeitabständen die in Frage kommenden Lehren einzuziehen und zu prüfen sind. Die Zeiträume der Prüfungen sind nach dem Genauigkeitsgrade der Lehren festgelegt. Lehren

mit einer Herstellungsgenauigkeit von $\left\{\begin{array}{l} 0{,}002 \text{ sind zweimonatlich,} \\ 0{,}005 \text{ sind dreimonatlich,} \\ 0{,}01-0{,}04 \text{ viermonatlich} \end{array}\right.$

zur Kontrolle anzufordern. Die Rückseite (Tafel 20) der Prüfkarte erhält die Vermerke über die ausgeführten Kontrollen.

---

[1]) Diese Abb. enthält nur die in Abb. 221 durch schwarze Felder hervorgehobenen Sitze.

Tafel 19. Registrierkarte für die Lehren.

Vorhandene Lehren V. Div. 50 Conto				Karte 1
Zeichnungs-Nr.	Pos.	Karte Farbe	Nr.	Bemerkungen
V. Div. 50	B 1	weiß	780	17305
„ „	„	„	1397	17310
„ „	„	„	1271	17311
„ „	„	„	1043	17314
„ „	„	„	667	17318
„ „	„	„	1396	[17320]
„ „	„	„	1103	17329
„ „	„	„	1258	17455
„ „	„	„	1440	17462
„ „	„	„	1848	17524
„ „	„	„	1849	17525
„ „	„	„	716	18985

Tafel 20. Prüfkarte für die Lehren.

(Vorderseite.)

1	4	7	10	13	16	19	22	25	28	Karte Nr.1395
Gegenstand: Stanzlehre für Nasen im Gestell						Zeichn. V.Div.50 Pos. B. 1				

Lehren Nr.	Abart	Kontrolle	Art d. Lehre	Eingang	Gepr. Name	Befund	Standort	Quittung
17320			Stanzl.					Kiebalz
	a		„	21./6. 20	25./6. 20 He.	B./16 gut	Z. W. L.	Kneifel
„	b		„					Kneifel

(Rückseite.)

Quittung					
Ausgegeben — Dat.					
Ausgegeben — an Abtlg.					
Befund					
Kontrolliert					
Zurück am					
Quittung					
Ausgegeben — Dat.					
Ausgegeben — an Abtlg.					
Befund					
Kontrolliert					
Zurück am					
Quittung					
Ausgegeben — Dat.					
Ausgegeben — an Abtlg.					
Befund	gut				
Kontrolliert	Zgl. 20./7.21				
Zurück am	16. 6. 21				
Lehren Nr. und Abart	17320	a	b		

(linke Randbeschriftung: Kontrolle)

Tafel 21. Monatsbericht über ausgeführte Kontrollen.

Monat	Toleranz bis 0,039 mm Abstand d. Kontrolle 2 Monate					Toleranz über 0,039 bis 0,09 mm Abstand d. Kontrolle 3 Monate					Toleranz über 0,09 mm Abstand d. Kontrolle 4 Monate				
	nicht gebraucht gut	Kontrolliert			Bemerkungen	nicht gebraucht gut	Kontrolliert			Bemerkungen	nicht gebraucht gut	Kontrolliert			Bemerkungen
		gut	nachzuarbeiten	unbrauchbar			gut	nachzuarbeiten	unbrauchbar			gut	nachzuarbeiten	unbrauchbar	
Oktober															
November															
Dezember															
Januar															
Februar	23	46	20	1		56	92	12			70	37	2		
März	28	35	13			65	88	17			82	32	8		
April	17	32	15	2		49	103	27	1		76	46	5		
Mai	19	43	24			57	98	19			69	41	11		
Juni	21	52	22			63	81	23			53	48	6	3	
Juli	13	47	19	1		51	98	25			47	51	14		
August	24	36	25			42	112	18			66	39	13		
September	22	53	16	2		64	82	13			55	67	7		

Ein verschiedenfarbiges Reitersystem ermöglicht es, die Lehren in den vorgeschriebenen Zeitabständen einzuziehen. Die Reiter werden nach den Prüftagen auf dem oberen Rand der Prüfkarte aufgesetzt. Tafel 21 gibt den Monatsbericht über die ausgeführten Kontrollen und über die Zahl der Lehren, die monatlich geprüft werden, für die Lehrenverwaltung. Weiter erscheint es zweckmäßig, die Arbeitsgenauigkeiten der im Betriebe vorhandenen Arbeitsmaschinen aufzunehmen und in Form von Tabellen niederzulegen, so daß dem Konstrukteur, Fabrikations- und Betriebsingenieur Mittel an die Hand gegeben sind, aus denen er ersehen kann, welche Abweichungen bei den verschiedenartigen Arbeitsteilen, wie Drehstück, gebohrtes Teil, Stanz- und Ziehteil u. dgl. bei den verschiedenen Durchmessern bzw. Längen erreichbar sind. Diese Arbeitsgenauigkeiten können sehr gut in Paßeinheiten ausgedrückt werden, weil hierdurch eine leichtere Verständigungsmöglichkeit zwischen Büro und Werkstatt gegeben ist.

Kontrolle der Paßmaße. Die Festsetzung der Paßmaße ist möglichst von einem in Passungen durchaus erfahrenen Ingenieur vorzunehmen, der sowohl über die Arbeitsweise des Apparates unterrichtet, als auch mit der Herstellung der Einzelteile und der Montage sehr vertraut ist. In besonders schwierigen Fällen wird eine eingehende Besprechung mit dem Betriebe vorangehen müssen.

Zweckmäßig ist es, für einige Durchmesser die verschiedenen Gütegrade mit ihren Sitzarten an Musterbeispielen darzustellen, vielleicht in der Weise, daß ein transportabler Kasten mit entsprechenden Dornen, die die Achsen darstellen sollen, und Ringen, die die Buchsen ersetzen, versehen wird. Dorne und Ringe tragen dann die vorgeschriebenen Paßwerte (nicht Lehrenwerte) und ist der Konstrukteur in der Lage, sich an diesen Musterbeispielen eine Vorstellung von der Art der Passungen und vom kleinsten und größten Spiel zu machen. Abb. 223 a und b zeigen einen derartigen Musterkasten[1]), wie er für Konstruktions- und Fabrikationsbüros geschaffen ist. Weiter sind gut durchgebildete Einzelteilzeichnungen oder Zeichnungen mit Gruppenzusammenstellungen erforderlich. Erst dann, wenn Konstruktionsbüro und Betrieb ihre Aufgabe voll erfüllen, ist mit einer wirtschaftlichen Anwendung der NDI-Passungen in der feinmechanischen Industrie zu rechnen.

Abb. 223 a.

Abb. 223 b.

Abb. 223 a und b. Musterkasten für Passungsproben.

[1]) S. auch Abb. 253, S. 244.

9. Der Austauschbau im Elektromaschinenbau.

Von Obering. C. W. Drescher, Siemens-Schuckert-Werke, Elektromotorenwerk, Berlin-Siemensstadt.

Im Elektromaschinenbau hat man die austauschbare Fertigung schon frühzeitig als eine der wichtigsten Forderungen einer wirtschaftlichen Fertigung erkannt und schon seit Jahren an ihrer praktischen Durchführung gearbeitet.

Der Elektromaschinenbau gehört in das Gebiet des Präzisionsmaschinenbaues und passungstechnisch zum Gütegrad der Feinpassung.

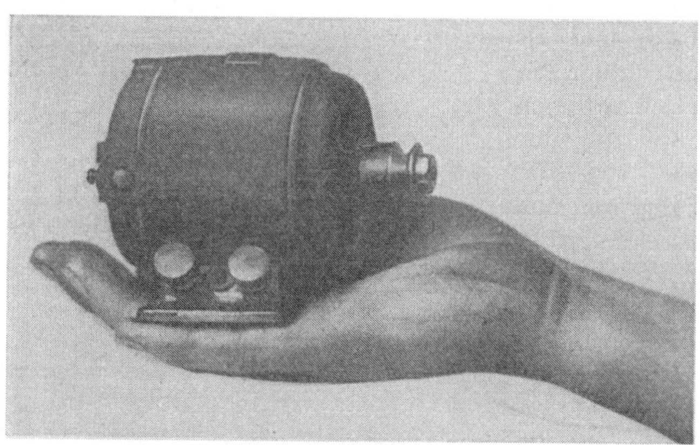

Abb. 224.   S.-S.-W.-Kleinmotor 0,007 KW.

Führt man sich seine Erzeugnisse von der kleinsten bis zur größten Maschine vor Augen, so stellt der in Abb. 224 gezeigte Kleinmotor von 0,007 KW Leistungsaufnahme und rund 0,8 kg Fertiggewicht z. Z. die untere Grenze der normalen Serienfertigung dar.

Als vorläufige obere Grenze bezüglich der Leistung und der Teilgewichte kann man bis auf weiteres den von Geheimrat Professor Reichel, Direktor der S.-S.-W., entworfenen 60000 KVA Turbogenerator (s. Abb. 225 und 226) ansehen. Diese ihrer Leistung nach größte Elektromaschine der Welt mit 250 t Fertiggewicht wurde im Dynamo-

Abb. 225. Größter Turbogenerator der Welt — 60 000 KVA.

Abb. 226. Zusammenbau des 60 000 KVA Turbogenerators im Dynamowerk der S.-S.-W.

werk des Siemens-Konzerns gebaut und stellte gewaltige Ansprüche an die Fertigung. Auch für Teile, deren Stückgewicht über 100 t

Abb. 227. Reihentyp eines normalen Dreh-
strommotors.

beträgt, wurde vom Besteller mechanische und elektrische Austauschbarkeit verlangt.

Diesen Anforderungen gegenüber steht die moderne Massenfertigung der obenerwähnten kleinsten Typen, die heute so entwickelt ist, daß die als Fertigguß gespritzten Gehäuse nach Ausstattung mit der Wicklung nur noch mit dem Läufer zusammengesteckt und geprüft zu werden brauchen. Abb. 227 gibt als Reihentype einen normalen Drehstrommotor wieder und Abb. 228 gewährt einen Blick in die Massen

Abb. 228. Gehäusefertigung auf Halbautomaten im Elektrowerk der S.-S.-W.

fertigung der Motorengehäuse; sie gibt einen lebendigen Begriff von dem, was der Austauschbau praktisch bedeutet, wenn auf halbautomatischen Werkzeugmaschinen gefertigt wird.

Ein Sondergebiet des Elektromaschinenbaues ist die Fertigung von Elektrowerkzeugen bzw. -maschinen. Die kleinsten handelsüblichen

Typen, eine kleine Handbohrmaschine und eine aus den gleichen Konstruktionselementen zusammengebaute „Elmo"-Gratsäge für Holzbearbeitung, sind in den Abb. 229 und 230 dargestellt. Eine erhebliche Bedeutung für den Austauschbau hat das umfangreiche Fertigungsgebiet von Elektrobohrmaschinen.

In der Metallindustrie, im Großmaschinenbau, im Kohlen-, Kali- und Gesteinsbergbau arbeiten die Elektrowerkzeugmaschinen der S.-S.-W. zu vielen Tausenden in den Betrieben. Gerade diese

Abb. 229. Kleinste Handbohrmaschine.

stellen besonders hohe Anforderungen an die Austauschbarkeit ihrer Einzelteile und können deshalb als Schulbeispiele für einen erfolgreich durchgeführten Austauschbau gelten.

Um nur eine Art besonders herauszugreifen, die Gesteinsbohrmaschinen, sei hervorgehoben, daß diese Maschinen, die mit ihren

Abb. 230. Elmo-Kreissäge (als Gratsäge).

hohen Anforderungen an genaue Passungen bemerkenswerte Ansprüche an den Austauschbau stellen, an einigen Stellen dem natürlichen Verschleiß durch rauhe Behandlung vor Ort besonders unterworfen sind. Seit Jahren haben sich die Nachlieferung und der Einbau von Ersatzteilen für Tausende von derartigen Maschinen ohne Schwierigkeiten vollzogen. Immerhin ein Beweis dafür, daß das bisherige Passungssystem der S.-S.-W. bereits hohen Ansprüchen genügte.

Das Gebiet zwischen diesen kleinen Maschinen und jener bisher größten Elektromaschine der Welt wird überdeckt von den bekannten Typenreihen der Gleich-, Wechsel- und Drehstrommotoren und -generatoren. Abb. 231 zeigt einen normalen Motor einer solchen Reihe, zerlegt in seine Hauptteile.

Nach dieser allgemeinen Übersicht soll nun auf die wichtigsten Beziehungen zwischen Gestaltung und Passungssystem und ihre Auswirkungen auf die Wirtschaftlichkeit in der Fertigung näher eingegangen

Abb. 231. Normaler Drehstrommotor, zerlegt in seine Hauptteile.

werden. In den Abb. 232—239 sind Schnittzeichnungen oft ausgeführter Konstruktionen von Elektromaschinen der S.-S.-W. als Passungsbeispiele wiedergegeben.

Passungsbeispiele aus der Serienfertigung.

a) Normale Konstruktionen von Kleinmotoren bis 10 KW.

Die Schnittzeichnungen Abb. 232 und 233 lassen erkennen, daß sich die wichtigsten Passungen um die Motorwelle gruppieren. Bis auf den Laufsitz der Lager Abb. 232 sind es Ruhesitze. Während für die letzteren die Feinpassung ohne weiteres erforderlich ist, wird diese für den Laufsitz ebenfalls infolge des engen Luftspaltes zwischen Läufer und Ständer gebraucht. Im Fall der Abb. 232 beträgt dieser 0,35 mm und darf sich höchstens um 5—8% einseitig verändern, wenn der elektrische Wirkungsgrad des Motors nicht herabgesetzt werden soll.

Die vorkommenden Wellenabsätze sind aus konstruktiven Gründen unvermeidlich. Der Absatz für die Anschulterung der Riemenscheibe wird vom Zentralverband der elektrotechnischen Industrie als Norm

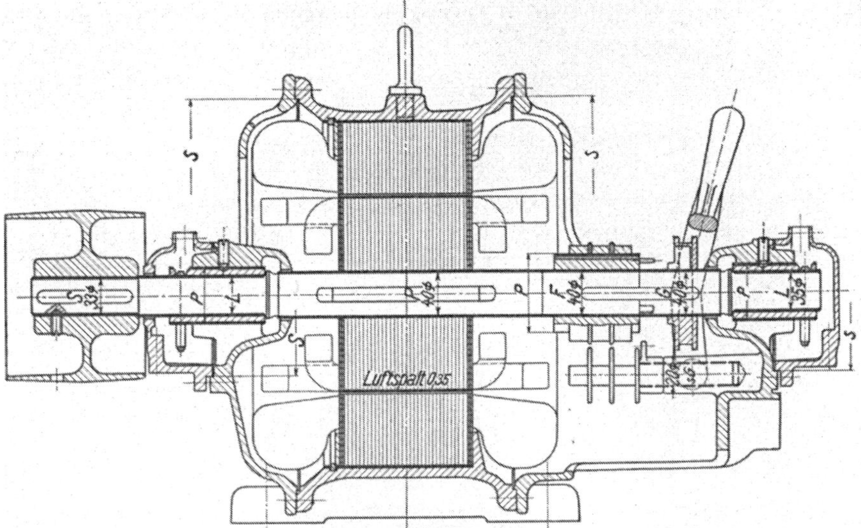

Abb. 232.   Normaler Drehstrommotor der S.-S.-W.   7 KW.   (TWL 527.)

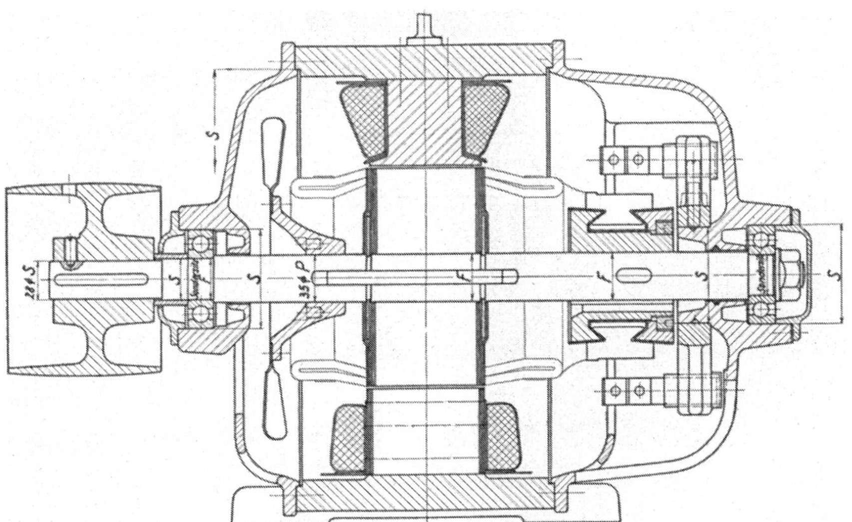

Abb. 233.   Normaler Gleichstrommotor der S.-S.-W.   7 KW.   (TWL 516.)

vorgeschrieben, um nach eingetretener Abnutzung die Nacharbeitung der Lagerstellen zu ermöglichen, ohne die Riemenscheibe ausbuchsen zu müssen. Als Sitz für den Wellenstumpf ist von den Siemens-

15*

Schuckert-Werken der Schiebesitz der Feinpassung festgelegt. Die Passung ist in die Welle verlegt, während die Bohrung als Einheitsbohrung ausgeführt wird[1]).

Die Absätze für die Anschulterung der Kugellager in Abb. 233 sind unbedingt zweckmäßiger und konstruktiv richtiger als übergeschobene Buchsen aus gezogenem Stahlrohr, die bei der sog. glatten Welle oft verwendet werden.

Da die Notwendigkeit vorliegt, auch die glatte Welle aus gezogenem Stahl auf der Rundschleifmaschine doch zu bearbeiten, weil die den Ziehereien vorgeschriebenen 3 PE Ziehgenauigkeit für die Feinpassung nicht ausreichen, so ist die Beibehaltung eines Absatzes unerheblich für die Fertigung. Für den Zusammenbau bilden sie einen geschätzten Vorteil.

b) Normaler Kranmotor, 21 KW, 1000 Umdr./min.

Die Teilfuge des Motors in Abb. 234 liegt wagrecht. Die wichtigen Paßsitze gruppieren sich um die aus mechanischen Rücksichten stärker

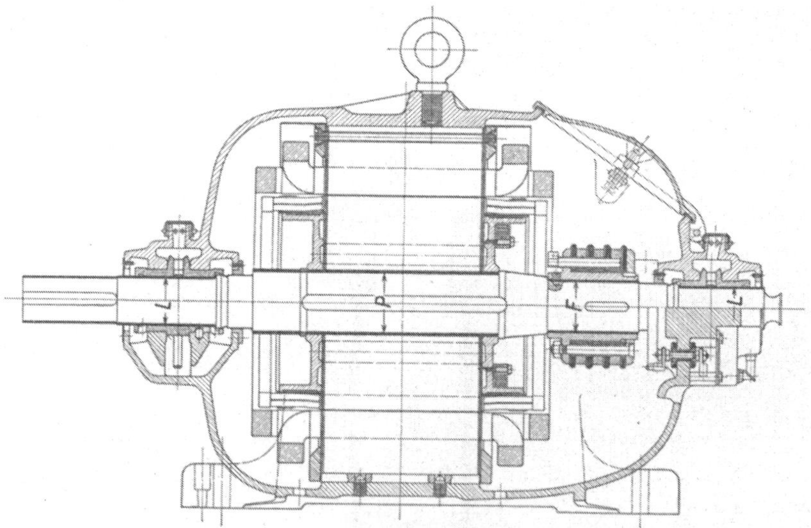

Abb. 234.   Normaler Kranmotor der S.-S.-W.   21 KW.   (TWL 520.)

abgesetzte Welle, die aus wirtschaftlichen Gründen im Sinne der angestrebten spanlosen Bearbeitung im Gesenk geschmiedet wird.

Entsprechend dem Verwendungszweck des Motors wird der Wellenstumpf als Haft- oder Festsitz ausgeführt, falls er nicht, wie es neuer-

---

[1]) Mit der Normung des Wellenstumpfes bzw. dessen Sitz wird den im „Betrieb" von Kienzle veröffentlichten Grundsätzen der Tolerierung von Normteilen Rechnung getragen.   S. Literaturverzeichnis B 11.

dings häufiger der Fall ist, als Kegel ausgebildet wird. Als Gütegrad wird die Feinpassung, und zwar im System der Einheitsbohrung angewendet.

c) Gleichstrombahnmotor, 37 KW.

Das in Abb. 235 gegebene Passungsbeispiel gehört zum Mittelmotorenbau. Bahnmotoren werden meist nur in größeren Serien gefertigt. Im Bahnmotorenbau ist der leichte Ausbau aller dem natürlichen Verschleiß unterworfenen Teile, sowie deren Austauschbarkeit

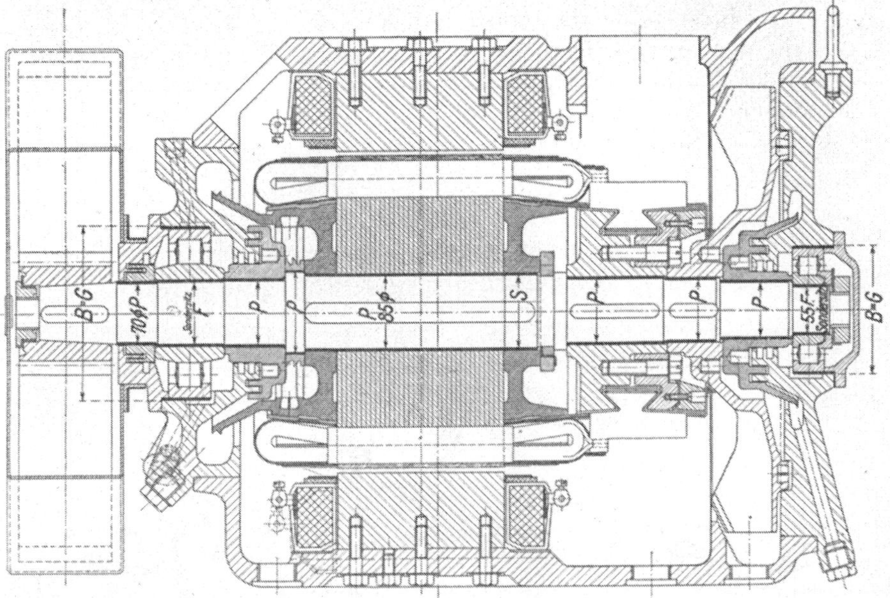

Abb. 235.   Gleichstrom-Bahnmotor der S.-S.-W.   37 KW.   (TWL 518.)

eine Hauptforderung, da hiervon die Leistungen des Triebwagenparkes der elektrischen Bahnen abhängen. Die Gestaltung der im Gesenk geschmiedeten Welle wird bestimmt durch die große Anzahl von Ruhesitzen, die aus Gründen leichteren Zusammenbaues ebensoviele Absätze notwendig machen.

Das Passungssystem der Einheitsbohrung mit den Toleranzen der Feinpassung hat sich im Bahnmotorenbau seit Jahren gut bewährt, weil es für Ruhesitze sinngemäß das Richtige ist.

Passungsbeispiele aus dem Elektrogroßmaschinenbau.

Die in der Hauptsache kleinen Stückzahlen oder die Einzelfertigung derartiger Maschinen lassen naturgemäß die Passungsfragen in ihrem Einfluß auf die Gestaltung zur Nebensache werden.

Eine durchgreifende Normalisierung ist nur in geringem Maße und auch nur bei bestimmten Zubehörteilen möglich.

Wenn auch in der Großmaschinenfertigung die Tolerierung der hochbeanspruchten Ruhesitze, soweit man von einer solchen überhaupt reden kann, ein hohes Maß von Erfahrung verlangt, und große Nachteile für das Werk eintreten können, wenn Fehler in den Paßsitzen unterlaufen, so stehen doch andere technische Erwägungen im Vordergrund.

Auch die Frage der Passungswerkzeuge tritt bei den hohen Einzelwerten der Werkstücke naturgemäß in ihrer Bedeutung gegenüber anderen Fragen in der Fertigung zurück.

Trotzdem werden heute im Elektrogroßmaschinenbau die Grundregeln des Austauschbaues sehr beachtet, da eine schnelle Bereitschaft der Maschinensätze in Kraftwerken bei Betriebsunfällen den glatten Einbau von Reserveteilen selbst bei den allergrößten Maschinen oft in wenigen Stunden verlangt.

a) Turbogenerator, 700 KW, 1500 Umdr./min.

Die Gestaltung der Teile wird fast allein noch von den gewaltigen mechanischen Beanspruchungen der mit den höchstzulässigen Umfangsgeschwindigkeiten laufenden Teile entscheidend beeinflußt.

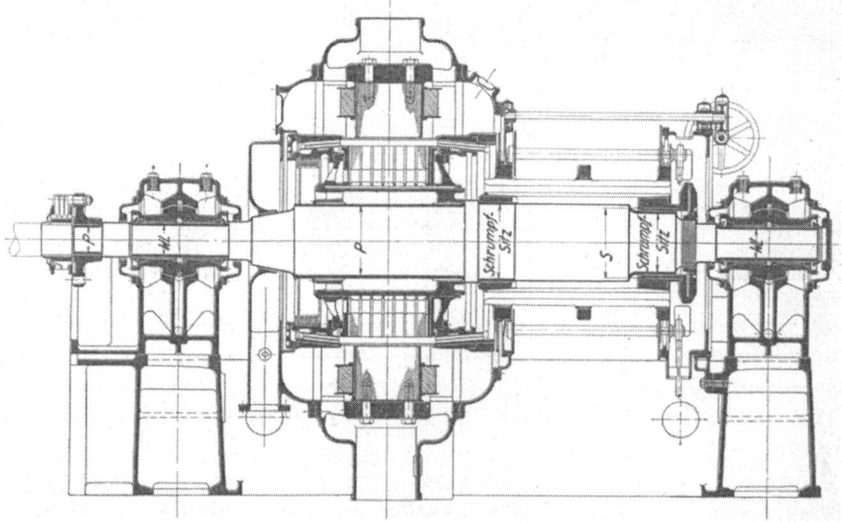

Abb. 236. Gleichstrom-Turbogenerator. 700 KW, 150 Umdr./min. (TWL 521.)

Mit Ausnahme des weiten Laufsitzes (WL) der Lagerstellen liegen nur Ruhesitze um die Welle herum, wie aus Abb. 236 ersichtlich ist.

Die Unterschalen der Lager werden nach der Welle geschabt, da die hohen Zapfengeschwindigkeiten bis 30 m/sec die sorgfältigste Lagerung bedingen.

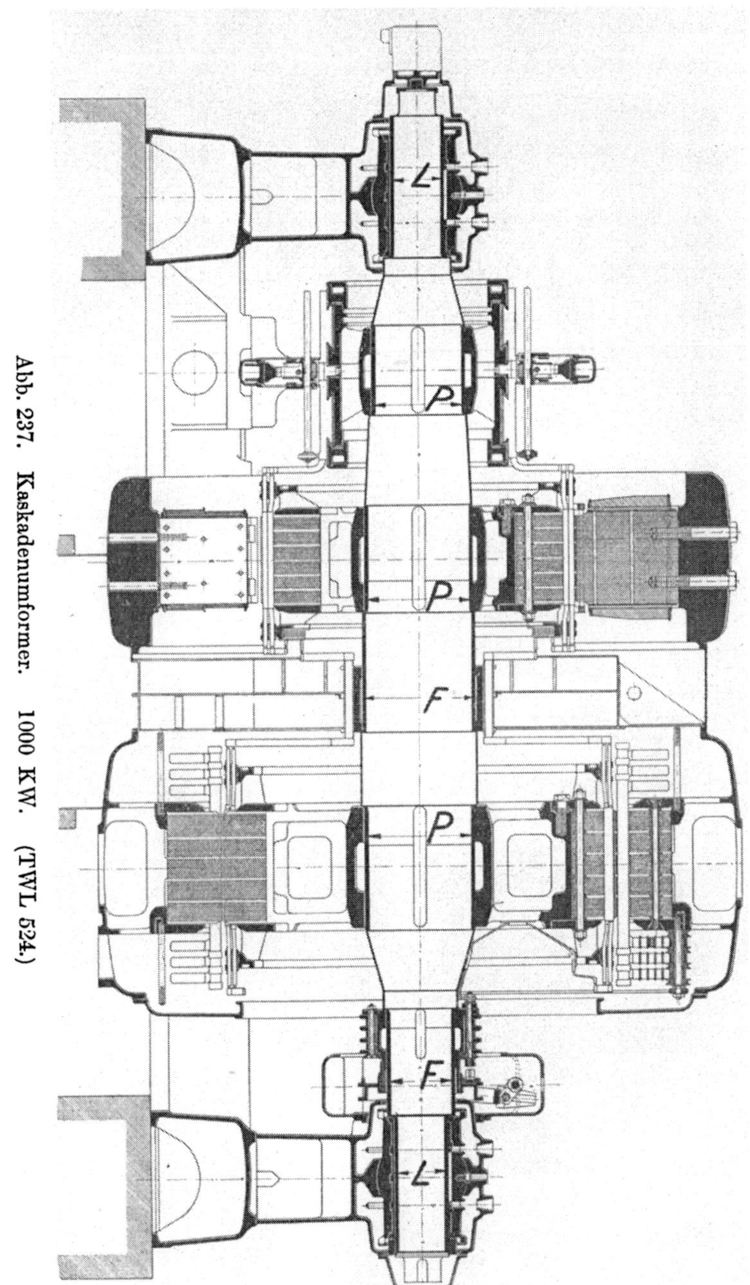

Abb. 237. Kaskadenumformer. 1000 KW. (TWL 524.)

Abb. 238. Bild aus den Werkstätten des Dynamowerkes der S.-S.-W. Einlegen der Bleche.

Für Turbogeneratoren wird bei den S.-S.-W. seit Jahren erfolgreich mit dem System der Einheitsbohrung im Gütegrad der Feinpassung gearbeitet. Die Formen der Welle und die hochbeanspruchten Ruhesitze begünstigen diese zweifellos.

b) Kaskadenumformer, 1000 KW.

Für diesen Maschinentyp nach der Schnittzeichnung Abb. 237 gilt im allgemeinen das gleiche wie für das vorige Passungsbeispiel. Die Formen der Teile werden vom Passungssystem ebenfalls nicht beeinflußt. Die Notwendigkeit, aus Rücksichten auf den Zusammenbau die Zahl der Absätze zu steigern, zeigt hier ebenfalls eine sinngemäße Anwendung der Einheitsbohrung. Statt des weiten Laufsitzes wird bei diesen Maschinen der normale Laufsitz der Feinpassung angewendet.

c) Große Gleichstrommaschine, 1000 KW.

Die in Abb. 239 im Schnitt gezeigte große Gleichstrommaschine ist im passungstechnischen Sinne, soweit Paßsitze der Welle in Frage kommen, ähnlich den vorstehenden Beispielen des Großmaschinenbaues.

Von besonderem Interesse jedoch sind die bei diesem Maschinentyp mit geringen minutlichen Umdrehungszahlen vorkommenden großen Bearbeitungsdurchmesser, die oft über 10 m betragen (s. Abb. 238.) Die genaue Messung solcher großen Durchmesser erfordert besondere Erfahrung und ist nur mit Hilfe besonders konstruierter Meßwerkzeuge auszuführen. Mit diesen ist man jedoch bei Beachtung der nötigen Sorgfalt in der Lage, auf Zehntel eines Millimeters genau zu messen.

Nun besteht aber ein anderer Umstand, der die Genauigkeit der Messung bei der Bearbeitung fast gegenstandslos macht. Das ist der erhebliche Durchhang der Gehäuse, sobald sie in die aufrechte Stellung gebracht werden. Man kann durch besondere Hilfskonstruktionen dieses Übel zum größten Teil beseitigen. Auch während des späteren Betriebes bedarf der Durchhang stets einer sorgfältigen Beachtung und entsprechender Kompensierung durch Druckschrauben. Beachtenswert ist der grundsätzliche Unterschied in der Fertigung, den Abb. 228 im Vergleich mit Abb. 238 besonders eindringlich zeigt. — Massenfertigung—Einzelfertigung.

Zusammenfassend kann gesagt werden, daß der Elektrogroßmaschinenbau infolge der geringeren Bedeutung der Passungsfrage für seine Fertigung, aus Gründen der Einheitlichkeit innerhalb der Maschinenbauabteilungen eines Werkes sich an das in der Serien- und Massenfertigung von Elektromaschinen eingeführte und bewährte System anschließt[1]). Dieses ist die Einheitsbohrung mit den Toleranzen der Feinpassung. Auch für den Bau kleiner Serien kommt letzteres in Frage.

---

[1]) S. auch Großmaschinenbau, S. 247.

In den Abb. 240—245 sind vergleichsweise nochmals je zwei charakteristische Wellenformen aus dem Klein- Mittel- und Großelektro-

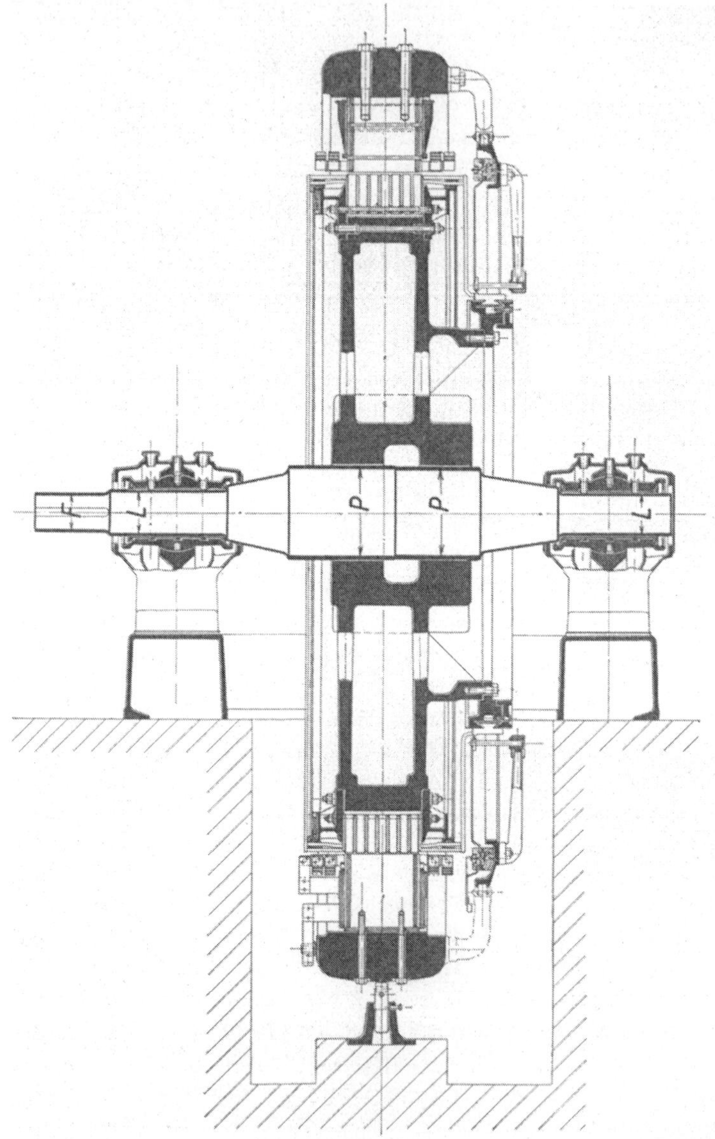

Abb. 239.   Große Gleichstrommaschine.   1000 KW.   (TWL 522.)

maschinenbau gegenübergestellt.   Alle wichtigen Gründe für die Gestaltung sind unter den Passungsbeispielen bereits erwähnt.

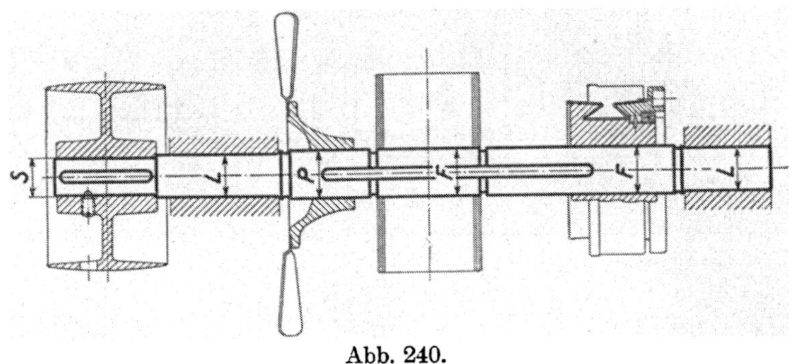

Abb. 240.

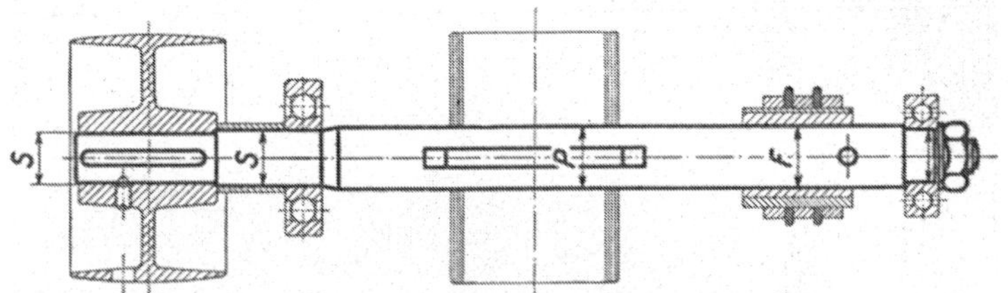

Abb. 241. Kleinmotorenwellen von 7 KW-Masch. (TWL 507.)

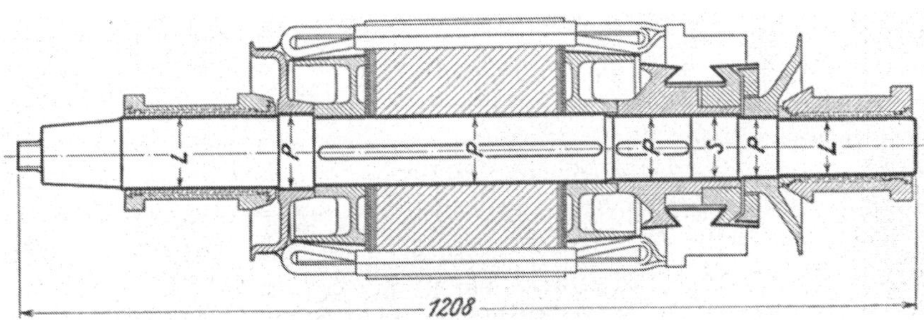

Abb. 242.

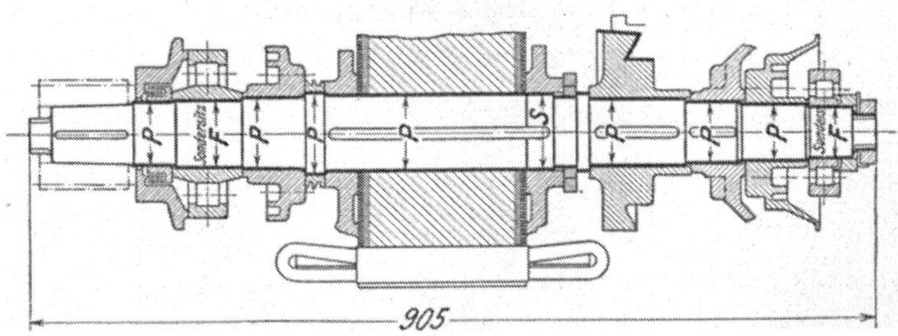

Abb. 243. Wellen von Bahnmotoren. 37 KW. (TWL 528.)

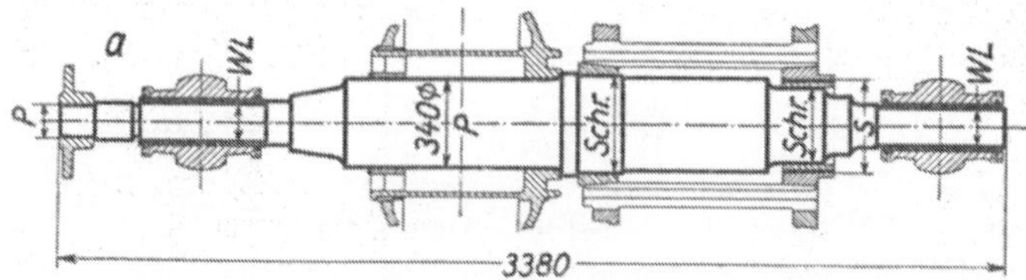

Abb. 244. Welle eines Kaskadenumformers. 1000 KW. (TWL 508.)

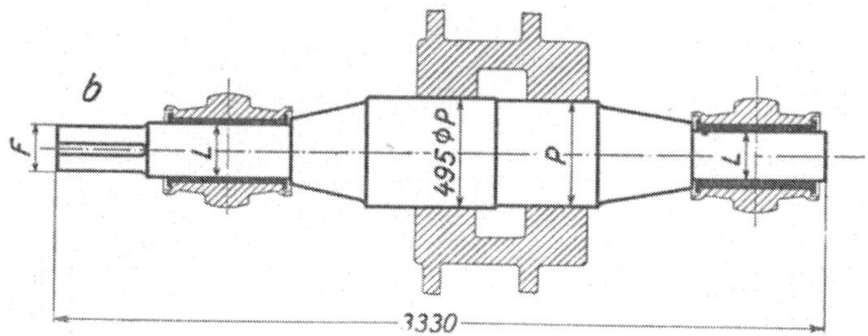

Abb. 245. Welle einer großen Gleichstrommaschine. 1000 KW. (TWL 508.)

Fertigungsvergleich von drei gleichgroßen Wellen, deren Gestaltung unter dem Einfluß verschiedener Passungssysteme erfolgte.

Im folgenden ist ein Vergleich der Bearbeitungszeiten mehrerer infolge des Passungssystems verschiedener Wellenformen von Elektromotoren gleicher Leistung durchgeführt.

Aus der graphischen Übersicht nach Abb. 246, die ohne weitere Erläuterung verständlich ist, ist zu ersehen, daß unter der Voraussetzung einer qualitativ gleichen Fertigungsmethode keine nennenswerten Unterschiede in der Gesamtfertigungszeit festzustellen sind.

Die glatte Welle, die man als solche ansehen könnte, ist es nur scheinbar, da die Absätze durch Aufschieben von Buchsen nachträglich wieder in wenig wirtschaftlicher Gestaltung geschaffen sind. Die Kalkulation ergibt einen höheren Materialwert, während die Bearbeitung nicht billiger ist. In mechanischer Hinsicht sprechen eine Reihe wichtiger Gründe gegen eine in gleichmäßiger Stärke durchgehende glatte Welle beim Elektromotor.

Vergleich der Neuanschaffungskosten für Passungswerkzeuge bei der Umstellung auf das DI-Normsystem.

Es handelt sich in Abb. 247 um die Gegenüberstellung der erforderlichen Stückzahlen an Passungswerkzeugen, die bei Einheitswelle und Einheitsbohrung für einen normalen Nenndurchmesser nötig sind. Das

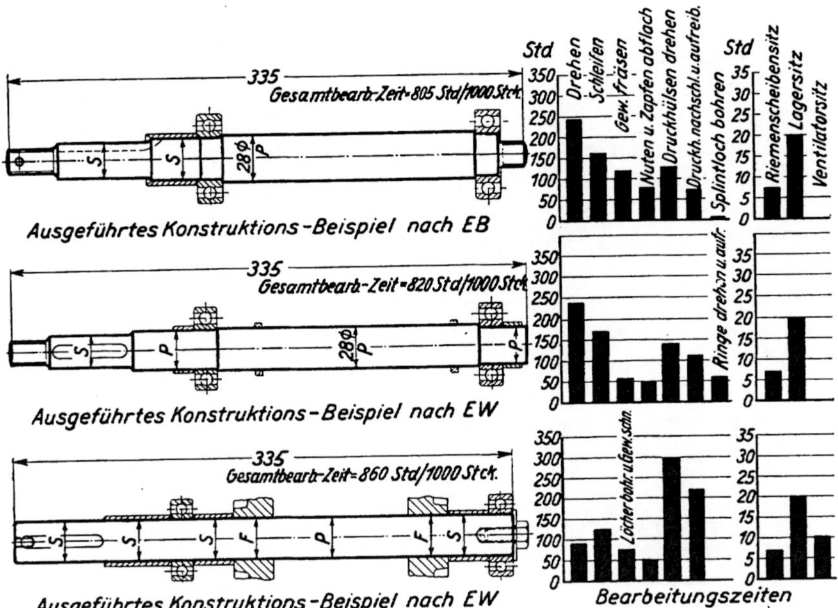

Abb. 246. Vergleich der Bearbeitungszeiten von 3 leistungsgleichen Wellen.
(TWL 512.)

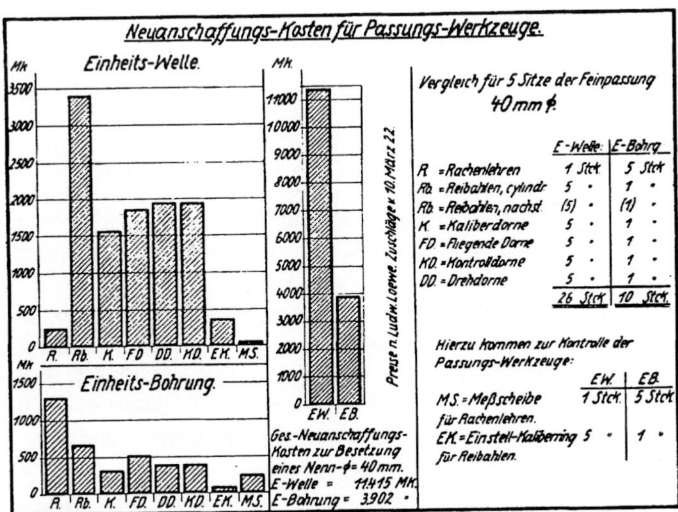

	E-Welle	E-Bohrg.
R. = Rachenlehren	1 Stck	5 Stck
Rb. = Reibahlen, cylindr.	5 "	1 "
Rb. = Reibahlen, nachst.	(5) "	(1) "
K. = Kaliberdorne	5 "	1 "
FD. = Fliegende Dorne	5 "	1 "
KD. = Kontrolldorne	5 "	1 "
DD. = Drehdorne	5 "	1 "
	26 Stck.	10 Stck.

	EW.	EB.
MS. = Meßscheibe für Rachenlehren.	1 Stck.	5 Stck
EK. = Einstell-Kaliberring für Reibahlen.	5 "	1 "

Abb. 247. Kostenvergleich für einen normalen Nenn ⌀ = 40 mm ⌀.
Preisstand vom 10./3. 22. (TWL 525.)

Verhältnis spricht gemäß der rechts ersichtlichen Zahlentafel mit 26 : 10 zugunsten der Einheitsbohrung[1]).

Des weiteren ist in der zu Abb. 248 gehörigen Zahlentafel ein Voranschlag für die Neuanschaffungskosten eines mittleren Werkes mit vielseitiger Serienfertigung gemacht, z. B. von der Größe des Elektromotorenwerkes der S.-S.-W., Berlin; die Kosten sind getrennt für Einheitswelle und Einheitsbohrung, und zwar für den Geldwert vom März 1922 (Dollarstand etwa 280) aufgestellt.

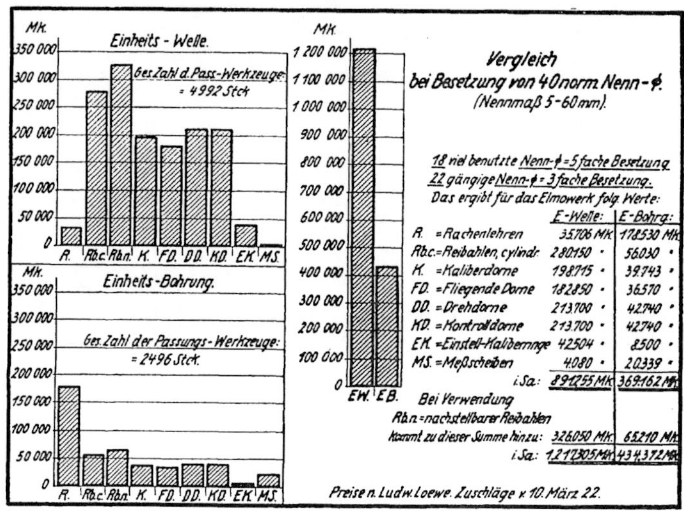

Abb. 248. Kostenvergleich der ersten Anschaffung für ein mittleres Werk.
(TWL 529.)

Es muß erwähnt werden, daß die späteren Zahlen wahrscheinlich noch erheblich größere Unterschiede aufweisen, da es unmöglich ist, bei vielseitiger Fertigung alle bestimmenden Faktoren sicher im voraus zu berechnen.

Aber selbst bei vorsichtiger Schätzung sind die Unterschiede für das Gebiet des Elektromaschinenbaues groß genug, um eine Betriebsleitung nachdenklich zu machen. Die Verwaltung der doppelten Zahl an Passungswerkzeugen bei Einheitswelle gegenüber Einheitsbohrung verursacht ja auch einen entsprechend größeren Aufwand an Kosten.

---

[1]) Voraussetzung für dieses Verhältnis ist, daß bei jedem Durchmesser alle vorgesehenen fünf Sitze vorkommen; dies trifft aber, wie im vorliegenden Fall, bei einer sehr ausgedehnten und vielverzweigten Fabrikation zu.

Gruppenmontage und Lagerung der Teile mit Paßbohrungen in der Serienfertigung.

In der Elektromotorenfertigung ist die Zwischenlagerung der Teile und das rechtzeitige Vorhandensein genügender mehrfach verwendbarer Teile ebenso wichtig, wie in allen anderen ähnlichen Fertigungsgebieten des Serienbaues.

Das Verhältnis der Teile mit Paßbohrungen zu den Teilen mit Paßzapfen ist hier nach überschläglichen Feststellungen etwa 4 : 1.

Im System der Einheitswelle muß jede Paßbohrung unter allen Umständen unverlöschbar bezeichnet sein, da sonst bei vielseitig und verschiedenfach verwendbaren Teilen recht unangenehme und kostspielige Verwechslungen zu erwarten sind. Man denke z. B. an Zahnräder, die mit verschiedenen Sitzarten wechselnd gebraucht werden.

Die Einheitsbohrung braucht mit ihrer gleichtolerierten und austauschbaren Bohrung keinerlei Bezeichnung. Durch diese Einheitlichkeit kann auch der Lagerbestand an Bohrungsteilen und auf Grund des obengenannten Verhältnisses auch der Gesamtbestand des Lagers kleiner gehalten werden.

Die Montageabteilung eines Werkes ist die Stelle, an welcher durch einen wirklich durchgeführten Austauschbau noch viel Zeit zu sparen ist. Es wird zwar viel daran gedacht, um wieviel billiger ein gröber toleriertes Loch sich in der Fertigung vielleicht stellen könnte, aber seltener daran, daß ja der Zeitverlust durch schlechte Passungen beim Zusammenbau noch kostspieliger ist und außerdem die Liefertermine verzögert. Die Vorteile und Nachteile in bezug auf Lagerung und Zusammenbau sind in der folgenden Tafel 22 übersichtlich dargestellt.

Nicht unwesentlich für die Wahl der Einheitsbohrung ist auch der Gesichtspunkt möglichst rasch und einfach durchzuführender Instandsetzungen am Aufstellungsort der Maschinen. Hierüber gibt der III. Teil der Aufstellung Auskunft.

Im allgemeinen darf der Unterschied in den Fertigungskosten der Serienfertigung nicht als erheblich angesehen werden, wenn z. B. in der Feinpassung der Einheitswelle der weite Laufsitz etwas gröbere Toleranzen hat als in der Einheitsbohrung. Der Vorteil der größeren Bohrungstoleranz bei weiteren Laufsitzen, die aber im Elektromaschinenbau kein größeres Anwendungsgebiet haben, ist zwar vorhanden, wird aber durch andere Vorteile ausgeglichen.

Ist aber die überwiegende Zahl der Paßbohrungen an bestimmte Toleranzen gebunden, so wird die etwas gröbere Toleranz einiger seltener gebrauchter Bohrungen keine sichtbaren Ersparnisse bringen, weil das genaue Arbeiten letzten Endes nur durch die langjährige Ge-

Tafel 22. Einige Vergleichspunkte zwischen Einheitsbohrung und Einheitswelle.

Einheitsbohrung			Einheitswelle	
Nachteile	Vorteile		Vorteile	Nachteile
I. Kosten der Lagerung.				
—	Bezeichnung nicht erforderlich. Daher dauernd wesentliche Ersparnisse an Arbeit u. Personal. Größere Übersichtlichkeit.	a) Normteile mit Paßbohrung. Häufigkeit ca. 85 %. Nachmessen i. Lager schwierig.	—	Gewissenhafte Bezeichnung jedes Teiles unbedingt erforderlich. Daher dauernder hoher Mehraufwand an Arbeit und Personal.
Bezeichnung zweckmäßig, aber nicht unbedingt erforderlich.	—	b) Normteile mit Paßzapfen. Häufigkeit ca. 15 %. Nachmessen im Lager einfach.	Bezeichnung nicht erforderlich.	—
II. Zusammenbau der Gruppen.				
—	Abgesetzte Welle. Aufbringen auf Absätze leichter. Schonung der Lagerstellen. Ersparnis an Arbeitszeit.	a) Schwierigkeit des Aufbringens auf die Welle. 1. Teile mit Ruhesitzen.	—	Glatte Welle. Aufbringen schwieriger. Gratbildung an den Lagerstellen. Verlust an Arbeitszeit.
—	—	2. Teile mit Laufsitzen.	—	—
III. Maschinenreparatur am Platze.				
—	Abgesetzte Welle. Ab- u. Aufbringen der Teile auf die Absätze der Welle leichter möglich. Zeitgewinn.	a) Schwierigkeit des Ab- und Aufbringens aller Teile mit Ruhesitzen auf die Welle.	—	Glatte Welle. Ab- u. Aufbringen der Teile schwieriger. Beschädigung. Gratbildung an den Lagerstellen. Zeitverlust.
—	Abgesetzte Welle. Nachschlichten der Lagerstellen ohne weiteres möglich. Ausbuchsen fällt fort. Zeitgewinn und Materialersparnis.	b) Lagerverschleiß. Nacharbeit der Lagerstellen.	—	Glatte Welle. Alle vor einer nachgearbeiteten Lagerstelle auf der Welle sitzenden Teile müssen ausgebuchst werden. Zeit- u. Materialverlust.

wöhnung und Erziehung der Arbeiter ermöglicht wird, und eine ungenau arbeitende Werkzeugmaschine durch Reparatur zur brauchbaren Leistung gebracht werden muß.

Selbstverständlich ist stets mit einem bestimmten Prozentsatz Ausschuß zu rechnen. Man muß aber, will man überhaupt austauschbar fertigen, auch die Entschlußkraft besitzen, den entstandenen Ausschuß an einer dem Arbeiter sichtbaren Stelle zu vernichten. Das wirkt erzieherisch und vermindert später die Kosten beim Zusammenbau erheblich.

Zahlentafel 22 zeigt eine Aufstellung der innerhalb des DI-Norm-Einheitsbohrungssystems noch möglichen Paßgrenzfälle für einen mittleren Durchmesser von 28 mm. Wenn auch das Aussuchverfahren in manchen der dort aufgeführten Fälle nötig werden kann, so muß doch beachtet werden, daß derselbe Arbeiter meist ziemlich gleichmäßig die Toleranz nach einer Seite ausnutzt, und ein Aussuchverfahren in der Serienfertigung recht zeitraubend und meist überhaupt nicht durchführbar ist.

Ein brauchbares Passungssystem, eine zur genauen Arbeit erzogene Belegschaft und eine ihrer Aufgabe getreue und gewissenhafte Revision ist die Seele, die einem modernen wirtschaftlichen Betrieb innewohnen muß, und von deren gutem Zusammenspiel der Erfolg abhängt.

Das bisherige EB-Passungssystem der S.-S.-W. im Elektromaschinenbau.

Abb. 249 zeigt die absolute Toleranzlage der einzelnen Sitze dieses vor ca. 15 Jahren entstandenen und im Laufe der Jahre entsprechend verbesserten Passungssystems.

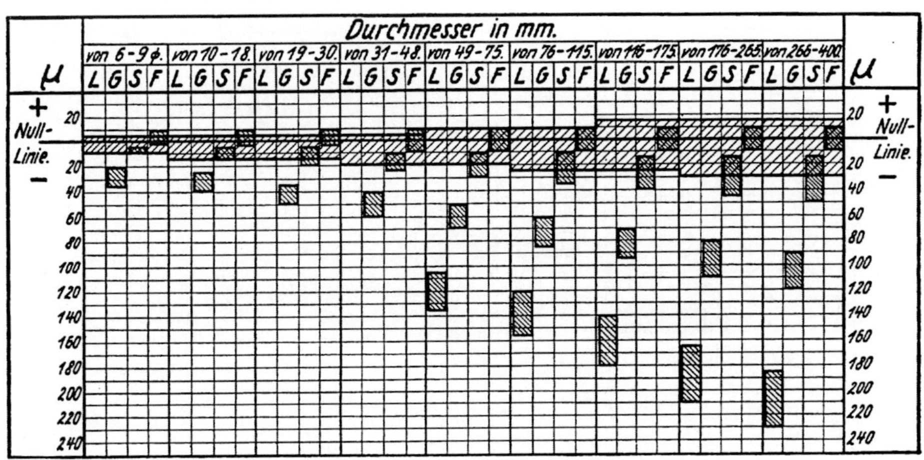

Abb. 249. Bisheriges Passungssystem der S.-S.-W.

Die Nullinie ist die Symmetrielinie der Bohrungstoleranzen. Die Vergleichswerte sind in Mikron eingetragen (1 Mikron $= 1\,\mu = 0{,}001$mm).

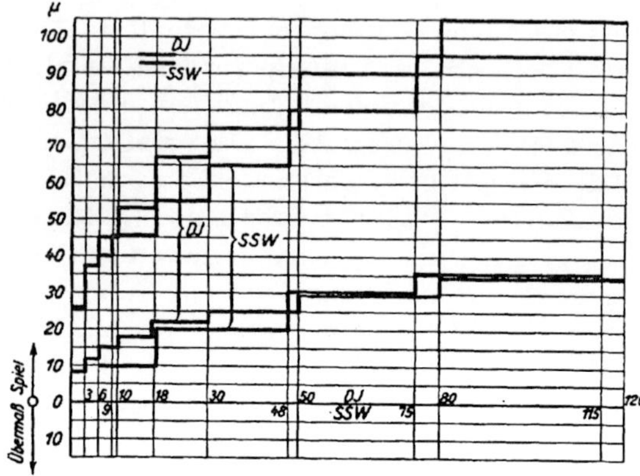

Abb. 250. Abmaßvergleich zweier Sitze. DIN-Laufsitz-Feinpass. — Bisheriger S.-S.-W.-Gleitsitz. (TWL 511.)

Die Bezeichnung „Gleitsitz" des S.-S.-W.-Passungssystems ist nach heutigen Ansichten hierbei nicht mehr sinnfällig richtig, da man seinerzeit einen dem engen Laufsitz ähnlichen Sitz damit bezeichnete. In Abb. 250 ist ein graphischer Gütevergleich dieses S.-S.-W.-Gleitsitzes mit dem neuen Laufsitz des DI-Normsystems gezeigt[1].

Die Abmaße der wichtigsten Sitze des S.-S.-W.-Systems gleichen im allgemeinen den entsprechenden Sitzen der Feinpassung des DI-Normsystems in hohem Maße.

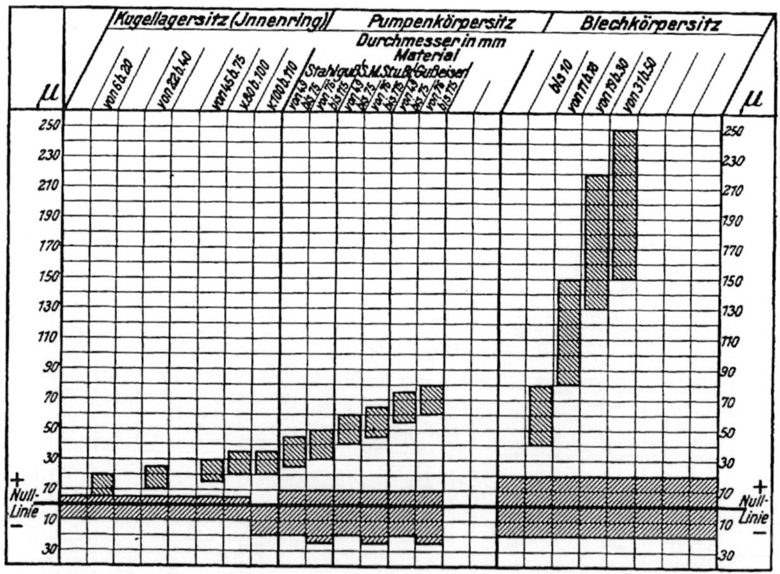

Abb. 251. Sonder-Preßsitze der S.-S.-W. in der Kleinmotorenfertigung. (TWL 513.)

---

[1] Anmerkung des Herausgebers: Auch hier wird, wie bei den Ausführungen von Gramenz S. 174, gezeigt, wie wichtig es ist, sich durch solche graphische Feststellungen von den oft nur geringen Unterschieden alter und neuer (DI-Norm) Lehren zu überzeugen.

Der Preßsitz war bei den S.-S.-W. bisher nicht normalisiert, da er als Sondersitz angesehen wurde. Einige aus der Erfahrung langer Jahre heraus entstandene und bewährte Toleranzen des Preßsitzes sind in Abb. 251 angegeben.

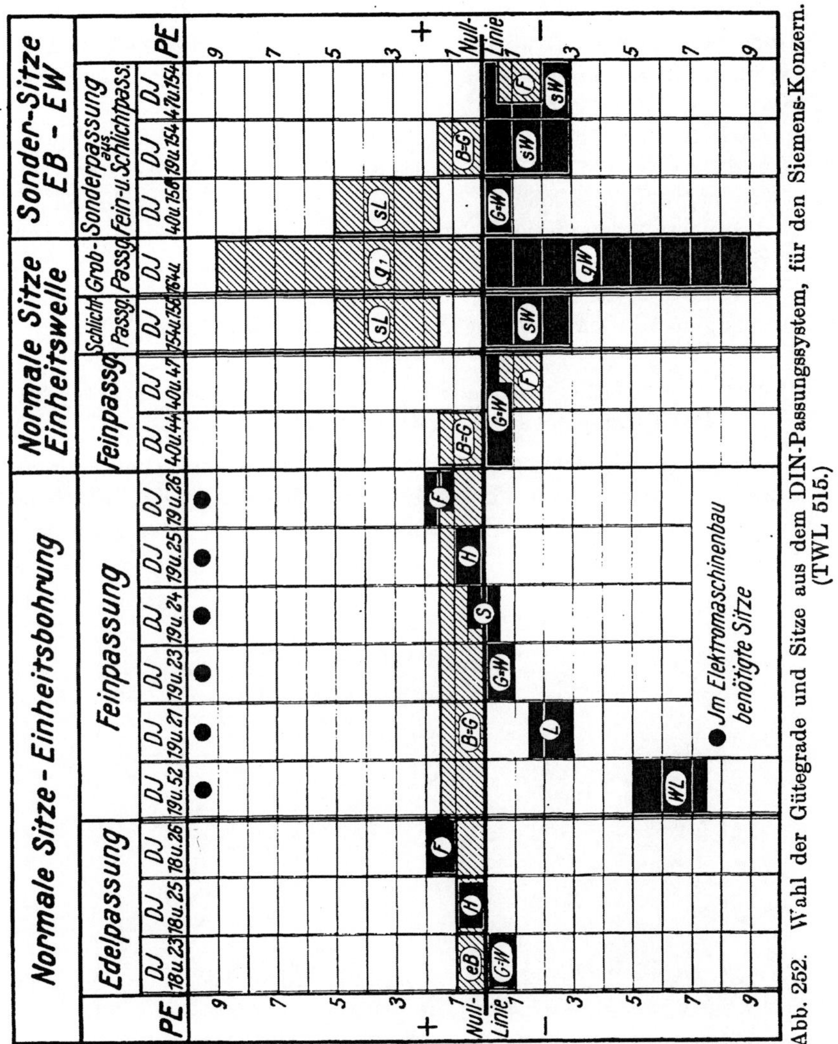

Abb. 252. Wahl der Gütegrade und Sitze aus dem DIN-Passungssystem, für den Siemens-Konzern. (TWL 515.)

Als Sondersitze gelten ebenfalls die Kugellagersitze[1]). Obwohl hierüber verschiedene Veröffentlichungen[2]) vorliegen, bedarf diese Sonder-

---

[1]) S. auch S. 188.
[2]) S. Literaturverzeichnis A 11 und A 52.

frage noch der eingehenden Klärung in den Verbraucherkreisen. Sie sind für die Lebensdauer von Kugellager und Welle von ebenso großer Wichtigkeit, wie für die Austauschbarkeit dieser Teile überhaupt und müssen daher mit besonderer Vorsicht genormt werden, was infolge der verschiedenen Ansichten kein einfaches Problem darstellt.

Über die bisherigen Erfahrungen des S.-S.-W.-Passungssystems in der Fertigung kann zusammenfassend gesagt werden, daß es in einer Reihe von Jahren die Forderungen des Austauschbaues recht gut erfüllt hat. Die praktische Bewährung des bisherigen Systems und die Erfahrungen, die in anderen Werken mit anderen Passungssystemen gemacht wurden, lassen es begreiflich erscheinen, daß viele Firmen recht zögernd die Frage der Umstellung auf die DI-Normen in ihren Arbeitsplan aufnehmen. Es wird insbesondere auf Erfahrungen bei der mehrfachen Umstellung auf ein anderes Passungssystem hingewiesen, welche die M.-A.-N. Nürnberg gemacht hat. Sie kehrte zuletzt zur E-Bohrung zurück.

Auswahl der Sitzarten und Gütegrade aus dem DI-Norm-Passungssystem für den Siemenskonzern.

Nach reiflicher Überlegung hat man sich für den Elektromaschinenbau innerhalb des Siemenskonzerns zur Beibehaltung der Einheitsbohrung und Umstellung auf die DI-Norm-Feinpassung entschlossen. Abb. 252 zeigt die für den Elektromaschinenbau herausgegriffenen Sitze

Abb. 253. Zusammenstellung planmäßig abgestufter Wellenzapfen, die zusammen mit dem Kaliberring die werkstattähnliche Darstellung aller Passungsfälle ermöglicht.

aus der Gesamtzahl der Sitze, die für die weitverzweigte Gesamtfertigung des Siemenskonzerns in Frage kommt.

Tafel 23. Tabelle zur Benutzung des Passungsschrankes, nach Abb. 253 z. B. für die DIN-Einheitsbohrung für 3 Gütegrade.

Einheits-Bohrung.

Abmaß-Grenzfälle		Edelpassung				Feinpassung								Schlichtpassung		
		G	S	H	F	WL	LL	L	EL	G	S	H	F	sWL	sL	sG
α: Größter Loch⌀	Abmaße des Nenn⌀28mm	(Spiel) 2PE= 30μ	1,5PE= 23μ	1PE= 15μ	±0PE	(Spiel) -9PE= 132μ	-6,5PE= 92μ	4,5PE= 67μ	3PE= 44μ	2,5PE= 37μ	2PE= 30μ	1,5PE= 22μ	0,5PE= 7μ	(Spiel) -13,5PE= 195μ	-8PE= 115μ	6PE= 90μ
		Entspr. EL.	Zwischen EL.u.G.	Entspr. G.	Entspr. H.	Entspr. sWL.	Entspr. WL.	Entspr. LL.	Entspr. L.	Zwischen L.u.EL.	Entspr. EL.	Zwischen EL.u.G.	Entspr. S.d.Edelp.	Entspr. sehr reichl. sWL.	Entspr. WL.d.Feinp.	Zwischen WL.u.LL.
Kleinster Zapfen⌀	Passungsgrad erreicht mit: (Wellenzapfen)	Nr.8	Nr.7	Nr.5	Nr.1	Nr.29	Nr.26	Nr.23	Nr.20	Nr.9	Nr.8	Nr.7	Nr.3	Nr.31	Nr.28a	Nr.25a
b. Mittlerer Loch⌀	Abmaße des Nenn⌀28mm	(Spiel) 1PE= 15μ	0,5PE= 7,5μ	±0PE	(Übermaß) 1PE= 15μ	(Spiel) -7PE= 101μ	-4,75PE= 68,5μ	3PE= 44,5μ	1,75PE= 26μ	1,25PE= 18,5μ	0,75PE= 11μ	0,25PE= 3,5μ	(Übermaß) 0,75PE= 11,5μ	(Spiel) -4,25PE= 132,5μ	-4,75PE= 68,5μ	3PE= 45μ
		Entspr. G.	Entspr. S.	Entspr. H.	Entspr. F.	Entspr. WL.	Entspr. LL.	Entspr. L.	Entspr. EL.	Entspr. G.	Entspr. S.	Entspr. H.	Entspr. F.	Entspr. sWL.	Entspr. sL.	Entspr. sG.
Mittlerer Zapfen⌀	Passungsgrad erreicht mit: (Wellenzapfen)	Nr.5	Nr.3	Nr.1	Nr.11	Nr.27	Nr.24	Nr.20	Nr.7a	Nr.6	Nr.4	Nr.2	Nr.10a	Nr.29	Nr.24	Nr.20
c. Kleinster Loch⌀	Abmaße des Nenn⌀28mm	±0PE	(Übermaß) 0,5PE= 8μ	1PE= 15μ	2PE= 30μ	(Spiel) -5PE= 70μ	3PE= 45μ	1,5PE= 22μ	0,5PE= 8μ	(Übermaß) ±0PE	0,5PE= 8μ	1PE= 15μ	2PE= 30μ	(Spiel) -5PE= 70μ	1,5PE= 22μ	±0PE
		Entspr. H.	Zwischen H.u.F.	Entspr. F.	Entspr. P.	Entspr. LL.	Entspr. L.	Zwischen EL.u.G.	Entspr. S d.Edelp.	Entspr. H d.Edelp.	Zwischen H.u.F.	Entspr. F.d.Edelp.	Entspr. P	Entspr. sL.	Zwischen EL.u.G. a.Temp.EB	Entspr. H.d.Edelp.
Größter Zapfen⌀	Passungsgrad erreicht mit: (Wellenzapfen)	Nr.1	Nr.10	Nr.11	Nr.12	Nr.25	Nr.20	Nr.7	Nr.3	Nr.1	Nr.10	Nr.11	Nr.12	Nr.25	Nr.7	Nr.1

Ausfallmaß der Vergleichs-Bohrung = $28_{-0,003}$ mm/m.

Anmerkung: Erhält die Werkstatt zur Fertigung neue maßhaltige Grenzlehren, so werden die Paßgrade der Grenzfälle „α und c" voraussichtlich um 5–8 μ leichter im Sitz. Der mittlere Fall „b" ändert seinen Wert nicht.

Fertigt die Werkstatt mit Lehren, die sich der Abnutzungsgrenze nähern, so bleiben die Werte „α und c" bestehen.

Abmaße in PE nach DINorm 17 Blatt 45. Werte in μ sind errechn. nach den betr. DIN-Blättern. Vorkommende Differenzen erklären sich durch Abrundg. der PE-Werte in den DINorm-Blättern.

Diese Entscheidung ist durch die bisherigen Erfahrungen und die für den Elektromaschinenbau zutreffenden Vorzüge der Einheits-bohrung begründet. Nicht unerwähnt bleibe ein wichtiges Hilfsmittel für die Nachprüfung von Bewegungssitzen. Es ist dies eine Sammlung von genau geschliffenen Dornen nebst zugehörigem Kaliberring, wie sie in Abb. 253 dargestellt ist. Die Abmaße der Dorne sind planmäßig abgestuft in der Nähe der Nullinie von $1/4$ zu $1/4$ PE, so daß man leicht und rasch Dorne und Kaliberring zusammenfügen kann, die je nach Wahl das kleinste, das mittlere und das größte Spiel eines beabsichtigten Sitzes ergeben. Ein Schema zur Nachprüfung von Sitzen der E-Bohrung des DIN-Systems zeigt Tafel 23. Jeder Abmaßfall ist mit der Nummer des zugehörigen Zapfens und Kaliberringes darzustellen und gefühlsmäßig unter werkstattähnlichen Verhältnissen nachnachzuprüfen. Hierdurch erhält der Konstrukteur ein Gefühl für die Spiele, die er in den Zeichnungen vorschreibt, und kann sie wesentlich sicherer beurteilen, als wenn er nur auf die zahlenmäßige Beurteilung der Abmaße angewiesen ist.

Die Umstellung, die ja infolge der Begrenzungslinie auf die Nullinie in jedem Falle eintritt, verursacht natürlich auch Kosten, aber diese sind unbedeutend gegenüber den bei der Umstellung auf ein sinngemäß anderes Passungssystem auftretenden Schwierigkeiten, wenn das bisherige Passungssystem im ganzen Betriebe fest verankert und in einer umfangreichen Serienfertigung praktisch durchgeführt ist.

Einzelne Betriebe des Elektromaschinenbaues hatten ebenso wie viele andere Industriezweige ein Passungssystem bisher nur dem Namen nach. In allen Fällen kann deshalb auch von einer Umstellung nicht die Rede sein. Damit entfallen auch die erheblichen technischen Schwierigkeiten einer solchen, die gerade bei den besteingerichteten Betrieben am fühlbarsten sein müssen. Soll aber die im Schoße des Zentralverbandes der deutschen elektrotechnischen Industrie durchgeführte Normung ihre vornehmstes Endziel, „die Austauschbarkeit einer Reihe von Teilen auf Grund der DI-Normen" erreichen, so kann das nur durch Einführung der DIN-Passungen auf der ganzen Linie geschehen.

Die allgemeine Umstellung auf das neue Passungssystem wird, wenn sie erst einmal erfolgt ist, durch unsere Erzeugnisse zur Einführung unserer deutschen Normen in anderen Industrieländern sehr viel beitragen.

Für unsere Industrie ist es von tiefgreifender Bedeutung, daß der Austauschbau verbunden mit dem gewiß gesunden Gedanken der DIN-Normung im Sinne der DIN-Passungen durchgeführt wird. Es ist deshalb die Ehrenpflicht jedes deutschen Betriebs- und Konstruktionsingenieurs, das Seine für die Durchführung dieser Gedanken beizutragen, zu dessen allgemeiner und baldiger Durchführung allen Mitarbeitern Glück und Erfolg für die Zukunft zu wünschen ist.

10. Der Austauschbau im Großmaschinenbau.

Von Obering. **Gustav Frenz** i. Fa. Thyssen & Co., A.-G., Mühlheim-Ruhr.

Die Arbeitsgenauigkeit im Großmaschinenbau muß in verschiedener Hinsicht anders beurteilt werden als im übrigen Maschinen- und Apparatebau. Vor allem muß man sich hüten, hier unter Genauigkeit nur das Einhalten von Toleranzen von hundertstel und tausendstel Millimetern zu verstehen. Auch hier gilt der Satz, daß die Genauigkeitsforderungen nicht weiter gehen dürfen, als daß die vorgesehenen und nötigen Toleranzen, Spiele und Übermaße werkstattmäßig getroffen werden; jede höhere Genauigkeit erfordert unnötige Kosten.

Wie in anderen Zweigen des Maschinenbaues wird die Bearbeitungsgüte durch die Wirtschaftlichkeitsgrenze bestimmt, d. h. durch die Höhe der Löhne und Werkstattunkosten, die aufgewandt werden dürfen, wenn noch ein genügender Gewinn erzielt werden soll.

Daneben ist aber im Großmaschinenbau die Grenze der Herstellungsmöglichkeit in bezug auf Genauigkeit zu beachten. Die natürlichen Genauigkeitsgrenzen werden gebildet durch die Verschiedenheit des Werkstoffes, durch die Werkstatteinrichtungen, Maschinen und Werkzeuge und durch die verschiedene Geschicklichkeit der Arbeiter. Die hierdurch bedingten Maßabweichungen sind zahlenmäßig noch wenig bekannt, sie sind aber wesentlich größer als im Kleinmaschinenbau.

Ich habe als erste Schwierigkeit, die sich bei der Werkstattausführung im Großmaschinenbau ergibt, die Verschiedenheit des Werkstoffes genannt. Bei großen Arbeitsstücken ist es nicht möglich, diesen in auch nur annähernd gleichmäßiger Beschaffenheit zu liefern. Sogar in einem Stück sind immer härtere und weichere Stellen zu finden. Die Bearbeitungsmaschinen und Werkzeuge sind aber im Vergleich zu den Arbeitsstücken nicht so kräftig gebaut, wie es im Kleinmaschinenbau der Fall ist, sonst würden sie ja riesige Abmessungen annehmen. Ein Abdrücken des Werkzeuges bei harten und ein Zurückfedern bei weicheren Stellen der großen Stücke läßt sich daher nicht ganz vermeiden. Durch das im Verlauf des Arbeitsganges eintretende Stumpfwerden des Werkzeuges werden ebenfalls kleine Maßabweichungen bedingt. So werden der Durchmesser einer Welle und die Bohrung eines Zylinders in größeren Abmessungen immer etwas unrund ausfallen und auch immer eine geringe Konizität aufweisen. Ähnliches läßt sich auch bei Hobel-, Fräs- und Stoßarbeiten an großen oder langen Stücken nicht ganz vermeiden.

Abb. 254 a und b zeigt den Zylinder einer Gasmaschine mit angegos-
senem Druckkopf; er hat 1500 mm Bohrungsdurchmesser und ein Roh-
gewicht von 45 t. Die Stirnseiten des Zylinders werden gemäß Abb. 254 b
mit Gewindelöchern von $2\frac{1}{2}''$ zur Aufnahme der Stiftschrauben für
Zylinderdeckel und Mittelstück versehen. Die Einschraubenden dieser
Stiftschrauben müssen fest und dicht sitzen, da die Verbindung ab-
dichten soll und harten Stößen ausgesetzt ist. Messungen haben nun
Differenzen von 0,1—0,2 mm in den Gewindedurchmessern der härteren
und der weicheren (Druckkopf-)Seite des gleichen Zylinders ergeben,
trotzdem beide mit den gleichen Werkzeugen eingeschnitten waren.

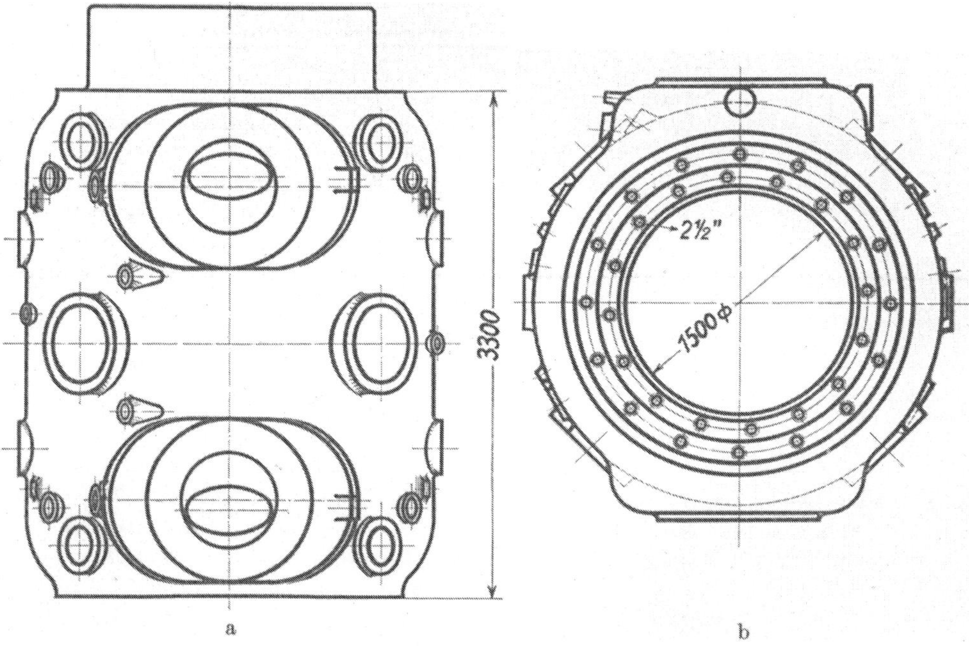

254 a und b.   Gasmaschinenzylinder.   (ADB 102[1]).)

Diese Maßschwankungen schließen natürlich, da ein Spiel zwischen
Bolzen- und Muttergewinde nicht zulässig ist, eine austauschbare
Fertigung der Stiftschrauben aus. Man würde zwar durch ein Nachschneiden von Hand die Gewinde im Zylinder gleichmäßiger erzielen
können, aber noch nicht erreichen, daß jede Schraube zu jeder Mutter-
bohrung mit dem gleichen Festsitz paßt. Eine solche Nacharbeit würde
also nur die Fertigstellung des Zylinders verzögern, das Einpassen der

<hr>

[1]) Die Bilder mit in Klammer angegebenen ADB-Nummern befinden sich
als Diapositive bei der „Arbeitsgemeinschaft Deutscher Betriebsingenieure",
Berlin NW 7, Sommerstr. 4 a.

Schrauben aber nicht entbehrlich machen. Das Gleiche gilt für die Deckelschrauben der großen Rahmenlager, die ebenfalls eingepaßt werden müssen.

Handelt es sich nicht um Dichtungsgewinde, wird also kein schließend gehendes Gewinde erfordert, so kann durch ein genügendes Spiel zwischen Bolzen- und Muttergewinde die Werkstattarbeit erleichtert werden; man erreicht damit eine Austauschbarkeit der Gewindeteile und erspart das Einpassen. Die Verringerung der Tragfläche beeinträchtigt die zulässige Belastung der Verbindung nicht in nennenswertem Maße. Abb. 255 zeigt ein Kolbenstangenspitzgewinde von 334 mm Durchmesser mit einer Steigung von 4 Gang auf 1″ mit Spitzen- und Flankenspiel, Abb. 256 seine Anwendung.

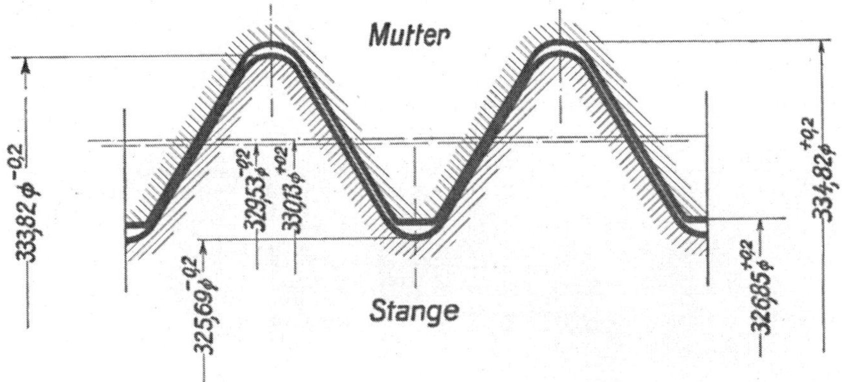

Abb. 255. Profil eines Kolbenstangengewindes mit Spitzen- und Flankenspiel. (ADB 103.)

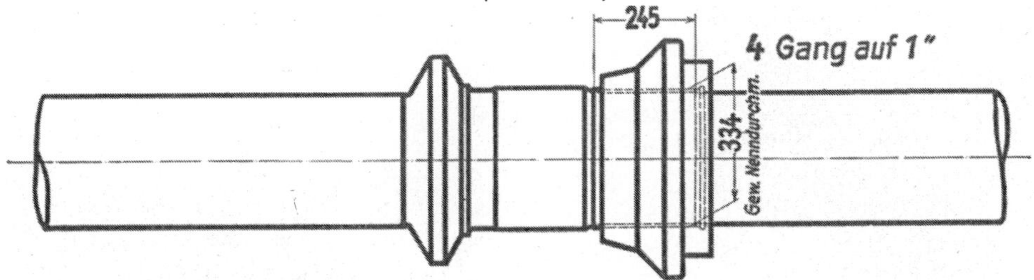

Abb. 256. Gewindepassung an der Kolbenstange einer Gasmaschine. (ADB 103.)

Das Schneiden der Mutter mit Stahl und Strehler ist schwieriger als die Herstellung des Stangengewindes. Bei diesem kann man Abweichungen von einigen Tausendstel Millimeter messen, muß aber beim Schneiden des Innengewindes Unterschiede bis 0,1 mm, die durch das Abdrücken und Abstumpfen des Stahles, sowie durch das Konisch- und Unrunddrehen der Maschine entstehen, zulassen, wenn die Arbeit noch wirtschaftlich sein soll. Auch in den Steigungen werden auf die

Länge der Mutter Differenzen bis 0,1 mm nicht zu vermeiden sein.
Stange und Mutter auf einer Maschine zu schneiden, ist nicht vorteilhaft, denn man würde die lange Maschine beim Schneiden der Mutter
nicht ausnutzen. Besser ist es schon, wenn man die Leitspindeln der
beiden Maschinen, auf denen Stange und Mutter geschnitten werden,
ausgleicht d. h., beide Spindeln auf einer Maschine nachschneidet.
Aber auch dann wird man mit den vorgenannten Abweichungen rechnen
müssen, die aber bei dem festen Anziehen solcher Gewinde praktisch
bedeutungslos sind. Das Vorgesagte gilt natürlich auch für die großen
Trapez- und Sägengewinde.

Wenn bei bestimmten Werkstoffen oder einer verwickelten Form
des Arbeitsstückes ein Schrumpfen oder ein Auslösen von Spannungen
infolge Erwärmung oder ungleichmäßiger Beanspruchung im späteren
Betriebe zu befürchten ist, muß in der Konstruktion darauf Rücksicht
genommen werden. Eine Feinbearbeitung ist in diesem Falle entweder

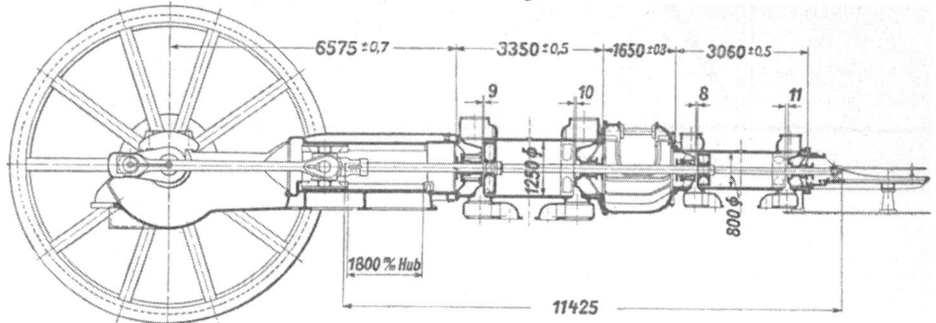

Abb. 257. Zusammenbau einer Dampfmaschine (Einstellen der Kolbenstellungen).
(ADB 105.)

dahin zu verlegen, wo sie auch bei einer nachträglichen Formveränderung
des Stückes ihren Zweck noch erfüllt, oder es muß die Möglichkeit bestehen, beim Zusammenbau der voraussichtlichen Formveränderung
Rechnung zu tragen. Abb. 257 zeigt als Beispiel die zusammengebaute
Hälfte einer Zwillingstandemfördermaschine von 1250/800 Zylinder-
durchmesser und 1800 mm Hub. Die innenliegenden Schmiedeteile,
Pleuel- und Kolbenstangen werden sich bei der Erwärmung im Betriebe
um ein größeres Maß ausdehnen, als die Gußteile, Zylinder, Mittel-
stücke und Gradführungen. Dem wird beim Einstellen der Maschine
dadurch Rechnung getragen, daß man den vorderen schädlichen Raum
kürzer vorsieht als den hinteren. Ist z. B. ein schädlicher Raum von
9,5 mm auf jeder Kolbenseite vorgesehen, so wird im Niederdruckzylinder
vor dem Kolben 9 mm und hinter dem Kolben 10 mm, und bei dem
Hochdruckzylinder vor dem Kolben 8 mm und hinter dem Kolben
11 mm eingestellt. Die Längenausdehnung ist natürlich je nach der

Abb. 258. Horizontales Bohr- und Fräswerk. Arbeiten mit dem Fräsmesserkopf. (TWL 414.)

Beschaffenheit des Werkstoffes und seiner Wärmebehandlung noch etwas verschieden. Es wäre also verfehlt, bei der Bearbeitung der Einzelteile eine feine Tolerierung der Längenmaße vorzusehen. Berücksichtigt man außerdem noch die Schwierigkeit des Messens, so dürften die in Abb. 257 eingetragenen Abmaße in den Einzelteilen erforderlich und auch zulässig sein. Eine feinere Tolerierung würde ein öfteres Messen und Nachschneiden erfordern und damit einen Zeitverlust bedingen, der bis zu $1/2$ Stunde betragen kann.

Zum zweiten liegt die Grenze des Bearbeitungsgütegrades in der Genauigkeit der Arbeitsmaschinen. Es ist auch im Großmaschinenbau, also bei großen Abmessungen möglich, mit entsprechenden Feinmeßapparaten die kleinsten Maßabweichungen festzustellen. Man wird aber keine Großbearbeitungsmaschine finden, die bei wirtschaft-

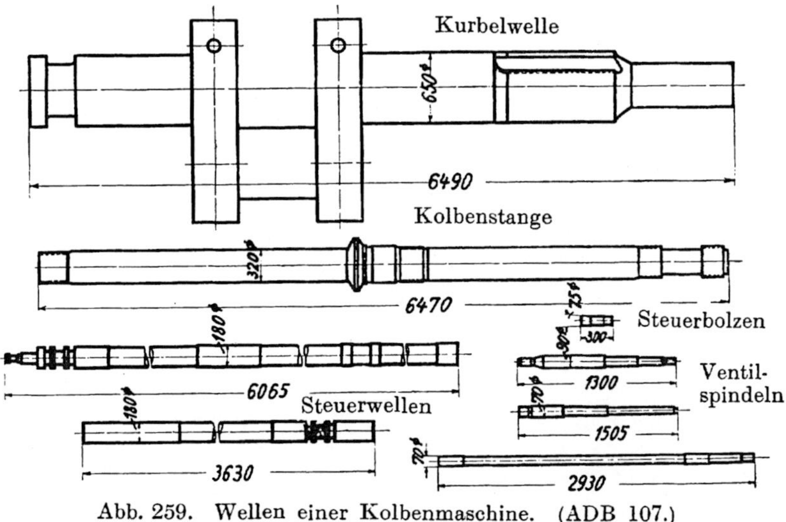

Abb. 259. Wellen einer Kolbenmaschine. (ADB 107.)

licher Arbeit, also bei größter Ausnutzung, eine dementsprechende Bearbeitungsgüte erreicht. Bei großen Arbeitsstücken muß das Schruppen, Schlichten und etwaiges Feinschlichten auf der gleichen Maschine erfolgen. Das Schleifen von Wellen und Flächen ist bei den kleinen Stücken wirtschaftlich, bei den größeren dagegen nicht. Das Ausschleifen oder Reiben von Bohrungen ist in den großen Abmessungen meist unwirtschaftlich oder gar nicht durchführbar. Diese Umstände lassen bei den großen Stücken nur eine gröbere Bearbeitung zu, welche also auch verhältnismäßig größere Toleranzen erforderlich macht. Abb. 258 zeigt ein Horizontal-Bohr- und Fräswerk beim Schruppen mit einem Fräsmesserkopf: für die Maschine die ungünstigste Beanspruchung. Wenn eine solche Maschine auch in neuem Zustande bei einem Durchmesser von 1000—1500 mm bis zu innerhalb $\pm$ 0,05 mm rund bohrt, so wird sich diese Unrundheit nach längerem Dauerbetriebe sicher auf $\pm$ 0,1 mm erhöhen.

Abb. 259 zeigt die bei einer großen Kolbenmaschine vorkommenden Wellen. Nimmt man eine monatliche Fertigung von vier bis höchstens sechs solcher Maschinen für eine Werkstatt an, so wird die Beschaffung von passenden Schleifmaschinen für jede Wellenart nicht lohnend sein, weil diese Maschinen nicht dauernd beschäftigt werden können. Ebenso unwirtschaftlich wäre es, alle Teile, auch die kleineren, auf einer Maschine zu schleifen, die den größten Abmessungen entsprechen würde. Bei großen Stücken, z. B. Kurbelwellen ist außerdem die Verteuerung durch den Transport von einer Maschine zur anderen zu berücksichtigen. Die im Kleinmaschinenbau mit Erfolg durchgeführte weitgehende Arbeitsunterteilung ist hier unwirtschaftlich. Es ist zwar versucht worden, durch kombinierte Dreh- und Schleifmaschinen das Schleifen großer Wellen wirtschaftlich zu machen. Die kombinierten Maschinen sind aber, wenigstens in den größeren Abmessungen, zu verwerfen, weil beide Teile, in diesem Falle Drehen und Schleifen, dabei zu kurz kommen. Auch das Schleifen der Kolbenstangen ist bei der geringen Zahl unwirtschaftlich. Das Einstellen der Gegenlager ist zeitraubend und die Schleifleistungen sind gering, weil bei stärkerer Beanspruchung ein Warmwerden und Verziehen dieser großen Schmiedestücke zu befürchten ist. Man wird sich also zweckmäßig in dem vorstehenden Beispiel bei den großen und mittleren Stücken mit dem Fertigdrehen und nachfolgendem Feilen oder Rollen auf der Drehbank begnügen und mit den dadurch bedingten größeren Toleranzen rechnen.

Ein höherer Bearbeitungsgütegrad läßt sich, besonders bei Flachpassungen, durch Nacharbeiten von Hand, d. h. durch Feilen, Schaben oder dergleichen erreichen. Es muß aber auch im Großmaschinenbau unser Bestreben sein, möglichst viele Teile maschinenfertig zu bearbeiten. Wenn auch bei den Handarbeiten die Unkosten geringer sind als bei mechanischer Bearbeitung, so ist doch zu berücksichtigen, daß in den Arbeitsstücken große Werte stecken, deren längeres Zurückhalten in der Werkstatt Zinsverluste bedingt. Es sollte also möglichst nur die von den Bearbeitungsmaschinen erreichbare Bearbeitungsgüte vorgesehen werden, die in den meisten Fällen auch genügen wird.

Die dritte oben angeführte Schwierigkeit liegt im Werkzeug. Es wurde bereits erwähnt, daß das Ausschleifen von Bohrungen bei den oft wechselnden Arbeitsstücken im Großmaschinenbau nicht durchführbar ist. Das Räumen lohnt sich auch nur, wenn es sich um die Ausführung von mindestens 300 Arbeitsstücken handelt. Reibahlen können als Lagerwerkzeuge bis zu einem Durchmesser von 80 bis höchstens 100 mm gehalten werden. Darüber hinaus werden sie zu Sonderwerkzeugen, die nur bei einer größeren Reihenfertigung wirtschaftlich sind. Nachstellbare Reibahlen sind in den größeren Abmessungen immer unzweckmäßig; dasselbe gilt von großen Formfräsern. Es kann nicht genug davor gewarnt werden, die im Feinmaschinenbau erprobten Sonderwerkzeuge und Vorrichtungen ohne weiteres auf den Großmaschinenbau zu übertragen. Die Herstellung des Werkzeuges in der größeren Ausführung ist wesentlich schwieriger; außerdem ist es meist nicht möglich, das Werkzeug so fest einzuspannen oder so fest zu lagern, wie bei den kleinen Abmessungen. Aber auch wenn solche Werkzeuge gut arbeiten, so wird ihre Verwendung bei den in der Einzelfertigung vorkommenden geringen Stückzahlen infolge der Anschaffungs- und Unterhaltungskosten, sowie des jeweiligen Transportes vom Lager und zurück, oft unwirtschaftlich. Im Großmaschinenbau ist meist das einfachste Werkzeug das beste, weil das wirtschaftlichste.

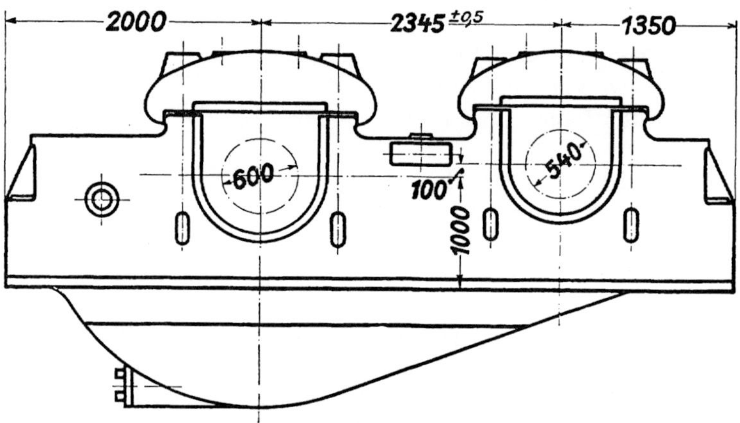

Abb. 260. Vorgelegerahmen zu einem Blockwalzwerk. (ADB 112.)

Die letzte und nicht geringste Werkstattschwierigkeit ist in der verschiedenen Geschicklichkeit des Arbeiters beim Spannen, Bearbeiten und Messen zu erblicken. Schon die Tatsache, daß bei größeren Stücken nur nach dem Anriß gearbeitet wird, macht Abweichungen unvermeidlich. Die Entfernungen werden mit dem Stahlmaßstab gemessen, bei größeren Abmessungen mit dem Bandmaß. Bei Entfernungen, die nicht in der gleichen Ebene gemessen werden können, müssen die Hauptmitten auf die Aufspannplatte und von da aus weiter übertragen werden. Unter diesen Umständen ist es erklärlich, daß zwei von verschiedenen Personen vorgenommene Messungen nicht unbeträchtliche Abweichungen voneinander zeigen. Als Beispiel zeigt Abb. 260 den Vorgelegerahmen zu einem Blockwalzwerk. Die Entfernung der beiden Lagermitten von

2345 mm kann hier am Arbeitsstück angerissen werden, wobei mit Abweichungen bis zu ± 0,5 mm im äußersten Falle zu rechnen ist, die hier auch noch zulässig sein dürften. Ein weiteres Beispiel zeigt Abb. 261.

Abb. 261. Ausrichten eines Bajonettrahmens auf der Spannplatte. (TWL 416.)

Die Mittel- und Winkellagen des Rahmens werden mittels durchgespannter Schnur festgelegt und auf das Arbeitsstück übertragen. Beim Bearbeiten mehrerer Stücke auf der Spannplatte geschieht das Ausrichten nach den Mittelrissen auf der Platte. Selbst wenn man hier eine sorgfältige Arbeit voraussetzt, müssen Abweichungen von 0,5 mm in den großen Abmessungen und 0,2—0,3 mm in der Winkellage zulässig sein.

Schwierig ist auch das richtige Aufspannen, Unterkeilen und Abstützen großer und verwickelter Stücke. Hier ist es oft erforderlich, nach dem Vorarbeiten die Spannklauen bzw. Schrauben zu lösen, damit das Arbeitsstück etwaigen Spannungsänderungen nachgeben kann und ein Verziehen nach der Fertigarbeit vermieden wird. Auch durch falsches Anhängen der Stücke beim Transport können Maßabweichungen in den Mitten- und Winkellagen entstehen. Es hätte also keinen Zweck, bei der Bearbeitung nach Hundertstelmillimeter zu messen, wenn man beim Zusammenbau nur mit Zehntelmillimetern rechnen kann.

Faßt man die durch die Verschiedenheit des Werkstoffes, sowie die Ungenauigkeiten von Maschine und Werkzeug bedingten Fehler zusammen, so kann man bei Zylindern von 1000—1500 mm Bohrungsdurchmesser mit Abweichungen von 0,1—0,15 mm rechnen, um die die Bohrungen konisch und unrund ausfallen können. Bei einer Reihe gefertigter Zylinder wird man Abweichungen im Bohrungsdurchmesser bis zu 0,5 mm als zulässig ansehen dürfen, wenn die Bohrungen innerhalb der obengenannten Abmaße gerade und rund sind (s. Abb. 262). Werden die Zylinder mit Laufbüchse versehen, so sind zweckmäßige Werkstattoleranzen: + 0,3 mm in der Zylinderbohrung, — 0,2 mm im Außendurchmesser der Büchse, + 0,5 mm in der Laufbohrung. An den Nichtpaßstellen ist eine gröbere Tolerierung bis zu 1 mm zu empfehlen. Wenn man berücksichtigt, daß jedes neue Ansetzen eines Schnittes 12—15 Minuten dauert, und ein weiterer Feinschnitt sogar 3—4 Stunden laufen würde, wird man sich mit dieser Bearbeitungsgüte auch begnügen. Bei Überschreitung der genannten Abmaße infolge fehlerhaften oder besonders harten Werkstoffes oder eines Arbeitsfehlers, wird man die großen Stücke auch noch nicht als Ausschuß erklären. In solchen Fällen werden die größeren Abweichungen in das Maschinenbuch ein-

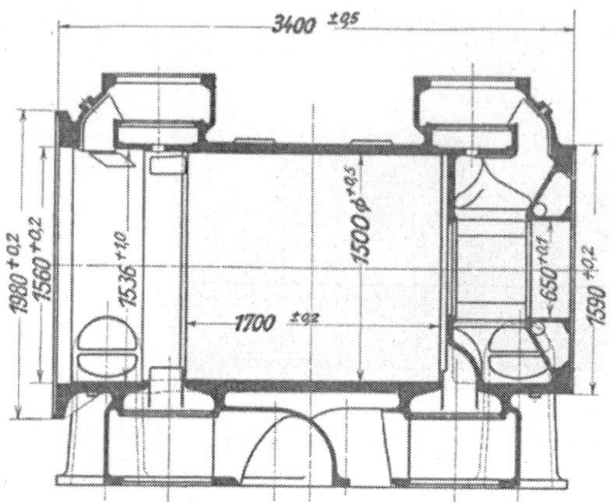

Abb. 262. Dampfmaschinenzylinder. (ADB 101.)

getragen und bei Anfertigung des Gegenstückes berücksichtigt.

Das Gleiche gilt sinngemäß für die Bearbeitung großer Wellen auf der Drehbank. Hier ist allerdings die Maschine im Vergleich zum Arbeitsstück kräftiger und das Werkzeug fester eingespannt, die Abweichungen sind also geringer. Bei der in Abb. 259 gezeigten Kurbelwelle von 600 bis 700 mm Wellendurchmesser und 6000 bis 8000 mm Länge wird man aber mit Abweichungen bis 0,2 mm rechnen müssen. Auch bei der Winkelstellung der Kurbelzapfen läßt man eine Abweichung bis zu 0,05 mm bei einer Zapfenlänge von 500

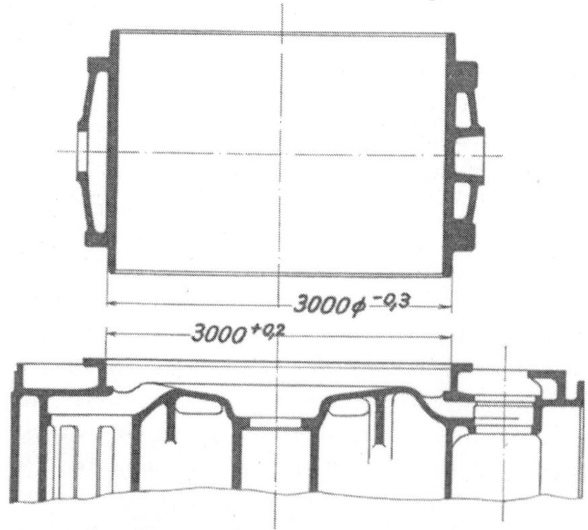

Abb. 263. Zylinder zu einem Hochofengebläse. (ADB 115.)

bis 600 mm zu. Abweichungen sind auch in der Bohrung der Schwungräder, Rotoren usw. wie solche bis zu 8000 mm Durchmesser und 120 000 kg Gewicht vorkommen. Die dafür verwendete Karusselbank wird bei der starken Belastung unrund bohren; die Arbeit dürfte bei etwa 800 mm Bohrungsdurchmesser innerhalb 0,2 mm Toleranz noch als gut abgenommen werden. Ein ähnlicher Fall liegt bei dem Stator zu einem großen Drehstromgenerator vor; er hat 8000 mm Bohrungsdurchmesser, ist also ein Arbeitsstück, das in jeder anderen Stellung auch Änderungen in der Form zeigt, ein genaues Messen also ausschließt. Eine Bearbeitung bis auf 1,0 mm Feinheit dürfte hier genügen[1]).

Einen weiteren Fall bildet die Zentrierung eines Zylinders von 2000 mm Durchmesser, hergestellt auf einem Zylinderbohrwerk. Von dieser Zentrierung wird ein besonders guter Sitz verlangt, um das Ausrichten beim Zusammenbau zu erleichtern. Nimmt man an, daß das Bohrwerk 0,05 mm unrund arbeitet, so müßte insgesamt mit Maßabweichungen von mindestens 0,1 mm auch bei sorgfältiger Arbeit gerechnet werden. Um Innen- und Außenzentrierung zusammenzubringen, ist ein Untermaß der ersteren von rund 0,1 mm erforderlich. Die Einhaltung solcher Abmaße und Toleranzen bedeutet für das große Arbeitsstück eine Feinbearbeitung, die sich aber bei der kurzen Zentrierung noch gut erreichen läßt. Das Messen bietet auch keine besonderen Schwierigkeiten, da 0,1 mm einen Ausschlag des Stichmaßes von 20—25 mm ergibt.

In Abb. 263 ist ein Zylinder zu einem Hochofengebläse dargestellt. Es ist ein dünnwandiges Arbeitsstück, das bei falschem Spannen leicht unrund werden kann, bei dem aber selbst bei guter Arbeit mit Abweichungen von 0,2—0,3 mm bei einem Durchmesser von etwa 3000 mm gerechnet werden muß. Die Zentrierung für den Zylinderdeckel ist natürlich in gleichem Maße unrund. Rechnet man beim Deckel ebenfalls mit Abweichungen bis — 0,3 mm, so ergeben sich die eingetragenen Abmaße. Zu berücksichtigen ist dabei, daß sich der Zylinder beim Zusammenbau mit dem Deckel wieder etwas rund gibt, ein Mindestspiel ist daher nicht erforderlich.

In vielen Fällen ist die Erwärmung des Arbeitsstückes infolge der ununterbrochenen Bearbeitung so groß, daß der Temperaturunterschied gegenüber dem Meßwerkzeug berücksichtigt werden muß. Man kann mit dem Messen nicht warten, bis die großen Stücke wieder bis zur normalen Temperatur erkaltet sind. Bei der Bearbeitung großer Schmiedestücke, Kreuzköpfe, Pleuelstangen u. dgl., bei denen eine größere Spanabnahme erfolgt, geht diese Erwärmung z. B. so weit, daß eine Bohrung von 300 mm um 0,02 mm größer gebohrt wird, damit sie bei normaler Temperatur das richtige Maß hat. In diesem Falle muß — wie in allen Fällen, in denen man auf die Geschicklichkeit des Arbeiters in besonderem Maße angewiesen ist, mit größeren Abweichungen gerechnet werden, wenn die Arbeit nicht zu teuer werden soll. Bei Fein-

---

[1]) S. auch Abb. 238 S. 232.

Kienzle, Austauschbau. 17

sitzen gibt man dem Teil, welches die schwierigste Bearbeitung erfordert (meist das Bohrungsteil), die größere Toleranz und paßt das Gegenstück ein.

Ein im Maschinenbau häufig vorkommender Arbeitsgang ist das Bohren von Flanschlöchern in Verbindung mit einer Zentrierung, wie aus Abb. 264 hervorgeht. Bei einer Einzelfertigung werden Lochkreis und Teilung angerissen oder mittels Blechschablone angekörnt. Meist lohnt sich jedoch die Beschaffung einer Bohrschablone. Beim Bohren

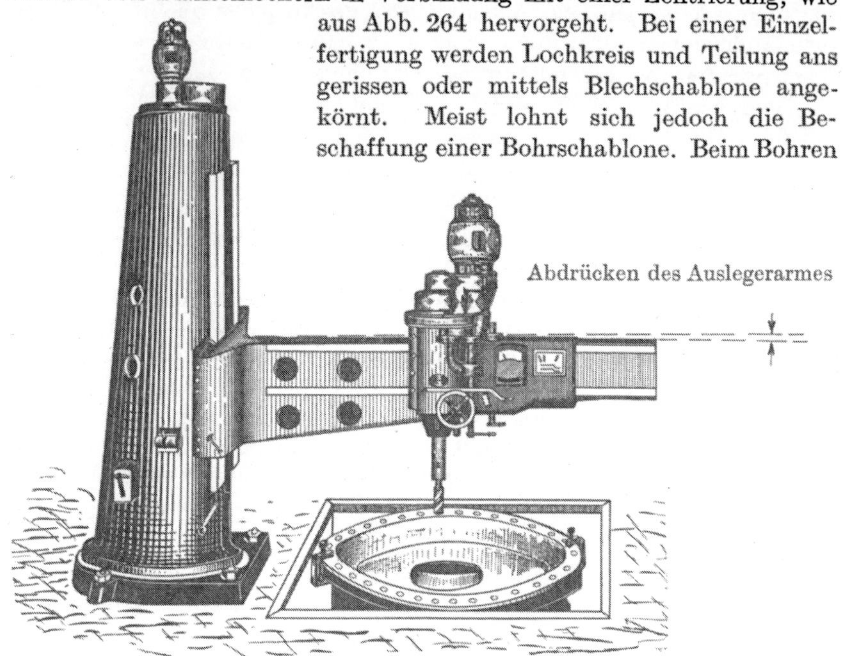

Abb. 264. Bohrer von Flanschlöchern auf der Radialbohrmaschine.

wird der Auslegerarm der Radialbohrmaschine durch den Bohrdruck trotz allen Festspannens etwas aus seiner horizontalen Lage gedrückt, wodurch ein unwinkliges Einbohren der Gewindelöcher und damit ein geringes Schiefstehen der Stiftschrauben bedingt ist. Außerdem kann die Lage der Löcher zur Zentrierung und zueinander nicht genau eingehalten werden. Diese Umstände verlangen, wenn man eine Feinarbeit oder Nacharbeit an den Löchern vermeiden will, ein größeres Spiel in den Durchgangsbohrungen als es im Kleinmaschinenbau üblich ist.

Zahlentafel 24.   Durchgangslöcher im Großmaschinenbau.

Schraube..........	$3/8''$	$1/2''$	$5/8''$	$3/4''$	$7/8''$	$1''$	$1^1/8''$
Loch ⌀..........	11	15	18	22	25	29	32

Schraube	$1^1/4''$	$1^3/8''$	$1^1/2''$	$1^5/8''$	$1^3/4''$	$1^7/8''$	$2''$
Loch ⌀..........	35	39	42	45	49	52	56

Zahlentafel 24 gibt eine Reihe von Durchgangsbohrungen an, die sich im Großmaschinenbau bewährt haben.

Eine gewisse Geschicklichkeit und Zuverlässigkeit des Arbeiters ist auch beim Einschneiden von Gewinden erforderlich. Selbst bei bester Arbeit kann aber mit einer genauen Winkellage der eingedrehten Schrauben nicht gerechnet werden. Man könnte also das Zusammenpassen zweier Teile nicht hiervon abhängig machen. Abb. 265 zeigt links eine solche Verbindung. Stehen die Stiftschrauben nach dem Eindrehen nicht genau winkelig, so müssen sie von Hand nachgearbeitet werden, eine Arbeit die sehr zeitraubend ist und doch niemals einen sauberen Paßsitz gewährleisten kann. Rechts ist eine bessere Ausführung mit eingelegten Scheiben angegeben. Diese Scheiben, die in einem Teile fest und in dem anderen verschiebbar aber doch schließend gehen müssen, können nicht austauschbar hergestellt werden. Die bei Ausführung der Bohrung unvermeidlichen Abweichungen sind so groß, daß die Scheiben für jeden Fall ein- bzw. nachgepaßt werden müssen.

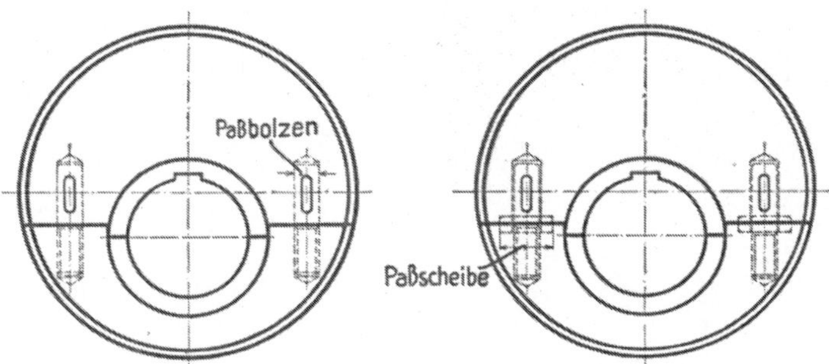

Abb. 265. Verbindung zweier Exzenterhälften.

In den bisher angeführten Beispielen sind die Abmaße und Toleranzen so angegeben, wie sie durch Messungen an ausgeführten Stücken ermittelt wurden. Um aber bei Neukonstruktionen die nach Art und Größe des Nennmaßes zulässigen Abweichungen von vornherein festlegen zu können, ist es nötig, die Ergebnisse der vorgenommenen Messungen in eine gesetzmäßige Folge zu bringen. Diese Arbeit hat der NDI für die Rundpassungen[1]) bereits geleistet und es bleibt nur noch zu untersuchen, mit welcher der genormten Abmaßreihen, bzw. mit welchem Bearbeitungsgütegrad die Messungsergebnisse übereinstimmen. Mit dem Bezeichnen des Gütegrades und des Sitzes sind dann Spiele und Toleranzen bestimmt. Das zahlenmäßige Einschreiben der Abmaße ist nur dann erforderlich, wenn eine passende Normenreihe nicht gefunden wird. Für Flachpassungen, Längenmaße und Mitten-

---

[1]) Siehe S. 19 ff.

entfernungen müssen die Werke oder die Fachverbände der einzelnen Fertigungszweige nach ihren Erfahrungen Abmaßreihen aufstellen.

Für die Rundpassungen soll zunächst festgestellt werden, wie sich die bis jetzt endgültig genormten Bearbeitungsgütegrade, Edel-, Fein-, Schlicht- und Grobpassung in der Werkstattausführung des Großmaschinenbaues erreichen lassen. Das Arbeiten nach Edelpassung ist für den allgemeinen und Großmaschinenbau unwirtschaftlich. Die Feinpassung ist derjenige Gütegrad, welcher den bisher im Maschinenbau bei den kleinen Abmessungen, vielleicht bis 120 mm, an die Ausführung der Ruhesitze und feinen Laufsitze gestellten Anforderungen am besten entspricht. Mit den Toleranzen der Feinpassung können die Wellen geschliffen oder sorgfältig gefeilt und die Bohrungen auf der Maschine gerieben werden, eine Bearbeitung, die sich mit den gebräuchlichen Werkstatteinrichtungen, allerdings unter Aufwand großer Sorgfalt, wirtschaftlich durchführen läßt. Die Anwendung der Schlichtpassung gestattet ein Feilen oder Maßdrehen der Wellen und ein Bearbeiten der Bohrungen mit dem Bohrstahl oder Messer. Sie kommt also hauptsächlich bei den größeren und weniger empfindlichen Laufsitzen, bei geteilten Lagern, bei den größeren Schrumpfsitzen usw. in Frage. Oder es kann z. B. bei Lagern, die auf Eisen

Abb. 266. Bremsgestänge zu einer elektrischen Fördermaschine.

konstruktionsrahmen oder an Gerüsten befestigt sind, ein weiter Schlichtlaufsitz Anwendung finden, weil das Einstellen der Lager schwierig ist. Ein solcher Fall ist aus Abb. 266 ersichtlich, wo ein Bremsgestänge zu einer elektrischen Fördermaschine dargestellt ist. Hier ist auch ein Versetzen der Lagerkörper bei den im späteren Betriebe eintretenden Beanspruchungen nicht ausgeschlossen. Das Gestänge muß leicht beweglich sein. Ein Klemmen durch zu schließend gehende Lager würde eine große Gefahr für den Betrieb bedeuten. Demnach ist in den Lagerstellen ein Spiel von 0,2 mm bei etwa 150 mm Bohrungsdurchmesser vorgesehen. Dementsprechend sind auch die Spielschwankungen, die bis zu 0,15 mm insgesamt betragen dürfen, und damit ebenfalls dem weiten Schlichtlaufsitz entsprechen. Die Grobpassung stellt geringe Anforderungen an das Werkzeug und die Geschicklichkeit des Arbeiters. Sie findet bei Gestängeführungen u. dgl. vorteilhaft Anwendung. Die Edelpassung kommt also im Großmaschinenbau nicht in Frage, die Feinpassung nur bei den kleineren Abmessungen und bei Paßteilen, wie Steuerbolzen u. dgl. Die Schlichtpassung müßte, besonders bei den größeren Abmessungen, genügen.

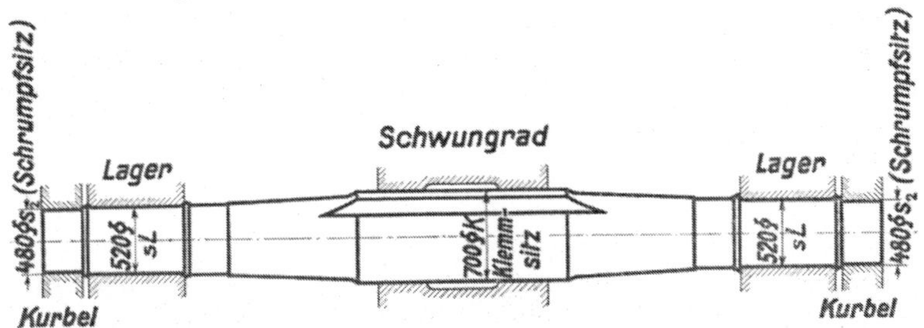

Abb. 267. Sitze der Kurbelwelle einer Zwillings-Dampfmaschine.

Ein weiteres Beispiel für Schlichtpassung bringt Abb. 267, die Kurbelwelle einer Dampfmaschine darstellend. Die vierteiligen Lager werden mit einem Spiel von 0,2—0,3 mm gedreht und zum Zapfen passend geschabt. Das Schwungrad wird mit Klemmsitz aufgebracht (mit einem Übermaß bis zu 0,3 mm). Die Kurbelblätter sind aufgeschrumpft. Für die Kolbenstangen genügt ebenfalls eine Bearbeitung nach der Schlichtpassung, sowohl für den Kolbensitz wie für den in der Stopfbüchse laufenden Teil. Das Gleiche gilt für Pleuelstangenschrauben und Lager.

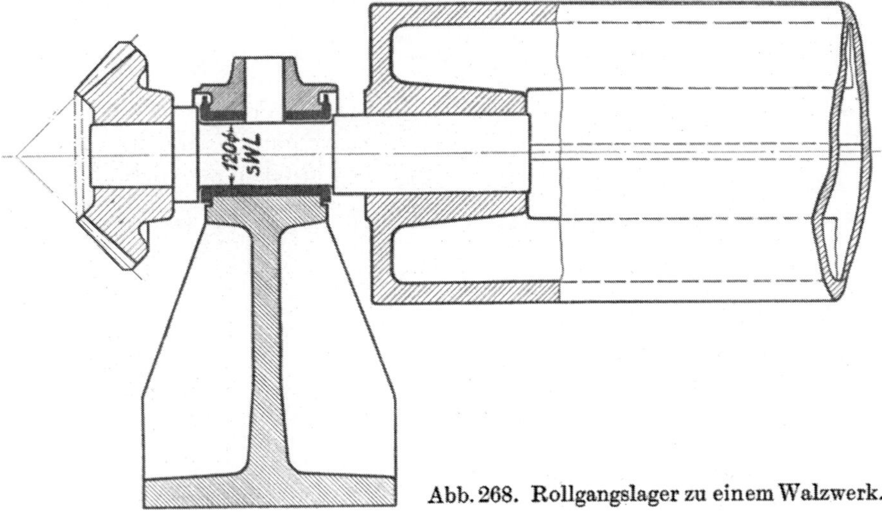

Abb. 268. Rollgangslager zu einem Walzwerk.

Weiterhin zeigt Abb. 268 ein Rollgangslager zu einem Walzwerk. Weil dieser Maschinenteil im Betriebe stark erwärmt wird und außerdem eine sorgfältige Wartung ausgeschlossen ist, hat der Wellenzapfen im Lager ein Spiel von 0,2 mm bei einem Durchmesser von etwa 120 mm. Es ist dies ein Erfahrungswert, der als feststehend zu betrachten ist. Bei dem großen Spiel hätte es keinen Zweck, Lager und Welle mit den Toleranzen der Feinpassung zu fertigen. Eine Bearbeitung nach den Abmaßen des weiten Schlichtlaufsitzes genügt hier vollständig.

Wenn in vorstehendem nur Beispiele angegeben sind, bei denen eine Bearbeitung nach der Schlichtpassung genügt, so gibt es doch auch im Großmaschinenbau Sitze, die eine Bearbeitung nach den Feinpassungstoleranzen erfordern, nämlich die Haft- und Schiebesitze. Man wählt diese aber meist nur bis zu Abmessungen von 120 mm, seltener bis zu 300 mm; darüber hinaus vermeidet man sie gänzlich, weil der Zusammenbau zu schwierig ist. In den größeren Abmessungen werden die Bohrungsteile zweiteilig gefertigt und aufgeklemmt. Die Festsitze lassen sich auch vorteilhaft durch leichte Schrumpfsitze ersetzen, bei denen eine Bearbeitung nach den Abmaßen der Schlichtpassung genügt. In folgender Aufstellung wird die zweckmäßige Anwendung der einzelnen Gütegrade in einem Werk gezeigt, welches große Walzwerke, Hütten- und Bergwerkseinrichtungen, große und mittlere Kolbenmaschinen, Turbinen und Elektromaschinen, sowie Kleinmotore und Zahnradgetriebe fertigt und nach dem System der Einheitsbohrung arbeitet.

Grob-Laufsitz[1]): Für Teile, bei denen eine grobe Führung oder Lagerung erreicht werden soll (Gestänge, Hebel, Wellen u. dgl. im Grobapparatebau).

Weiter Schlicht-Laufsitz: Für Lagerstellen, die im Betriebe einer besonderen Erwärmung ausgesetzt sind (Rollgangslager usw.), oder an Wänden und Gerüsten befestigt werden (Vorgelege, Bremswellen usw.).

Schlicht-Laufsitz: Lager- und Verschiebeteile (Verschiebebüchsen. Gleitkupplungen, Leerlaufbüchsen usw.) im Großmaschinenbau, mehrteilige Lager für Großmaschinen, sowie die normalen Zentrierungen.

Laufsitz: Einteilige Lager im Großmaschinenbau bis 120 mm $\oslash$ und alle Lager im Feinmaschinenbau.

Enger Laufsitz: Feinzentrierungen, Verschiebeteile im Feinmaschinenbau.

Schlicht-Gleitsitz: Grobe Festsitze (Hebel, Kettenräder usw.).

Schiebesitz: Leichter Festsitz für empfindliche Bohrungsteile (Gehäuse, Hauben usw.), die ein schweres Eintreiben nicht zulassen. Ebenso für Teile, die wiederholt ausgebaut werden (Steuerungsbolzen, Paßschrauben, leicht auswechselbare Zahnräder).

---

[1]) In der neuen DIN-Bezeichnung: Grobsitz g^3.

Haftsitz: Für alle Teile, die einen festen und sicheren Sitz haben müssen, im Großmaschinen- und Apparatebau für Teile, die genau laufen müssen (Zahnräder), bei denen also der Schlichtgleitsitz nicht genügt.

Edel-Haftsitz: Festsitz für Teile im Feinmaschinen- und Werkzeugbau, welche auswechselbar sein sollen und dabei eine gleichmäßige Passung haben müssen.

Preßsitz: Für Teile, die kalt aufgepreßt werden (Hebel, Zahnräder, Laufräder usw.), sowie für zweiteilige Zahnräder, Riemscheiben, Schwungräder usw., die aufgeklemmt werden.

Leichter Schrumpfsitz: Guß- und Stahlgußkörper (Schwungräder, Seilscheiben, Scheibenkupplungen, Steuerungskegelräder usw.), die sich bei hoher Erwärmung verziehen würden.

Normaler Schrumpfsitz: Schrumpfteile, die einen sehr festen Sitz erfordern und eine Erwärmung bis kirschrot zulassen (Kurbeln, Schrumpfringe usw.).

Es hat sich als zweckmäßig erwiesen, die Anzahl der Sitze nicht zu klein zu wählen, damit allen Anforderungen der Konstruktion genügt werden kann. Natürlich kann sich ein Werk nicht für jeden vorkommenden Sitz Lehren beschaffen, sondern es müssen angrenzende Sitze mit einer Lehre gefertigt werden, z. B. Schlicht- und Feinpassungssitze können bei der Einheitsbohrung mit einer gemeinsamen Bohrungslehre erzielt werden, sofern man bei der Schlichtbohrung die Ausschußseite des Feinpassungslehrdorns auch hinein gehen läßt. Auch die Wellen der verschiedenen Laufsitze und des Schlichtgleitsitzes können mit einer Lehre, nämlich der Laufsitzwellenlehre gemessen werden; bei Schlichtgleitsitz nach der Gutseite und beim weiten Laufsitz nach der Ausschußseite. Ebenso lassen sich in der Feinpassung Lauf- und Englaufsitzwellenlehren vereinigen, die Haftsitzlehre genügt auch für die Herstellung des Schiebesitzes, wenn man als obere Grenze die Gutseite mit etwas Spiel und als untere Grenze die Ausschußseite leicht schließend über die Welle gehen läßt, so daß der Lehrenbestand in jeder Werkstatt sich in Wirklichkeit auf zwei Lehrensätze für die am häufigsten vorkommenden Sitzreihen und einige Lehren für Ausnahmesitze beschränkt.

Es bleibt nun noch zu untersuchen, inwieweit sich mit den im Großmaschinenbau möglichen Bearbeitungsgütegraden eine austauschbare Fertigung erreichen läßt. Bei den Laufsitzen ist die Möglichkeit einer unbedingten Austauschbarkeit gegeben. Man kann die nach gleichem Passungssystem und in gleicher Güte bearbeiteten Lagerzapfen und Wellen leicht gegeneinander auswechseln und ersetzen. Die großen mehrteiligen Lager der Kolbenmaschinen, sowie alle stark beanspruchten Lager werden allerdings eingeschabt und nahezu schließend eingestellt. Hier muß beim Auswechseln das Lager durch Nachschaben passend gemacht werden. Bei den Ruhesitzen ist eine unbedingte Austauschbarkeit nur in den Abmaßen der Edelpassung, mit Sicherheit sogar nur bei einer noch feineren Bearbeitung zu erzielen. Mit Einhaltung der Feinpassungstoleranzen läßt sich eine gewisse Gleichartigkeit der Ruhesitze erreichen, wobei aber in der Regel ein geringeres Nachpassen von Hand beim Einbauen der Teile erforderlich ist. In der Schlicht- und Grobpassung ist eine austauschbare Fertigung von Ruhesitzen ausgeschlossen.

Es herrscht vielfach die Ansicht vor, daß mit Festlegung der Passungstoleranzen eine unbedingte Austauschbarkeit von Einzelteilen gewährleistet sein müsse, anderenfalls hätte deren Normung keinen Zweck. Diese Ansicht ist natürlich irrig und es ist höchste Zeit, daß ihr tatkräftig entgegengetreten wird. Eine solche Austauschbarkeit ist nur im Feinwerkzeug- und -maschinenbau, wo alle Paßstellen geschliffen werden, möglich. Wollte man sie im Großmaschinenbau anstreben, so würde man die Fertigung schwierig und unwirtschaftlich machen.

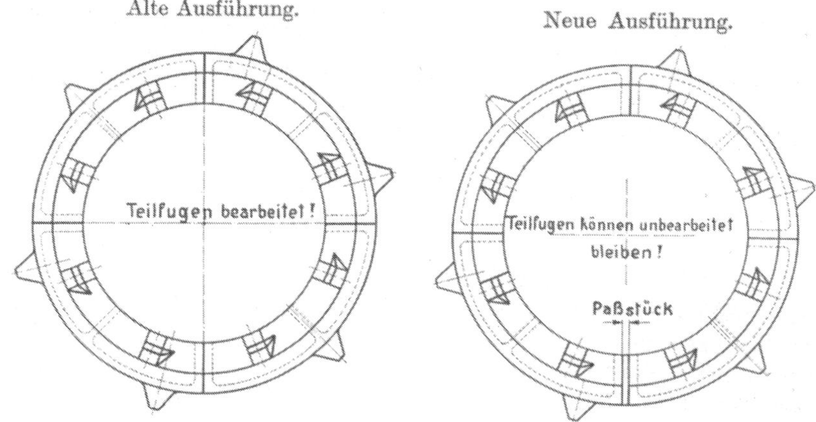

Abb. 269. Rostuntersatz zu einem Generator.

Auch bei den Abmaßen der Feinpassung ist keine Gewähr gegeben, daß zwei von verschiedenen Firmen bezogene Teile, z. B. Riemscheibe und Welle, im Haft- oder Schiebesitz zusammen passen. Es ist zweckmäßig, in solchem Falle eine kleine Nachpaßarbeit von Hand von vornherein vorzusehen, um die Möglichkeit eines zu losen Sitzes auszuschalten. Man schränkt also die Anforderungen an die Austauschbarkeit der Ruhesitze dahin ein, daß sowohl die zum Zusammenbau gefertigten Teile, wie auch etwaige Reserveteile durch geringes Nacharbeiten mit den auf jeder Betriebs- und Montagestelle zur Verfügung stehenden Hilfsmitteln passend gemacht werden können. Diese Art der Bearbeitung ist wirtschaftlich gut durchführbar. Bei den größeren Stücken von etwa 300 mm ϕ an, ist auch diese Austauschbarkeit nicht mehr zu erreichen. Derartige Teile werden zusammengepaßt, indem man das Maß des zuerst bearbeiteten Teiles mittels Stichmaß oder Zirkel auf das Gegenstück überträgt. Auch die Anfertigung von Reserveteilen geschieht nach dem vom verbleibenden Teil genommenen Stichmaß.

Das Auswechseln von Einzelteilen und Teilgruppen läßt sich aber auch im Großmaschinenbau in vielen Fällen ohne Feinbearbeitung der großen Teile ermöglichen. Bei zusammengesetzten Teilen können Schluß- oder Paßstücke vorgesehen werden, die sich leicht in der erforderlichen Güte herstellen lassen. Hierzu zeigt Abb. 269 ein Beispiel

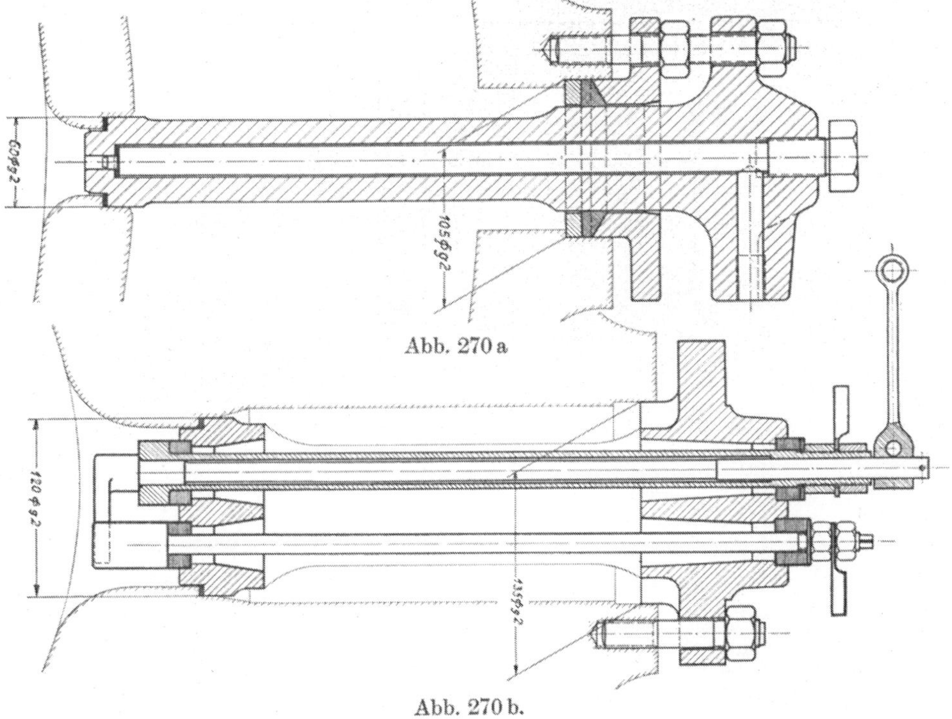

Abb. 270 a und b. Auswechselbare Elementegruppen im Großmaschinenbau.

aus dem Grobmaschinenbau, und zwar einen Rostuntersatz zu einem Generator. Die Teilfugen der Rostsegmente, wie links gezeigt, müssen gehobelt werden, damit die vier Stücke zusammengefügt den richtigen Durchmesser ergeben. Gibt man nun jedem Segment ein um 6—8 mm geringeres Maß, und sieht dafür ein Schlußstück aus Flacheisen vor, wie das rechte Bild zeigt, so können die Segmente bei einigermaßen sauberem Guß unbearbeitet bleiben. Die Bearbeitung des einen Schluß-

stückes ist einfach und billig. Es wird auch immer möglich sein, dieses
Schlußstück durch Ausschmieden oder Nachhobeln zu verkleinern, oder
durch Blechbeilagen zu verstärken, wenn dies beim Auswechseln von
Segmenten erforderlich werden soll.

In vielen Fällen ist es zweckmäßig, die Auswechselbarkeit auf Elementegruppen zu beschränken. Es ist bei den zusammengesetzten Gruppen
nach Abb. 270a und 270 b z. B. nicht möglich, jedes Einzelteil auszuwechseln, da dies eine zu große Nachpaßarbeit erfordert und der Aus- und
Einbau zu lange dauern würde. Bei der Befestigung des Gesamtteils
kann man größere Abmaße zulassen, da hierdurch die Wirkungsweise der
Vorrichtung nicht beeinträchtigt wird. Man vereinfacht aber dadurch
das Bearbeiten der Paßstelle und ermöglicht ein leichtes Auswechseln.

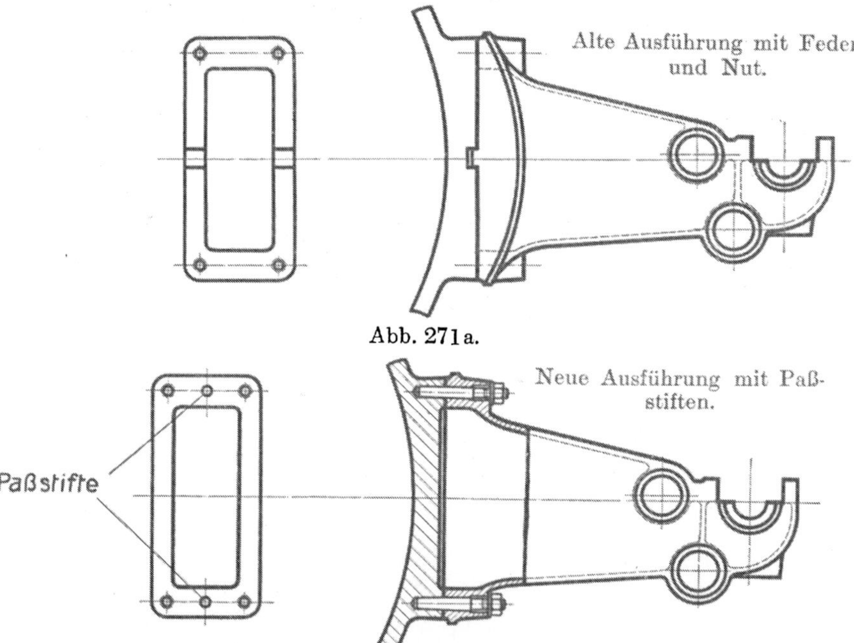

Abb. 271a.

Abb. 271 b.   Befestigung eines Steuerwellenlagerbockes.

Auch durch Verwendung von Paßstiften läßt sich eine Feinarbeit
an großen Stücken ersparen, so erfolgte die Befestigung eines Steuerwellenlagerbockes zu einer Kolbenmaschine, in der früheren Ausführung nach Abb. 271, neuerdings wird der Bock gemäß Abb. 271 b
mittels Paßstift gesichert. Das Bearbeiten von Feder und Nut ist
sehr schwierig und kostspielig, besonders an dem Zylinder, und ohne
Nachpassen von Hand gar nicht durchführbar. Die neue Ausführung
mit Paßstift gestattet dagegen eine einfache Bearbeitung.

Aus den im vorstehenden gezeigten wenigen Beispielen ist zu ersehen, daß bei der Bearbeitung größerer Stücke Schwierigkeiten auftreten, die mit den zur Verfügung stehenden Mitteln nicht, oder nur schwer überwunden werden können. Ich betone nochmals, unmöglich ist das Erreichen einer hohen Bearbeitungsgüte auch im Großmaschinenbau nicht. Es muß nur immer beachtet werden, daß jede Verfeinerung der Arbeit große Mehrkosten verursacht, leicht zum Überschreiten der Wirtschaftlichkeitsgrenze führt und damit die Wettbewerbsfähigkeit des Erzeugnisses in Frage stellt. Je mehr wir unsere Anforderungen an die Bearbeitungsgüte verringern können, und je mehr wir uns in der Werkstatt mit einfachen Mitteln helfen können, desto wirtschaftlicher arbeiten wir. Der Werkstatt sollen nur dann schwierige Aufgaben in der Bearbeitung gestellt werden, wenn die Rücksicht auf den Wirkungsgrad und die Betriebssicherheit der Gesamtanlage eine einfachere Ausführung nicht zuläßt und die entstehenden höheren Kosten vom Verbraucher getragen werden.

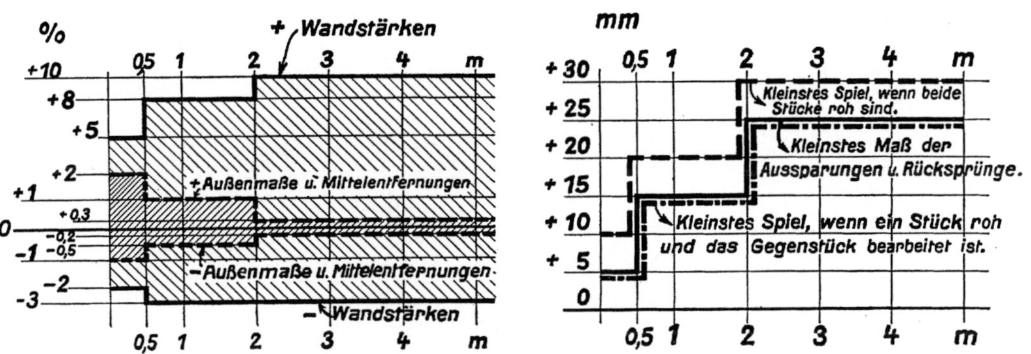

Größte Abmessung der Arbeitsstücke.

Abb. 272. Abmaße für die Gießerei im Großmaschinenbau.

In vorstehendem ist nur die Vermeidung der Feinarbeit in der mechanischen Bearbeitung behandelt worden. Es ist aber auch zweckmäßig, beim Gießen und Schmieden unnötige Kunststücke zu vermeiden. Gerade in der Modellanfertigung, beim Formen und Gießen, kann durch Anpassen der Konstruktion an die unvermeidlichen Maßabweichungen in der Werkstatt viel gespart werden. Jedes Gußstück wird der Zeichnung gegenüber Maßabweichungen zeigen, die durch ungleichmäßiges Schwinden des Werkstoffes, etwaiges Versetzen, Wachsen oder Schwinden der Kerne, sowie durch das Losklopfen der Modelle vor dem Herausziehen aus der Form bedingt sind. Bei der Massen- und Reihenfertigung wird es möglich sein, durch Ausprobieren das genau passende Modell zu finden. Bei der im Großmaschinenbau vorherrschenden Einzelfertigung jedoch lohnen sich solche Vorbereitungen nicht. Es ist hier zweckmäßig, die für die Gießerei erforderlichen Maßabweichungen in der Konstruktion zu berücksichtigen, wenn man sich beim Bearbeiten oder beim Zusammenbau der Teile keine unnötigen Schwierigkeiten

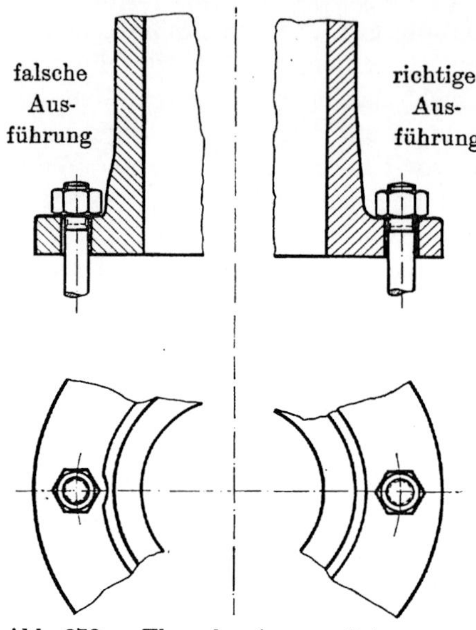

Abb. 273.   Flansch eines gußeisernen Auspufftopfes.

machen will. Zweckmäßige Werte für Abweichungen von Außenmaßen, Mittenentfernungen und Wandstärken, sowie die erforderlichen Spiele für verschiedene Fälle sind aus Abb. 272 zu entnehmen. Die angegebenen Zahlen sind natürlich für die reihenweise Herstellung von kleinen Maschinen und Sondererzeugnissen zu groß; sie bedeuten auch für eine Gießerei im Großmaschinenbau das äußerst Zulässige. Es kann auch hier in vielen Fällen mit geringeren Abweichungen gearbeitet werden, aber erst ein Überschreiten der angegebenen Maße dürfte ein Grund zur Beanstandung sein.

Welche Nachteile die Nichtberücksichtigung der Gießereitoleranzen haben kann, zeigt Abb. 273 bei dem Flansch eines gußeisernen Auspufftopfes von 1600 mm Durchmesser. Der Lochkreisdurchmesser ist in dem Bild links zu klein gewählt. Bei einem geringen Überschreiten des Rohraußendurchmessers haben die Muttern nicht genügend Platz und es ist ein Nachfräsen, also eine sehr teure Nacharbeit an jedem Schraubenloch erforderlich.

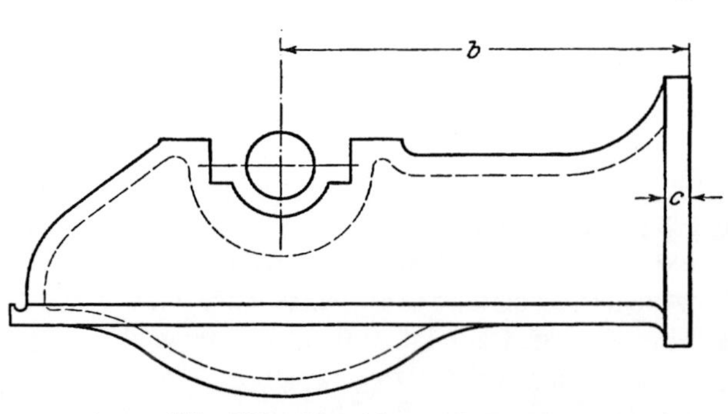

Abb. 274.   Maschinengabelraum.

Bei dem Maschinenrahmen, Abb. 274, muß die Flanschstärke c so groß gewählt werden, daß bei einer Überschreitung der Entfernung b beim Gießen um das zulässige Maß noch eine genügende Sicherheit vorhanden ist.

Auch beim Schmieden ist bei den ohne Gesenk hergestellten Stücken das genaue Einhalten von Maßen unwirtschaftlich, besonders, wenn eine solche Formarbeit ein mehrmaliges Anwärmen des Arbeitsstückes bedingt. Bei großen Schmiedestücken wird zweckmäßig eine spätere mechanische Bearbeitung vorgesehen, damit der Schmied sich auf die rohe Formgebung beschränken kann. Bei kleinen Schmiedestücken, die in einer Anzahl von mindestens 50 hergestellt werden, lohnt sich die Anfertigung von Gesenken. Bei Gesenkschmiedestücken kann allgemein mit einer Genauigkeit von $^{+5\%}_{-2\%}$ in den Flanschstärken und $^{+2\%}_{-1\%}$ in den Außenmaßen gerechnet werden, bei kleineren Stücken, unter dem Fallhammer geschlagen, bis zu $^{+1\%}_{-0,5\%}$. Es ist zweckmäßig, soweit als möglich die größeren Toleranzen zu gestatten, um die Gesenke länger benutzen zu können, besonders gilt dies bei größeren Stücken und kleineren Stückzahlen. Eine feinere Herstellungsgüte soll nur bei besonders empfindlichen Stücken verlangt werden.

11. Der Austauschbau im Lokomotivbau.

Von Obering. **Th. Damm**, i. Fa. Hanomag, Hannover.

Im Lokomotivbau bestehen bereits seit Jahren Vorschriften für die Ausführung von Lokomotiversatzteilen in den besonderen Bedingungen für die Lieferung von Lokomotiven und Tendern des Eisenbahnzentralamts. Das in § 25 dieser Bedingungen über Ersatzkessel und Aushilfsteile Gesagte können wir wohl als die erste Stufe oder als Vorboten dessen betrachten, was wir heute als austauschbare Fertigung im Lokomotivbau bezeichnen. Diese Stelle enthält Vorschriften über die Genauigkeit der Radsätze, Treib- und Kuppelstangen, Tragfedern, Achslagerkästen, Dampfzylinder und Deckel, Stopfbuchsen, Kolben mit Stangen und Kreuzköpfe. Die Radsätze und Federn sollen ohne weitere Nacharbeiten an Fahrzeugen der gleichen Gattung verwendet werden können. Für alle übrigen aufgeführten Teile besteht die Bestimmung, daß die Anschlußflächen entweder roh oder mit genügender Bearbeitungszugabe versehen, für das Anpassen zu liefern sind.

In den Lokomotivfabriken machte sich bereits seit Jahren das gemeinsame Bestreben geltend, Lokomotiven für einen Besteller möglichst nach gleichen Gesichtspunkten herzustellen, damit bei den Erzeugnissen der verschiedenen Lokomotivfabriken eine Gleichmäßigkeit in der Ausführung der Anschlußmaße gewährt sei.

So war denn auch die Lokomotivindustrie die erste Industriegruppe, welche nach Gründung des NDI einen Fachnormenausschuß einsetzte, um auf dem Wege der Gemeinschaftsarbeit, in enger Fühlung mit den deutschen Eisenbahnbehörden, die wirtschaftlichsten Ausführungsformen wichtiger Teile, sowie auch ganzer Konstruktionsgruppen zu normen und die Grundlagen für ihre Austauschbarkeit zu schaffen.

Die Mitarbeit der deutschen Eisenbahnbehörden im Lokomotivnormenausschuß[1]) erstreckt sich außer auf herstellungstechnische Fragen auch auf Forderungen des Betriebes in weitestgehendem Maße. Besonderer Wert wird hierbei auf die Ersatzlieferung von Teilen gelegt, die starkem Verschleiß unterliegen.

Da viele Teile des Triebwerkes, der Steuerung, der Bremse usw. ohne weiteres nach Passungen hergestellt werden können, hat der

---

[1]) Allgemeiner Lokomotivnormenausschuss: abgekürzt = Alna.
    Engerer   ,,   ,,   ,,   = Elna.

Elna die Passungsfrage schon von Beginn seiner Tätigkeit an besonders eingehend bearbeitet. Nachdem sich alle Lokomotivfabriken und ebenso die Eisenbahnbehörden eingehend mit der Frage des Passungssystems beschäftigt hatten, entschieden sie sich mit 31 von 35 Stimmen für das System der Einheitsbohrung als Grundsystem für alle Paßverbindungen.

Für diese Wahl waren hauptsächlich die folgenden drei rein wirtschaftlichen Gründe bestimmend:

1. Durch den geringeren Bestand an Reibahlen und Spanndornen gegenüber dem System der Einheitswelle ist die Werkzeughaltung einfacher als dort, weil die Spiele für alle Sitze mit einer Reibahle erreicht werden können, und Verwechslungen von Reibahlen mit verschiedenen Abmessungen nicht möglich sind.

2. Für die Eisenbahn-Ausbesserungswerkstätten ist es vorteilhafter, Bohrungsteile fertig auf Lager zu halten und die Passungssitze durch Tolerierung der Bolzen und Wellen zu erzielen.

3. Da die meisten Lokomotivfabriken auch allgemeinen Maschinenbau oder ähnliche Fertigungszweige betreiben, also Werkstätten mit gemischter Fertigung haben, sind sie bei Einheitsbohrung erfahrungsgemäß beweglicher und anpassungsfähiger als bei Einheitswelle.

Auf Grund dieses Beschlusses wurden für jede einzelne der wichtigsten Paßverbindungen Gütegrad und Sitz festgelegt. Zu diesem Zweck hat man in den beteiligten Fabriken Messungen vorgenommen und deren Ergebnisse zu einem Vorschlag zusammengestellt. Dieser Vorschlag wurde den Firmen und den Behörden zur Begutachtung und Überprüfung vorgelegt. Bei den wiederholten Messungen änderten sich zum Teil die erstmalig vorgeschlagenen Werte, weil die Spiele bisher gefühlsmäßig angegeben wurden.

Nach Prüfung des dritten Vorschlages waren die Ansichten über die zu verwendenden Passungssitze so weit geklärt, daß sie zu einer Norm zusammengefaßt werden konnten.

DIN-Passungen-Einheitsbohrung.

Auswahl der Sitze für den Lokomotivbau.

Abb. 275 zeigt die vom NDI genormten Sitze des Einheitsbohrungssystems. Von den 17 Sitzen kommen für den Lokomotivbau nur die hervorgehobenen sechs Sitze in Betracht. Mit Ausnahme des Festsitzes der Feinpassung handelt es sich um Bewegungssitze, für welche die Herstellungsgenauigkeiten der Schlicht- und Grobpassung vollkommen ausreichen.

Teile, die aus Betriebsgründen ein noch größeres Spiel haben müssen, als der Groblaufsitz g^4 es ergibt, werden nach dem rechts in der Abbildung dargestellten „Großen Spiel" bearbeitet. Wie aus der Abbildung ersichtlich, sind die Abmaße denen des Groblaufsitzes g^4 systematisch angefügt[1]).

Mit Rücksicht auf die Arbeitsgenauigkeit der für Triebwerks- und Steuerungsteile sowie für Radsätze in Betracht kommenden Werkzeugmaschinen, zwang die Wirtschaftlichkeit, die Laufsitze der Schlichtpassung zu entnehmen. Da trotz der größeren Herstellungstoleranz das bei den Schlichtpassungssitzen erreichbare größte Spiel die für den Fahrbetrieb zulässige Grenze nicht überschreitet, bedeutet diese Maßnahme also keine Verschlechterung des Erzeugnisses gegenüber den Teilen, die früher nach den Laufsitzen des Löwe-Schlesinger Toleranzsystems hergestellt wurden.

Wie hier, so ist bei allen bis jetzt genormten Toleranzen für die Grenze des Genauigkeitsgrades die wirtschaftliche Herstellung und die für den Fahrbetrieb erforderliche Genauigkeit bestimmend gewesen.

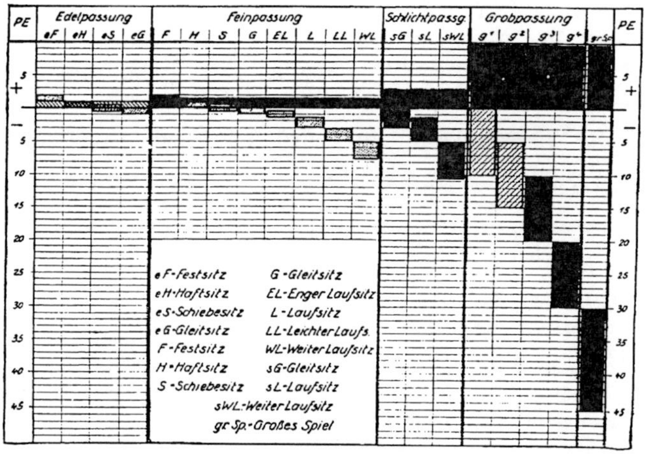

Abb. 275. DIN-Passungen, Einheitsbohrung. Auswahl der Sitze für den Lokomotivbau.

Der Festsitz der Feinpassung kommt für einige Verbindungen von Triebwerks- und Steuerungsteilen in Betracht, die in der Teilschlosserei zusammengesetzt und als Ganzes in die Lokomotive eingebaut werden.

Für die übrigen Paßverbindungen des Triebwerkes und der Steuerung, sowie für Achsen und Zapfen der Radsätze und für die Achslager werden die verschiedenen Sitze der Schlichtpassung angewandt. Nach dieser werden alle Bohrungen hergestellt, die für die Aufnahme von Buchsen in Frage kommen. So findet man die Schlichtpassung bei der Federung

---

[1]) Anmerkung des Herausgebers: Inzwischen hat der NDI eine Norm mit allgemein gültigen Richtlinien für große Spiele herausgegeben, die von den hier gemachten Angaben abweichen.

und den Ausgleichhebeln, den Dreh- und Lenkgestellen und den Brems-
teilen.

Die Wellen und Bolzen der zuletzt genannten Organe, ebenso die Bohrungen der gehärteten Buchsen werden nach der Grobpassung bearbeitet.

Die Grobpassungssitze $g3$ und $g4$ ergeben bei den hauptsächlich in Frage
kommenden Abmessungen Spiele bis zu 0,65 mm. Da diese Werte für die
Bolzen der Bremsen noch zu gering sind, ist hierfür das oben erwähnte
„Große Spiel" vorgesehen. Die Größtmaße für diese Bolzen liegen mehrere
Zehntel Millimeter unter dem Nennmaß, sie sind so toleriert, daß sich fast
immer volle Zehntel ergeben, und für ihre Messung eine Schublehre genügt.

Um sich schon jetzt bei den größeren Abmessungen auf das Einheitsbohrungssystem einzustellen, gilt bis zu den größten Abmessungen
der Grundsatz, die Bohrungen und Zentrierungen an Zylindern usw.
nach Grenzmaßen oder dem Normalmaß herzustellen. Bei Anwendung
des letzteren muß man einen gewissen Ausschlag des Stichmaßes in
der Bohrung zulassen, so daß diese etwas größer geraten kann. Die
Gegenstücke erhalten je nach der erforderlichen Genauigkeit und dem
zulässigen Spiel ein Untermaß gegenüber dem Nenndurchmesser. Auch
diese Maße lassen sich an Hand des Normalstichmaßes feststellen.
Außer bei Zylinder und Deckel läßt sich dieses Verfahren zweckmäßig
beim Domflansch und Domdeckel, wie auch bei größeren Armaturen
mit Vorteil anwenden. Auf S. 284 wird auf die Wichtigkeit, die genannten Teile nach diesen Grundsätzen zu bearbeiten, noch näher
eingegangen.

Flachpassungen.

Für Flachpassungen, die ähnliche Sitze und Spiele wie Rundpassungen haben, werden, wie Abb. 276 zeigt, ebenfalls Passungssitze
vorgeschrieben. Auch hier greift man, wenn nötig, um das betriebsmäßig erforderliche Spiel zu erreichen, je nach der Art der Verbindung, zur Verkettung von
Sitzen aus verschiedenen Gütegraden.

Bei Lagerschalen entspricht die Entfernung zwischen den Bunden der

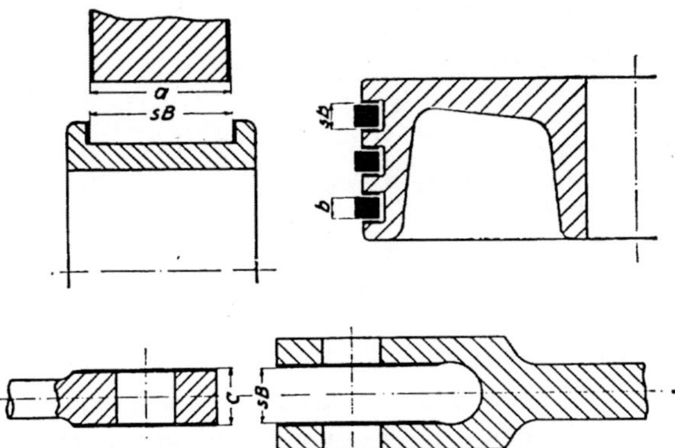

Abb. 276. Flachpassungen im Lokomotivbau.

„Schlichtbohrung". Die Breite des Lagerkörpers „a" wird je nach den
Anforderungen nach dem Schlichtgleitsitz oder dem Festsitz bearbeitet.

Die Breiten der Ringnuten in den Kolben und in den Kolbenschiebern werden nach den Lehren der Schlichtpassungsbohrung hergestellt. Für die Breiten der Kolbenringe und Schieberringe kommt der weite Schlichtlaufsitz oder der Groblaufsitz g^3 in Betracht.

Weiterhin werden für die seitlichen Passungen von Gelenkverbindungen der Triebwerks- und Steuerungsteile noch die Sitze der Grobpassung vorgeschrieben, so daß auch hier vorhandene Lehrwerkzeuge verwendet werden können. Die Gabelweiten bearbeitet man, immer in dem einmal gewählten System bleibend, nach der Grobpassungsbohrung. Die Köpfe, die zwischen den Gabeln sitzen, erhalten dementsprechend die Abmaße eines Groblaufsitzes.

Richtlinien für die Konstruktion nach Einheitsbohrung.

Mit der Festlegung auf ein Passungssystem, Auswahl der erforderlichen Sitze und Verteilung der Sitze auf die verschiedenen Teile ist die Arbeit des Elna auf dem Gebiet der Passungen abgeschlossen. Es ist nun Aufgabe der einzelnen Lokomotivfabriken bei Berücksichtigung der wirtschaftlichsten Herstellungsverfahren die für den Fahrbetrieb brauchbarsten Konstruktionen herauszubringen. Um alle werkstatttechnischen Gesichtspunkte gebührend zu berücksichtigen, ist, wo angängig, ein persönlicher Erfahrungsaustausch mit der Werkstatt angebracht; daneben empfiehlt es sich, Musterbeispiele von zweckmäßigen und unzweckmäßigenAusführungsformen einander gegenüberzustellen.

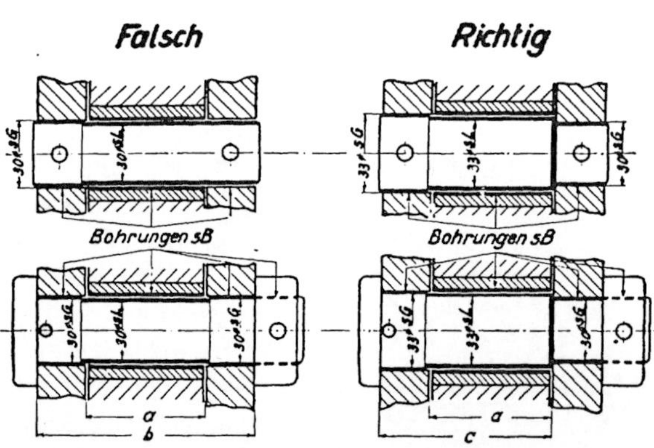

Abb. 277.   Steuerungsbolzen nach Einheitsbohrung.

So sind in Abb. 277 links die bisher üblichen Formen von Steuerungsbolzen gezeigt, bei deren Formgebung vom Konstrukteur ein Passungssystem und damit die oben gestellten Forderungen nicht berücksichtigt wurden. Sie sind mit „Falsch" gekennzeichnet. Die danebenstehenden mit „Richtig" bezeichneten Darstellungen entsprechen einer einwandfreien Durchführung des Einheitsbohrungssystems. Es ist in gleichem Maße auf einwandfreie mechanische Bearbeitung, einfachen Einbau und beste Brauchbarkeit im Betrieb Rücksicht genommen.

Abb. 278 zeigt in ähnlicher Weise eine Gegenüberstellung von unzweckmäßiger und zweckmäßiger Konstruktion von Wellen, für den Zylinderzug.

Bei der mit „Falsch“ bezeichneten Ausführung ist eine glattgedrehte nur mit Paßabsätzen versehene Welle zugrunde gelegt. Der in der Mitte der Welle angeordnete Hebel läßt sich nur schwer aufbringen, er muß über die Gleitsitzstellen, auf denen später die Seitenhebel befestigt werden, hinübergezwängt werden. Diese Ausführung ist nur anzuwenden, wenn die Lager zweiteilig sind.

Bei der mit „Richtig“ bezeichneten Welle sind die Lagerstellen um den Sprung eines Paßdurchmessers stärker als die Paßstellen für die Seitenhebel. Der Zusammenbau ist dabei wesentlich einfacher als im ersten Fall. Diese beiden Beispiele dürften zur Genüge zeigen, wie wichtig es ist, neben der wirtschaftlichen Herstellung der Einzelteile auch auf eine Formgebung zu achten, die den Forderungen eines reibungslosen Zusammenbaues gerecht

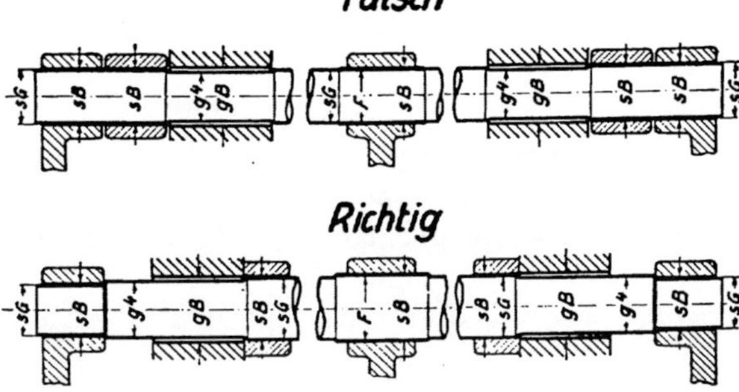

Abb. 278. Welle für den Zylinderzug nach Einheitsbohrung.

wird. Hier kann manche Mark gespart werden, wo eine ausgeklügelte Teilfertigung nur Pfennige herausholen kann.

Beim Übergang auf das einheitliche Passungssystem, von dem übrigens auf S. 286 weiter die Rede sein wird, wird es bei Nachbestellungen auf Lokomotiven älterer Bauart vielfach vorkommen, daß die vorgeschriebenen Passungssitze nur in der mit „Falsch“ bezeichneten Weise (Abb. 277 und 278) zu erreichen sind. Mit dieser Maßnahme wird man, ohne zu einer Umkonstruktion der Einzelteile zu schreiten, immer noch weit bessere Arbeit erhalten als bei wahlloser Bestimmung der Spiele nach mündlichen Angaben.

Es ist sowohl mit Rücksicht auf rasche Einführung der Passungen, also Einstellung des Betriebes auf ein Passungssystem, wie auch für den Verbraucher schon ein schätzenswerter Vorteil, wenn diese Übergangsmaßnahme restlos durchgeführt wird.

Passungs- und Maßeintragungen in die Zeichnungen.

Um die Verwendbarkeit dieser Passungen und insbesondere die der ausgewählten Passungssitze für den Lokomotivbau prüfen zu können, beschloß man bei Annahme der Passungsnormen vorläufig bis einschließlich 100 mm Durchmesser streng nach diesem System zu arbeiten. Abb. 279 zeigt, wie die Eintragungen der Passungssitze in vorhandenen

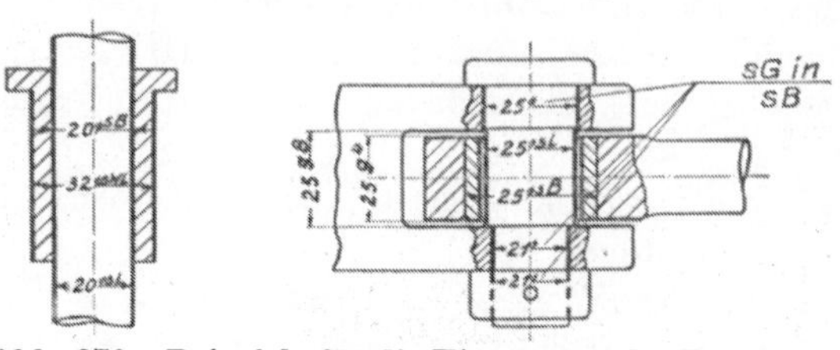

Zeichnungen, in denen die Teile ineinander gezeichnet sind, vorgenommen werden. Es liegt m. E. nach den bis jetzt vorliegenden Erfahrungen die Zeit nicht fern, wo man für den Lokomotivbau das DIN-Passungssystem unbedenklich auf Abmessungen bis zu etwa 300 mm ausdehnen kann.

Abb. 279. Beispiele für die Eintragung der Passungsbezeichnungen bei zusammengebauten Maschinenteilen.

Kegelpassungen.

Für die Verbindungen der Kreuzkopfbolzen im Kreuzkopf und der Gelenkbolzen in den Kuppelstangen ist gemäß Beschluß des Lokomotiv-Normenausschusses der Kegel 1 : 6 vorgeschrieben. Für die Bolzen dieser Gelenkverbindungen sind Normungsarbeiten im Gange. Bei der Normung beider Bolzenarten hat man die Abmessungen für den Befestigungskegel so gewählt, daß man mit einer Lehre auskommt.

Die Lauffläche der Kreuzkopfbolzen ist einem starken Verschleiß ausgesetzt. Der Durchmesser derselben wird deshalb 5 mm stärker gehalten als der größte Durchmesser der kleinsten Kegelfläche D in Abb. 280. Die Lehrhülse für den Kegel

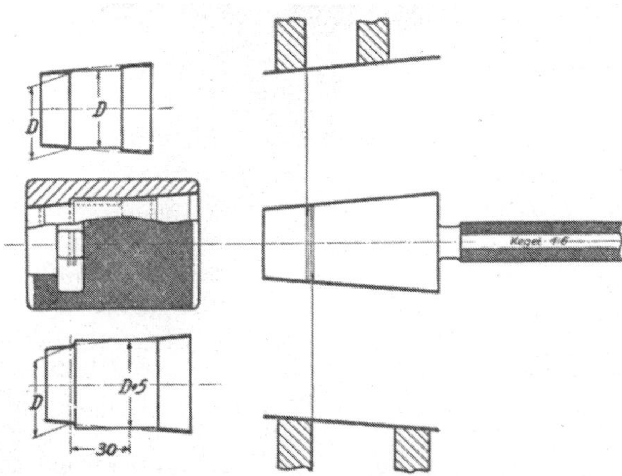

Abb. 280. Kegelpassungen — Gelenkbolzen für Kuppelstangen und Kreuzkopfbolzen.

ist entsprechend ausgespart. Zur Prüfung der Lage des kegelförmigen Teiles zur Lauffläche erhält die Lehre eine Öffnung, in welcher die Markenstriche für die Eintauchtiefe beider Bolzen vorgesehen sind. Man sieht also auch hier den Grundsatz der Grenzmessung durchgeführt.

Die in den Abb. 275—280 behandelten Paßverbindungen gestatten eine unbedingte Austauschbarkeit der Teile, weil die Toleranzen

der jeweiligen Sitzart entsprechend so gewählt sind, daß keine Einpaß-
arbeit mehr erforderlich ist.

Freie Maße.

Es folgen nun einige Beispiele für die Tolerierung freier Maße von
Bauteilen, die mit Hilfe geringer Nacharbeit auswechselbar sein müssen.
Hier haben die Toleranzen also die Aufgabe, die Nacharbeit innerhalb
gewisser Grenzen zu halten und sie so gegenüber früher ganz erheblich
zu verringern. Es handelt sich in einzelnen Fällen um bearbeitete
Teile, die mit unbearbeiteten Teilen zusammengebaut werden. In
einzelnen Fällen, besonders bei Teilen, die dem Verschleiß unterliegen,
müssen die Anschlußmaße der Stammteile so toleriert sein, daß die den
Verschleiß unterliegenden Gleitstücke mit geringstem Aufwand von Paßarbeit eingebaut werden können. Wie später weiter ausgeführt, gelten
z. B. die Achslagergehäuse und die Kreuzkopfkörper als primär und die
Gleitplatten usw. als sekundär. Bei den aus Herstellungsgründen z. T.
recht großen Toleranzen für die primären Teile sind dem DIN-Passungssystem entsprechend bei Bohrungen bzw. Innenmaßen + Abweichungen
und bei Wellen oder Außenmaßen — Abweichungen zuzulassen.

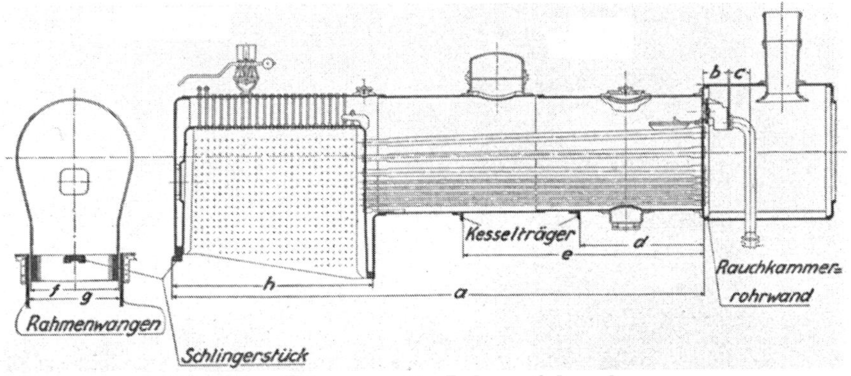

Abb. 281. Toleranzen für Lokomotivkessel.

Bei der Tolerierung der Kessel und der Rahmen sind die für die
Blechstärken zulässigen Abweichungen zu berücksichtigen. Die Grenzen
der Arbeitsgenauigkeit für schwierig zu bearbeitende Teile müssen so
festgelegt werden, daß sie bei einer wirtschaftlichen Ausnutzung der
Werkzeugmaschinen und Einrichtungen nicht überschritten werden.

Die dafür festgelegten Toleranzen entsprechen den z. Z. üblichen Herstellungsgenauigkeiten; sie sind die Ergebnisse von Messungen, die in allen 21 Lokomotivfabriken Deutschlands vorgenommen
wurden. Je nach den Einrichtungen und den Arbeitsweisen in den
verschiedenen Fabriken werden in einzelnen Werken, in dem oder jenem
Fall die Toleranzen nicht bis zur äußersten Grenze ausgenutzt.

Die Frage der Tolerierung der Baumaße wird z. Z. von einem Ausschuß der Lokomotivfabriken in Gemeinschaft mit dem E.Z.A. bearbeitet. In Abb. 281 sind die Baumaße der Kessel gekennzeichnet, die für eine Tolerierung in Betracht kommen. Es sind die Anschlußmaße für die Befestigung der Kessel am Rahmen. Die Tolerierung dieser Maße ist mit Rücksicht auf die Verwendung und einen leichten Einbau von Ersatzkesseln erforderlich. Da es sich beim Kessel nicht um bearbeitete Teile, sondern um eine genietete Eisenkonstruktion handelt, müssen Toleranzen von mehreren Millimetern zugelassen werden. Für die Längentolerierung ist die Rauchkammerrohrwand als Ausgangsfläche gewählt, weil von dieser wiederum die Lage des Zylinders bestimmt ist.

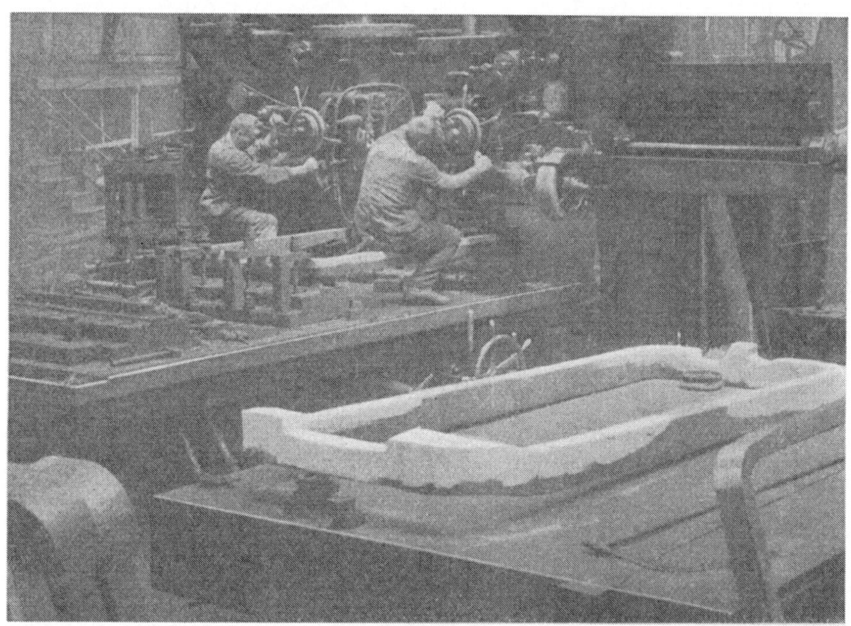

Abb. 282. Bearbeitung des Bodenringes für Lokomotivkessel auf einer Sonderfräsmaschine.

Wie aus Abb. 281 ersichtlich erfolgt von der Rauchkammerrohrwand aus die Bestimmung der Toleranzmaße a, d und e für das Schlingerstück und für die Langkesselträger. Bei der Tolerierung der Breite des Bodenringes ist unter Berücksichtigung der für die Kesselblechstärke zulässigen Abweichungen das Maß zwischen den Rahmenwangen g zu beachten, damit der Stehkessel das betriebsmäßig erforderliche Spiel behält.

Die Bearbeitung des Bodenringes auf einer Sonderfräsmaschine ist in Abb. 282 wiedergegeben.

Einbau der Führungsbacken in einen Barrenrahmen.

In Abb. 283 ist der Einbau der Achslagerführungen in einen Barrenrahmen mit etwa 100 mm starken Rahmenwangen gezeigt. An dem an sich fertigen Rahmen werden in einigen Lokomotivfabriken

Abb. 283. Einbau der Achslagerführungen in einen Barrenrahmen.

die Führungsflächen der Achslagerführungen erst auf Maß gebracht, wenn der Rahmen für den Einbau des Kessels und den Anbau der Zylinder fertig liegt. Auf dem Lineal, welches neben dem Rahmen für die

Prüfung der Achslagerentfernungen befestigt ist, liegen einige einbaufertige Achslagerführungsbacken. Andere Führungsbacken sind bereits eingebaut.

Achslager.

Die Bearbeitung der Achslagergehäuse wird in den meisten Lokomotivfabriken auf besonders eingerichteten Fräsmaschinen vorgenommen. Bei verschiedenen Arbeitsvorgängen können mit Vorteil Satz- und Formfräser Verwendung finden. Da bei derartig schweren Schnitten die Fräser hoch beansprucht werden, und einem starken Verschleiß unterliegen, muß man für die Breite der Ausfräsungen Toleranzen von mehreren Zehntel Millimetern zulassen.

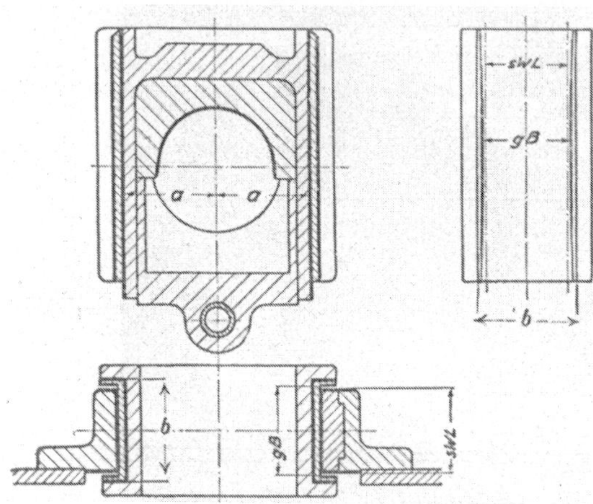
Abb. 284. Achslager — Toleranzen für Achslager und Führungen.

Die Taschen für die Aufnahme der Lagerschalen werden ebenfalls am wirtschaftlichsten auf einer Sonderfräsmaschine bearbeitet.

In der zeichnerischen Darstellung des Achslagers — Abb. 284 — sind die für die Tolerierung in Betracht kommenden Maße besonders gekennzeichnet. Unter Berücksichtigung der erwähnten Arbeitsweisen ist es verständlich, daß bei den Ausfräsungen für Achslagergleitplatten für das Maß „a" mehr als 0,5 mm Toleranz zugelassen werden muß. Es ist einfacher und wirtschaftlicher,

Abb. 285. Planfräsen der Achslagerführungen.

die verhältnismäßig schmalen Gleitplatten mit entsprechendem Übermaß vorrätig zu halten und von Fall zu Fall einzupassen, als durch Ein-

schaltung weiterer teuerer Arbeitsvorgänge die Maße der Achslagergehäuse in engeren als den erwähnten Toleranzen zu halten. Für die Breite der Ausfräsungen in den Gleitplatten selbst genügt eine Tolerierung, die der Grobpassungsbohrung entspricht. Um den erforderlichen Sitz zwischen dem Achslager und den Achslagerführungen zu erreichen, werden diese dem weiten Schlichtlaufsitz entsprechend bearbeitet. Das Spiel beträgt im Mittel 0,3 mm.

Die Abb. 285 bis 287 zeigen das Ausfräsen der Achslagerführungen, wie es heute auf modernen Arbeitsmaschinen erfolgt.

Man gewinnt aus den Abbildungen ohne weiteres den Eindruck, daß für solche Arbeitsverfahren die verlangten Toleranzen erforderlich sind.

Abb. 286. Ausfräsen der Gleitflächen der Achslagerführungen.

Abb. 287. Ausfräsen des inneren Teils der Achslagerführungen.

Kreuzkopf.

Abb. 288 zeigt das Ausfräsen der Kreuzköpfe (Stahlguß) auf einer schweren Planfräsmaschine. Wie aus dem Bild ersichtlich, sind die

Abb. 288. Fräsen der Kreuzköpfe.

Bohrungen für die Kolbenstange und für den Kreuzkopfbolzen bereits fertiggestellt. Sie dienen zum Aufspannen der Kreuzköpfe. In einem Arbeitsvorgang werden die Ausfräsungen für die Aufnahme der Gleit-

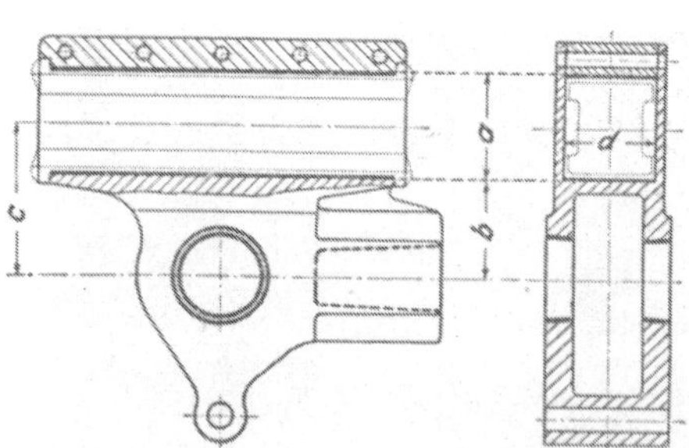

Abb. 289. Toleranzen für die Gleitplatten im Kreuzkopf.

platten und die Außenseiten der Wangen bearbeitet. Da die verhältnismäßig dünnen Wangen sich während des Erkaltens in der Form zum Teil stark verziehen, wird reichlich Werkstoff für die Bearbeitung zugegeben. Es ergeben sich dadurch Schnitttiefen bis 15 mm. In Abb. 289, der zeichnerischen Darstellung des Kreuzkopfes, sind die für das Austauschen der Gleitplatten erforderlichen Maße gekennzeichnet. Für die Maße a, b und d betragen die Abweichungen vom Zeichnungsmaß in vielen Fällen mehr als 0,5 mm.

Mittenentfernungen.

Besondere Sorgfalt wird auf die möglichst genaue Innehaltung der Abstände der Achslagerführungen im Rahmen gelegt. Je enger die Toleranzen für die Entfernungen von Achse zu Achse sind, desto geringer ist die Arbeit beim Aufschaben der Kuppelstangenlager. Zum Prüfen der Entfernungen der Achslagerführungen kann man sich, wie aus Abb. 290 ersichtlich, zweier Lineale bedienen, die unter sich parallel zu beiden Seiten des Rahmens angeordnet werden. Vom Treibachslager ausgehend, kann man mittels fester Stangenzirkel oder Stichmaße die Achslagerabstände auf den Linealen abtragen. Ein Kreuzwinkel, dessen Schenkel durch die Öffnungen für die Achslager reicht, wird nach den Punkten, die auf den Linealen

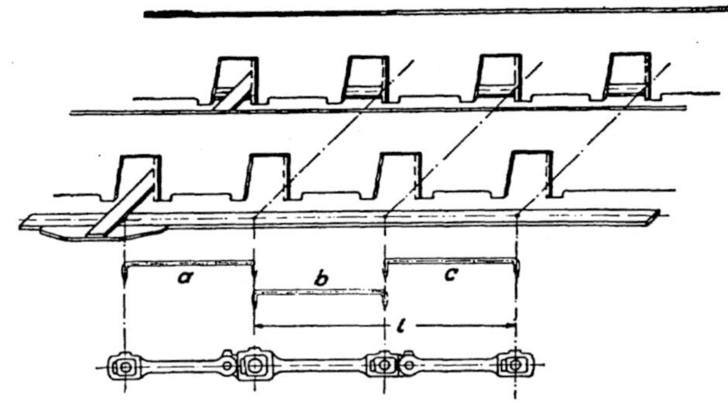

Abb. 290. Längentoleranzen — Achslagerführungen im Rahmen — Bohrungen der Kuppelstangenbolzen.

abgetragen sind, ausgerichtet. Die Prüfung der Lage der Achslagerführungen erfolgt vom Schenkel des Kreuzwinkels aus.

Da die Führungsbacken, bei Lokomotiven mit Barrenrahmen nach Abb. 283 gehärtet und geschliffen werden, ist es vielfach erforderlich, sie mehrmals nachzuschleifen, um bei den Abständen a, b vom Treibachslager ausgehend unter Berücksichtigung der Meßfehler eine Toleranz von etwa $\pm$ 0,3 mm zu erreichen. Bestimmte Vorschriften über diese Toleranzen bestehen noch nicht. Es schweben z. Z. Verhandlungen zwischen dem Sonderausschuß der Lokomotivfabriken und dem E.Z.A.

Um eine Summierung der Toleranzen zu vermeiden und womöglich das Zeichnungsmaß zu erreichen, erscheint dem Sonderausschuß bei Tolerierung von Mittenabständen die $\pm$ Tolerierung zweckmäßiger als nur eine Zulassung von $+$ bzw. $-$ Abweichungen. Doch soll damit den Arbeiten des Passungsausschusses im NDI in keiner Weise vorgegriffen werden.

Im engen Zusammenhang mit der Tolerierung der Entfernung der Achslagerführungen im Rahmen stehen die bereits erwähnten Genauigkeiten der Achslager wie die der Radsätze und der Kuppelstangen.

Für die Genauigkeit der Radsätze, Abb. 291, sind in den Bedingungen des Eisenbahn-Zentralamtes bereits Vorschriften enthalten. Die gemäß

§ 4 dieser Bedingungen zulässigen Toleranzen für die Durchmesser der Lagerstellen, der Achsen und der Treib- und Kuppelzapfen von $\pm 0,1$ sind durch Einführung der DIN-Passungen, die engere Toleranzen vorsehen, überholt. Die Grenzwerte für die Kurbelhübe W_1, X_1, Y_1, und Z_1 und den Kurbelwinkel α mit $\pm 0,1$ mm haben noch Gültigkeit. Der größte Unterschied zwischen zwei gekuppelten Achsen beträgt somit $\pm 0,2$ mm.

Für die Entfernungen der Bohrungen in den Kuppelstangen a, b und $b + c = l$ scheint die wirtschaftlich erreichbare Toleranz nach dem Ergebnis der von den Lokomotivfabriken veranstalteten Messungen, wieder unter Berücksichtigung der Meßfehler, die bei derartig langen Meßeinrichtungen mehrere hundertstel Millimeter $\pm$ betragen, bei etwa $\pm 0,2$ mm zu liegen.

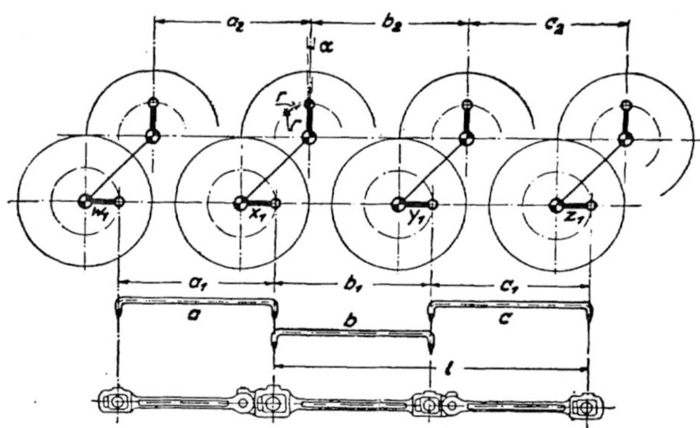

Abb. 291. Längentoleranzen — Hübe der Radsätze, Entfernung der Bohrungen der Kuppelstangenlager.

Anders geht man bei der Einhaltung der Mittenentfernungen von Flanschlöchern vor.

Die Schraubenlöcher der Flanschverbindungen werden nach Bohrlehren gebohrt. Überall dort, wo unbedingte Austauschbarkeit Erfordernis ist, wie z. B. bei Anschlüssen für Armaturen, bei Dampfrohren, bei den Öffnungsverschlüssen am Kessel und der Deckel an den Zylindern werden die Bohrlehren nach Urschablonen gefertigt. In den meisten dieser Fälle haben diese Anschlußflanschen besondere Zentrierungen oder Eindrehungen für die Aufnahme der Dichtungslinsen. Die Eindrehungen der Zentrierungen werden, wie bereits auf S. 273 erwähnt, dem Passungssystem entsprechend nach der Lochlehre oder einem Stichmaß, welches dem Nenndurchmesser entspricht, ausgedreht, und die Zentrierränder des Gegenstückes um das erforderliche Spiel geringer gefertigt. Die Urlehren für die Herstellung der Bohrlehren erhalten die gleichen Zentrierungen wie die Werkstücke, damit die Bohrlehren während des Aufbohrens der Löcher so zentriert werden, wie sie später auf dem Arbeitsstück sitzen.

Das Bearbeiten der Bohrlehren nach der Urlehre ist in Abb. 292 gezeigt. Der Schaft des Zapfensenkers ist in den Buchsen der Urlehre.

geführt. Im allgemeinen kommen drei Zapfensenker zur Anwendung, von denen der erste ein Untermaß von 0,2—0,3 mm hat. Der zweite Senker erhält zweckmäßig 0,08—0,05 mm Untermaß, damit für den dritten Senker nur noch das Kalibrieren der Bohrungen übrigbleibt.

Die Urlehren selbst werden in folgender Weise hergestellt: Mit Hilfe von Endmaßen werden Meßscheiben so auf der Urlehre befestigt, daß die Mitten der Meßscheiben genau den gewünschten Lochentfernungen entsprechen. Die so ausgerüstete Urlehre wird auf dem Bohrwerk mittels Meßuhr nach den Meßscheiben ausgerichtet, gebohrt und gerieben. Durch diese Maßnahme hat man die Gewähr, daß die durch Arbeitsfehler und Werkstoffverschiedenheit entstehenden Ungenauigkeiten innerhalb einiger hunderstel Millimeter liegen. Wie aus Abb. 292 ersichtlich, wird z. B. nach einer Urlehre sowohl die Bohrlehre für den Zylinder wie auch die Bohrlehre für den Zylinderdeckel hergestellt. Die Unter-

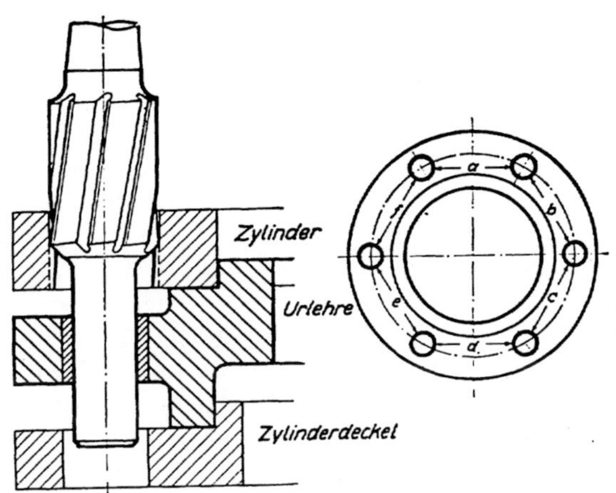

Abb. 292. Urlehre mit Zapfensenker für die Anfertigung von Bohrschablonen.

schiede in den Lochentfernungen der Bohrlehren sind naturgemäß häufig größer als die in den Urlehren.

Bis zu zwölf Bohrungen in einer Schablone werden als Toleranzen für Urschablonen ± 0,15 mm, für Bohrschablonen ± 0,2 mm vorgeschlagen. Bei Schablonen mit mehr als zwölf Bohrungen dürfen die Abweichungen bei Urschablonen ± 0,2 mm und bei Bohrschablonen ± 0,4 mm betragen. Damit bei der Tolerierung von Entfernungen in Bohrschablonen durch Summierung von Pluswerten einerseits und von Minuswerten andererseits sich nicht Fehler ergeben, die eine Verwendbarkeit der Werkstücke in Frage stellen, werden noch Richtlinien für die Bestimmung von Festpunkten erforderlich sein.

Bei kreisförmigen Bohrlehren würden je nach der Lochzahl jeweils 2, 3, 4, 5 oder 6 Bohrungen, für deren gegenseitige Lage (Sehnenmaße) und die Lage zur Mitte bzw. zur Zentrierung die vorgeschlagenen Toleranzen einzuhalten wären, als primär zu bezeichnen sein. In gleicher Weise wären für viereckige oder ähnliche Bohrlehren, die an den Ecken liegenden Löcher, erforderlichenfalls unter Hinzuziehung diagonal zu bestimmender Löcher als primär zu bezeichnen.

In dem Ausschuß der Lokomotivfabriken, der mit dem E.Z.A. die Frage der Austauschbarkeit bearbeitet, ist man zwecks Erhöhung der Sicherheit gegenseitiger Austauschbarkeit dahin überein gekommen, daß bei Neukonstruktion von Lokomotiven die Ursprungsfirma auch die Urlehren herstellt. Durch dieses Verfahren werden Fehlerquellen besser als mit übertrieben genauen Meßmethoden ausgeschaltet.

Umstellung auf das DIN-Passungssystem.

Die Einführung der DINormen im allgemeinen und der Passungsnormen im besonderen stellt sowohl das Büro wie auch die Werkstatt vor neue Aufgaben. Um diese zu lösen, muß zum Teil mit alten Gewohnheiten gebrochen werden. Das Büro hat bei Aufstellung der Zeichnungen schon Rücksicht auf die Eintragung der Passungsbezeichnungen oder der Toleranzen zu nehmen. Auch darf die Eintragung der Bearbeitungszeichen nicht versäumt werden. In fortschrittlich geleiteten Betrieben werden die Zeichnungen vor Herausgabe an die Werkstatt im Normenbüro auf Innehaltung obiger Punkte geprüft. Andererseits hat das Normenbüro in enger Fühlung mit der Werkstatt zu arbeiten, und überzeugt sich durch Stichproben, ob die in den Zeichnungen vorgeschriebenen Toleranzen in der Werkstatt auch eingehalten werden. Wo durch die vorgeschriebenen Passungen nicht die erforderlichen Sitze oder Spiele erreicht werden, muß das Normenbüro vermittelnd eingreifen und das Konstruktionsbüro veranlassen, die Angaben in den Zeichnungen zu berichtigen.

Seitens der Werkstatt sind Vorkehrungen zu treffen, daß die richtigen Reibahlen und Lehren Verwendung finden. Werkzeuge, die für die bisherige Arbeitsweise verwendet wurden, müssen sobald als möglich dem Betrieb entzogen werden, damit durch Verwechselung mit denen für DI-Passungen keine Werkstücke Ausschuß werden.

Zweck dieser Ausführungen ist, darauf hinzuweisen, daß die Grenze für die Arbeitsgenauigkeit eines jeden Teiles so abgestimmt werden muß, daß das Erzeugnis den Anforderungen des praktischen Betriebs entspricht, das heißt, es muß ein einwandfreies Zusammenwirken aller Teile bei Berücksichtigung wirtschaftlichster Herstellungsweise erzielt werden. Da z. B. die Anforderungen, die an eine Drehbank gestellt werden, ganz anderer Natur sind als die an eine Lokomotive gestellten, wäre es grundfalsch, die Arbeitsgenauigkeiten nach gleichen Gesichtspunkten zu bestimmen.

Soweit für die Austauschbarkeit die DIN-Passungen in Betracht kommen, hat die Lokomotivindustrie als die erste Industriegruppe Deutschlands einen schönen Erfolg zu verzeichnen. 20 Lokomotiv-

fabriken haben die Steuerungs-, Triebwerks-, Gehänge- und Bremsteile
für 700 Heißdampf-Güterzuglokomotiven nach den DIN-Passungen
ausgeführt und vor kurzem wurde eine Lokomotive zusammengestellt
für welche die einzelnen Bauteile nach Wahl der Abnahmekommission
von allen an dem Auftrage beteiligten Fabriken geliefert wurden.
Hierzu gehört außer den deutschen Firmen auch die schwedische Loko-
motivfabrik Nyduist Holm. Die Probefahrt dieser Lokomotive ist
zur vollen Zufriedenheit der Abnahmekommission verlaufen. Diese
schreibt u. a.: „Die Prüfung der Austauschbarkeit der Einzelteile ist im
allgemeinen sehr befriedigend verlaufen. Wir haben die Steuerungsbolzen und Buchsen ohne Nacharbeit verwendet.“

Dieser Erfolg bildet ein unantastbares Zeugnis für die zielbewußte
und gründliche Arbeit im Normenausschuß der deutschen Industrie
und der deutschen Lokomotivfabriken.

12. Zusammenfassung der Hauptgesichtspunkte für den Austauschbau.

Von Dr.-Ing. Otto Kienzle, Berlin-Südende.

I. Grundbegriffe und Leitsätze.

In den voraufgegangenen Vorträgen, die sich an meine einleitenden Ausführungen angeschlossen haben, ist vor uns ein Bild von seltener Reichhaltigkeit praktischer Erfahrungen in der jungen Wissenschaft des Austauschbaues entrollt worden, ein Bild von solcher Reichhaltigkeit, daß es angebracht erscheint, in einer Zusammenfassung das Wesentliche herauszuschälen und darnach für diejenigen, die vor der Aufgabe stehen, den Austauschbau einzuführen, Richtlinien und Ratschläge zu geben. Im Sinne der hier geleisteten Gemeinschaftsarbeit werde ich dabei vielfach auf Ausführungen und Abbildungen der früheren Kapitel hinweisen.

Der Begriff „Austauschbau".

Zunächst soll über den Begriff Austauschbau, der in recht verschiedener Weise ausgelegt worden ist, nochmals Klarheit geschaffen werden. Es besteht nämlich zum Teil die Ansicht, daß Austauschbau den Zustand bedeute, der heute herrscht und darin besteht, daß nach den heute üblichen Grenzlehren wohl ein Teil der darnach hergestellten Stücke wahllos austauschbar ist, aber doch ein — nach Grenzlehren richtiger — Rest bleibt, bei dem Nacharbeit erforderlich ist. Dieser Auffassung steht aber folgender Gedankengang entgegen.

Das Ziel des Austauschbaues ist die Austauschbarkeit aller Teile oder einzelner Teilgruppen. Redet man von Austauschbarkeit, so ist damit der Zustand der Werkstücke gemeint, der gestattet, aus einer Menge beliebiger Teile ein Stück herauszugreifen und auf irgendein Teil der Menge der Gegenstücke zu stecken, derart, daß es in befriedigender und vorschriftsmäßiger Weise paßt. Wenn wir die Austauschbarkeit so definieren, müssen wir allerdings ehrlicherweise gestehen, daß die Austauschbarkeit nicht in allen Fällen erreicht werden kann Am Wort selbst ist aber nicht zu deuten. Austauschbarkeit bedeutet eben freies Auswechseln beliebiger Teile.

Die Gründe, warum man vollkommene Austauschbarkeit nicht immer erzielen kann, sind verschiedener Natur. Zum Teile wäre es nicht wirtschaftlich, so genau zu arbeiten, zum Teil besteht aber einfach nicht die technische Möglichkeit, dieses Ziel zu erreichen. Obwohl von manchen Seiten die Möglichkeit vollkommener Austauschbarkeit bezweifelt wurde, ist doch bekannt, daß wir eine Menge Teile haben, bei denen vollkommene Austauschbarkeit nicht nur Bedingung ist, sondern auch erreicht wird, und zwar überall da, wo der Austausch außerhalb der Werkstätte geschieht und man nicht in der Lage ist, irgendwelche Hilfsmittel zu benutzen. Z. B. Zündkerzen, Kassetten für photographische Apparate, Patronen im Gewehr, Glühlampen usw.

Wenn man im Maschinenbau jemanden fragt: »Haben Sie Austauschbau in der Fabrik?«, so würde die richtige Antwort etwa lauten: »Wir führen bei den und den Teilen vollen Austauschbau durch, bei anderen Teilen haben wir 80%, bei anderen 50% usw. Austauschbarkeit. Fragen wir uns nun, warum wir nicht überall eine vollkommene, 100%ige Austauschbarkeit haben, so ist die Antwort an und für sich sehr einfach. Nämlich deshalb, weil die Maße nicht genau genug eingehalten sind oder eingehalten werden können Wie genau bei der vollkommenen Austauschbarkeit die Maße eingehalten werden müssen, das bestimmt einzig und allein der Verwendungszweck und die Funktion des einzelnen Teiles an der arbeitenden Maschine. Wenn es z. B. nicht zulässig ist, daß das Spiel eines Kolbens in einer Ölpumpe zwischen 0,05 und 0,4 mm schwankt, so muß man diese Schwankung reduzieren, beispielsweise auf 0,05 bis 0,2 mm. Ist es dann noch wirtschaftlich beide Teile so genau herzustellen, daß diese Spielschwankung herauskommt, so wird man an dieser Stelle Austauschbarkeit erzielen können.

Behelfe bei nicht vollkommener Austauschbarkeit.

Ist es nicht mehr wirtschaftlich, so wird man auf vollkommene Austauschbarkeit verzichten. Man kann dann die Toleranzen beider Stücke so wählen, daß ein Teil der Stücke ohne weiteres zusammenpaßt und bei dem übrigen Teil eine geringe Nacharbeit genügt. Als Beispiel nenne ich den Schiebesitz, bei dem sich vielleicht 70% der Teile ohne weiteres zusammenstecken lassen und 30% einer ganz geringfügigen Nachbearbeitung bedürfen. In solchen Fällen empfiehlt es sich aber, Richtlinien zu schaffen und entweder immer nur die Welle oder immer nur die Bohrung nachzuarbeiten. Das ist deshalb notwendig, weil nur auf diese Weise bei der Nachlieferung von Ersatzteilen Einheitlichkeit erzielt werden kann.

Eine andere Möglichkeit ist die, daß man bei einer größeren Stückzahl nicht passende Stücke zurücklegt und sieht, ob sie nicht bei einem späteren Teil ohne weiteres benutzt werden können. Als Beispiel haben wir das Kugellager kennen gelernt. Es ist nicht möglich, die Kugeln so genau herzustellen, daß sie in beliebige Lager hineinpassen. Das Mädchen, das die Kugellager zusammenstellt, bekommt einen Satz Kugeln. Ist dieser zu stark, so legt sie ihn beiseite und nimmt einen dünneren Satz.

Eine dritte Möglichkeit ist die, nach einem planmäßigen Sortierverfahren zu arbeiten, d. h. man nimmt die Toleranz von vornherein verhältnismäßig groß und sortiert nun, bevor man überhaupt an das

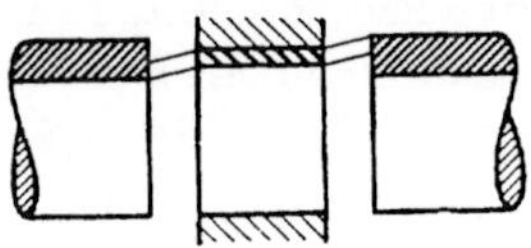

Abb. 293.   Ungleich große Toleranzgebiete zum Austauschbau ungeeignet. (TWL 455.)

Zusammenpassen geht, sowohl die Wellenteile wie die Bohrungsteile nach der dickeren und dünneren Ausführung bzw. nach der weiteren und engeren. Man darf dabei aber die Toleranzgebiete der beiden Teile nicht ungleich groß machen, da es bei ungleich großen Toleranzen von Welle und Bohrung aussichtslos ist, Teile planmäßig auszusuchen. Dies zeigt Abb. 293; die Bohrungen haben hier eine wesentlich kleinere Toleranz als die Wellen. Soll ein Laufsitz erzielt werden, so können zu diesen Bohrungen nun Wellen ausgesucht werden, die immer etwas dünner sind. Die dickeren Wellen würden bei diesem Verfahren übrig bleiben.

Beim planmäßigen Aussuchen ist unbedingt darauf zu sehen, daß die beiden Toleranzgebiete gleich sind und sich in der gleichen Art aufspalten lassen, derart, daß man die weiteren Bohrungen mit den

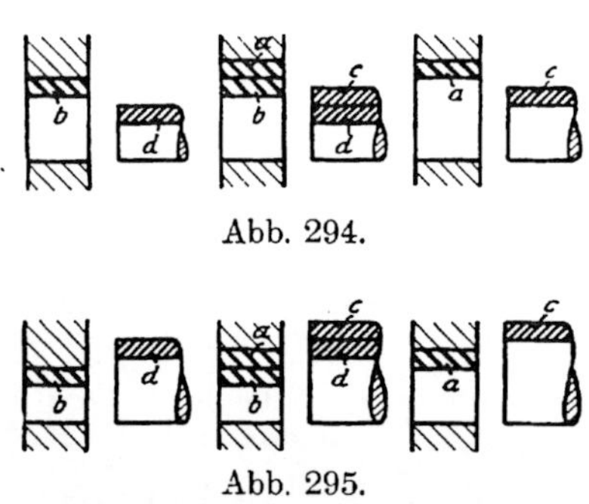

Abb. 294.

Abb. 295.

Abb. 294 und 295.   Toleranzgebiete zum Aussuchen bei Lauf- und Preßsitz. (TWL 452.)

stärkeren Wellen und ebenso die engeren Bohrungen mit den dünneren Wellen zusammenstecken kann. Abb. 294 zeigt ein Beispiel für den Laufsitz, Abb. 295 für den Preßsitz. Vor dem Sortieren gab es Wellen in Abb. 294, die größer waren als die engsten Bohrungen. Die Wirkung des Verfahrens ist, daß man bei doppelter Stücktoleranz noch Sitze bekommt, die nur die einfache Passungstoleranz aufweisen.

Das Sortieren in der Art der Abb. 294 und 295 kommt praktisch z. B. bei Kugellagern vor, wo man unter Umständen gut fährt, wenn man sie sofort nach dem Einliefern in 2 Sorten teilt, in dickere und dünnere.

Ich möchte ausdrücklich wiederholen, daß das Nacharbeiten, Aussuchen oder das planmäßige Sortieren erst dann in Frage kommt, wenn der Verwendungszweck eine so hohe Genauigkeit verlangt, daß deren Einhaltung nicht mehr wirtschaftlich wäre. Das Nacharbeiten,

Aussuchen und planmäßige Sortieren muß also billiger kommen als das Einhalten dieser hohen Genauigkeit.

Behandlung der Ausschußstücke.

Das Aussuchen kommt unter Umständen auch in Betracht, wenn ein Stück mißraten ist. In Abb. 296 ist rechts eine Ausschußbohrung dargestellt. Es gelingt in diesem Falle ohne weiteres, eine Welle zu finden, die den gewünschten Sitz liefert, d. h. ein Spiel s ergibt, das gemäß dem linken Teil der Abbildung einem zulässigen Spiel gleichkommt, obwohl die Bohrung selbst nach der Lehre Ausschuß war. Vorbedingung dafür ist, daß die Bohrung nun nicht mehr als etwa $^2/_3$ der Wellentoleranz über ihrem eigentlich zulässigen Größtmaß liegt, da man dann mit einer im oberen Drittel ihres Toleranzgebietes liegenden Welle wenigstens das der Passung zukommende Größtspiel erzielen kann. Solche Fälle dürfen natürlich

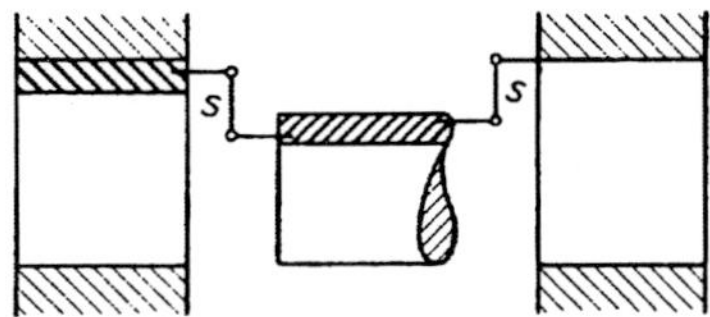

Abb. 296. Aussuchen einer Welle zu einer Ausschußbohrung. (TWL 454.)

nicht zur Regel werden, auch sollten sie nur im Einzelbau oder im kleinen Reihenbau vorkommen, während man bei Massenfabrikation aus Gründen der Ordnung und Erziehung Ausschußteile rücksichtslos zerstören muß. Diese einmaligen Kosten des Ausfalls einiger Stücke machen sich im Laufe der Zeit ebenso bezahlt, wie irgendeine andere richtige organisatorische Maßnahme, die zunächst nur Kosten verschlingt.

Man wende gegen diese Stellungnahme zum „Ausschuß" nicht ein, daß häufig Teile zwar nach der Grenzlehre Ausschuß sind, in Wirklichkeit aber noch gebraucht werden können. Wenn dem so ist, dann sind die Toleranzen zu klein gewählt worden, beiläufig ein wichtiger Hinweis darauf, hierbei recht vorsichtig vorzugehen. Am heikelsten ist die Frage natürlich bei wertvollen Stücken, die wegen einer einzigen Ausschuß gewordenen Bohrung nicht weggeworfen werden können, auch wenn sich nicht nach Abb. 296 eine passende Welle dazu aussuchen läßt. Solche Fälle, wo ein passendes Gegenstück besonders angefertigt werden muß, sind der Betriebsleitung zur Genehmigung vorzulegen. Handelt es sich um Teile, die später vielleicht ersetzt werden müssen, so stellt man das betreffende Maß genau fest und trägt es in ein Maschinenbuch ein. Oder aber legt man für solche Fälle ein ganz bestimmtes Ausschußmaß fest, auf das eine Ausschußbohrung nachgearbeitet werden muß. Dieses Verfahren wählt man bei Automobilmotoren, indem man z. B. für 75 mm-Zylinder als Ausschußmaße 75,5 und 76 mm festlegt, für die eine gewisse Anzahl von Kolben und Kolbenringen vorrätig gehalten werden. Für solche Motoren legt man besondere Nummern-serien fest, so daß bei Anforderung von Ersatzteilen aus der Motoren-nummer ohne weiteres hervorgeht, daß es sich hier um einen Motor mit einem weiteren Zylinder handelt.

Grenzen des Austauschbaues.

Bei diesem Anlaß soll noch ein Wort über die Güte eingefügt werden, die an und für sich mit der Toleranzarbeit zu erzielen ist. Die höchste Güte ist damit zweifellos nicht zu erzielen. Man denke an astronomische Instrumente. Hier können die Teile nicht nach Toleranzen hergestellt werden, die bald ein engeres, bald ein weiteres Spiel ergeben würden. Beim Austauschbau nach Toleranzen gehen wir nach dem Grundsatz vor, daß die Teile so gut sind, daß sie ihre Funktion noch erfüllen. Wir werden die Toleranzen erst wieder verlassen, wenn noch höhere Genauigkeitsansprüche gestellt werden. So stellt man heute noch die Schrumpfsitze nicht nach Toleranzen her, sondern man nimmt von der Bohrung das Stichmaß ab und schleift so genau als möglich auf das-selbe Maß zuzüglich dem gewünschten Schrumpfmaß. Vergleicht man verschiedene so hergestellte Schrumpfpassungen, so müssen sie sehr gleichmäßig ausfallen, denn eine eigentlich zugestandene Toleranz ist nicht vorhanden; die dennoch mögliche Toleranz, d. h. Ungleichmäßig-keit dieser Passung kann nur so groß sein, als beim Abnehmen des Stichmaßes von der Bohrung und beim Schleifen der Welle ungewollte Abweichungen von den genauen Maßen vorkommen. Die Passungs-toleranz[1]) einer durch Paßarbeit erzielten Passung ist also im allgemeinen kleiner, d. h. ihre Gleichmäßigkeit und Güte ist größer als bei einer nach Toleranzen hergestellten Passung.

Wenn man an den Grenzen des Austauschbaues angelangt ist, so gibt es außer den erwähnten passungstechnischen Behelfen noch das andere allen Konstrukteuren geläufige Mittel, in der Konstruktion ein nach-stellbares Glied vorzusehen, wie dies z. B. bei Lokomotivtreibstangen gemäß Abb. 21, S. 9 der Fall ist.

Verschiedene Stufen der Genauigkeit der Maße eines Teiles.

Wir haben gehört, daß nicht genügend genaue Einhalten der Maße sei der Feind der Austauschbarkeit. Sehen wir uns nun die Maße irgend eines Teiles an, so können wir, wie an dem Beispiel einer Flansch-buchse in Abb. 297 gezeigt wird, dreierlei unterscheiden:

Ein Teil der Maße kann genau genug eingehalten werden, sofern man genaue Vorrichtungen verwendet; es sind dies die Maße „25" im linken Bild und „0" und „48" im rechten Bild. Die zweite Art von Maßen ist diejenige, bei denen eine Toleranz unbedingt vorgeschrieben

---

[1]) Siehe S. 17.

werden muß, weil sonst ein Passen nicht erzielt werden kann, es sind dies die tolerierten Maße $32_{-0,1}$, 22 ◯W und 15 ◯sL. Der dritte Teil der Maße, der Rest, sind diejenigen, die ohne weiteres so genau werden, als es nötig ist. Diese Maße haben natürlich auch eine gewisse Genauigkeit, nämlich die „natürliche Herstellungsgenauigkeit". Diese ist selbstverständlich ganz individuell. Sie hängt von der Übung der Arbeiter, vom Maschinenpark und sonstigen Einrichtungen ab und es kann sehr wohl sein,

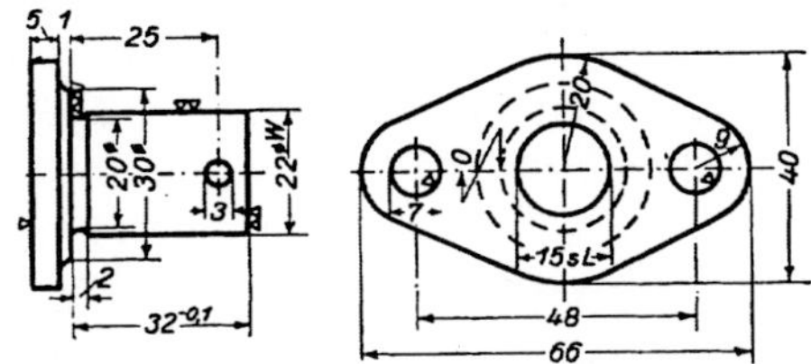

Abb. 297. Verschiedene Arten von Maßen in bezug auf Tolerierung. (TWL 453.)

daß in einer Werkstätte die natürliche Genauigkeit höher ist als in einer anderen die Genauigkeit eines tolerierten Maßes. Eine scharfe Trennungslinie zwischen beiden läßt sich daher allgemein nicht ziehen. Immerhin sollte man sich sagen, daß die Toleranzen erst dann eingesetzt werden, wenn die natürliche Herstellungsgenauigkeit nicht mehr genügt.

Anwendungsgebiet der Toleranzen.

Das Gebiet der Toleranzen und der Austauschbarkeit wird gewöhnlich zusammengeworfen. Gewiß sind die Toleranzen eine der Vorbedingungen für die Austauschbarkeit, aber ihre Anwendung geht noch wesentlich weiter. Im Rahmen der Austauschbarkeit sei nochmals auf die vielen Fälle hingewiesen, wo es sich nicht um runde Passungen, sondern um flache, kegelige und andere Passungen handelt, wie dies nicht nur die Abb. 6—20 auf S. 6 f. meiner Einleitung, sondern auch die Abb. 212 und 215 des Beitrags Leifer (S. 210 f.), Abb. 257, 260, 262 des Beitrags Frenz (S. 250 f.) und Abb. 276, 281, 284, 289, 290 und 291 des Beitrags Damm (S. 273 f.) dartun.

Diese außerhalb der Rundpassungen liegenden Maße werden allzuoft vernachlässigt, und zwar sehr zu Unrecht. Wenn man entschlossen ist, den Austauschbau in einem Werk durchzuführen, dann muß man ihn auch ganz durchführen. Denn es hängen damit eine Reihe organisatorischer Maßnahmen zusammen, ich erinnere nur an Herstellung von Vorratsteilen, die auf Lager gelegt werden, Bedienen der Zusammenbauabteilung vom Zwischenlager aus, planmäßiges Durchlaufen einer oder mehrerer Revisionsstellen. Diese Maßnahmen und die dafür aufgewandten Kosten wären zum Teil vergeudet, wenn man sich auf die Rundpassungen beschränken würde. Ein Teil, bei dem nur ein Zapfen- oder ein Lochdurchmesser austauschbar ist, bei dem aber Längenmaße, Schlitzbreiten oder dgl. nicht austauschbar sind, ist auch in seiner Gesamtheit nicht austauschbar.

Darauf, wo Toleranzen außer zum Zwecke der Austauschbarkeit angewandt werden, soll im folgenden kurz hingewiesen werden.

Abb. 22 und 23, S. 11 f. haben gezeigt, daß Toleranzen auch an anderen als Paß-Stellen dazu dienen, um ein gleichmäßiges Passen in der Bearbeitungsvorrichtung zu gewährleisten. Von der Genauigkeit solchen Passens in die Vorrichtung hängt häufig das genaue Ergebnis der nachfolgenden Arbeitsgänge ab.

Daß dies nicht nur für die spanabhebende Bearbeitung, sondern auch für Pressen und Biegen gilt, ist in Abb. 298 an einem einfachen Beispiel aus der Drahtbearbeitung gezeigt. Bei dieser werden die Drahtabschnitte, auch wenn sie später eine symmetrische Form erhalten, fast stets gegen einen einseitigen Anschlag geschoben. So liegt in Abb. 298 das Drahtstück a am Anschlag b an; es wird durch Drehen der Scheibe e mit dem Nocken d um den mittleren Bolzen in die Lage x gebogen. Wenn der Abschnitt, wie gezeigt, eine Längentoleranz hat. so drückt sich dies darin aus, daß die beiden Schenkel verschieden lang werden. Die Symmetrie und damit die Genauigkeit eines solchen Drahtteils hängt also in hohem Maße von der Längentoleranz des geraden Abschnittes ab.

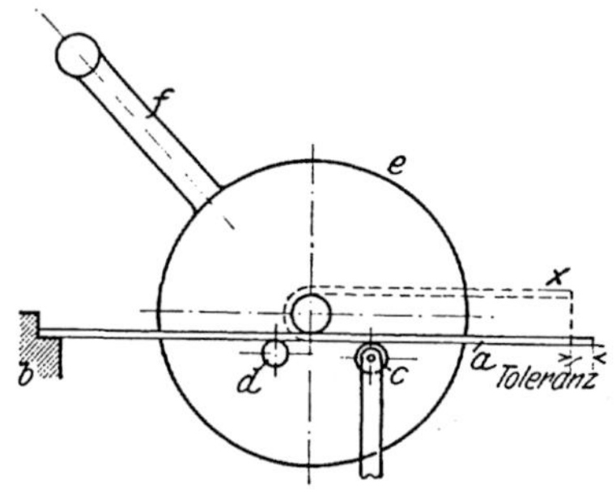

Abb. 298.   Toleranz in der Drahtverarbeitung.

Eine wichtige Aufgabe erfüllen die Toleranzen auch da, wo Nacharbeit und Paßarbeit zu leisten ist. Wenn nämlich die vorgearbeiteten Teile infolge von Toleranzvorschriften gleichmäßig ausfallen, so kann man sich mit einem Minimum an Materialzugabe begnügen und damit die Nacharbeit beschränken. Ein treffliches Beispiel hierfür findet sich im Beitrag Damm, wo ausgeführt ist, daß im Lokomotivbau die Gleitplatten mit toleriertem Übermaß zum Zwecke späteren Einpassens vorrätig gehalten werden[1]).

Ähnliches gilt für die Schleifzugaben für nachher zu schleifende Wellen. Auch der Materialersparnis können die Toleranzen dienen, wenn es sich z. B. darum handelt, Teile von der Stange abzustechen. In der Praxis wird oft eine unnötig große Zugabe genommen. Wenn toleriert würde, könnten ein paar Millimeter Material erspart werden, was bei großen Mengen sehr viel ausmacht. Schließlich sind die Toleranzen das einzige Mittel, um Streitigkeiten bezüglich der Maßgenauigkeit aus dem Wege zu gehen. Denn sie geben demjenigen, der die Teile herstellt, und der sie abzunehmen hat, ganz klare Richtlinien an die

---

[1]) Siehe S. 281.

Hand. Das gleiche gilt auch in der Werkstatt, wo der Revisionsbeamte die Teile prüft und auch bei Bestellungen in fremden Fabriken.

Ein Beispiel aus der Praxis möge das näher erläutern. Man hat geglaubt, nachdem die DI-Norm über die Kegelstifte festlag, diese ohne weiteres gemäß Abb. 299 bestellen zu können. Es hat sich aber gezeigt, daß die Stifte nicht nur in der Länge und im Durchmesser, sondern auch in der Steigung außerordentlich verschieden waren. Will man dem aus dem Wege gehen und den Lieferanten zwingen, richtig zu liefern, so müssen eben gemäß Abb. 300 für Stärke, Länge und Steigung Toleranzen vorgeschrieben werden. Übertrieben aber wäre es, wenn man auch noch die Höhe der Kuppe tolerieren würde, wie das in Abb. 301 der Fall ist. Das würde nur zu unnötigen Schwierigkeiten und Beanstandungen führen.

Wenn wir nochmals Abb. 297 S. 293 betrachten, und uns vorstellen, daß die Masse 25 (links), 0 und 48 (rechts) auch toleriert werden, so ersehen wir aus der so tolerierten Zeichnung sofort, welche Maße eine besonders genaue

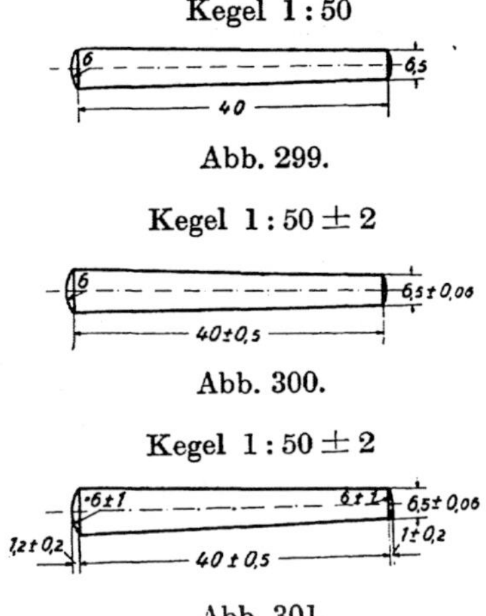

Kegel 1 : 50

Abb. 299.

Kegel 1 : 50 ± 2

Abb. 300.

Kegel 1 : 50 ± 2

Abb. 301.

Abb. 299—301. Verschiedene Grade der Tolerierung von Kegelschnitten. (TWL 450.)

Bearbeitung erfordern. Dies ist einmal ein Hinweis auf die notwendigen Lehren und wenn es sich um eine Reihenfertigung handelt, auch auf die notwendigen Anschläge und Vorrichtungen. Selbstverständlich ist nicht für jedes tolerierte Maß eine Lehre notwendig. Wo Schraublehren, Meßuhren, Tiefenlehren usw. zur Verfügung stehen, können sie oft die Rolle fester Lehren ohne weiteres übernehmen. Man soll es aber niemals dem Lehren- oder Vorrichtungsbau überlassen, die Genauigkeit in die Vorrichtungen dort hineinzulegen, wo es nach seinem Gutdünken richtig ist, sondern durch Toleranzen die Stufen der verschiedenen Genauigkeit der einzelnen Maße genau kennzeichnen.

Längentoleranzen.

Von Längentoleranzen war in den voraufgegangenen Kapiteln wiederholt die Rede und es ist auch sonst vom Normenausschuß oft gefordert worden, Normen hierfür festzulegen. War dies schon für die Rundpassungen schwierig, so ist es hierfür aber unmöglich. Die Zwecke sind zu verschieden. Man kann sich höchstens auf einige Richtlinien einigen, von denen ich einige vorschlagen möchte. Ich nehme unter die Längstoleranzen alles, was keine Rundpassungen sind. Ich möchte da als ersten Grundsatz voranstellen, die Toleranzen nicht zu klein zu wählen. Hat man eine Flachpassung vor sich, so wird man versuchen, eine normale Grenzlehre zu benutzen. Ein weiterer Grundsatz wäre, womöglich ein Nennmaß gleich dem Grenzmaß zu wählen. Das hat den Vorteil, daß ein Grenzmaß unmittelbar mit einem normalen Meßblock hergestellt (s. Abb. 170—172, S. 149 f, Beitrag Huhn) und geprüft werden kann. Eine weitere Regel, die unbedingt einzuhalten ist, wäre,

1. Toleranzen nicht zu klein!

2. Bei Flachpassungen womöglich normale Grenzlehren verwenden!

3. Womöglich ein Grenzmaß = Nennmaß!

4. Überzählige Maße nicht tolerieren!

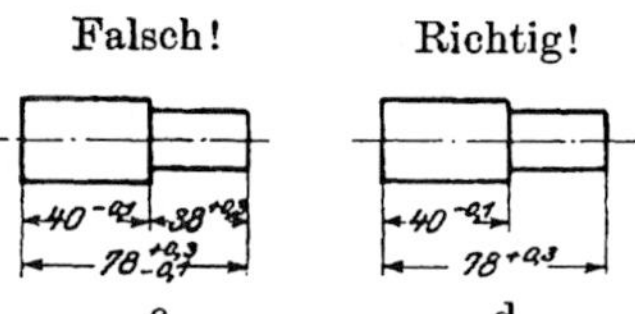

5. Nicht Kettenmaße tolerieren, sondern Einzelmaße von einer Stelle aus!

6. Bei mehr als 2 zusammenzubauenden Teilen äußerste Grenzmaße prüfen!

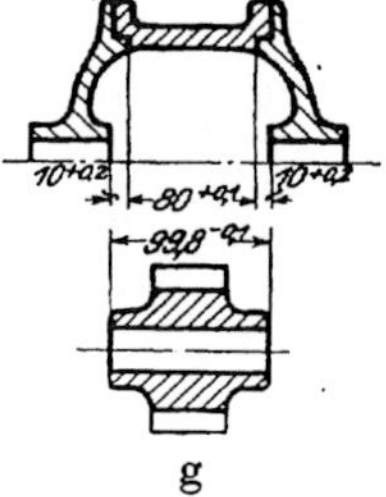

Abb. 302 a—g. Richtlinien für Längentoleranzen. (TWL 461.)

daß die überzähligen Maße nicht toleriert werden dürfen. Überzählige Maße sind solche, welche zur Bestimmung der Abmessungen wegfallen können. Solche Maße können eingeschrieben, dürfen aber nicht toleriert werden. Eine weitere Vorschrift wäre, nicht Kettenmaße zu tolerieren, sondern einzelne Maße von einer Stelle aus. Bei mehr als 2 zusammenzubauenden Teilen sollen stets die äußersten Grenzmaße daraufhin geprüft werden, ob bei Zusammentreffen der äußeresten Grenzmaße noch Austauschbarkeit besteht. Die Abb. 302 a—g geben mit dem Begleittext diese Richtlinien kurz wieder.

Richtige Tolerierung der Zeichnungen.

Eine schwere Frage in der Praxis ist nun die: Wer soll die Toleranzen aufstellen und wie stellt man sie auf? Es ist wohl selbstverständlich, daß nur jemand damit betraut werden kann, der den Mechanismus der zu bauenden Maschine versteht, und der beurteilen kann,

ob die Genauigkeit in der Werkstatt eingehalten werden kann. Er
muß auch die nötigen theoretischen Unterlagen kennen. Wo ein besonderes Normenbüro vorhanden ist, ist es zweckmäßig, die Zeich-
gungen durch dieses Büro gehen zu lassen und dort einen Mann mit
der Eintragung der Toleranzen zu beauftragen, oder diese zum mindesten prüfen zu lassen. Notwendig ist natürlich, daß schon auf den
Schulen in dieser Hinsicht vorgearbeitet wird, wie dies vom Deutschen
Ausschuß für technisches Schulwesen bereits angestrebt wird.

II. Richtlinien für die Einführung des Austauschbaues in Maschinenfabriken.

Wenn es sich darum handelt, den Austauschbau in einer Fabrik
einzuführen, die bisher noch nicht nach Austauschbau fabriziert hat,
sind eine Reihe von Untersuchungen anzustellen, bevor man in Büro
und Werkstatt die zur Einführung und Durchführung des Austauschbaues nötigen Maßnahmen trifft. Ich kann selbstverständlich nicht
alle Möglichkeiten erfassen, da die Verhältnisse in der Praxis zu verschieden sind. Die zu treffenden Maßnahmen hängen zunächst vom
Erzeugnis, von seiner Bauart und seiner Genauigkeit ab; es ist ein
großer Unterschied, ob man Telephonapparate oder Lokomotiven baut.
Eine sehr wichtige Rolle spielt auch die Frage, ob und wieviel man
Ersatzteile nachzuliefern hat. Es gibt ausgezeichnete Fabrikationen,
bei denen die Herstellung von Ersatzteilen nicht weniger als 10% ausmacht. Wenn schon für einen solchen Prozentsatz Austauschbarkeit
erzielt werden muß, so dürfte das als Zwang für die ganze Fabrikation
anzusprechen sein.

In zweiter Linie hängen die Maßnahmen ab von der Menge, in der
ein Erzeugnis hergestellt wird. Wir haben im Großmaschinenbau den
Einzelbau, im Automobilbau den Serienbau kennen gelernt und im
Kleinmaschinen- und Apparatebau die Massenfabrikation. Nicht zum
wenigsten hängen die Maßnahmen auch ab von den vorhandenen Vorrichtungen, Einrichtungen und Arbeitsmaschinen und davon, ob überhaupt die Maschinen da sind, die die nötige Genauigkeit einzuhalten
gestatten. Ein sehr wichtiger Punkt, der leider häufig vergessen wird,
ist aber die Berücksichtigung der Fähigkeiten der Menschen, mit denen
man es im Büro und in der Werkstatt zu tun hat.

Jedenfalls ist es nicht damit getan, daß man die Normblätter kauft,
die Lehren bestellt und sie in die Werkstatt gibt.

Wahl des Passungssystems, des Gütegrads und der Sitze.

Vom Normenausschuß bekommt man die Blätter in der allgemein
bekannten Form, in der für die Systeme Einheitsbohrung und Einheitswelle die Abmaße der Wellen und Bohrungen für die verschiedenen

Sitze und Gütegrade aufgeführt sind. Es ist natürlich außerordentlich schwer, sich darin zurecht zu finden, und wenn man nur diese Zahlentafeln zur Hand hätte, so wäre dieses Beginnen für die meisten ziemlich aussichtslos.

Wie die Musik nun ihre Notenschrift hat, so hat man sich daher auf dem Gebiete der Passungen auch eine besondere Schrift geschaffen, deren Ableitung in Abb. 4, S. 4, gezeigt wurde und die in allen Kapiteln wiederholt Anwendung fand.

Nur mit diesen Diagrammen (s. Abb. 34 und 35, S. 24f.) ist es möglich, sich rasch ein Bild darüber zu machen, was wir alles für Passungen zur Verfügung haben.

Man kann die Aufgabe der Entscheidung nun von verschiedenen Seiten anfassen. Im allgemeinen wird man sich zunächst zu entscheiden haben, ob man Einheitsbohrung oder Einheitswelle wählen will. Wenn man diese Frage gründlich lösen will, so darf man die Zeichnungen nun nicht nehmen wie sie sind, sondern muß sie vollständig nach Einheitsbohrung und Einheitswelle durchdenken, und zwar jeweils mit allen Vorteilen dieser beiden Systeme. Man wird sich dann für das System entscheiden, das die meisten Vorteile bietet. Es ist dies nicht so schwer, wie man vielleicht glaubt. Man nimmt sich von den verschiedenen Gruppen je 2 Blaupausen und fügt mit rotem oder gelbem Stift die Änderungen ein, die das eine oder andere System bedingen würde. Man wird dann versuchen, alle Sitze in einer Liste zusammenzustellen. Um sich über die Sitze selbst zu entscheiden, muß man wissen, welchen Gütegrad man wählen soll. Wenn man den Gütegrad nicht durch eigene Erfahrungen beurteilen kann, dann ist es nötig, an guten brauchbaren Maschinen Messungen zu machen und durch die Verschiedenheit der Meßergebnisse festzustellen, welche Spiel- oder Übermaßschwankungen in den einzelnen Fällen noch befriedigen. In anderer Weise haben sich die Siemens-Schuckert-Werke geholfen, indem sie sich in einem Kasten eine gewisse Anzahl von Dornen, deren Unterschiede einige hundertstel oder zehntel Millimeter betragen, zusammengelegt haben, die mit einem bestimmten Ring je nach der Kombination jeden beliebigen Sitz ergeben[1]).

Hat man nach den DI-Norm-Abmaßtabellen, auf denen ja auch die bei dem betreffenden Sitz möglichen größten und kleinsten Spiele bzw. Übermaße angegeben sind, einen Sitz nach eigener Schätzung des Spiels ausgewählt, so steckt man aus dem Kasten 3 Dorne, welche das größte, mittlere und kleinste Spiel ergeben, nacheinander in einen Ring und kann dann nach dem Gefühl beurteilen, ob der gewählte Sitz wohl der richtige sei. Voraussetzung dafür ist natürlich, daß der Betreffende auch nach dem Gefühl beurteilen kann, ob an der Maschine oder an

---

[1]) Siehe Abb. 233 S. 221 und Abb. 253 S. 244.

dem Apparate die betreffenden Spiele zulässig sind. Einen weiteren Kasten, der denselben Zweck erfüllt, hat die Firma Schuchardt & Schütte hergestellt. Solche Kästen sind außerordentlich praktisch; Firmen, die sich solche „Passungskästen" herstellen müssen aber beachten, daß diese Probestücke jedoch keineswegs selbst Lehren sein und auch nicht deren Oberflächengüte aufweisen dürfen; sie müssen vielmehr werkstattmäßig hergestellt sein. Denn das Gefühl, das man beim Zusammenfügen polierter Teile hat, ist natürlich ein anderes als wenn man einen normal geschliffenen Dorn in eine normal geriebene oder geschliffene Bohrung einführt. Außerdem wird natürlich die Welle beim Messen mit der Rachenlehre nicht genau das theoretische Maß erhalten, sondern, wenn die Rachenlehre leicht darüber geht, wird sie um einige tausendstel Millimeter dünner sein.

Die dritte und sicherste Art der Bestimmung des richtigen Sitzes besteht darin, daß man sich einige Teile womöglich an der oberen und unteren Grenze fertigt und in einer Maschine ausprobiert, ob sie den Bedürfnissen genügen. Dabei sei noch auf einen Fehler hingewiesen, der häufig gemacht wird: Man wählt oft aus falsch verstandenem Ehrgeiz einen zu feinen Gütegrad, eine zu große Genauigkeit. Dieser Fehler findet seinen Ausdruck in dem wiederholt ausgesprochenen Wort »Genauigkeitsfimmel".

Man soll sich einzig und allein von dem leiten lassen, was unbedingt zur Funktion der Maschine nötig ist, und weiter soll man sich nicht von der Benennung der Gütegrade und Sitze irremachen lassen. Die Schlichtpassung kann bei manchen Erzeugnissen außerordentlich edel und die Feinpassung für manche Fälle zu grob sein. Ein Gleitsitz kann manchmal schon die Bedeutung eines Laufsitzes haben, und ein enger Laufsitz die eines Schiebesitzes. Es ist unbedingt notwendig, daß man sich ganz klar darüber wird, was der einzelne Sitz im einzelnen Falle bedeutet. Es ist etwas ganz anderes, ob man ein langes oder kurzes Lager hat, ob man beim Preßsitz eine lange Nabe aufbringt oder nur eine ganz schmale Scheibe.

Daß der Gütegrad der Passungen auch bei anderen als bei den spanabnehmenden Bearbeitungsverfahren eine Rolle spielt, zeigten die Abb. 213 a und b, S. 211 (Beitrag Leifer), bei denen es sich um gezogene und gepreßte Teile handelt. Hier wird man im allgemeinen aus guten Gründen auf die Feinpassung verzichten.

Übersichten über die nötigen Lehren und Reibahlen.

Hat man sich also über Sitze und Gütegrade einigermaßen unterrichtet, so ist es zweckmäßig, für die wichtigsten Konstruktionen in Übersichten zusammenzustellen, welche Lehren und Werkzeuge bei jedem der beiden Systeme nötig sind, ferner fügt man hinzu, wo bei dem einen oder andern System Wellenabsätze gespart werden können. Dies ist bekanntlich bei beiden Systemen möglich; bei einer Sitzanordnung nach Abb. 151 b, S. 132, gestattet das Einheitsbohrungssystem glattes

Sitze (Nennmaß 4–32)

Nennmaß	L	G	S	H	F
4	24				
5	12	24 8ı			
6	1ı	8ı	2	3	7
7	1ı 3	1	2	4	26
8	1ı 1	15		3	7
9	5	14	6	8	16
10	4		1	18	17
11	24	1		14	25
12	17	1	1		16
13	18		1	1	9
14	3	2		6	2
15	34		1	10	14
16	1ı 9		1	4	1
17					1
18	1ı 7			8	2
19	1				1
20	1ı 8	1	1	13	11
21	3			4	1
22	6	2		7	10
23				1	
24	6			7	9
25	6			2	
26			1	3	6
27	8				
28	7			26	7
30	22		1	1	1
31	1				1
32	15	2		1	1

ı bedeutet Flachpassung

Sitze (Nennmaß 33–110) und **Kugellager**

Nennmaß	L	G	S	H	F	Außen-⌀ (Dorn)	Innen-⌀ (Rachenlehre)
33				6			
34	10	8		6			
35					1	2×35	
36	3		4	4	1		
38	6	8	1		6		
40			4	3			
42	4	8	2				
44			1				
45					8		
46			2				
48	13		1				
50	1ı		1	1	8		
52	1	1	1	6			1×16
55	1	1	14	1	8		1×17
58	6			6			1×18
60	7	5		1			
65		4		6	6		
70	1ı		6				
72		2		7			
75		4					
78					1		
80			2				
82		4				1×26	
85				1			
90		4					
92				1			
100				1	1		
110				1			

Abb. 303.   Sitze mehrerer Automobilmotoren bei Einheitsbohrung.   (TWL 457.)

Drehen und erzielt den Paßabsatz durch Schleifen, während das Einheitswellensystem einen Drehabsatz fordern würde. Das umgekehrte ist zugunsten des Einheitswellensystems bei der Sitzanordnung nach

Abb. 152b, S. 132, der Fall, ferner überall da, wo sich auf langen Wellen die gleichen Elemente mit gleichen Bohrungen wiederholen (Abb. 160, S. 137).

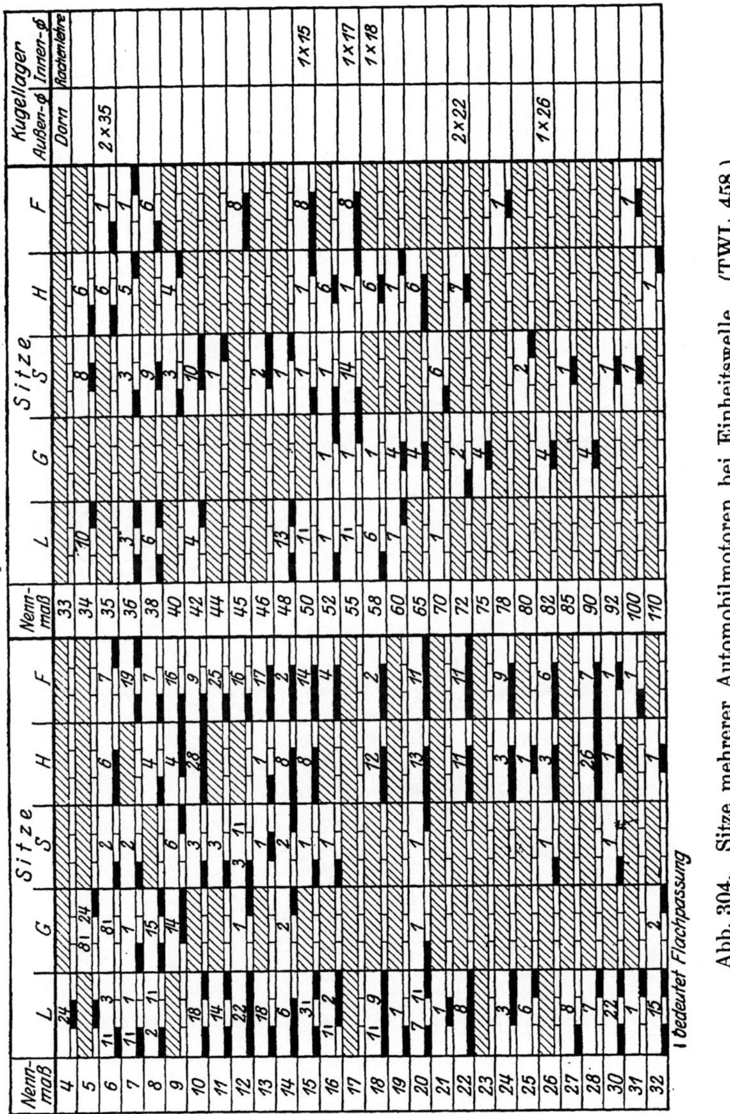

Abb. 304. Sitze mehrerer Automobilmotoren bei Einheitswelle. (TWL 458.)

Solche Übersichten zeigen die Abb. 303 und 304, welche meinem Buch über Passungssysteme[1]) entnommen sind.

[1]) S. Literaturverzeichnis B 9.

Abb. 303 zeigt die Häufigkeit der Sitze bei mehreren Automobilmotoren nach Einheitsbohrung. Dabei ist als letzte Feinheit bei jedem Durchmesser durch die Schwärzung eines oder mehrerer der neben jedem Durchmesser in der zweiten Spalte vorgesehenen Felder angegeben, in welcher Werkstoffart die betreffende Bohrung vorkommt, da man für die verschiedenen Werkstoffarten verschieden gewetzte Reibahlen verwendet. Die Schwärzung des obersten der drei Felder bedeutet: S.M.-Stahl oder Flußeisen, des mittleren: Gußeisen, des untersten: Weich-metall. Abb. 303 ergibt somit eine Gesamtzahl von 115 Reibahlen.

Abb. 304 zeigt die Sitze derselben Maschinen im Einheitswellensystem. Die Kennzeichnung der Werkstattarten ist hier in jeder Sitzspalte in derselben Reihenfolge wie oben vorgenommen. Dies deshalb, weil ja bei Einheitswelle zu jedem Sitz eine andere Bohrung gehört. Die Zahl der Reibahlen beträgt hier 183.

Diese Arbeit erscheint zwar sehr mühsam, aber sie lohnt sich nicht nur deshalb, weil sie einwandfrei darlegt, wo die Vorteile liegen, sondern auch deshalb, weil aus dieser Zusammenstellung unmittelbar abgelesen werden kann, welche Lehren und Werkzeuge wirklich gebraucht werden. Die Aufstellungen zeigen durch ihre schraffierten Felder, daß fast die Hälfte aller Lehren, nämlich 132 von 280 überhaupt nicht gebraucht werden. Was dies bei den heute in die Millionen gehenden Lehrenbeschaffungskosten bedeutet, ist leicht zu ermessen. Es ist also unbedingt zu empfehlen, wenigstens zunächst nur diejenigen Lehren zu beschaffen, die wirklich gebraucht werden.

Ich verweise in dieser Beziehung noch auf die Loewe-Nachrichten, die eine für den gleichen Zweck sehr klare Zusammenstellung gebracht haben[1]).

Zweckmäßigerweise wird alsdann eine Zusammenstellung der vorhandenen Lehren in das Normenbuch aufgenommen, damit man sich bei künftigen Konstruktionen an die vorhandenen Lehren anschließen und die Beschaffung neuer ersparen kann.

Entscheidung über das Passungssystem je nach Art der Fertigung.

Die Entscheidung, ob man das eine oder andere System nehmen soll, hängt nun ganz davon ab, ob man die Werkzeugkosten oder die Ersparnis in der Fabrikation als maßgebend ansieht. Eine allgemeine Regel kann man da auch nicht geben. Denn bei der Einzelfertigung spielen andere Gesichtspunkte mit als bei der Serien- oder Massenfertigung. Immerhin kann man sich etwa nach folgenden Richtlinien richten. Bei einer reinen Massenfabrikation, die sich auf eine geringe

---

[1]) S. Literaturverzeichnis B 25.

Anzahl verschiedener Erzeugnisse beschränkt, werden allein die Bearbeitungskosten maßgebend sein, d. h. man wird beim Vorkommen vieler glatter Wellen die Einheitswelle wählen. Der Werkzeugpark wird bei der Massenfabrikation auf alle Fälle restlos ausgenützt, sofern man die Werkzeuge der Konstruktion entsprechend beschafft. Bei der Reihenfabrikation wird je nach der Art der Konstruktion der Gesichtspunkt der Bearbeitungskosten oder der der Werkzeugbeschaffungskosten entscheidend sein. Hier sind Untersuchungen am allernotwendigsten. Daß man nie ohne Abweichungen auskommt, darf als sicher angenommen werden. Es geht das aus den vielen Aufsätzen von Kühn, Gottwein, Munthe usw. hervor.

Selbstverständlich braucht man nicht einiger glatter Bolzen zuliebe auf die Einheitsbohrung zu verzichten. Man kann auch auf eine Haftsitzwelle eine Laufsitzbohrung aus dem Einheitswellensystem ganz gut zur Erzielung eines Laufsitzes verwenden (s. auch Abb. 153a, S. 133, Beitrag Gottwein).

Bei der Einzelfabrikation ist die Ausnutzung des Werkzeugparkes am schlechtesten. Seine Beschaffungskosten fallen hier am meisten ins Gewicht, und deshalb hat man sich hier fast überall für die Einheitsbohrung entschieden.

Besonders heikel ist die Entscheidung da, wo man verschiedene Erzeugnisse hat. Es hat sich aber allmählich in der Praxis der Gedanke durchgerungen, daß man nicht krampfhaft versuchen soll, unter allen Umständen in einem Betrieb nur ein System zu haben, sondern daß man namentlich bei getrennten Werkstätten jedem Erzeugnis das wirtschaftlichste Passungssystem zuordnet.

Wenn bisher nur von den Systemen Einheitsbohrung und Einheitswelle die Rede war, so soll dies keinen Ausschluß des Verbundsystems von Gottwein[1]) bedeuten. Dieses System hat sich in einer Reihe von Fällen als praktisch erwiesen, besonders da, wo die Laufsitze nach dem Schlichtpassungsgrad — unter Umständen sogar mit gezogenen Wellen — und die Ruhesitze nach dem Feinpassungsgrad hergestellt werden. Von den Ruhesitzen müssen doch meist mehrere benutzt werden, so daß einem daran gelegen sein muß, für diese genauen Bohrungen nur eine Reibahle zu haben, während man für die Laufbohrungen die zwei- bis dreimal so großen Toleranzen des Schlichtpassungsgrades benutzen kann. Die oben beschriebenen Untersuchungen müssen sich unter Umständen also auch auf dieses System erstrecken.

Wenn man sich über das Passungssystem entschieden hat, ist es zweckmäßig, allen beteiligten Stellen in der Fabrik ein Übersichtsdiagramm über das zu geben, was in Zukunft angewendet werden soll.

---

[1]) Siehe 4. Kapitel, S. 133 f.

Solche Diagramme zeigen die Abb. 165 S. 146, Abb. 189 S. 177, Abb. 220 S. 216 und Abb. 252 S. 243. Es wird hoffentlich nicht mehr lange dauern, daß man derartige Übersichtsbilder von den einzelnen Fachverbänden erhalten kann. Ein Unterausschuß des Arbeitsausschusses für Passungen ist bereits an der Arbeit, derartige Übersichtsbilder für die einzelnen Industriezweige als Richtlinien herauszugeben, so daß dem einzelnen die Entscheidung etwas erleichtert wird.

Maßnahmen im Zeichnungswesen.

Ich habe bereits angeführt, daß man die Zeichnungen, wie man sie früher hatte, nicht in allen Punkten ohne weiteres übernehmen kann. Entscheidet man sich für die Einheitswelle, so wird man versuchen, da und dort Wellenabsätze zu sparen. Entscheidet man sich für die Einheitsbohrung, so wird man Schleifabsätze anstatt der gedrehten Wellenabsätze vorsehen usw. Man wird in alle vorhandenen Zeichnungen die Passungen nach den Vorschriften des N.D.J. eintragen. Das muß so deutlich wie möglich geschehen. Man schreibt gewöhnlich die abgekürzten Zeichen dazu und wenn es sich um zusammen gezeichnete Körper handelt, zieht man diese Bezeichnungen womöglich heraus (s. Abb. 279 S. 276). Die Längstoleranzen trägt man natürlich in Zahlen ein.

Bevor man die Zeichnungen in die Werkstatt gibt, wird man sich natürlich mit Hilfe des Fabrikationsbüros darüber klar werden müssen, welche Arbeitsgänge und welche Werkzeuge, Lehren und Vorrichtungen notwendig sind. Es gehört unbedingt zur Vorbereitung einer Austauschfabrikation, daß man nach der tolerierten Zeichnung die Arbeitsgänge so festlegt, wie sie die Toleranzen verlangen. Die Toleranzen wirken weiter auf die Anfertigung der Werkzeuge.

Maßnahmen bezüglich der Arbeitsgänge.

Bei der Aufstellung der Arbeitsgänge muß man sich natürlich im klaren sein, welche Genauigkeiten man den Maschinen zumuten kann. In Abb. 26 und 27, S. 16, ist gezeigt worden, wie man sich selbst die Kenntnisse über diese Genauigkeit verschaffen kann.

Die Tafel auf S. 205 hat dargetan, wie im Werner-Werk der Siemens & Halske A.-G. die Maschinen in Genauigkeitsklassen eingeteilt wurden und wie in einer übersichtlichen Tabelle dargestellt wird, mit welcher Genauigkeit man zu rechnen hat. Diese Tabelle ist ein unbedingtes Erfordernis für die Aufstellung eines richtigen Arbeitsganges.

Selbstverständlich gehört auch eine genaue Kenntnis der Werkzeuge dazu. Es sei nur an die Zusammenstellung S. 95 und S. 205 erinnert, wo verschiedene Sätze von Bohrungswerkzeugen dargestellt sind, um ein austauschbares Loch zu erzielen. Man muß natürlich auch darauf bedacht sein, jederzeit das modernste Werkzeug anzuwenden. So ist vor kurzem

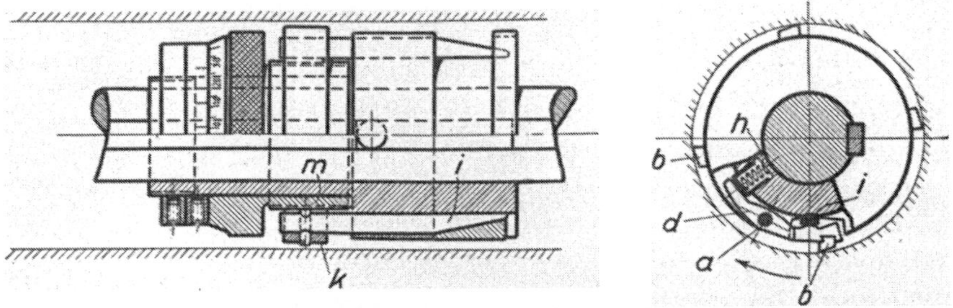

Abb. 304. Schleppmesserreibahle. (TWL 449.)

eine neuartige Reibahle, die Schleppmesserreibahle, auf dem Markt er-schienen, die für die Herstellung austauschbarer Bohrungen erhebliche Vorteile gewähren soll (Abb. 304).

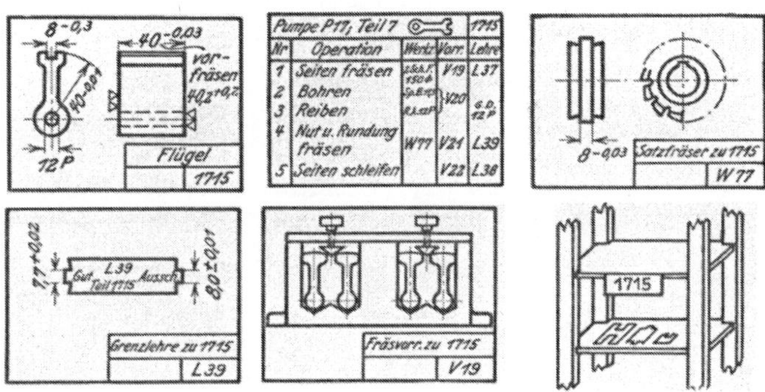

Abb. 305. Vorbereitung einer Austauschfabrikation. (TWL 463.)

Die Aufnahme von Teilen in Vorrichtungen spielt für die Einhaltung von gewissen Maßen natürlich eine große Rolle.

Den Zusammenhang der ver-schiedenen Maßnahmen und den Aufbau einer Austauschfabrika-tion zeigt Abb. 305 in schema-tischer Weise. Nach der tolerier-ten Zeichnung wird die Be-arbeitungsfolge aufgestellt, dar-nach die Zeichnungen für Werk-zeuge, Lehren und Bearbeitungs-vorrichtungen, bis schließlich diese Hilfsmittel übersichtlich im Werkzeuglager liegen (s. auch Abb. 315, S. 311).

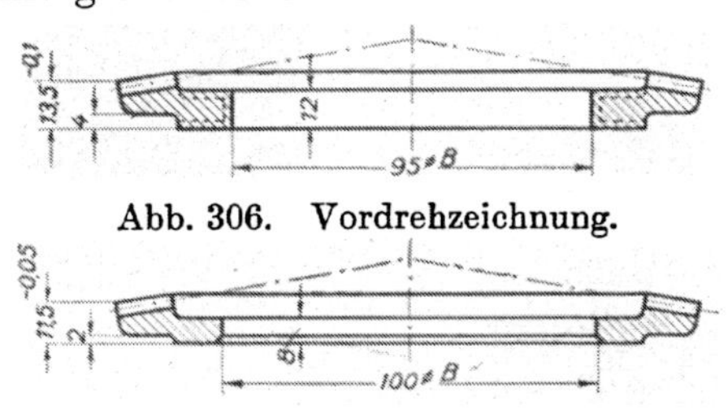

Abb. 306. Vordrehzeichnung.

Abb. 307. Fertigzeichnung.

Abb. 306 und 307. Vordrehzeichnung (Paß-durchmesser zwecks Aufnahme auf Zentrier-dorn) und Fertigzeichnung eines gehärteten Kegelrades. (TWL 456.)

Unter Umständen ist es nicht damit getan, nur Fertigzeichnungen herzustellen, die das Stück angeben, wie es am Ende der Bearbeitung sein soll. Es kann auch notwendig werden, der Werkstatt Vorbearbeitungszeichnungen zu geben; so ist Abb. 306 die tolerierte Vorbearbeitungszeichnung für die Fertigzeichnung Abb. 307.

Maßnahmen bezüglich des Meßwesens.

Ich komme nun zu den Lehren und zum Messen in der Werkstatt. Es scheint mir da vor allem wichtig zu sein, daß man sich in der Werkstatt ein eigenes absolutes Urmaß zulegt. Man soll nicht von verschiedenen Urmaßen ausgehen und, wie man es häufig findet, die Endmaße von verschiedenen Firmen kaufen und die Lehren womöglich wieder von einer anderen Firma. Da kann man nicht erwarten, daß man eine gute Austauschbarkeit erzielt.

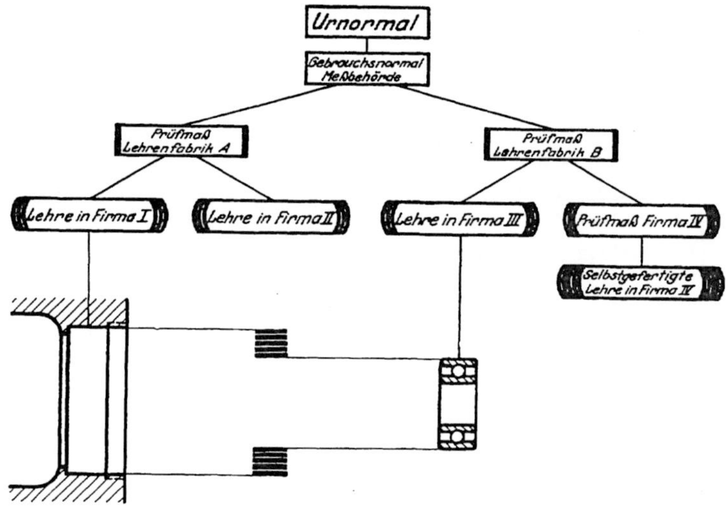

Abb. 308.   Vermehrung von Meßfehlern.   (TWL 460.)

Bei jedem Vergleichen vom erstmaligen Messen der Urmaße der Lehrenfabriken bis zum Messen der Werkstücke mit den Gebrauchslehren tritt ein Meßfehler auf. Abb. 308 zeigt die dadurch entstehende Vermehrung des absoluten Meßfehlers und es kann schließlich soweit kommen, daß, wie dies unten in dieser Abbildung gezeigt ist, eine ganz andere Passung zustande kommt als man nach den Abmaßen erwarten zu dürfen glaubte. Genau dasselbe, wie dies in der Abbildung hinsichtlich verschiedener Firmen I bis IV dargestellt ist, würde eintreten, wenn verschiedene Lehrenfirmen an den Lehrenlieferungen für eine Firma beteiligt werden. Man muß also streng darauf achten, sein Meßwesen auf einem, im eigenen Besitz befindlichen Urmaß aufzubauen.

Der Aufbau des Meßwesens in einer Maschinenfabrik, wie er

sein soll, ist in Abb. 309 dargestellt. Das Urmaß, auf das jedes Maß im ganzen Unternehmen bezogen wird, wird von dem Ur-Endmaßsatz gebildet. Diesem wird ein sog. Revisionssatz angeschlossen, der je nach Gebrauch alle Monate oder alle Vierteljahre, aber mindestens einmal jährlich mit dem Ursatz verglichen wird. Dieser Vergleich ist nötig, da der Revisionssatz dauernd zum Vergleichen mit den Gebrauchslehren benutzt, also einer nicht zu vernachlässigenden Abnutzung unterworfen ist. An diesen Revisionssatz werden durch Vergleichsmessungen auf der Meßmaschine die Grenzlehrdorne und Meßscheiben für die Rachenlehren sowie die Endmaße für den Werkstattgebrauch angeschlossen; mit den Meßscheiben werden wiederum die Rachenlehren geprüft. Mit den Gebrauchsendmaßen werden Mikrometer, Meßuhren, eingestellt und Mes-

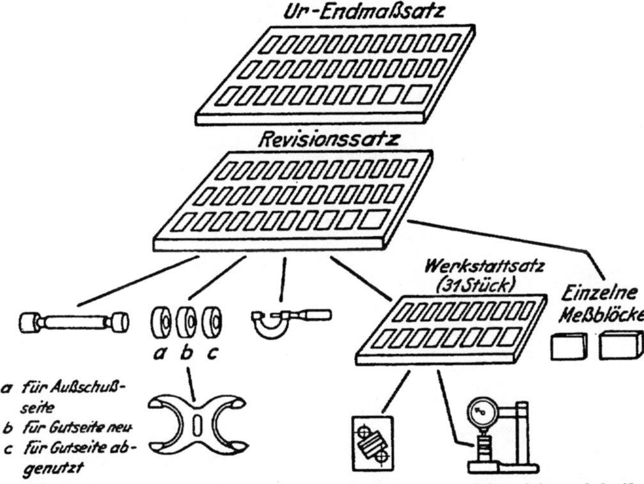

Abb. 309. Aufbau des Meßwesens in einer Maschinenfabrik.

sungen in der Werkstatt unmittelbar vorgenommen. Die Werkstattmeßblöcke erfordern keine so hohe Genauigkeit, da sie nur zu Anschlägen usw. dienen.

Bezüglich der einzelnen Meßgeräte verweise ich auf das 2. Kapitel von Berndt. Nur einiger besonderen Meßgeräte soll hier noch Erwähnung getan werden. So zeigt Abb. 310 eine deutsche Konstruktion einer Lehre, die zum Sortieren dient und in Amerika häufig benutzt wird. Die Rachenlehre enthält drei Rachenmaße, z. B.

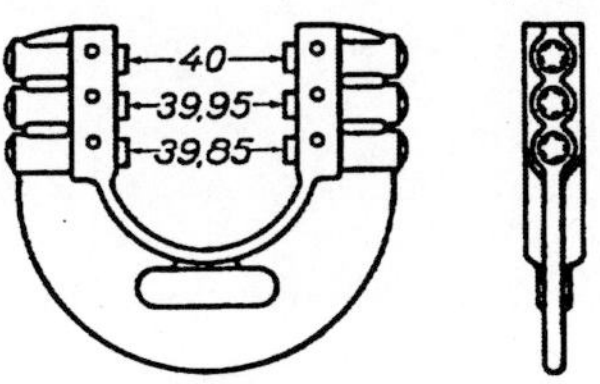

Abb. 310. Sortierrachenlehre.
(TWL 451.)

40,0—39,95—39,85. Die Stücke, die in den ersten Rachen hinein-, aber in den zweiten nicht hineingehen, liegen zwischen den ersten beiden Maßen; die Stücke, die in die ersten beiden Rachen hineingehen, aber nicht in den dritten Rachen, liegen zwischen 39,95 und 39,85 mm. Solche Sortierrachenlehren werden mit besonderem Vorteil zum Aussortieren von blankgezogenem Rundmaterial nach Schlicht- und Grobpassungsgrad verwendet.

Zu den als Endmaße wirkenden festen Grenzlehren treten diejenigen, die mit Hilfe von Markenstrichen messen, derart, daß das Maß, das ein Werkstück hat, zwischen diesen beiden Markenstrichen liegen muß (z. B. Kegellehren nach Abb. 280, S. 276, sowie Tiefenlehren).

Bei allergrößter Massenfabrikation kommen noch automatische Meßvorrichtungen in Betracht, wie eine solche aus der Kugellagerfabrikation in Abb. 192, S. 183, gezeigt worden ist. Man kann dieses Verfahren als Sortieren oder auch als Messen ansehen.

Neben diesen Vorrichtungen, die die Grenzmaße als Festmaße enthalten, werden mehr und mehr die Zeigerlehren verwendet. Die normale Meßuhr sollte allerdings nur dort angewendet werden, wo es auf allzu hohe Genauigkeit nicht ankommt. Sie enthält in ihrem Mechanismus einige Fehlerquellen, die das Meßergebnis ungenau gestalten. In den folgenden Abbildungen sollen einige Sondervorrichtungen mit Zeigerlehren vorgeführt werden. Durch Tastbolzen und Zeiger am Minimeter[1]) kann festgestellt werden, ob das Maß zwischen zwei bestimmten Grenzmaßen liegt und somit richtig ist.

Diese Apparate sind wieder ein deutlicher Hinweis darauf, daß, wenn man schon Austauschbau treibt, diesen auch auf alle

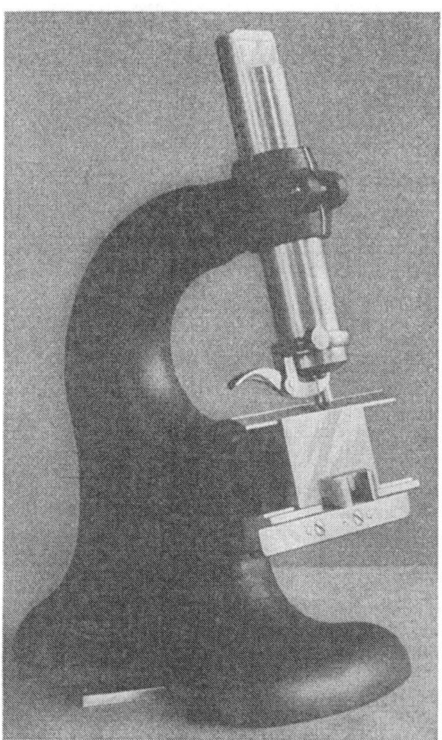

Abb. 311. Minimeter zum Prüfen von Frästeilen. (TWL 447.)

Teile ausdehnen soll. So zeigt Abb. 311 eine Meßvorrichtung für Frästeile; das normale Minimetermeßgestell ist lediglich durch eine geeignete Aufnahme ergänzt. Wie aus Abb. 312 ersichtlich ist, kann man auf einfache Weise zwei Meßstellen in einem Apparat vereinigen und durch zwei-

---

[1]) Konstruktion s. Abb. 52—54, S. 47.

maliges Einlegen des Arbeitsstückes zwei Maße prüfen. Abb. 313 zeigt die Prüfung von Zahnrädern mittels Zeigerlehre. Weitere Anwendungsbeispiele zeigen die Abb. 217 b, S. 213, und Abb. 219 a, S. 215, im Beitrag Leifer.

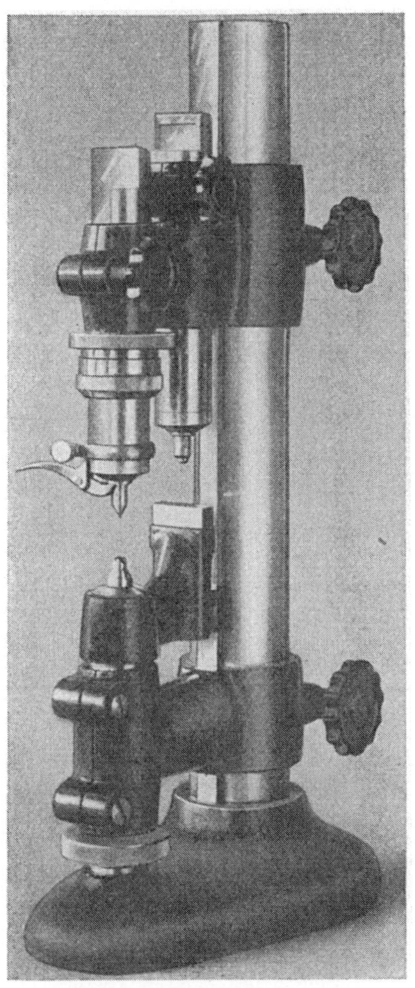

Abb. 312. Minimeter für zwei Messungen. (TWL 444.)

Abb. 313. Minimeter für Zahnradprüfung. (TWL 446.)

Das Minimeter hat inzwischen einen Bruder bekommen in Gestalt des Mikrotasts, von dem einige Ausführungsformen im 2. Kapitel dargestellt sind (Abb. 55, S. 48, Abb. 65 und 66, S. 53).

Man wird sich häufig fragen müssen, was zweckmäßiger ist, eine feste

Lehre oder eine Zeigerlehre. Ich hatte schon Gelegenheit, darauf hinzuweisen, daß es nicht ganz leicht ist, mit den Zeigerlehren ohne weiteres
zu messen. So hat man z. B. mit den bisher auf dem Markt befindlichen
Zeigerrachenlehren keine besonders guten Erfahrungen gemacht, denn
der Meßdruck, den man mit der Hand und dem Gewichte des Instrumentes selbst ausübt, ist eine Fehlerquelle, außerdem kann man das
Instrument leicht schräg stellen und bekommt dann ein ganz anderes
Meßergebnis. Andererseits ist es für die Werkstatt außerordentlich
wertvoll, wenn derjenige, der arbeitet und mißt, auch weiß, wie sein
Werkstück zwischen zwei Maßen liegt[1].

Abb. 314.   Prüfen von Bohrungsentfernungen mittels Dornen und Meßscheiben.
(TWL 464.)

Daß man nicht für alles besondere Lehren und Vorrichtungen machen
kann, ist klar. Trotzdem muß auf das Messen in der Werkstatt der
größte Wert gelegt werden, wenn man Austauschbarkeit haben will. Ich
erinnere daher an die Anwendung des Endmaßes, das nach den Abb. 169
bis 174, S. 148 f., im Beitrag Huhn vielfache Anwendung findet, so
z. B. zur Messung der Entfernung von Bohrungen. Daß es für diesen
Zweck wie für viele andere mehrere Wege gibt, die zum Ziele führen,
möge Abb. 314[2] zeigen, wo eine andere Methode zur Messung von Lochentfernungen dargestellt ist.

---

[1] Diese Frage wird bezüglich der Grenzlehrdorne und Grenzrachenlehren
nunmehr aktuell, da seit der Drucklegung dieses Buches die Paßmeter von
Zeiß auf den Markt gekommen sind. Soweit bis heute ersichtlich ist, vermeiden sie die oben erwähnten Fehler. Bezüglich der Lochmessungen sei
darauf hingewiesen, daß sie, wie alle andern Zeigerlehren ein anderes Maß
messen als die ganz zylindrischen Lehrdorne, da sie ja eine viel kleinere Be-
rührungsfläche haben. Da sich nun die genormten Abmaße auf die Lehrdorne
beziehen, wird es vielleicht nötig sein, an den Abmaßen, die mit Zeigerlehren
geprüft werden sollen, gewisse Korrekturen anzubringen.

[2] Abb. 314 und 315 sind von der „Aga", Aktiengesellschaft für Automobil-
fabrikation in Berlin-Lichtenberg zur Verfügung gestellt worden.

Abb. 315 zeigt eine mustergültige Lehrenablage. Die Lehren sind hier übersichtlich für jedes einzelne Werkstück positionsmäßig zusammengestellt, so daß man bei Neuherausgabe eines Arbeitsganges ohne weiteres alles beisammen hat. Handelt es sich um Massenfabrikation, so ist es natürlich notwendig, diese Lehrensätze mindestens doppelt zu haben, damit immer ein Satz in der Revision sein kann.

Bezüglich der Revision muß man sich klar werden, wo man revidiert. Es ist möglich, das an der Maschine zu machen. Z. B. wird in den Automatensälen der Einrichter selbst gewisse Stichproben machen und die Garantie haben, daß eine genügende Genauigkeit erzielt ist. Im allgemeinen ist es aber notwendig, die Revision in einem besonderen Raum durch besondere Leute vornehmen zu lassen. Dabei ist allerdings die Frage, ob man ein Teil erst mißt, wenn es alle Operationen durchgemacht hat, oder nach jeder einzelnen Operation. Das letztere verursacht natürlich mehr Mühe, ist aber unter Umständen für das Werk sparsamer, denn man kann dann schon Teile ausscheiden, die bei der ersten Operation Ausschuß geworden sind, ohne daß sie noch weitere Operationen durchmachen. Außerordentlich empfehlenswert

Abb. 315. Lehrenlager. (TWL 465.)

ist es auf alle Fälle, dem Ausschuß, der dabei entsteht, ein großes Augenmerk zuzuwenden. Um überhaupt in der Werkstatt stets zu sehen, wie es mit dem Austauschbau steht, besonders bei der Einführung, ist es wichtig, dauernd am besten einen besonders dazu Beauftragten die verschiedenen Fehlerquellen aufspüren zu lassen.

Abb. 316[1]) zeigt eine graphische Darstellung über den Ausschuß, der beim Fortschreiten einer Fabrikation erzielt wurde. Es ist gelungen,

---

[1]) Entnommen aus „Der Betrieb“ 1921/22, Heft 11.

den Ausschuß allmählich herunterzubringen. Erst auf Grund dieses Bildes hat man die Fehlerquellen mehr und mehr aufgespürt und so ein sehr gutes Ergebnis erzielt.

Soviel über das Messen und Lehren ausgeführt wurde, so sehr soll betont werden, daß das Messen nicht die Hauptsache ist. Das Wichtigste ist das Passen. Damit komme ich zu den Maßnahmen, die man treffen kann, um ohne Lehren zur Austauschbarkeit zu kommen. Es wäre entsetzlich, wenn wir alle genauen Maße durch besondere Lehren auf ihre Genauigkeit prüfen wollten. Vorrichtungen müssen dazu dienen, gewisse

Abb. 316. Kontrolle des Ausschusses bei fortschreitender Fabrikation.
(TWL 448.)

Maße ohne weiteres einzuhalten. In den Bohrvorrichtungen finden wir die Lochentfernungen verankert. Es ist aber bei den Vorrichtungen wichtig, zu wissen, welche Entfernungen die Vorrichtungen selbst aufweisen. Man macht diese Angaben auf einer Karteikarte, so daß man jederzeit darüber Auskunft bekommen kann. Beim Fräsen oder Hobeln wendet man häufig Lehren an, die vor das Werkstück gespannt werden (s. Abb. 167, S. 146). Häufig genügt, wie schon erwähnt, die Anwendung des Endmaßes in der Fabrikation vollkommen, um die Austauschbarkeit zu gewährleisten.

Ist eine Fabrikation so groß, daß man mit mehreren Vorrichtungen für denselben Zweck rechnen muß, so ist es zweckmäßig, sich dafür eine Urlehre zu schaffen, nach der die verschiedenen Vorrichtungen gemacht werden (s. Abb. 292, S. 285).

Es ist ganz natürlich, daß man nicht in jedem Betriebe alle Arten von Werkzeugen, Vorrichtungen und Meßmitteln anwendet. Aus dem Gesamtumfang muß sich jeder heraussuchen, was für seinen besonderen Fall notwendig ist.

Eine wichtige Frage ist noch die Tolerierung von Teilen, die man außerhalb bestellt; dabei sei nochmals an die in Abb. 300 gezeigte Bestellzeichnung eines Kegelstiftes erinnert. Handelt es sich um kompliziertere Maße, so ist es auf alle Fälle zweckmäßig, nicht nur die Zeichnung, sondern die eigenen Lehren bei der Bestellung mitzugeben. Besonders zu empfehlen ist dies bei Verwendung von außerhalb bestellten Spritzgußstücken; wenn der Hersteller der Spritzgußform, der gewöhnlich auch die Spritzgußstücke herstellt und daher deren Schwindmaß kennt, die Lehren erhält, auf die die Stücke passen müssen, kann er sie mit größerer Sicherheit genau liefern als wenn er nur eine Zeichnung erhält.

Umstellung von alten Passungen auf DIN-Passungen.

Nun soll noch kurz die Frage der Umstellung gestreift werden. Sehr viele Betriebe haben bereits Grenzlehren eingeführt und möchten nun den Austauschbau weiter ausdehnen. Sie stehen vor der Frage, ob sie auf die NDI-Passungen umstellen oder bei ihren alten Lehren bleiben sollen. Die Hauptrolle spielt dabei der Gütergrad. Das frühere Passungssystem hat bekanntlich nur Feinpassung, während anerkannterweise die Schlichtpassung in sehr vielen Fällen, auch des guten Maschinenbaues, genügt. Man muß sich natürlich im klaren sein, ob durch Anwendung der Schlichtpassung auch wirkliche Vorteile erzielt werden.

Wichtig ist natürlich auch zu wissen, daß der NDI ganz bewußt die Toleranzen zum Teil enger gemacht hat, weil sich in der Praxis gezeigt hat, daß mit den früheren Toleranzen die Ruhesitze nicht genügend gleichmäßig eingehalten werden konnten.

Wichtig ist die Umstellung auf die Norm natürlich überall da, wo man einheitlich mit anderen Fabriken vorgehen will. Man arbeitet zum Beispiel in der Lokomotivenindustrie zusammen, und das ist eigentlich gar nicht anders denkbar, als auf der Grundlage der DI-Normen. Unbedingt notwendig sind die DIN-Passungen auch dort, wo man Normteile verwendet, die nach diesen Passungen an anderer Stelle hergestellt sind.

Es taucht nun die Frage auf, was mit den bisherigen Lehren, Werkzeugen und Ersatzteilen geschehen soll. Es ist da zweckmäßig, daß man sich in jedem Falle die bisher gebrauchten Toleranzen graphisch aufträgt und daneben diejenigen zeichnet, die man in Zukunft gemäß den DI-Normen benutzen will. Es zeigt sich da, wie Abb. 317 dartut, in vielen Fällen eine überraschende Übereinstimmung (s. auch Abb. 187 a und b, S. 174).

Es ist meines Erachtens aber weniger wichtig, die Lehren weiter zu benutzen als die Werkzeuge. Ersatzteile müssen je nach der Fabrikation noch 5 und 10 Jahre nachgeliefert werden. Man hat nun z. B. eine alte Zeichnung da, auf der »L« steht und nimmt zunächst an, daß man diesem Ersatzteil zuliebe auch die Laufsitzlehre die ganze Zeit über behalten muß. Aus dem Diagramm aber ersieht man, daß man mit der »DIN-Leichter-Laufsitzlehre" derselbe Teil austauschbar herstellen kann. Die Festsitz-rachenlehre nach Loewe stimmt mit dem NDI-Schiebesitz überein[1]).

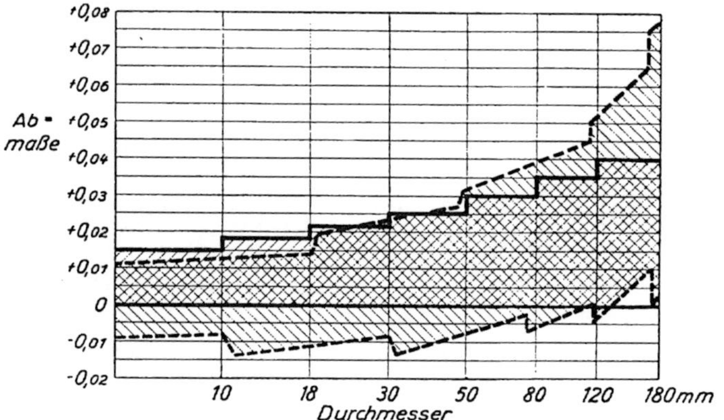

Abb. 317.   Toleranzgebiete der Feinbohrung
bei 0° und Symmetrielinie auf 20° umgerechnet
und bei 20° und Begrenzungslinie (DI-Norm 19)
(TWL 466.)

Abb. 317 zeigt die Umstellung von dem Passungssystem mit Nullinie als Symmetrielinie und der Bezugstemperatur 0° auf das System mit Nullinie als Begrenzungslinie und Bezugstemperatur 20°; es ist ersichtlich, daß von 18—120 mm jedes Ersatzteil nach NDI-Bohrung vollkommen in das alte System hineinpaßt.

Wenn damit bewiesen ist, daß man beim Umstellen von früheren Passungen auf die DIN-Passungen zum großen Teil vorhandene Lehren und Werkzeuge benutzen bzw. mit neuen DIN-Lehren Ersatzteile herstellen kann, welche in die Gegenstücke mit alten Passungen passen, so hat man nur noch dafür zu sorgen, daß die Bezeichnungen von einem ins andere System richtig übersetzt werden.

---

[1]) S. auch Literaturverzeichnis A 12 und A 21.

Abb. 318 zeigt einen Klebezettel für unveränderte Zeichnungen von
Ersatzteilen alter Konstruktionen, wenn die Ersatzteile mit neuen Lehren
hergestellt werden sollen. Abb. 319 gibt einen Klebezettel für den umgekehrten Fall wieder; für den Fall nämlich, wo es sich darum handelt,
in der Übergangszeit die nach dem DIN-System tolerierten Teile noch
mit alten Werkzeugen und Lehren herzustellen.

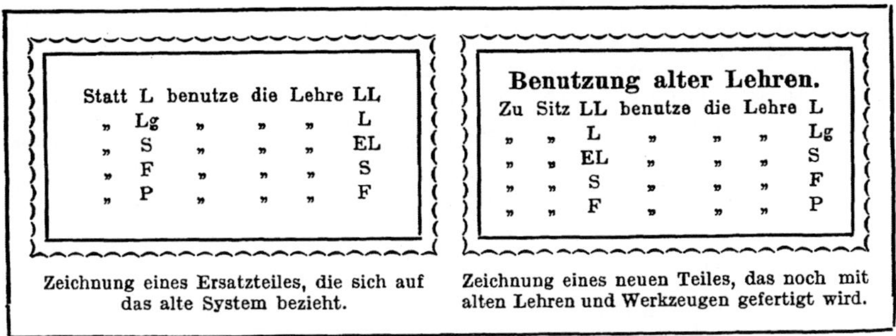

Zeichnung eines Ersatzteiles, die sich auf
das alte System bezieht.

Zeichnung eines neuen Teiles, das noch mit
alten Lehren und Werkzeugen gefertigt wird.

Abb. 318. Abb. 319.

Vermerke auf Zeichnungen bei Änderung des Paßsystems. (TWL 462.)

Der Übergang wird im allgemeinen derart vorgenommen, daß von
einer bestimmten Maschinenserie ab die neuen Passungen angewendet
werden. In dieser Übergangszeit empfiehlt es sich, auf allen Laufkarten
rot hervorzuheben »Alte Lehren« bzw. »Neue Lehren«.

Schlußwort.

Ich möchte nicht versäumen, zum Schlusse auf die großen Fortschritte hinzuweisen, die auf dem Gebiete des Austauschbaues in den
letzten Jahren gemacht worden sind. Auf breiterer Linie wurde der
Austauschbau eingeleitet durch die Schlesinger-Loeweschen Versuche, die ihren Niederschlag in dem bekannten Forschungsheft[1]) von
Schlesinger gefunden haben. Der nächste große Fortschritt ließ verhältnismäßig lange auf sich warten; von Anfang dieses Jahrhunderts bis
1917, bis zur Gründung des NDI geschah nichts Besonderes. Dann aber
gelang es dem NDI, alle Fachleute auf dem Gebiete zusammenzurufen,
und sie alle haben in opferwilliger Gemeinschaftsarbeit das Problem des
Austauschbaues vorwärts gebracht und damit unserer Industrie in bezug
auf Zusammenarbeit und Arbeitsleistung einen nicht zu unterschätzenden
Fortschritt verschafft; und das ist auch das Erfreuliche an dieser Vortragsreihe, daß durch die Gemeinschaftsarbeit von Herren aus den ver-

---

[1]) S. Literaturverzeichnis A 43.

schiedensten Gegenden und Industrien Deutschlands etwas geleistet wurde, was in seiner Art wohl einzig dasteht. Wenn nun auch in unseren Fabriken noch nicht alles so ist, wie wir es wünschen möchten, so können wir doch wohl mit der Entwicklung der Dinge in den letzten Jahren zufrieden sein. Der Gedanke des Austauschbaues bricht sich mehr und mehr Bahn. Ein lebendiger Beispiel davon durften wir im vergangenen Jahre im Lokomotivbau erleben, der die erste sog. Austauschlokomotive lieferte. Immerhin soll man sich noch nicht einbilden, daß wir mit unserem Passungssystem und unseren Lehren die deutsche Industrie ohne weiteres zu einer Werkstätte machen können. Sie kann auf vielen Gebieten zusammenarbeiten, aber einen absoluten Austauschbau davon zu erwarten, das geht bei den heutigen Mitteln wohl noch zu weit. Die in Abb. 308 S. 306, gezeigte Häufung der Meßfehler vom Urnormal zum einzelnen Werkstück warnt uns nachdrücklich vor zu hohen Erwartungen in dieser Beziehung.

Immerhin können wir es freudig anerkennen, daß es gerade die Meßtechnik ist, die uns auf unserer Vorwärtsentwicklung im Austauschbau aufs beste begleitet. Ihre höchste Vervollkommnung hat sie gefunden im Zeißschen Interferenzkomparator. Die Streifen, die wir in Abb. 75 bis 80, S. 64 gesehen haben, zeigen sich im Komparator ebenso deutlich. Die Entfernung zweier solcher Striche beträgt je nach dem verwendeten Licht bis zu einem fünfzigtausendstel Millimeter. Es ist mit diesem Instrument nicht nur möglich Vergleichsmessungen mit dieser Genauigkeit auszuführen, sondern auch absolute Messungen.

Unter der Führung einer solchen Meßtechnik dürfen wir hoffen, die höchste Stufe des Austauschbaues in unseren Fabriken und in unserer ganzen Industrie zu erreichen.

Literaturverzeichnis.

A. Allgemeines über Austauschbau und Meßgeräte.

1. Berk, Toleranzen, Der deutsche Werkzeugmaschinenbau, Heft 4, 1919.
2. Berndt, Der Aufbau der garantierten Genauigkeiten für Parallelendmaße, Kontroll- und Arbeitslehren, Der Betrieb, Heft 9, 1922.
3. Berndt und Schulz, Grundlagen und Geräte technischer Längenmessungen. Verlag Julius Springer, 1921[1]).
4. Berndt, Die Genauigkeit von Schraubenmikrometern, Der Betrieb, 1920, S. 46.
5. Buxbaum, Beiträge zur Geschichte der Passungen, Der Betrieb, Heft 1, 1919.
6. Damm, Richtlinien für die Bestimmung von Arbeitsgenauigkeiten für den Wagenbau, Werkstattstechnik 1922, Heft 11.
7. Dubbel, Taschenbuch für den Fabrikbetrieb, 1923. Verlag Julius Springer, Berlin.
8. Elshorst, Die Bedeutung der Lehr- und Meßwerkzeuge, ihre Entwicklung und Beziehung zum metrischen System, Zeitschrift des V. D. I.
9. Göpel, Zwei Schnellvergleicher für zylindrische und plattenförmige Endmaße, Werkstattstechnik 1920, Heft 24.
10. — Interferenzkomporator für Endmaße, Werkstattstechnik 1919, Sonderheft II, November.
11. Gohlke, Passungen für Kugellager, Der Betrieb, Heft 13, 1920.
12. Gramenz, Schlesinger-Loewe-Passung und NDI-Passung, Werkstatttechnik 1921, Heft 18.
13. — Die Grundlagen für Grenzlehren, Werkstattstechnik 1922, Heft 6.

---

[1]) Dieses Buch enthält ein reichhaltiges Literaturverzeichnis über technische Längenmessung. Seit seinem Erscheinen wurden von Berndt noch folgende Aufsätze veröffentlicht:

Der Einfluß der Temperatur auf die Längenmessung, Der Betrieb, Nr. 1, 1921.

Interferenzmethoden zum Untersuchen von Endmaßen, Der Betrieb, Nr. 14, 1921.

Die Aufbiegung von Schraubenmikrometern, Der Betrieb, Nr. 19, 1921.

Neuere Feinmeßgeräte für technische Längenbestimmung, Zeitschrift des V. D. I., Nr. 25, 1921.

Der Einfluß des Meßdrucks bei den Meßmaschinen, Loewe-Notizen, Nr. 2, 1921.

Das Maß der Rachenlehren, Loewe-Notizen, Nr. 8, 1921.

Übergang von Loewe- zu DI-Toleranzen, Loewe-Notizen, Nr. 10/11, 1921.

Meßgeräte zum Bestimmen der Durchmesser von Bohrungen, Glasers Analen, Nr. 7, 1922.

Die Gültigkeit der Herzschen Formeln zur Berechnung der Abplattung von Meßkörpern, Zeitschrift f. techn. Physik, Nr. 1 und 3, 1922.

Definition der Längenbezeichnungen, Mitteil. d. NDI, Nr. 15, 1922.

Die Tolerierung von Abnahmelehren, Mitteil. d. NDI, Nr. 15, 1922.

Genauigkeitsansprüche an Mikrometer und Fühlhebel, Der Betrieb, Nr. 9, 1922.

14. **Gratwohl**, Einheitsgrenzlehrensystem, Werkstattstechnik 1919, Heft 5.
15. **Hanner**, Über Bearbeitungsgenauigkeit und Maßeintragung, Mitteilungen des Normenausschusses der deutschen Industrie, 4. Jahrg. S. 240.
16. **Huchtemann**, Lehren und Meßgeräte, Werkstattstechnik 1919, Heft 8.
17. — Lehren und Werkzeugbeschaffung. Werkstattstechnik 1919, Heft 20.
18. **Kienzle**, Die Arbeitsgenauigkeit in der Werkstatt, Die Werkzeugmaschine, 1920.
19. — Der Einfluß des Meßdruckes bei festen Lehren, Der Betrieb, 1920.
20. — Über die Meßgenauigkeit von Schublehren und Mikrometern. Werkstattstechnik 1920, Heft 15 u. 16.
21. — Die Umstellung der deutschen Maschinenindustrie auf ein einheitliches Passungssystem, Werkstattstechnik 1918, Heft 20.
22. — Die Rechtswirkung von Toleranzen, Mitteilungen des Normenausschusses der deutschen Industrie, Heft 5, Mai 1919.
23. — Ausbau und Grenzen des Toleranzensystems mit Beispielen aus dem Eisenbahnfahrzeugbau, Der Betrieb, Heft 10, 1919.
24. **Kirner**, Primäre Marktware, Der Betrieb, 1920.
25. — Größentoleranzen und Passungstoleranzen, Der Betrieb, 2. Jahrg. S. 426.
26. **Kirner-Koch**, Die einheitliche Bezugstemperatur, ein Rückblick, Der Betrieb, Heft 1, 1918.
27. **Klein**, Serien- und Massenfabrikation, Süddeutsches Industrieblatt, Nr. 37, Jahrg. 1919.
28. **Koch**, Genauigkeitsgrenzen und Fertigungsspielraum, Werkstattstechnik 1918, Heft 20.
29. — Die Bedeutung einer einheitlichen Bezugstemperatur für austauschbare Fabrikation, Forschungsarbeiten auf dem Gebiete des Ingenieurwesens herausgegeben vom Verein deutscher Ingenieure, Berlin NW 7, Heft 210.
30. **Kühn**, Das natürliche Toleranzsystem, Der Betrieb, Heft 1, 1918.
31. — Toleranzen, Forschungsarbeiten auf dem Gebiete des Ingenieurwesens, herausgegeben vom Verein deutscher Ingenieure, Berlin NW 7, Heft 206.
32. — Toleranzen, 1920. Herausgegeben vom Verein deutscher Ingenieure, Berlin NW 7.
33. **Kösters**, Prüfung von Johannson-Endmaßen mit Lichtinterferenz, „Präzision“, 1922, Heft 1—3.
34. **Kühn**, Feststellung der erforderlichen Paßmaße, Werkstattstechnik, 1921, Heft 14 und Mitt. des Normenauschusses der deutschen Industrie, 4. Jhrg., S. 406.
35. — Der Lehrenbedarf bei der abgestuften Einheitswelle und bei der Einheitsbohrung, Werkstattstechnik 1922, Heft 23.
36. **Mahr**, Carl, Die Grenzlehre, Selbstverlag der Firma C. Mahr, Eßlingen a. N.
37. **Müller**, Toleranzen für Längenmaße, Der Betrieb, Heft 7, 1919.
38. **Neumann**, Austauschbare Einzelteile im Maschinenbau, Verlag von Julius Springer, 1919.
39. **Plato**, Gesamtbericht des Arbeitsauschusses für Normaltemperatur, Mitteilungen des Normenausschusses der deutschen Industrie, Heft 11, November 1918.
40. **Pfleiderer**, Die bisherigen Arbeiten des Arbeitsausschusses für Passungen, Mitteilungen des Normenausschusses der deutschen Industrie, Heft 11, Nov. 1918.
41. **Reindl**, Die Normaltemperatur der Werkzeuge im Maschinenbau, Werkstattstechnik, 1917, Heft 24.
42. — Feste Reibahlen für Genaulöcher, Der Betrieb, 3. Jahrg., S. 461.
43. **Schlesinger**, Die Passungen im Maschinenbau, Forschungsarbeiten auf dem Gebiete des Ingenieurwesens. Herausgegeben vom Verein deutscher Ingenieure Berlin NW 7, Heft 193/194.

44. Schuchardt und Schütte, Taschenbuch 1922.
45. Schulz, Etwas über Lehren, Werkstattstechnik 1917, Heft 12.
46. Simon, Versuche zur Bestimmung des Berührungsfehlers, Werkstattstechnik 1922, Heft 6 und Mitteilungen des Normenausschusses der deutschen Industrie, 4. Jahrg., S. 380.
47. Spangenberg, Universalnormalmaße mit abgestufter Toleranz, Z. d. V. D. I., 1918, S. 2068.
48. Toussaint, Messen und Passen, Werkzeugmaschine, 1918, Heft 5 und 6.
49. Uhlich, Austauschbarkeit im Maschinenbau, Werkstattstechnik 1918.
50. Volk, Optisch oder akustisch, Der Betrieb, Heft 1920.
51. — Die Eintragung der Toleranzen bei Längenmaßen, Mitteilungen des Normenausschusses der deutschen Industrie, 4. Jahrg., S. 200.
52. Weidmann, Kugellagerpassungen, Der Betrieb, Heft 13, 1920.
53. Werkstattstechnik 1919, Sonderheft II, November, Meßgeräte und Meßverfahren.

B. Passungssysteme.

1. Dubbel, Taschenbuch für den Fabrikbetrieb, 1923. Verlag Julius Springer, Berlin.
2. Drescher, Passungssystem und wirtschaftliche Fertigung, Der Betrieb, Heft 9, 1921.
3. Frenz, Einheitsbohrung und Einheitswelle, Werkstattstechnik 1920, Heft 19.
4. Gottwein, Auswahl der Lehrenarten für Rundpassungen, Werkstattstechnik 1921, Heft 13.
5. Gottwein und Holtzhausen, Parallelnormen und Vorzugsnormen, Werkstattstechnik 1921, Heft 16.
6. — Verbundpassungssysteme und wirtschaftliche Lehrenauswahl, Werkstattstechnik 1921, Heft 19.
7. — Verbundpassungssystem, Kernsystem und Randsystem, Der Betrieb, Heft 9, 1921.
8. — Richtlinien für eine wirtschaftliche Auswahl der Lehrenarten aus den Systemen der Einheitsbohrung und der Einheitswelle. Mitteilungen des Normenausschusses der deutschen Industrie, 4. Jahrg., Heft 18.
9. Kienzle, Passungssysteme, mit einem Anhang von C. W. Drescher. Forschungsarbeiten auf dem Gebiete des Ingenieurwesens. Herausgegeben vom Verein deutscher Ingenieure, Berlin NW 7, Heft 259.
10. — Passungssysteme. Gedanken zu ihrer praktischen Auswertung. Werkstattstechnik 1922, Heft 4.
11. — Die Normteile in den beiden Passungssystemen, Der Betrieb, Heft 12, 1921.
12. Klein-Knecht-Schlesinger, Einheitswelle oder Einheitsbohrung? Mitteilungen des Normenausschusses, Heft 1, 1919 und Werkstattstechnik 1919, Heft 22.
13. — — — Bericht des Unterausschusses Einheitswelle-Einheitsbohrung. Mitteilungen des Normenausschusses der deutschen Industrie, März 1921.
14. — — — Einheitsbohrung — Einheitswelle, Werkstattstechnik 1921, Heft 7.
15. Klein, Einheitsbohrung oder Einheitswelle? Der Betrieb, 1918.
16. — Einheitsbohrung oder Einheitswelle? Werkstattstechnik 1918, Heft 22.
17. — Einheitsbohrung oder Einheitswelle, Werkstattstechnik 1920, Heft 5 und Der Betrieb, Heft 7, 1920.
18. — Einheitsbohrung oder Einheitswelle, Werkstattstechnik 1920, Heft 13.
19. — Einheitsbohrung oder Einheitswelle, Werkstattstechnik 1921, Heft 7.

20. K ü h n, Einheitsbohrung oder Einheitswelle? Der Betrieb, Heft 1, 1918.
21. — Einheitsbohrung oder Einheitswelle? Werkstattstechnik 1918, Heft 22;
    1920, Heft 11.
22. — Die Vorteile der Laufwelle als glatte Einheitswelle in Verbindung mit dem
    Einheitsbohrungssystem, Werkstattstechnik 1919, Heft 24.
23. — Die Notwendigkeit des uneingeschränkten Einheitsbohrungssystems, Der
    Betrieb, Heft 14, 1920.
24. L e i f e r, Betrachtungen zu ʼder bevorstehenden Umstellung der Nullinie·von
    der Symmetrielinie auf die Begrenzungslinie bzw. zu dem Übergange von der
    Einheitsbohrung auf die Einheitswelle. Heft 5 der Mitteilungen des Normen-
    ausschusses der deutschen Industrie vom Januar 1920.
25. L o e w e, L u d w i g & Co., A.-G., Loewe-Notizen, Jahrg. 5, Sonderheft zur Leip-
    ziger Messe, März 1920. Auszug, abgedruckt in Werkstattstechnik 1920, Heft 8.
26. M ü l l e r, Einheitswelle oder Einheitsbohrung? Werkstattstechnik 1919, Heft 12.
27. M u n t h e, Die Wahl der Passungen im Werkzeugmaschinenbau, Werkstatts-
    technik 1920, Heft 13.
28. — Das Zweibohrungssystem und das vereinfachte Zweibohrungssystem. Der
    Betrieb, 3 Jahrg., S. 230.
29. P f l e i d e r e r, Das Tauschlehrsystem, Mitteilungen des Normenausschusses,
    Heft 5, Mai 1919.
30. — Das Tauschlehrsystem, Der Betrieb, Heft 14, 1920.
31. P o e h l m a n n, Einheitsbohrung oder Einheitswelle, Werkstattstechnik 1919,
    Heft 6.
32. S c h r e i b m a y r, Die Notwendigkeit einer alleinigen Einführung der Einheits-
    welle, Werkstattstechnik 1919, Heft 8, Der Betrieb, Heft 7, 1919.
33. — Einheitsbohrung oder Einheitswelle? Werkstattstechnik 1920, Heft 7.

Automaten. Die konstruktive Durchbildung, die Werkzeuge, die Arbeitsweise und der Betrieb der selbsttätigen Drehbänke. Ein Lehr- und Nachschlagebuch. Von **Ph. Kelle**, Oberingenieur in Berlin. Mit 767 Figuren im Text und auf Tafeln, sowie 34 Arbeitsplänen. 1921. Gebunden GZ. 16,5

Die Dreherei und ihre Werkzeuge. Handbuch für Werkstatt, Büro und Schule. Von Betriebsdirektor **W. Hippler.** Erster Teil: Wirtschaftliche Ausnutzung der Drehbank. Dritte, neubearbeitete Auflage. Erscheint im Frühjahr 1923

Handbuch der Fräserei. Kurzgefaßtes Lehr- und Nachschlagebuch für den allgemeinen Gebrauch. Gemeinverständlich bearbeitet von **Emil Jurthe** und **Otto Mietzschke**, Ingenieure. Sechste, durchgesehene und vermehrte Auflage. Mit 351 Abbildungen, 42 Tabellen und einem Anhang über Konstruktion der gebräuchlichsten Zahnformen an Stirn-, Spiralzahn-, Schnecken- und Kegelrädern. 1923. Gebunden GZ. 9

Die moderne Stanzerei. Ein Buch für die Praxis mit Aufgaben und Lösungen. Von Ingenieur **Eugen Kaczmarek.** Mit 30 Textabbildungen. 1923. GZ. 1,1

Die Schneidstähle. Ihre Mechanik, Konstruktion und Herstellung. Von Dipl.-Ing. **Eugen Simon.** Dritte, vollständig umgearbeitete Auflage. Mit etwa 545 Textfiguren. In Vorbereitung

Einzelkonstruktionen aus dem Maschinenbau. Herausgegeben von Ingenieur **C. Volk** in Berlin.

Erstes Heft: **Die Zylinder ortsfester Dampfmaschinen.** Von Oberingenieur **H. Frey** in Berlin. Mit 109 Textfiguren. 1912. GZ. 2,4

Zweites Heft: **Kolben.** I. Dampfmaschinen- und Gebläsekolben. Von Ingenieur **C. Volk** in Berlin. II. Gasmaschinen- und Pumpenkolben. Von **A. Eckardt**, Betriebsingenieur in Deutz. Mit 247 Textfiguren. 1912. GZ. 4

Drittes Heft: **Zahnräder.** I. Teil. Stirn- und Kegelräder mit geraden Zähnen. Von Professor Dr. **A. Schiebel** in Prag. Zweite, vermehrte Auflage. Mit 132 Textfiguren. 1922. GZ. 4,5

Viertes Heft: **Kugellager.** Von Ingenieur **W. Ahrens** in Winterthur. Zweite Auflage. Mit etwa 134 Textfiguren. In Vorbereitung

Fünftes Heft: **Zahnräder.** II. Teil: Räder mit schrägen Zähnen (Räder mit Schraubenzähnen und Schneckengetriebe). Von Professor Dr. **A. Schiebel** in Prag. Zweite, vermehrte Auflage. Mit 137 Textfiguren. 1923. GZ. 4,5

Sechstes Heft: **Schubstangen und Kreuzköpfe.** Von Oberingenieur **H. Frey**, Waidmannslust b. Berlin. Mit 117 Textfiguren. 1913. GZ. 1,6

Taschenbuch
für den Fabrikbetrieb

Bearbeitet von

Ober-Ing. Otto Brandt-Charlottenburg, Prof. H. Dubbel-Berlin, Geh. Reg.-Rat
Prof. W. Franz-Charlottenburg, Dipl.-Ing. R. Hänchen-Berlin, Ing. O. Heinrich-
Berlin, Dr.-Ing. Otto Kienzle-Berlin-Südende, Reg.-Baurat Dr.-Ing. R. Kühnel-
Berlin-Steglitz, Berat. Ing. Dr. H. Lux-Berlin, Ober-Ing. K. Meller-Berlin-Siemens-
stadt, Ing. W. Mitan-Berlin-Marienfelde, Ober-Ing. W. Quack-Bitterfeld, Prof.
Dr.-Ing. E. Sachsenberg-Dresden, Dipl.-Ing. H. R. Trenkler-Berlin-Steglitz

Herausgegeben von

Prof. H. Dubbel

Ingenieur, Berlin

Mit 933 Textfiguren und 8 Tafeln. 1923. Gebunden GZ. 15

Inhaltsübersicht

Der Kraftbetrieb.

Die Dampfkessel. Mit 57 Abbildungen. I. Die Wahl der Kesselbauart. II. Anordnung der
Kessel im Kesselhause. III. Das Kesselhaus. IV. Bewertung der Brennstoffe für den Dampf-
kesselbetrieb. V. Wahl und Betrieb der Feuerungen. VI. Wärmeübertragung. VII. Natürlicher
und künstlicher Zug. VIII. Die Kesselbauarten. IX. Die Überhitzer. X. Die Vorwärmer. XI. Die
Kesselausrüstung. XII. Die Aufbereitung des Kesselspeisewassers. XIII. Zerstörende Einwirkungen
auf eiserne Wandungen. XIV. Die Wärmeausnutzung bei Dampfkesselanlagen. — **Die Gaserzeuger.**
Mit 18 Abbildungen. I. Technische Gasarten und deren Zusammensetzung. II. Chemische Grundlagen der Vergasung. III. Die Brennstoffe. IV. Bau der Gaserzeuger. V. Reinigung des Gases
und Nebenproduktengewinnung. VI. Betriebsüberwachung. — **Die Kraftmaschinen.** Mit 56 Abbildungen. I. Betriebseigenart der Kraftmaschinen. II. Kondensation, Rückkühlung. III. Ver-
brauchszahlen. Mittlere Drucke. IV. Abwärmeverwertung. V. Wahl der Betriebskraft. VI. Der
Ruths-Speicher. VII. Ersatz und Umbau vorhandener Anlagen. — **Elektrischer Kraftbetrieb.**
Mit 43 Abbildungen. I. Elektromotoren. II. Transformatoren. III. Umformer. IV. Elektrischer
Gruppen- und Einzelantrieb. — **Kontrolle des Kraftbetriebes.** Mit 104 Abbildungen. I. Betriebskontrolle der Dampfkesselanlagen. II. Kontrolle in Dampfturbinenzentralen. III. Betriebskontrolle
der Kolbenkraftmaschinen. IV. Betriebskontrolle bei Wasserturbinen. V. Kontrolle der Schalt-
anlagen. VI. Betriebsstatistik.

Herstellung und Organisation.

Werkstoffe. Mit 44 Abbildungen. A. Abnahme. B. Verarbeitung. C. Eigenschaften.
α) Hauptwerkstoffe. β) Hilfswerkstoffe. — **Elektrisches Schweißen.** Mit 5 Abbildungen. —
Werkzeugmaschinen. Mit 12 Abbildungen. I. Allgemeines. II. Der Kraftbedarf der Werkzeugmaschinen. III. Die Ausnutzung der Werkzeugmaschinen. — **Werkzeuge.** Mit 111 Abbildungen. I. Baustoffe und ihre Prüfung. II. Arten der Werkzeuge. III. Instandhaltung. —
Fabrikorganisation. Mit 174 Abbildungen. I. Grundzüge der Fabrikorganisation. II. Das
Konstruktionsbüro. III. Normung. IV. Das Fabrikationsbüro. V. Das Betriebsbüro.

Anlage und Einrichtung der Fabriken.

Baukonstruktionen. Mit 127 Abbildungen. I. Baustoffe. II. Bauelemente. III. Gebäude-
formen. IV. Innerer Ausbau. V. Außenanlagen. VI. Stellung der Gebäude. VII. Vorarbeiten.
— **Heizung, Lüftung, Entstaubung, Beleuchtung.** Mit 18 Abbildungen. I. Heizung. II. Entstaubung und Lüftung. III. Fabrikbeleuchtung. — **Transmissionen.** Mit 21 Abbildungen. —
Werkstattförderwesen. Mit 118 Abbildungen. I. Die Förderarbeiten im Werkstättenbetriebe.
II. Die Werkstattförderer. III. Das Werkstattfördersystem. IV. Organisation des Werkstatt-
förderwesens. — **Rohrleitungen.** Mit 15 Abbildungen. — **Elektrische Leitungen.** Mit 3 Abbildungen. — **Wirkungsgrad von Fabrikanlagen** mit elektrischem Antrieb. Mit 7 Abbildungen. — **Sachverzeichnis.**

Die Abschätzung des Wertes industrieller Unternehmungen. Von Dr. **Felix Moral,** Zivilingenieur und beeidigter Sachverständiger. Zweite, verbesserte und vermehrte Auflage. 1923. GZ. 4; gebunden GZ. 5

Die Taxation maschineller Anlagen. Von Dr. **Felix Moral,** Zivilingenieur und beeidigter Sachverständiger. Dritte, neubearbeitete und vermehrte Auflage. 1922. GZ. 3,8; gebunden GZ. 6

Die Vorkalkulation im Maschinen- und Elektromotorenbau nach neuzeitlich-wissenschaftlichen Grundlagen. Ein Hilfsbuch für Praxis und Unterricht. Von Ingenieur **Friedrich Kresta,** technischer Kalkulator. Mit 56 Abbildungen, 78 Tabellen und 5 logarithmischen Tafeln. 1921. Gebunden GZ. 6

Die Nachkalkulation nebst zugehöriger Betriebsbuchhaltung in der modernen Maschinenfabrik. Für die Praxis bearbeitet unter Zugrundelegung von Organisationsmethoden der Berlin-Anhaltischen Maschinenbau-A.-G., Berlin. Von **J. Mundstein.** Mit 30 Formularen und Beispielen. 1920. GZ. 2

Die Kalkulation in Maschinen- und Metallwarenfabriken. Von Ingenieur Oberlehrer **Ernst Pieschel,** Dresden. Zweite, vermehrte und verbesserte Auflage. Mit 214 Textfiguren und 27 Musterformularen. 1920. Gebunden GZ. 6

Die wirtschaftliche Arbeitsweise in den Werkstätten der Maschinenfabriken, ihre Kontrolle und Einführung mit besonderer Berücksichtigung des Taylor-Verfahrens. Von Betriebsingenieur **A. Lauffer,** Königsberg i. Pr. Berichtigter Neudruck. 1919. GZ. 2,4

Industrielle Betriebsführung. Von **James Mapes Dodge. Betriebsführung und Betriebswissenschaft.** Von Professor Dr.-Ing. **G. Schlesinger.** Vorträge gehalten auf der 54. Hauptversammlung des Vereines deutscher Ingenieure in Leipzig. Unveränderter Neudruck. 1921. GZ. 1,5

Die Betriebsleitung, insbesondere der Werkstätten. Autorisierte deutsche Bearbeitung der Schrift: „Shop Management" von **Fred W. Taylor** in Philadelphia. Von Professor **A. Wallichs** in Aachen. Dritte, vermehrte Auflage. Mit 26 Abbildungen und 2 Zahlentafeln. Dritter, unveränderter Neudruck. 14. bis 17. Tausend. 1920. Gebunden GZ. 6,3

Aus der Praxis des Taylor-Systems mit eingehender Beschreibung seiner Anwendung bei der Tabor Manufacturing Company in Philadelphia. Von Dipl.-Ing. **Rudolf Seubert.** Mit 45 Abbildungen und Vordrucken. Vierter, berichtigter Neudruck. 9. bis 13. Tausend. 1920. Gebunden GZ. 5

Das A B C der wissenschaftlichen Betriebsführung. Primer of Scientific Management. Von **Frank B. Gilbreth.** Nach dem Amerikanischen frei bearbeitet von Dr. **Colin Roß.** Mit 12 Textfiguren. Dritter, unveränderter Neudruck. 1920. GZ. 2

Bewegungsstudien. Vorschläge zur Steigerung der Leistungsfähigkeit des Arbeiters. Von **Frank B. Gilbreth.** Freie deutsche Bearbeitung von Dr. **Colin Roß.** Mit 20 Abbildungen auf 7 Tafeln. 1921. GZ. 2

Kritik des Taylor-Systems. Zentralisierung — Taylors Erfolge — Praktische Durchführung des Taylor-Systems — Ausbildung des Nachwuchses. Von **Gustav Frenz,** Oberingenieur und Betriebsleiter der Maschinenfabrik Thyssen & Co. in Mülheim-Ruhr. 1920. GZ. 3,5

Kritik des Zeitstudienverfahrens. Ein Untersuchung der Ursachen, die zu einem Mißerfolg des Zeitstudiums führen. Von **I. M. Witte.** Mit 2 Tafeln. 1921. GZ. 2

Warum arbeitet die Fabrik mit Verlust? Eine wissenschaftliche Untersuchung von Krebsschäden in der Fabrikleitung. Von **William Kent.** Mit einer Einleitung von Henry L. Gantt. Übersetzt und bearbeitet von **Karl Italiener.** 1921. GZ. 2,6

H. L. Gantt, Organisation der Arbeit. Gedanken eines amerikanischen Ingenieurs über die wirtschaftlichen Folgen des Weltkrieges. Deutsch von Dipl.-Ing. **Friedrich Meyenberg.** Mit 9 Textabbildungen. 1922. GZ. 2,5

Die psychologischen Probleme der Industrie. Von **Frank Watts,** M. A., Dozent der Psychologie an der Universität Manchester und an der Abteilung für industrielle Verwaltung der Gewerbeakademie von Manchester. Deutsch von **Herbert Frhr. Grote.** Mit 4 Textabbildungen. 1922. GZ. 5,5; gebunden GZ. 7,5

Sozialpsychologische Forschungen des Instituts für Sozialpsychologie an der Technischen Hochschule Karlsruhe. Herausgegeben von Prof. Dr. phil. et med. **Willy Hellpach,** Vorstand des Instituts.
1. Band: **Gruppenfabrikation.** Von **R. Lang** in Untertürkheim und **W. Hellpach** in Karlsruhe. 1922. GZ. 4,8
2. Band: **Werkstattaussiedlung.** Untersuchungen über den Lebensraum des Industriearbeiters. In Verbindung mit **Eugen May,** Dreher in Münster a. Neckar, und **Martin Grünberg,** Dr. jur. in Stuttgart, herausgegeben von Dr. jur. **Eugen Rosenstock.** 1922. GZ. 6
3. Band: **Planwerk und Gemeinwerk.** Eine Untersuchung der menschenseelischen Leistungs-, Entwicklungs- und Gestaltungskräfte im Arbeitsleben der Gegenwart. Von Prof. Dr. **Willy Hellpach.** In Vorbereitung.

JS DER TECHNIK

ätig. Sch. ist Inhaber der goldenen VDI-Nadel. Ieute noch ist er beruflich tätig und zugleich ist er .er älteste Fachschulleiter.

Obersting. Bauer
Bild: RDT

Oberstingenieur B a u e r, Chef der Stabsabteilung Fertigung im Reichsluftfahrtministerium, vollendet am 15. April sein 65. Lebensjahr. Geboren in Memel, war B. mehrere Jahre wissenschaftl. Hilfsarbeiter in der Abt. Schiffbau der TH. Berlin, und dann bis zum Weltkriege beratender Ingenieur für Schiffbau. Nach einer zehnjährigen Tätigkeit als Oberingenieur und Direktor im Albatros-Konzern erhielt er 1926 den Auftrag, seine Kriegserfahrungen zur Vorbereitung des in der Zukunft zu erwartenden Flugzeug-Großreihenbaus zu verwerten und führte diese Tätigkeit in dem im Jahre 1933 gegründeten Reichsluftfahrtministerium fort. B. setzte sich mit allem Nachdruck für ein geregeltes Fertigungswesen im Flugzeugbau, für die Aufstellung der Normen und ihre Einführung in die Praxis, für die Ordnung des Werkstoffwesens und die Normung der Bauvorrichtungen ein und hat dadurch zur Förderung der Leistungsfähigkeit des deutschen Flugzeugbaus wesentlich beigetragen. B. ist Mitglied des Senats der Lilienthal-Gesellschaft für Luftfahrtforschung und des Beirats des AWF im RKW.

Obering. Theodor D a m m, Wehrwirtschaftsführer und Abteilungsleiter der Hanomag, Hannover-Linden, begeht am 12. April seinen 60. Geburtstag. Er ist in Preetz/Holstein geboren und machte die Lehrzeit als Maschinenbauer durch. In den verschiedensten Zweigen der Maschinenindustrie arbeitete er sich zu seiner jetzigen Stellung herauf. Von Anbeginn seiner leitenden Tätigkeit war er ein begeisterter Förderer der Gemeinschaftsarbeit. So gehörte er dem engeren Kreis an, aus dem der Normalienausschuß für den deutschen Maschinenbau, der

Theodor Damm
Bild: RDT

Vorläufer des DNA, hervorgegangen ist. Er war der erste, der die Passungsnormen für einen ganzen Industriezweig, den Lokomotivbau, durchsetzte, und zwar schon 1921, als 20 deutsche Lokomotivfabriken und 1 schwedische für Sowjet-Rußland 700 Güterzuglokomotiven bauten. Anschließend wurde er der führende Sachbearbeiter für den Austauschbau der deutschen Lokomotivfabriken. Als Obmann und Mitarbeiter in mehreren Arbeitsausschüssen des Normenausschusses tätig, vertrat D. als Beauftragter der Deutschen Normung die nationalen Interessen — Kugellagerpassungen — auf mehreren ISA-Tagungen im In- und Auslande. Bei der Gründung der Arbeitsgemeinschaft deutscher Betriebsingenieure stand D. Pate und war viele Jahre Obmann des Arbeitskreises Hannover. Seit Jahren ist er auch Mitglied des ADB-Hauptausschusses. Nach der Machtübernahme kam D. zum Bochumer Verein, um die Planungsarbeiten für den Neuaufbau der Hano-

mag durchzuführen, und Ende 1934 wieder nach Hannover. Seine besonderen Leistungen auf dem wehrtechnischen Gebiet wurden durch Ernennung zum Wehrwirtschaftsführer anerkannt. Einer gründlichen Ausbildung des Facharbeiter-Nachwuchses hat Damm seit Jahren besonderes Interesse entgegengebracht. Auch hier sind seine Arbeiten auf dem Gebiet der Abschlußprüfungen für Industrie- und Facharbeitergehilfen in den einschlägigen Kreisen anerkannt worden.

Geheimrat Prof. Dr. rer. nat. Dr.-Ing. E. h. J. Z e n n e c k begeht am 15. April seinen 70. Geburtstag. Die Entwicklung der drahtlosen Telegraphie hat er schon um die Jahrhundertwende durch seinen Resonanzwellenmesser befruchtet. Eines der wichtigsten Prinzipien, die Resonanz der Empfangsantenne auf die Senderschwingung, ist von ihm schon vor der Veröffentlichung von O. Lodge und G. Marconi eingeführt worden. Das bei den Kurzwellen heute wieder übliche Richtsenden mit Hilfe eines abgestimmten Reflektordrahtes ist seine Erfindung. Von 1905 bis 1989 war er an den Hochschulen in Straßburg, Danzig, Braunschweig und München tätig. Mit besonderem Eifer ist er, seit 1933 als geschäftsführendes Vorstandsmitglied, für die weitere Ausgestaltung des Deutschen Museums in München tätig. Zenneck gehört u. a. der Deutschen Akademie der Luftfahrt-

MITTEII

DES NATIONALSOZIALISTISCHEN
Reichswaltung des NS. Bundes Deutsch

NSBDT Gauwaltung Wien
Geschäftstelle: Haus der Technik Wien I., Eschenbachgasse 9
Fernruf B 23 5 50

Fachgruppe Mechanische Technik, Arbeitskreis Betriebsschutz

„Unfallverhütung an Pressen und Stanzen." Tagung am Montag, dem 21. April 1941, 14 Uhr, im Haus der Technik, Gr. Saal, Wien 1, Eschenbachgasse 9.

V o r t r a g s f o l g e :

Ing. Brachvogel, Leipzig: Einleitung. Ob.-Ing. Caspary, Berlin: „Fingerschutzvorrichtungen und Nachschlagsicherungen an Pressen und Stanzen, dargestellt an Modellfilmen". Dipl.-Ing. Kloninger, Berlin: „Schutz gegen Pressenunfälle durch geschützte Werkzeuge" (Lichtbilder). Ing. Brachvogel, Leipzig: „Arbeitsschutz an Pressen und Stanzen im Papierverarbeitungsgewerbe" (Lichtbilder). Dr.-Ing. Sauerteig, Wien: „Unfallverhütung an Stanzereimaschinen" (Film). Dr.-Ing. Sauerteig, Wien: „Durchführung des Pressenschutzes in der Ostmark" (Lichtbilder). Dipl.-Ing. Kloninger, Berlin: „Wie sind alte Exzenterpressen nachgreifsicher zu gestalten?" (Lichtbilder). Ing. Brachvogel, Leipzig: Schlußwort.

Fachgruppe Mechanische Technik und allgem. Ingenieurwissenschaft

Ostmark-Zinktagung am 15., 16., 17. April 1941, 17.30 Uhr, im Industriehaus, Schwarzenbergplatz 4. Veranstaltet vom Amt für Technik und vom NSBDT. auf Anregung des Wehrkreisbeauftragten XVII, unter Mitwirkung des Sparstoffkommissars XVII und zahlreicher an der Werkstoffumstellung interessierter Dienststellen.

V o r t r a g s f o l g e :

1. Abend: Ansprache des Wehrkreisbeauftragten XVII, Gauamtsleiter Dir. Anselm. Sparstoffkommissar XVII, Dir. Baurat P. Mauck, Wien: „Die bleibende Bedeutung des Zinkeinsatzes". Sparstoffkommissar III, Dipl.-Ing. Dr. techn. H. Wögerbauer, Berlin: „Die konstruktiven Gesichtspunkte beim Einsatz von Zinklegierungen".

2. Abend: Einleitungsvortrag J. Edlinger, Wien. Dipl.-

gsschau von Gau zu Gau

nik in Sachsens Forst- und Holzwirtschaft

Reichsdurchschnitt hervorragt, aber mit dem Schwund der ehemaligen Rohstoffvorräte und Zufuhrmöglichkeiten nun auf einer sehr labilen Basis ruht.

Das gesamte Holz- und Schnitzstoffgewerbe des Gaues nimmt eine überragende Stellung gegenüber allen anderen Gebieten des Altreiches ein. Sachsen überragt den Reichsdurchschnitt nach der Personenzahl fast um das Vierfache, nach der Kraftmaschinenleistung fast um das Dreifache.

Unter den einzelnen Holzindustriezweigen sind die Säge- und Hobelwerke von besonderer Bedeutung. Innerhalb Deutschlands steht Sachsen auch hier sowohl nach Zahl, Größe und technischer Ausstattung der Sägewerke an erster Stelle. Sachsen übertrifft den Reichsdurchschnitt im Verhältnis zur Waldfläche nach Zahl der Sägewerke und nach deren Kraftmaschinenleistung um das Doppelte, nach der Zahl der Beschäftigten um das Dreifache. Sachsen hat also nicht nur sehr viele, sondern auch sehr gut eingerichtete und große Sägewerke (besonders an der Elbe liegen solche Betriebe, während die kleineren Sägemühlen sich im Erzgebirge befinden).

In der Holzverarbeitungsindustrie weist der Gau Sachsen in verschiedenen Betriebszweigen den höchsten Anteil innerhalb der einzelnen deutschen Gebiete auf. So steht Sachsen in den Gewerbeklassen der Tischlerei, der Wagnerei, der Holzwarenherstellung und in der Erzeugung von Musikinstrumenten aus Holz an erster Stelle. Hinsichtlich der zuletzt erwähnten Gewerbeklasse vereinigt Sachsen fast ein Drittel aller hierin beschäftigten Menschen.

In der Holzspielwarenindustrie ist Sachsen an dritter Stelle im Reiche. Das Erzgebirge bildet die natürliche Versorgungsbasis für diese Holzindustrie. Auch beim Holzhandel steht Sachsen mit über dem doppelten Reichsdurchschnitt weitaus an erster Stelle. Besonders auffallend ist der Anteil der papiererzeugenden Industrie in Sachsen. Ein Drittel der einschlägigen Betriebe des Reiches und ein Viertel der beschäftigten Personen von diesem wichtigen Industriezweig fallen auf Sachsen. Durch die neuen Betriebs-

zweige der Kunstseiden- und Zellwollherstellung hat der Umfang der auf chemische Verarbeitung des Holzes eingestellten Betriebe wieder eine Erweiterung erfahren.

Die Bedarfsdeckung der faserholzverarbeitenden Betriebe, die etwa 2 Mill. fm verbrauchen, ist zum überwiegenden Teil auf Zufuhr von außersächsischem Holz, insbesondere vom Ausland eingestellt. Die Holzversorgung der Holzschliff- und Zelluloseindustrie ist daher in den letzten Jahren eine außerordentlich wichtige und schwierige Frage geworden.

Die dichte Besetzung, die Sachsen hinsichtlich der Holzwirtschaft aufweist, macht es zu einem hohen Anteil von der Zufuhr von anderen deutschen Gauen oder fremden Ländern abhängig. Die devisenwirtschaftliche Beschränkung der Auslandsholzzufuhr mußte sich daher in Sachsen besonders fühlbar machen. Ein Ausgleich wurde zum Teil durch die Steigerung des Holzeinschlages in den letzten Jahren herbeigeführt. Auf die Dauer ist aber der gegenwärtige Mehreinschlag nicht tragbar, insbesondere

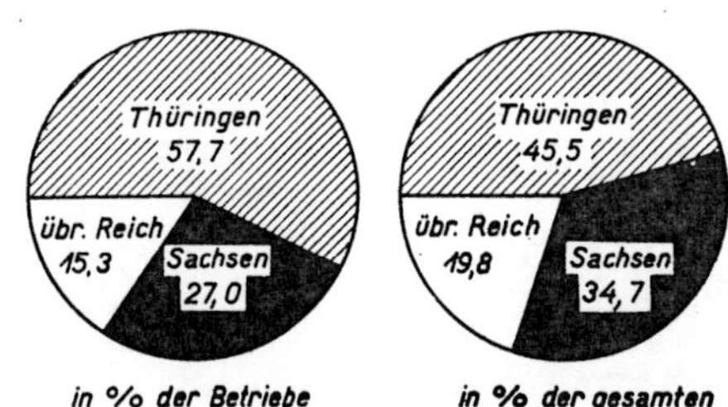

Der Anteil Sachsens und Thüringens an der deutschen Holzspielwarenindustrie
(Nach der Reichsstatistik von 1925)

da Sachsen nicht mehr über einen überdurchschnittlichen Holzvorrat verfügt.

In besonderem Maße wurden seit 1934 zur Holzversorgung Sachsens die benachbarten Holzüberschußgebiete Bayern und Schlesien herangezogen. Der zielbewußten staatlichen Planung im Rahmen der in den letzten Jahren neuaufgebauten Holzmarktordnung gelang es, größere Holzmengen aus diesen Waldgebieten nach Sachsen zu leiten. Der Anschluß des Sudetenlandes im Jahre 1938 gab die wertvolle Möglichkeit, die natürlichen und früher gepflegten

Das Holz- und Schnitzstoffgewerbe in den einzelnen Gebieten des Reiches bezogen auf je 1000 ha Waldfläche
(Nach der Reichsstatistik von 1925)